加藤 哲郎 編集・解説／編集復刻版

ゾルゲ事件史料集成

第1巻

太田耐造関係文書●「ゾルゲ事件」史料 1

不二出版

凡例

一、『ゾルゲ事件史料集成 太田耐造関係文書』は、太田耐造（一九〇三－五六）が保管し、国立国会図書館憲政資料室に寄贈された「太田耐造関係文書」のうち、ゾルゲ事件に関係する史料を編集し、全4回配本・全10巻として復刻、刊行するものである。

一、本集成は、ゾルゲ事件に直接関係する史料を「ゾルゲ事件」史料1・2、間接的ではあるが重要と判断された史料を「ゾルゲ事件」周辺史料として新たに分類・収録した。
全体の構成は次の通り。

第1回配本……「ゾルゲ事件」史料1（第1・2巻）／第2回配本……「ゾルゲ事件」史料2（第3～5巻）
第3回配本……「ゾルゲ事件」史料2（第6～8巻）／第4回配本……「ゾルゲ事件」周辺史料（第9・10巻）

一、史料は憲政資料室「太田耐造関係文書」記載の請求記号に依拠し、収録した。史料詳細は第1巻「収録史料一覧」に記載した。

一、原史料を忠実に復刻することに努め、紙幅の関係上、適宜拡大・縮小した。印刷不鮮明な箇所、伏字、書込み、原紙欠け等は原則としてそのままとした。欄外記載、付箋等がある場合、重複して収録した箇所もある。

一、編者・加藤哲郎による、ゾルゲ事件研究における本史料の意義と役割に関する解説を第1巻に収録した。

一、今日の視点から人権上、不適切な表現がある場合も、歴史的史料としての性格上、底本通りとした。

一、本集成刊行にあたっては、国立国会図書館憲政資料室にご協力いただきました。記して感謝申し上げます。

目　次

解説

――ゾルゲ事件研究と「太田耐造関係文書」

加藤 哲郎

Ⅰ はじめに――『ゾルゲ事件史料集成 太田耐造関係文書』公開の意義

本史料集成は、二〇一七年に国立国会図書館憲政資料室で公開された「太田耐造関係文書」のなかの、ゾルゲ事件に直接・間接に関わる第一次史料を、まとめたものである。

編集にあたっては、憲政資料室の「太田耐造関係文書目録」（二〇一七年一月）をもとに、「3 司法書記官、刑事局第六課長（昭和一四年一月～一七年七月）」中の「3・4 ゾルゲ事件」と分類された文書（請求番号170～215、以下原則として［ ］内にゴシックで表記）を中心に、同事件と多少とも関連を持つ外国諜報関係、日本共産党再建運動、ソ連・欧米・中国・満洲・朝鮮半島の共産主義情報、企画院事件、満洲合作社事件、中共諜報団事件などの執務・裁判・取調関係史料をも「関連史料」「周辺史料」として収録した。文書の順序は、必ずしも年月順ではないが、文書の性格と憲政資料室での原史料探索・追試の便宜を考え、原則として憲政資料室「目録」の分類番号によった。

あらかじめ述べておけば、「太田耐造関係文書」の全体は、神兵隊事件など右翼・国家主義史料や治安維持法・言論統制検閲史料などを含む膨大なものである。本史料集成に収録したゾルゲ事件に関するものは、これまで研究上の第一次史料とされてきた『現代史資料 ゾルゲ事件』全四巻（みすず書房、一九六四～七一年）に未収録の新史料を多数含む、当時の権力最奥での捜査記録である。『現代史資料 ゾルゲ事件』第一～三巻は、もともと戦後に警察庁が収集した旧内務省活字資料・裁判資料の集大成であったが、「太田耐造関係文書」は、司法省の思想検事が蒐集した、手書きやタイプ印刷の、文字通りの第一次史料である。

特筆すべき新資料は、昭和天皇へのゾルゲ事件「上奏文」［206－1、2］である。『昭和天皇実録 第八』（東京書籍、二〇一六年）の昭和一七（一九四二）年五月一三日に、「午前一一時三〇分、御学問所において司法大臣岩村通世に謁を賜い、尾崎秀実及びリヒャルト・ゾルゲ等の機密漏洩事件告発につき奏上を受けられる。なお一六日、司法省はゾルゲ事件を国際諜報団事件として発表する」とあるが、その「我が国情に関する秘密事項」の具体的内容が、「太田耐造関係文書」に上奏文案として綴じ込まれていた。それを五月一七日の各紙が報じた「司法省発表」と比較すると、当時の国家権力内部で、ゾルゲ事件を小さく扱い、戦時体制への打撃を最小限にとどめようとしたことがわかる。そのための新聞発表文を内務省・外務省・大審院とも調整して逐語的に検閲し、「新聞記事掲載要項」で報道統制した経緯も明らかになる。

事件全体の総括として、『現代史資料　ゾルゲ事件1』（及び警察庁警備部『外事警察資料』第三巻第五号、一九五七年）巻頭に収録された内務省警保局保安課「ゾルゲを中心とせる国際諜報団事件」のもとになった詳しい内務省の捜査総括記録も、留岡幸男警視総監の司法大臣宛一九四二年六月一〇日「国際共産党対日諜報機関検挙申報」［205］として発見された。尾崎秀実、宮城与徳、西園寺公一、犬養健、田口右源太、水野成、中西功ら日本人被告・関係者の新資料・証言も、初めて発表される。太田耐造が、一九四二年九月に満州国司法部に転任するため、その後の裁判資料は少ないが、思想検事としての太田の経験が、中共諜報団事件、満洲合作社事件、満鉄調査部事件などにも影を落としたことが読みとれる。

本史料集成での「太田耐造関係文書」の公開は、ロシアのM・アレクセーエフらによるゾルゲが上海・東京からモスクワに送付した秘密電文・書簡類の発掘・公刊と共に、二一世紀のゾルゲ事件研究を、新たな段階に導くことになるであろう。

Ⅱ　戦前・戦時の思想検事、太田耐造と「太田耐造関係文書」

（1）国会図書館憲政資料室における「太田耐造関係文書」の二〇一七年公開

「太田耐造関係文書」を、国会図書館憲政資料室は太田の略歴を附して、以下のように解説している。

太田耐造関係文書 [https://rnavi.ndl.go.jp/kensei/entry/ootataizou.php]

受入事項　所蔵、**資料形態**　原資料、**数量**　一一〇四点、**書架延長**　四・五メートル

旧蔵者　太田耐造《おおたたいぞう》、**旧蔵者生没年**　一九〇三〜一九五六

旧蔵者履歴　一九〇三・五・一五東京生まれ。一九二六・一二高等試験司法科試験合格、一九二七・三東京帝国大学法学部政治学科卒、同年司法官試補、一九二八・三東京地区裁判所、沼津区裁判所、東京刑事地方裁判所検事・予備検事、一九三九・一司法書記官、刑事局第六課長、一九四二・八東京控訴院検事、一九四二・九満洲国司法部刑事司長、一九四四・一二大審院検事、一九四五・四司法書記官・大臣官房会計課長、一九四六・一大審院検事、一九四六・二甲府地方裁判所検事正、一九四六・七退職、一九四六・八・一二弁護士登録、八・二四公職追放。一九五六・三・二一死去。

受入公開　二〇一七年一月、個人より寄贈、二〇一七年二月二八日、公開

主な内容　司法省刑事局第六課長等を歴任した太田耐造が、業務上で作成ないし取得した資料が多くを占め、神兵隊事件やゾルゲ事件に関わる訊問調書等を含む。司法部配布資料、部内会議概要、各裁判所向けの通牒、調査研究資料、法令案修正等の執務資料は、その多くに秘印が付され、「右翼」、「左翼」等の題箋が貼付され、テーマごとのファイルに綴られている。

検索手段　太田耐造関係文書目録（PDF　一八七一KB）

[https://rnavi.ndl.go.jp/kensei/tmp/index_ootataizou.pdf]

関連文献

【資料紹介】「憲政資料室の新規公開資料から」『国立国会図書館月報』六七九号、二〇一七年一一月

[http://dl.ndl.go.jp/view/download/digidepo_10978697_po_geppo1711.pdf?contentNo=1]

【伝　記】『太田耐造追想録』太田耐造追想録刊行会、一九七二年

太田家の個人所有であった「太田耐造関係文書」が国会図書館憲政資料室に入った経緯は、仲介者であった伊藤隆（東京大学名誉教授）が、以下のように述べている。

> 「〔平成〕二五年（二〇一三年）一〇月始めに旧知の長尾龍一氏から、太田耐造の息子知行氏が父親の残した血盟団関係の史料をどうしようかと言っているがという手紙を受け取った。憲政に連絡して引き受けるということを長尾氏に伝えたら、太田氏に連絡して呉れた。また太田知行氏からもメールがあり、父親の残した史料について概要と不安を書いて来たので、それに対して私の考えを述べ、憲政資料室に案内する旨の返信を送った。この月一五日国会図書館の入口で太田知行氏と落ち合い、憲政資料室に行き、堀内氏と鈴木氏と話し合う。太田氏は「太田耐造関係文書」のやや詳しい概要を作成して下さる。いろいろ話し合い、説得して、最終的にご寄贈下さることになった。翌月太田知行氏から「太田耐造関係文書」を憲政の鈴木氏が取りに来てくれたとの報告のメールが入った。（伊藤隆「個人文書の蒐集・その実践」『広島大学文書館紀要』第一七号、二〇一五年二月、六六頁）

全一一〇四点の膨大な内容で、公開のためには専門的知識が必要なので、憲政資料室は、明治大学講師、大江洋代（国会図書館非常勤研究員、当時）に整理と目録作成を依頼し、「凡例」「目次」「目録」が作られた。『国立国会図書館月報』第六七九号（二〇一七年一一月）の「憲政資料室の新規公開資料から」には、主として資料番号２０６～２１２「事件公表関係」をもとに、以下のように「ゾルゲ事件」関係資料の概要が述べられた。（http://dl.ndl.go.jp/view/download/digidepo_10978697_po_geppo1711.pdf?contentNo=1）

> 太田耐造関係文書（一一〇四点、平成二九年二月公開）
>
> 太田耐造は思想取締等を担う司法省刑事局第六課長等、司法行政に係る要職を歴任した人物であり、同文書は業務上取得した内部文書や訊問調書等を含みます。太田が刑事局第六課長であった期間には「ゾルゲ事件」の取調べが行われていました。これは、第二次世界大戦中にリヒャルト・ゾルゲを中心とする諜報機関が日本の機密情報をソ連に通報していたとして機関員が逮捕、処罰された事件です。昭和一六（一九四一）年一〇月にゾルゲらが検挙された当初、事件は公表されず、翌昭和一七年五月に司法省から「国際諜報団事件」として発表されました。司法省内ではその間、発表の在り方をめぐって検討がなされていたようで、修正が書き込まれた発表草案が残っています。それに対する「外務省非公式意見」と突き合わせると、どこに外務省の意見が反映されたか一目瞭然です。また、発表に合わせて作成したとみられる「新聞記事掲載要領」（資料番号２１３）では、新聞への写真掲載を禁止するほか、トップ扱い等をしないよう命じており、政府がこの事件の国民への影響を統制しようとしている様子が看取されます。このゾルゲ事件に係る資料のほか、無産運動取締りの過程での押収物など、当時の生々しい資料も残っており、昭和戦前期の司法省を知る恰好の資料群です。

この説明は、「太田耐造関係文書」［２０６～２１２］の意義の説明としては、間違ってはいない。一九四二年三月の「ゾルゲ事件」という呼称が、五月には「国際諜報団事件」になったことも書かれている。二〇一八年

八月一八日『毎日新聞』一面トップのスクープ報道は、この『国立国会図書館月報』第六七九号にもとづくものであろう。

もっとも、一九四二年五月「国際諜報団事件」新聞発表解禁当時の報道統制と掲載要綱については、一九六二年の『現代史資料　ゾルゲ事件』第一〜三巻公刊時に、みすず書房で編集を担当した小尾俊人が、第三巻に付録として挟み込んだ『月報3』（一九六二年一二月）の「一九四三・四年中におけるゾルゲ事件の公表と報道について」で、「関係当局の利害調整」「事件発表による重大性の指摘への要求と、当事者の責任回避のための事件の過小評価への要求」の矛盾として、紹介済みであった。小尾論文では、「太田耐造関係文書」にある「新聞記事掲載要領」［213］の「刺激的に亘らざる様」トップ扱いの禁止、四段組以下の掲載、写真禁止も述べられ、「太田耐造関係文書」［212］の外務省・大審院意見は全文が紹介されている。

ただし、なぜか小尾俊人は、一九四二年五月一六日の司法省発表の日時を、第一巻「解説」での全文引用の際も（五三九頁）、この第三巻『月報3』でも、発表日を「六月一六日」と誤記していた。本史料集成では、こうした印刷資料で起こりがちな重大ミスをさけるためにも、判読不能な場合や執筆者不明の書き込みを含め、手書きないしタイプ印刷の第一次史料を影印版で提供することにした。

憲政資料室「太田耐造関係文書」の「凡例」「目次」「目録」は、以下のようになっている。本史料集成は、「目録」の中分類「4 事件別」のなかの「3・4 ゾルゲ事件」史料を中心とし（「ゾルゲ事件」史料1・2）、編者が独自に関連・周辺史料とみなして増補した史料（「ゾルゲ事件」周辺史料）で構成されている。

太田耐造関係文書目録【凡例】

・請求番号、標題、作成者、宛先、作成年月日、内容、備考、記述法、用紙、数量、付属資料、合綴注記を採録した。

・標題は原則として資料の原題に基づくが、目録作成者が適宜付与したものには〔　〕を付した。

・作成者、宛先、作成年月日で、推定したものは〔　〕を付した。

・数量については添付物のある場合、添付物の数量を加えずに数えた。一文書中に形態が異なるものが複数存在する場合、一枚＋一綴というように形態別に数えた。

・数量については、もともと金属を用いて綴ってあったが、金属除去後、再合綴が困難な場合、一綴（四枚）というように枚数を（　）内に併記した。

・数量が空欄となっているものは、細目（枝番）のある簿冊である。その場合、各簿冊の冒頭に「一冊」と数量を記載し、細目（枝番）については数量を記載しなかった。

・ホチキスなどの金属類の除去を行った。なお一文書中に金属類で綴られていたものが複数綴みられる場合は、金属を除去後、綴毎にフォルダに収納した上で資料封筒に封入した。このことについての記述はしていない。

○目録の構成

・主に太田が業務上作成・取得した文書によって構成されているので、職務を基準として大分類を設定し、文書の形式を基準として中分類を設定した。

・中分類内部は、基本的に年代順に配列した。特定の事件に関する資料が複数ある場合は、同一事件のものはまとめて配列した。

・中分類「4 事件別」は原秩序段階で旧蔵者（太田本人）によって、他の資料と区別したうえで厳重に密封する形で保管されていた「神兵隊事件」と「ゾルゲ事件」に限り立項した。

〈大分類〉

1 司法官試補（昭和二年四月～三年一一月） 2 東京地区裁判所、沼津区裁判所、東京刑事地方裁判所検事（昭和三年一二月～一三年一二月） 3 司法書記官、刑事局第六課長（昭和一四年一月～一七年七月） 4 満州国司法部刑事部司長（昭和一七年九月～一九年一一月） 5 大審院検事（昭和一九年一二月～二〇年三月） 6 司法書記官・大臣官房会計課長（昭和二〇年四月～一二月） 7 大審院検事（昭和二一年一月） 8 甲府地方裁判所検事正（昭和二一年二～七月） 9 退官後 10 太田家、趣味 11 年代不明

〈中分類〉

1 執務資料（部内配布資料、部内会議概要、各裁判所向けの通牒、調査研究資料、法令案修正等） 2 裁判資料（被疑者の逮捕、捜査、裁判、服役の過程で発生する資料で、起訴事実通報、被告人聴取書・尋問調書・上申書・手記・公判記録等） 3 押収・収集資料（ビラ、書籍等）

4 事件別

本目録は、憲政資料室が大江洋代氏（当館非常勤調査員）に依頼して作成した。

太田耐造関係文書目録【目次】

1 司法官試補（昭和二年四月～三年一一月）

2 東京地区裁判所、沼津区裁判所、東京刑事地方裁判所検事（昭和三年一二月～一三年一二月）

2・1執務資料 2・2裁判資料 2・3押収・収集資料 2・4神兵隊事件

3 司法書記官、刑事局第六課長（昭和一四年一月～一七年七月）

3・1執務資料 3・2裁判資料 3・3押収・収集資料

3・4ゾルゲ事件

3・4・1取調関係 訊問調書 取調状況 他所への照会・回答

3・4・2事件概要 3・4・3事件公表関係 3・4・4その他

4 満州国司法部刑事部司長（昭和一七年九月～一九年一一月）

4・1執務資料 4・2裁判資料

5 大審院検事（昭和一九年一二月～二〇年三月）執務資料

6 司法書記官・大臣官房会計課長（昭和二〇年四月～二〇年一二月）執務資料

7 大審院検事（昭和二一年一月）執務資料

8 甲府地方裁判所検事正（昭和二一年二～七月）

8・1執務資料 8・2裁判資料 8・3押収・収集資料

9 退官後

10 太田家、趣味

11 年代不明

※太字は編者による。

つまり、憲政資料室の整理・分類によっても、「太田耐造関係文書」中の「3・4 ゾルゲ事件」は、「2・4 神兵隊事件」と共に、生前の太田耐造が自ら一大コレクションと自負していた、特別の史料群だった。この点は、『朝日新聞』大阪版二〇一八年一二月二五日記事「戦時『思想検事』の秘蔵文書」「故太田耐造氏 ゾルゲ事件捜査」「情報統制の『代表格』 一一〇四点公開」（東京版は二〇一九年二月四日夕刊）が、比較的正確に伝えている。それは、どのような意味で特別なのであろうか。

(2)「太田耐造関係文書」における「ゾルゲ事件」関係史料の意味

第一に、「太田耐造関係文書」の多くは、印刷された活字ではなく、手書きやタイプ印刷のまま保存されていた。そのため、これまでみすず書房刊『現代史資料 ゾルゲ事件』全四巻を官憲側第一次史料としてきた従来の研究は、そのオリジナルの意味が疑われ、「第一次」性を問われることになる。ただし司法省思想検事の太田耐造は、捜査・検挙・取調から起訴までの史料に詳しく、一九四二年九月満洲国官吏に転勤以降の裁判・公判史料・判決文は入っていない。また内務省の外事警察が調べた外国人被告ゾルゲ、ブーケリッチ、クラウゼン夫妻についての史料は少ない。この点では、内務省中心の『現代史資料』にも独自の意義があり、両者は相互に補い併用さるべきである。

第二に、みすず書房刊『現代史資料 ゾルゲ事件』全四巻は、みすず書房編集部(小尾俊人)に大橋秀雄、山辺健太郎、石堂清倫らが協力したかたちをとっているが、『特高月報』等に掲載された活字資料の寄せ集めであるばかりでなく、一九六二年に刊行された第一~三巻には、実は明確な原本があった。

それは、戦後一九五七年六月の警察庁警備部・部外秘『外事警察資料』第三巻第五号「ゾルゲを中心とする国際諜報団事件」と題する文書で、警察庁警備第二課長・小野政男の一九五七年一月付序文がついている(史料①)。これを、①ゾルゲ、②尾崎秀実、③その他の被告別の資料として再編集し補足したのが、みすず書房版『現代史資料 ゾルゲ事件』第一~三巻(第四巻はその後の一九七一年時点での補充資料)である(船橋治「みすず書房『現代史資料』(1)~(3)・ゾルゲ事件(一)~(三)の原本を発見する」『日本古書通信』第一〇七一号、二〇一八年一〇月、参照)。

序

終戦前における我国内の諜報事件の中で、その規模において、その内容において最大のものは、何といつてもゾルゲ事件であろう。ゾルゲ事件は、ソ連の諜報活動の実態の一端を示すものとして、世界各国の治安機関の重要な研究資料になつているが、我国の場合は、特に本事件が国運を大きく左右した経緯に鑑み、今後再び戦前の轍を踏まざらんための戒めとしても、その実態を綿密に再検討する必要があるものと思う。

ところが遺憾なことには、事件関係記録が終戦時の混乱のために散逸してしまつて、そのために著しく不便を感じていたのであるが、今般各方面の厚意によつて、そのうち主要なものを大体回収することができたので、一応此処に集録することにした。

なお、集録した資料は、内務省警保局編纂の「昭和十七年中に於ける外事警察概況」を中心として関係者の供述調書など各般に亘つているが、印刷上の都合から、片仮名の代りに平仮名を用いたり、外務省編集の資料については当用漢字を使用してある外は、出来るだけ原資料の体裁を保持するように留意した。

昭和三十二年一月

警察庁警備第二課長

小野政男

外事警察資料 第三巻第五号

昭和三十二年一月

ゾルゲを中心とする国際諜報団事件

部外秘

警察庁警備部

史料①

『現代史資料』は、内務省資料及び裁判所の公判資料が中心である。それも原本が、戦後一九五七年に警察庁警備部が東西冷戦の対ソ課報戦用に編んだ『極秘 外事警察資料』であるから、占領期に編まれた米国陸軍「赤狩りウィロビー」の一九四九年報告書(邦訳、C・A・ウィロビー

『赤色スパイ団の全貌ゾルゲ事件』福田太郎訳、東西南北社、一九五三年）と共通する、米国マッカーシズムの反ソ謀略風バイアスがかかっている。

『外事警察資料』は、戦前内務省警保局編で同名の資料集が発行されているが（復刻版全四巻は不二出版、一九九四年）、戦後の警察庁『外事警察資料』は、国立国会図書館（NDL Online）で警察庁警備部『外事警察資料』第三巻第五号「ゾルゲを中心とする国際諜報団事件」のみが確認できる。ただしグーグル・ブックス等で検索すると、第三巻第五号は、同志社大学図書館、法政大学大原社会問題研究所、米国カリフォルニア大学・ミシガン大学図書館等にも入っている。編者（加藤）は、米国国立公文書館（NARA）で、『外事警察資料』第一巻第一号「三橋正雄に係る電波法違反事件」（一九五五年）、第一巻第二号「関三次郎及P・K一四〇三号事件」（一九五五年一二月）の存在を確認している。「ゾルゲを中心とする国際諜報団事件」は、その第三年度第五号である。他の号は、管見の限りでは見つかっていない。編集・装丁は、巻号の記されていない一九五九年の警察庁警備局『外事警察資料 カナダにおけるグーゼンコ事件 ソ連スパイに関する英連邦王室調査委員会報告書』、一九六九年の警視庁公安部『外事警察資料 ラストボロフ事件・総括』（昭和四四年四月）とも似ており、日ソ国交回復時に作られた、日米諜報機関による対ソ連スパイ情報共有のための極秘資料であったと考えられる。なお、『現代史資料』第一巻（一九六二年）巻頭もほぼ同じ内容であるが、タイトルが『ゾルゲを中心とせる国際諜報団事件』と、戦前内務省警保局『昭和十七年中に於ける外事警察の概況』（一九四三年）の印刷文を採録している。

それに対して「太田耐造関係文書」は、日独伊三国同盟・日ソ中立条約・ゾルゲ事件発覚・対米戦争開始と同時進行で、思想検事である司法省官僚、太田耐造が集めたコレクションなので、資料収集・保管の目的も異なり、独自の価値がある。事実、後述するように、『現代史資料』収録の活字資料と内容的に重複するものもあるが、『現代史資料』には入っていない多くの新史料も含まれている

第三に、ゾルゲ事件の被告たちは、治安維持法違反（一九二五年制定、一九二八年及び四一年三月一〇日改正）、国防保安法違反（一九四一年五月一〇日施行）、軍機保護法違反（一八九九年施行、一九三七年及び四一年三月一〇日改正）、軍用資源秘密保護法違反（一九三九年三月二五日施行）という四つの罪状で検挙・起訴された。これら法規の制定及び直近の改正のことごとくに、太田耐造は、司法官僚・思想検事として関わっていた。それは、当時の思想検察が原理的に取り組んできた「日本法理」にもとづく解釈・執行であった。

かつて横浜弁護士会が詳しく法律的に検討した法的問題を孕むものであるにしても（横浜弁護士会国家秘密等情報対策委員会編・発行『ゾルゲ事件判決を読む』一九九七年）、「太田耐造関係文書」は、その解釈・運用・執行の問題性を、改めて具体的に検討する格好の素材となる。

治安維持法については、荻野富士夫らの一連の研究と資料集編纂、及び二〇一八年八月一八日放映のNHK／ETV特集「自由はこうして奪われた――治安維持法一〇万人の記録」におけるビッグデータ分析で、治安維持法違反被告一〇万一六五四人中、実際の共産党員は三％程度で、その八〇％が獄中で「転向」したこと、一〇万人のうち六万八三三二人は日本人で死刑執行はなかったが、植民地でも三万三三二人に適用され、内二万六五四三人の朝鮮人民族運動活動家中の五九人には死刑が執行されたことが明らかになった。つまり、もともと一九二五年に「国体ヲ変革シ又ハ私有財産制度ヲ否認スルコトヲ目的トシテ結社ヲ組織シ又ハ情ヲ知リテ之ニ加入シタル者」を取締対象とした治安維持法は、一九二八年の勅令で「結社ノ目的遂行ノ為ニスル行為ヲ為シタル者」に

まで対象が拡大され（目的遂行罪）、共産主義運動・労働運動に留まらず、学術団体・文化団体・宗教団体から農民運動・青年学生運動・女性運動・教育運動・民族運動、読書会、俳句・短歌など趣味の会までが、特高警察により監視され検挙された。

それを戦時体制に即して、「国体変革」「私有財産否認」に加えて「国体を否定し又は神宮若は皇室の尊厳を冒涜」を「目的遂行罪」に追加し、「予防拘禁」を明文化する一九四一年改正（新治安維持法制定）と「国防保安法」制定の中心になったのが太田耐造だった。「太田耐造関係文書」の全体が治安維持法研究の膨大な素材であるが、「ゾルゲ事件」関連史料からも、その具体的運用を読み取ることができる。

（3）司法省思想検事、太田耐造とゾルゲ事件の関わり

太田耐造を代表的な一人とする思想検事については、幸い荻野富士夫『思想検事』（岩波新書、二〇〇〇年）がある。そこでは太田は「一九二〇年東大法学部卒、三五年中国の思想情勢を視察。三九年司法省刑事局第六課長となり、アジア太平洋戦争開戦前後の『思想検察』を指揮。四一年の治安維持法改正や『思想検察規範』制定の中心人物。四二年『満洲国』の招聘で司法部刑事局長となり、その『思想検察』の確立や法制の整備につとめた。四五年司法省会計課長、四六年甲府地裁検事正となる、公職追放」とされている（v頁）。太田が、一九四一年三月治安維持法改正直後に発覚したゾルゲ事件の発覚・捜査・検挙・取調の総責任者、キーパースンであったことがわかる。

太田耐造は、ゾルゲ事件について捜査を統括する立場にあったが、事件について直接言及した記録は残していない。しかし、没後に元同僚・友人等の手で編まれた『太田耐造追想録』（非売品、一九七二年）には、太田とゾルゲ事件捜査の関わりを示す、いくつかの重要な証言が入っている。

しばしば引かれるのは、一九七一年の「追想座談会」中の「ゾルゲ事件裏話と太田情報網」に出てくる、太田の刑事局第六課長の後任であった井本臺吉（戦後は検事総長）の発言「伊藤律が全部ばらしたようなことをよく書いているのだけれども、伊藤律なんか殆ど関係ないよ。あれを伊藤律が全部ばらしたようにしちゃったんだね」という発言（二八七頁）で、渡部富哉による画期的な伊藤律発覚端緒説批判、『偽りの烙印』（五月書房、一九九三年）の有力な傍証となった。

同時に、この座談会では、興味深い問題がさまざまに述べられている。以下、要点のみ摘出する。

① 近衛新体制運動期の風見章司法大臣と太田耐造課長の親密な関係（司波實）、

② ゾルゲ事件で昭和研究会全体の捜査はできなかった。日本が北進策ではなく南進策に向かうよう働きかけた謀略ではないかと捜査しようとしたが、実際に南進で戦争が始まったので捜査を進められなかった（玉沢光一郎）、太田は国粋主義的で、昭和研究会関係を偽装左翼と考え、「中央公論」の尾崎の論文「東亜共栄圏論」に早くから目をつけ、検挙の一年前に検討を命じられた（司波實）、

③ ゾルゲに流れた国家機密が何であるかは地検が捜査できなかったが、太田が非公式ルートで全部調べてきた（桃沢全司）、

④ ゾルゲ事件の電信傍受は工務局長松前重義と太田が親しく、そのルートで昭和九年分から入手できた、暗号解読の乱数表はクラウゼンの検挙による（桃沢・玉沢）、

⑤ 宮城与徳の取調で尾崎とゾルゲの名が出て、一緒に検挙しようとしたが、警視庁外事課から枢軸関係にヒビが入るとクレームが付き、尾崎を一〇月一五日に検挙した。たまたま政変でゴタゴタし

たが、岩村司法大臣の留任が決まって継続できた（玉沢）。東条の部下がドイツ大使館と仲がよく検挙の直前までゾルゲには消極的だった（井本）、内務大臣が反対してもおれが責任を持つと岩村大臣がいったので、ゾルゲを神嘗祭で休みの日の一〇月一七日朝に検挙できた（司波）、

⑥ 青柳キクヨから米国共産党の北林トモの話が出て、特高一課は四〇年五月には検挙したいといってきた。もともと米国共産党からの共産主義文書が途絶えたのに不審を持ち米国からの働きかけを内偵していた（玉沢）、伊藤律なんて殆ど関係ない（井本）、ゾルゲを自供に追い込んだのは吉河光貞の功績（玉沢）、

⑦ 太田の満洲刑事局長転勤は、華族会館で近衛と太田が会ったのが憲兵から東条に知られたためだったと、太田自身から聞いたことがある（山口弘三）、

太田耐造自身は何も書き残していなかったが、同僚や部下はこのように見ていた。これらの一つ一つの点を、本史料集成でも検証する必要があるだろう。

なお、荻野富士夫は、治安維持法一九四一年改正における太田耐造の「業績」について、「検事への広範な強制捜査権の付与」、すなわち内務省の特高警察に対する「捜査の主導権を奪いとり、検事みずからが第一線の捜査権をにぎること」と、特記している（『思想検事』一四四～一四五頁）。

Ⅲ『現代史資料 ゾルゲ事件』全四巻と「太田耐造関係文書 ゾルゲ事件」の史資料的関係

（1）みすず書房版『現代史資料』と本史料集成との併用の必要

本史料集成収録の直接関連史料（中心は「外諜関係」［110］及び「ゾルゲ事件」［170～215］）と、みすず書房『現代史資料 ゾルゲ事件』全四巻との重複については、別表「収録史料一覧」に注記したが、以下に、その概略のみを記す。

① 重複するものは、意外に少数である。「太田耐造関係文書」だけ、みすず『現代史資料』だけの資料も多数ある。太田の一九四二年九月満州転勤が関係してか、「太田耐造関係文書」は日本人被告・関係者の検挙・初期取調関係が多く、みすず『現代史資料』にはゾルゲ、ブーケリッチ、クラウゼン夫妻ら外国人の訊問記録、事件の公判記録・判決文が入っている。

やや単純化していえば、『現代史資料』がコミンテルンと共産党に「目的遂行罪」でつながる治安維持法違反を特高警察が取り締まった内務省記録中心であるのに対して、思想検察の「太田耐造関係文書」は、諜報団への「御前会議」情報など国家機密漏洩と西園寺公一、犬養健ら権力中枢での規律弛緩を国防保安法違反・軍機保護法違反の観点から重視する司法省資料が多く含まれている。研究上では、両者は併用さるべきである

② 「太田耐造関係文書」はタイプ印刷及び手書きの第一次史料で、印刷資料であるみすず『現代史資料』全四巻や『特高月報』等より、解読・印刷ミスが少ないだけ、資料的信頼性は高い。

③ 司法省「思想検事」としての観点からの収集で、その位置づけ、綴じ込み順序等から、太田耐造の思想がわかる。

④ 最終文書が重複しても、当該文書の草稿・草案、作成日時・担当部局・担当者による微妙な差異、書き込み・修正・下線・削除等があり、作成過程が再現できる。

⑤ 当時の言論思想政策、対外対策全体のなかで、ゾルゲ事件を位置づけることができる、「3・4 ゾルゲ事件」は逮捕から天皇上奏文までの取調関係（一九四一年一〇月～四二年五月一一日）が充実しており、「3・4・3 事件公表関係」も付されている。

⑥ ただし、国会図書館憲政資料室の整理・目録（非常勤調査員、大江洋代作成）も、完全ではない。「外諜関係」［110］は［170］以下の「ゾルゲ事件」と一緒の方が、わかりやすかった。［173］「尾崎秀実供述要旨（其の三）」の日付は目録の「一〇月」ではなく「一二月三日」。［177－8］以下の「尾崎秀実検事訊問調書」は、［177－9、10、11、12、13……］とすべきで、『現代史資料』第二巻所収分はほとんど入っている。［185］「ゾルゲ事件取締状況」の「中里功、中里隆夫」は「中西功、西里竜夫」の誤りである、など。

⑦ この間の「太田耐造関係文書」収集と併行したみすず書房『現代史資料』の原典調査（船橋治）で、『現代史資料 ゾルゲ事件』第一～三巻の大部分は、戦後一九五七年、警察庁警備部『外事警察資料』一五四七頁分の再編集と判明した。「太田耐造関係文書」［205］留岡警視総監・司法大臣宛四二年六月一〇日「国際共産党対日諜報機関検挙申報」は、その中核部分のオリジナルである。

（2）『現代史資料 ゾルゲ事件』全四巻中にはあって、「太田耐造関係文書」目録にはない項目一覧（進藤翔大郎作成・加藤哲郎修正）

● みすず書房『現代史資料 ゾルゲ事件1』

一 国際諜報団事件

（一三）諜報機関と他の組織との関係並に諜報取締上の参考事項

（一四）事件の発表に対する各方面の反響

二 リヒアルト・ゾルゲの手記（1）

三 リヒアルト・ゾルゲの手記（2）

五 検事訊問調書

六 予審判事訊問調書

七 東京地裁判決

八 大審院上告棄却決定

● みすず『ゾルゲ事件2』

一、二 尾崎秀実の手記

三 特高警察官意見書

六 予審判事訊問調書

七 予審終結決定

八 東京地裁判決文

九 大審院判決

一〇 特高警察官意見書

● みすず『ゾルゲ事件3』

二 マックス・クラウゼンに対する検事訊問調書

三 マックス・クラウゼンに対する予審判事訊問調書

四 マックス・クラウゼンに対する予審終結決定

六　宮城與徳の手記
七　宮城與徳に対する予審判事訊問調書
八　宮城與徳に対する検事訊問調書
九　アンナ・クラウゼンに対する予審判事訊問調書
一〇　アンナ・クラウゼンに対する予審終結決定
一一　アンナ・クラウゼンに対する東京地裁判決文
一三　西園寺公一の手記
一四　西園寺公一に対する予審訊問調書
一五　西園寺公一の予審終結決定
一六　西園寺公一の東京地裁判決文
一八　ブランコ・ド・ヴーケリッチに対する判決文
一九　その他の判決文

● みすず『ゾルゲ事件4』

三　中間報告
七　朝鮮総督府傍受無線暗号解読訳文
八　リヒアルト・ゾルゲ家宅捜査の結果発見したる、発信原稿・情報及び資料
※「太田耐造関係文書目録」には「ゾルゲ宅ヨリ発見セルペン書英文情報訳文」はある。
九　ゾルゲ宅より発見せるフィルム（ライカ型）内容訳文（原文独逸語）
一一　新情勢の日本政治及び経済上に及ぼす影響調査
一二　ゾルゲ警察訊問調書
一三　クラウゼン警察訊問調書
一四　クラウゼン訊問終了に際しての警察意見書
一五　アンナ・クラウゼン警察訊問調書
一六　ヴーケリッチ警察訊問調書
一七　ヴーケリッチ訊問終了に際しての警察意見書
二二　国際諜報団事件に対する意嚮に就て

Ⅳ　具体的事例とみすず『現代史資料 ゾルゲ事件』に比しての「太田耐造関係文書」の特徴

（1）「太田耐造関係文書」ゾルゲ事件関連史料の内容的特徴

以下に、編者が本史料集成でゾルゲ事件と直接関係する「関連史料」とした主なものについて、これまでの研究で定本とされてきたみすず書房『現代史資料 ゾルゲ事件』全四巻（及びその原本『外事警察資料』一九五七年）に比しての注目点を、気がついた限りで簡単に記す。「周辺史料」については省略する。読者がそれぞれの観点から、解読し追試して頂ければ幸いである。編者が重要と思われた点は、ゴシックで示す。

[98-18]「共産主義運動の状況」作成年月日は明記されていないが、①日本共産党再建準備会、②企画院事件、③生活主義教育運動、④学生運動、と述べられた後に、⑤コミンテルン諜報網検挙事件取調中「本事件の内偵は昭和一五年七月に始まり検挙は昨年九月二〇日に着手」、一七名検挙とある。

[104] 外諜被疑者検挙計画大綱（一九四一年七月二五日）による敵国人と親善国家人の検挙手続きの区別（一二月六日「親善国」独伊ソ国人の検挙手続きは「敵国」英米仏人とは別で「一時留保」が必要）、つまりゾルゲ検挙後もソ連は親善国であった。

[106-27] 一九四一年八月二六日　司法省刑事局「中央外諜事犯対策協議会設置理由並要綱案」大審院検事局、内務省警保局、憲兵司令

部の協議・調整組織。

［110］外諜関係

［110-1］内務省警保局長「防諜に関する非常措置要綱」四一年一一月二八日、日系米国人の扱いは日本人に準ず。

［110-4］四一年一二月五日　外諜被疑者検挙計画要綱

［110-6］四一年一一月一三日　ドゴール派国防保安法・軍機保護法容疑摘発三〇〇人以上の名簿、この伝で行けば、ゾルゲ事件についても数百人のリストが作られたと推定できるが、それは未発見。

［110-9、10］みすず『現代史資料』第四巻の通信傍受と大部分重複するが、解読訳文には異同、四一年一一月二五日 逓信省傍受AO系XU系暗号無線通信文解読。特に三九年九月一日ラムゼー宛電はドイツ大使館の関係等簡単にゾルゲ諜報団が判る内容、昭和一二年分からある。

［110-12］四一年一二月二三日「国際共産党系外諜被疑事件取調状況」ゾルゲ諜報団は赤軍第四部系統。

［110-13］**四二年一月一二日「ゾルゲ事件取調状況」東京地裁検事局よりゾルゲ尾崎供述・暗号解読による中間まとめ、近衛グループ・朝飯会等の概要、田中慎次郎ではなく西園寺公一からの御前会議情報漏洩を尾崎供述**、尾崎秀実「本年一〇月一五日自分が検挙された当日の朝も朝飯会が開催されることになっていた」。

［110-15］『現代史資料』第四巻とほぼ重複する一九三七～四一年の暗号解読文、ただし訳文・時系列順等に異同。

［110-16］一九四一年一二月、リヒアルト・ゾルゲの供述「尾崎や宮城には特に日本共産党関係の人々に近寄るなと命令」「モスクワ中央部の指令は私の情報活動内に密偵が潜入することを防ぐためには絶対に必要なことであった。元来モスクワでは日本共産党は他のいずれの国の共産党よりも一層沢山の密偵が潜入しているという印象」。当時のモスクワの日本共産党観を示す。

［110-18］四二年一月　警視庁外事課「リヒアルト・ゾルゲの蒐集せる情報要旨（其の二）」の列挙中に、特記はないが、一九四一年七月二日「御前会議」もあり（尾崎・宮城から、ゾルゲはドイツ大使館オットから対ソ戦準備情報を得た）。

［110-19］四一年一一月二〇日　ゾルゲ調査書、ドイツ共産党歴・コミンテルン歴を含め極めて詳細。

［110-32］四一年一一月「宮城与徳と下部組織」（田口・久津見・明峯・秋山・北林夫妻・鈴木亀之助・芳賀雄・岡井安正）。

［110-33］四一年一一月「尾崎秀実と下部組織」（川合貞吉・高橋ゆう）。

［172］吉河光貞、**四一年一〇月一七日（神嘗祭、東条内閣成立・ゾルゲ検挙の前日）「尾崎秀実供述要旨」** 尾崎の検挙直後なのに尾崎とゾルゲの関係を上海時代を含めて詳しく供述。宮城与徳自供を裏付け、ゾルゲの検挙に向い、**「コミンテルンルート」での「赤色スパイ」として立件の方向**。

［173、174］特高一課「尾崎秀実供述要旨2、3」尾崎の四一年一二月三日は戦争（と世界革命）観、四一年一二月二二～二七日は中国観がわかる。

［176-1］みすず『現代史資料』第四巻の川合供述中での「プリント不明」部分も鮮明に出ている。

［176-8以下］**水野成、第一～七回訊問調書は第二回を除き初出**、鬼頭銀一との関係、「転向」供述もあり。

［176-16、17、18］西園寺公一供述は、内容は『現代史資料』第三巻と同じだが、タイトル・前書など若干の相違。

［176-22～28］**田口右源太、第一～七回尋問調書は初出で重要**。

［177－8以下］「目録」にはないが、『現代史資料』第二巻の尾崎秀実検事尋問調書と同じものが入っている。ただし回数名がなく日付のみ。

［185－193］中西功・西里竜夫ほか「中共諜報団関係」史料で初出（関東軍憲兵隊『在満日系共産主義運動』一九四四年にも、福本勝清編『中西功訊問調書』亜紀書房、一九九六年にもなし）。［187］「中西功供述」に、尾崎秀実検挙は満鉄上海事務所第二資料課情報係小倉音次郎（東亜同文書院後輩）より知った、周恩来に自分の検挙を伝えたい、楊延年、汪錦元、陳一峯との関係、等々が重要。

［194－198］軍事機密関係（尾崎・宮城供述から得た軍事情報についての軍・満鉄への照会）。

（2）特に重要な「昭和天皇への上奏文」関連資料

［200］岩村司法大臣・東条総理宛　四二年四月「勅許執筆方の件」、上奏文作成の認可を求めるもので、ゾルゲは「ソ連赤軍諜報機関の指令」による（コミンテルンやソ連共産党中央委員会に言及なし）。国防保安法・軍機保護法違反の「御前会議情報漏洩」が、直接の上奏理由だった。

［203］司法省刑事局　四二年三月「ゾルゲ事件概要」。冒頭「犯罪発覚の端緒」に「伊藤律、青柳喜久代等の自供により」北林トモ九月二八日・宮城与徳一〇月一〇日・尾崎秀実一五日、ゾルゲ等外人一八日検挙。

捜査の一応の区切りがついたこの一九四二年三月にはいったん「ゾルゲ事件」と総括されたが、その後の昭和天皇への上奏、新聞記事解禁の流れの中で、「国際諜報団事件」の呼称が使われた。なお、よく似た形式で司法省刑事局「ゾルゲ事件資料（二）リヒアルト・ゾルゲ手記譯文第一編　昭和一七年二月」（俗にいうゾルゲ獄中手記、生駒佳年訳）が米国公文書館資料に入っているが、「太田耐造関係文書」には入っていない。また、西園寺公一・犬養健の国家機密情報漏洩は、三月「概要」以後に、特高警察ではなく思想検事によって詳しく捜査される。

［204］司法省刑事局、四二年五月「ゾルゲ事件関係主要被告人公訴事実集」では、五人の主要被告のほか、西園寺公一・犬養健、及び朝日新聞社の田中慎次郎についても「付録」として総括。

［205］留岡警視総監の司法大臣宛　四二年六月一〇日「国際共産党対日諜報機関検挙申報」は、みすず『現代史資料』第一巻の内務省警保局保安課「ゾルゲを中心とせる国際諜報団事件」（『特高月報』一九四二年八月、戦後の『外事警察資料』第三巻第五号、一九五七年一月）とほぼ同じで（厳密には対照が必要）、その原型となった内務省資料と考えられる。赤軍諜報団と知りながら、治安維持法適用のため、コミンテルン・共産党関係の諜報団としたところがポイント。みすず『現代史資料』第一巻九八頁以下の「一三 諜報機関と他の組織との関係」及び「一四 事件の公表に対する各方面の反響」はなく、その代わりに通信技師・西崎太郎の暗号解読「鑑定書」が付いて「最大通信可能距離約四〇〇〇粁」としている。船橋治『日本古書通信』第一〇七一号（二〇一八年一〇月）によれば、一九六二年のみすず書房『現代史資料　ゾルゲ事件』第一～三巻の原本は、大部分『外事警察資料』第三巻第五号（戦後一九五七年の警察庁警備局による一五四七頁のゾルゲ事件資料）と重なる。戦後警察庁版『外事警察資料』編集は、ラストボロフ事件・日ソ国交回復・日本共産党再建に対応した日米諜報機関の情報共用のためか？

［206］最重要は、［206］昭和天皇への「上奏文」で、それと実際の［211］「司法省発表」の異同、決定的に重要な情報漏洩内容、四問題七事項が「発表」では意識的に削除されている。「上奏文」案も、［206－1］五月九日案は比較的簡素で、［206－2］五月一一日案で西園寺公一・犬養健が別立てにされている。

実際の上奏は五月一三日に行われた。『昭和天皇実録　第八』昭和一七年五月一三日に、「午前一一時三〇分、御学問所において司法大臣岩村通世に謁を賜い、尾崎秀実及びリヒャルト・ゾルゲ等の機密漏洩事件告発につき奏上を受けられる。なお一六日、司法省はゾルゲ事件を国際諜報団事件として発表する」とある（東京書籍、二〇一六年、七一二頁、『木戸幸一日記』下巻、東京大学出版会、一九六六年、九六二頁、参照）。

重要なのは、「上奏文」[206]に比した「司法省発表」[211]の内容、及び「発表要項」[208]による「発表」範囲外報道の禁止である。「上奏文」にはある①「我が国情に関する秘密事項」の具体的内容、②情報の「ソ連」への漏洩、③ゾルゲがソ連「赤軍第四本部」の指揮系統で「コミンテルン本部」「ソ連共産党中央委員会」にも関係すること、④尾崎が「満鉄嘱託」ばかりでなく近衛「内閣嘱託」であったこと、⑤「ソ連」の国名、在日ドイツ大使オット、スメドレー、ベルンハルトら個人名、⑥西園寺公一の肩書「内閣・外務省嘱託」・日中条約案・日米交渉日本案等重要機密文書の提供等は、新聞報道用「司法省発表」では、ことごとく削除・隠蔽された。⑦関係者の名前も、五人プラス西園寺・犬養の七名を挙げるのみで、意識的に小さく軽く扱った。

[207~213]「3・4・3　事件公表関係」は、新聞紙上での「太田耐造関係文書」初発の紹介——毎日新聞二〇一八年八月一八日の一面「スクープ」で扱われたが、これは『国立国会図書館月報』第六七九号（二〇一七年一一月）「憲政資料室の新規公開資料から」にもとづく。毎日新聞報道内容の要点は、みすず『現代史資料』第三巻付録『月報3』（一九六二年一二月）に編者小尾俊人が「一九四三・四年中におけるゾルゲ事件の公表と報道について」として、「関係当局の利害調整」「事件発表による重大性の指摘への要求と、当事者の責任回避のための事件の過小評価への要求」の矛盾として紹介済みである。[213]「新聞記事掲載要領」の「刺激的に亘らざる様」トップ扱い禁止、四段組以下、写真不可、[212]の外務省・大審院意見も、小尾の『月報3』で全文紹介されている。ただし小尾は、一九四二年五月一六日司法省発表をなぜか「六月一六日」と誤記、『現代史資料』第一巻五三九頁の「司法省発表」全文紹介時も同様の誤記。したがって「司法省発表」については、当時の主要新聞の一九四二年五月一七日朝刊記事が底本となる。詳しくは、章を改めて検討する。

Ｖ　一九四二年五月——「昭和天皇への上奏文」と司法省の新聞発表統制

（1）神がかりの「日本法理」を背景とした太田耐造の治安弾圧立法

「太田耐造関係文書」の全体が、リヒアルト・ゾルゲが日本に滞在した一九三〇年代と日中戦争・太平洋戦争期の司法官僚のインテリジェンスを考える上で興味深い、貴重な史料群である。

二〇一一年三月一一日の東日本大震災・福島原発事故後から、日本の核開発・戦時科学技術体制・関東軍防疫給水部七三一部隊を探求してきた編者の関心からすると、「太田耐造関係文書」[90~92]に大量に蒐集された「日本法理研究会」関係史料が、治安維持法改正や国防保安法制定など「国体明徴」「国民精神総動員」から「大東亜共栄圏」「八紘一宇」へと向かう戦時体制構築の法的論理として興味深い。法律学における「日本法理」「日本精神」の探求は、聖徳太子の一七条憲法から「みことのり」「かみながら」の神話の世界へと遡り、それを「東洋的法理」「大東亜法秩序」として西洋的普遍主義・立憲主義・人権等に対抗させようと、当代一流の法学者を総動員した試みであるが、すでにいくつかの優れた専門研究もあるので、本史料集成では収録対象としない（吾妻光俊「日本法理の探求 戦時法理論の回顧」『一橋論叢』第一六巻三／四、一九四六年一〇月、白羽祐三『「日本法理研究会」の分析 法と道徳の一体化』中央大学出版部、一九九八年、呉豪人「植民地の法学者たち」『「帝国」日本の学知「帝国」編成の系譜』岩波講座第一巻、岩波書店、二〇〇六年、中山研一『佐伯・小野博士の「日本法理」の研究』成文堂、二〇一一年、など参照。ゾルゲ事件の法的問題については、我妻栄等編『日本政治裁判史録 昭和・後』第一法規出版、一九七〇年、横浜弁護士会国家秘密等情報対策委員会編・発行『ゾルゲ事件判決を読む』一九九七年）。

「太田耐造関係文書」で初めて公開される史料群からは、「日本法理」の観点から作成され執行された治安維持法・国防保安法、出版言論思想統制のさまざまな具体例（例えば［85］「左翼関係」、［133］「左翼関係起訴事実通報」の膨大な治安維持法「目的遂行罪」起訴事例、「予防拘禁」事例）が見出されるが、ゾルゲ事件をテーマとする本史料集成において特筆すべきは、ゾルゲ事件についての昭和天皇への上奏文、［206］「所謂国際諜報団事件に関する上奏案」が初めて公開されたことである。

この上奏が必要となった理由は、岩村司法大臣・東条総理大臣宛四二年四月［200］「勅許執筆方の件」に述べられている（史料②）。尾崎への西園寺を介した七月二日御前会議の情報機密漏洩が、昭和天皇への「上奏」の必要となった。

そこには、ゾルゲが一九三三年以降「各方面の人士等に巧に接近して広汎なる諜報活動」を展開し、一九四一年「七月上旬頃被疑者尾崎秀実は同月二日の御前会議に於て決定せられたる国家機密事項の探知に努め遂に其の決定事項の内容を諜知して被疑者ゾルゲに報告し同人をして之

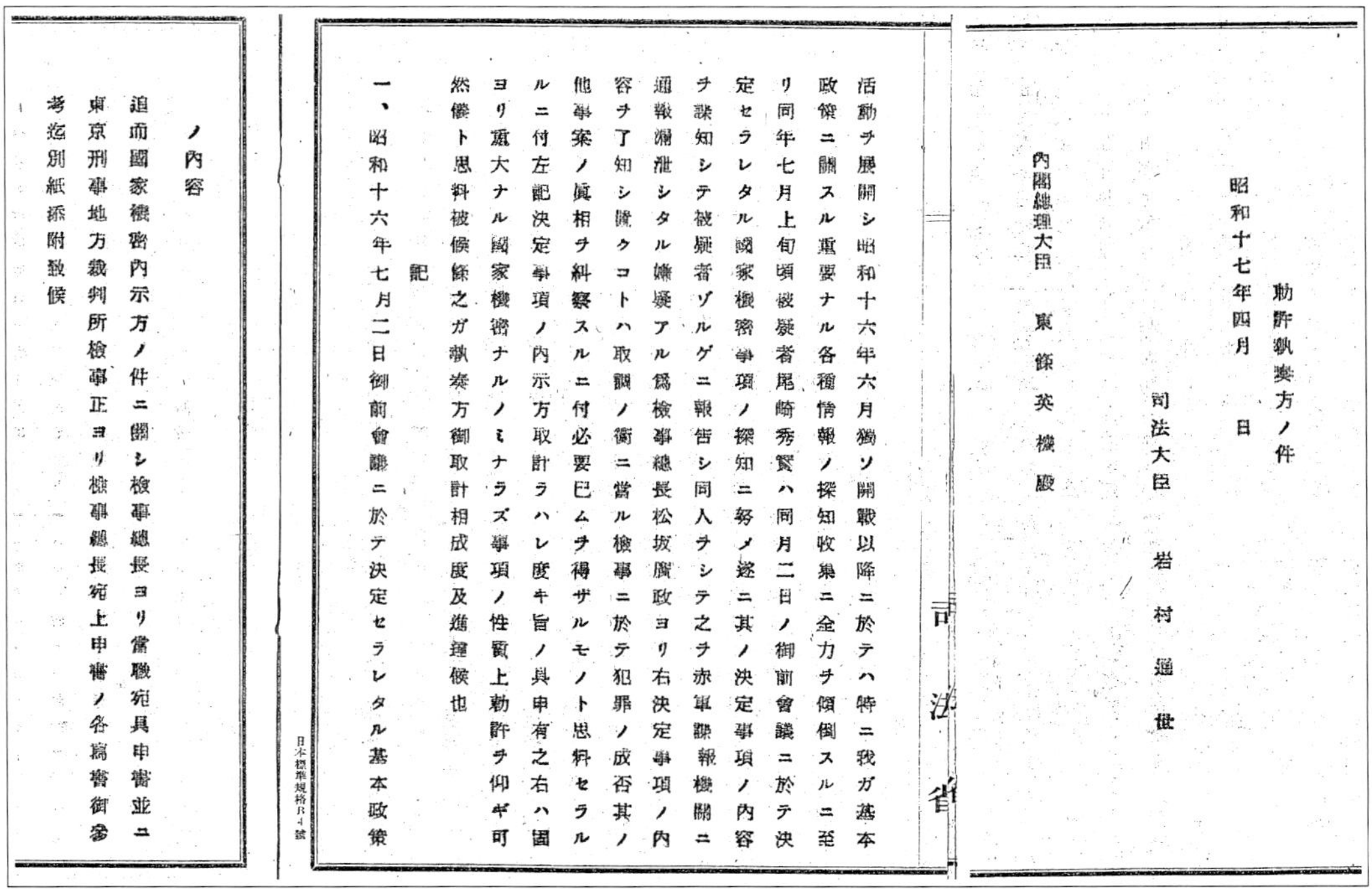
勅許執奏方ノ件
昭和十七年四月　日
司法大臣　岩村通世
内閣總理大臣　東條英機殿

活動ヲ展開シ昭和十六年六月獨ソ開戰以降ニ於テハ特ニ我ガ基本政策ニ關スル重要ナル各種情報ノ探知收集ニ全力ヲ傾倒スルニ至リ同年七月上旬頃被疑者尾崎秀實ハ同月二日ノ御前會議ニ於テ決定セラレタル國家機密事項ノ探知ニ努メ遂ニ其ノ決定事項ノ內容ヲ諜知シテ被疑者ゾルゲニ報告シ同人ヲシテ之ヲ赤軍諜報機關ニ通報漏泄シタル嫌疑アル爲檢事總長松坂廣政ヨリ右決定事項ノ內容ヲ了知シ置クコトハ取調ノ衝ニ當ル檢事ニ於テ犯罪ノ成否其ノ他事案ノ眞相ヲ糾察スルニ付必要已ムヲ得ザルモノト思料セラルルニ付左記決定事項ノ內示方取計ラハレ度キ旨ノ具申有之右ハ固ヨリ重大ナル國家機密ナルノミナラズ事項ノ性質上勅許ヲ仰ギ可然儀ト思料被候條之ガ執奏方御取計相成度及進達候也

記

一、昭和十六年七月二日御前會議ニ於テ決定セラレタル基本政策ノ內容

追而國家機密內示方ノ件ニ關シ檢事總長ヨリ當職宛具申書並ニ東京刑事地方裁判所檢事正ヨリ檢事總長宛上申書ノ各寫書御參考迄別紙添附致候

日本標準規格B4號

史料②

を赤軍諜報機関に通報」したため、「右は固より重大なる国家機密なるのみならず事項の性質上勅許を仰」がなければならない重大な情報漏洩として、「記　昭和十六年七月二日御前会議に於て決定せられたる基本政策の内容」を上奏・報告したいと、司法大臣が内閣総理大臣に許可を求めたかたちをとっている。四月のみで日付が入っておらず、西園寺公一・犬養健の名前は特定されていないが、西園寺・犬養の訊問供述を得た上での司法省としての決断であることがわかる。

（２）一九四二年五月一三日――昭和天皇へのゾルゲ事件上奏文（全文）

「太田耐造関係文書」の「上奏文」は、一九四二年五月九日［２０６－１］と五月一一日［２０６－２］の二通の案が入っているが、ここでは五月一三日の上奏直近の五月一一日上奏案を、以下に現代表記をまじえて読み下し、全文を見てみよう（編者注、手書き訂正部分は〔　〕で示した、ただし単なるタイプミスと思われるものは省略した。読みやすさを考慮し、適宜改行を加えた。史料③）。

厳秘（昭和一七、五、一一刑思印）

所謂国際諜報団事件に関する上奏文案

昭和十六年十月以降東京刑事地方裁判所検事局に於て警視庁を指揮し鋭意取調中なりし国際諜報団事件は漸く捜査一段落を告げ、殆ど其の全貌を明白ならしむることを得、極めて最近の機会に其の中心主要人物に対し予審請求の手続を了する運びと相成りたるを以て、此の際事案の概略に付上奏申上ぐる次第なり。

所謂国際諜報団は内外人の共産主義者より成る秘密諜報団体にして、長年月に亘り帝国の重要機密事項を多数入手し之をソ連邦の国家機関に提報し居りたる極めて不逞なる団体なるが、本件は同検事局に於て治安維持法違反の嫌疑の下に豫て取調中なりし元米国共産党員北林トモなる者の供述に依り米国より数年前帰朝し当時東京に在住し居りたる画家宮城與徳なる者に付外諜の嫌疑を生じ同人を検挙し取調べたる結果発覚するに至りたるものなり。

本諜報団の中心人物は、

国　籍　独逸
出生地　旧露国コーカサス州バクー
住　所　東京市麻布区永坂町三十番地
フランクフルター・ツアイツング社日本特派員
リヒアルト・ゾルゲ
四十七年

国　籍　クロアチア国
出生地　旧オーストリヤ・ハンガリー国オスイエック市
住　所　東京市牛込区左内町二十二番地
アバス通信社日本特派員通信補助員
ブランコ・ド・ヴーケリッチ
三十八年

本　籍　沖縄県国頭郡名護町字名護百七十五番地
住　所　東京市麻布区龍土町二十八番地　岡本安正方
画　家
宮城與徳
四十年

本　籍　東京市小石川区西原町二丁目四十番地
住　所　同市目黒区上目黒五丁目二千四百三十五番地

元南満洲鉄道株式会社嘱託
尾崎秀實　四十二年

国　籍　独逸
出生地　独逸国プロシヤ州シユレスウイツヒ・ホルシユタイン県フズム郡ノルトシユトランド島
住　所　東京市麻布区広尾町二番地
青写真複写製造業
マックス・クラウゼン　四十四年

等五名なるが、本諜報団はソ連共産党中央委員会より帝国に派遣せられたる同党中央委員会機密部員ゾルゲに於てソ連共産党の司令に依り帝国の軍事、政治、外交、経済其の他諸般の国情を探知する目的を以て同様ソ連共産党より派遣されたるヴーゲリツチ等を糾合し昭和八年九月頃結成したるものにして、爾後宮城、尾崎、クラウゼン等漸次之に加入し其の機構の整備を見たるものなり。

検挙当時に於ては内外人［二］十数名を使用し執拗なる諜報活動を為し居りたるものなるが、諜報活動中、政治、外交、経済等に関するものに付てはソ連共産党中央委員会の指導統制を受け、軍事に関するものに付ては同中央委員会と密接なる有機的連関を有する赤軍第四本部の指揮命令を受け、探知に係る情報及資料は孰れも之を無電又は伝書使に依りて赤軍第四本部に送付し同本部の手を経ソ連共産党中央委員会並にコミンテルン本部等のモスコー中央部に報告し居りたるものにして、

ゾルゲは伯林所在の高等学校在学中第一次欧州大戦に志願出征し三度戦傷を負ひ功に依り二等鉄十字章を授与せられ其の後ハンブルヒ大学を卒業し国家学博士の学位を受け居れるが、其の間共産主義を信奉するに至り大正八年独逸共産党の結成を見るや間もなく之に加盟し大正十四年一月同党代表としてモスコウに派遣せらるるやソ連共産党に転籍しコミンテルン本部情報局員と為りスカンヂナビヤ地方等に於て諜報活動に従事し昭和四年コミンテルン本部及ソ連共産党首脳部と協議してソ連共産党中央委員会機密部に所属するに至り新方針の下に諜報団体の組織及活動の衝に当たるに至れり。

於茲、昭和五年一月モスコウ中央部の命を受け上海に赴き尾崎秀實、アグネス・スメドレー、マックス・クラウゼン其の他内外人共産主義者を糾合して在支諜報団を組織し上海を本拠とし支那全土及満洲等に亘り広汎なる諜報活動を展開し其の間特に帝国の対満支政策、上海事変に於ける帝国の軍配置状況及作成方針等に関する情報の入手提報に努めたるが、一時モスコウに帰還後更に昭和八年九月モスコウ中央部より帝国内に諜報組織を確立すべき指令を受けて米国を経て来朝したるものにして、其の頃合法を擬装する為~~「フランクフルター・ツアイツングなる独逸新聞」~~「手書き追加：独逸新聞テーグリッヘ・ルンドシヤウ社日本」特派員の資格を獲ると共にナチス党員と為り「手書き追加：その後フランクフルター・ツアイツング社特派員となり」たるもの

ヴーケリッチは旧ユーゴースラビヤ国ザグレブ市所在の高等学校を卒業し美術専門学校、高等工業学校等を転々したる後仏蘭西に遊学し、昭和四年六月巴里大学法科を卒業して会社員となり一時軍務に服したるも昭和七年一月よりは深刻なる経済恐慌の為巴里に於て失業中、夙に共産主義を信奉し実践活動にも従事したる事ありたる為、昭和七年春旧知の共産主義者より国際諜報活動に従事すべく慫慂せらるるや之を承諾し、在巴里コミンテルン連絡員を介しモスコウ中央部より帝国に於て諜報活動を為すべき指令を受け昭和八年二月仏蘭西週刊雑誌ヴユウ社特派員と

して来朝し、その後アバス通信社通信補助員と為りたるもの、

宮城與徳は沖縄県立師範学校本科一年を中途退学後絵画研究の為米国に渡り大正十四年同国加州サンデイゴ官立美術学校を卒業し爾来同州羅府等に於て画家として生計を営み居りたるが、其の間共産主義を信奉するに至り昭和六年秋米国共産党に加入し同党第十三区加州支部東洋民族課日本人部に属して左翼文化運動に従事中同党上部より帰国してコミンテルン本部の為所要の任務に従事すべき旨の指令を受け昭和八年十月末帰朝したるもの、

尾崎秀實は台北中学、第一高等学校を経て大正十四年三月東京帝国大学法学部を卒業し、約一年間大学院に学びたる後朝日新聞社に入社したるが、在学当時より共産主義を信奉し昭和三年十一月同新聞社特派員として上海に派遣せらるゝや同地に於て左翼作家、中国共産党員其の他多数の内外共産主義者と親交を重ね漸次其の間に重きを為し同地の左翼活動を指導援助中昭和五年米国人共産主義者アグネス・スメドレーを介しゾルゲと相識り同人の主宰する在支諜報団に加入し其の有力なる一員として支那各地及満洲等に亘り帝国の対支政策其の他重要事項に関し活発なる諜報活動を遂行し昭和七年大阪本社詰を命ぜられし為已むなく後任者をゾルゲに推薦して帰朝し同人との連絡一時中断したるも昭和九年六月宮城與徳を介し再び連絡を生ずるに至りたるものにして、上海在勤当時支那問題の研究調査を重ねたる為世上其の権威者として遇せられ其の社会的地位漸次向上するに従ひ政治部門に進出し昭和十三年七月第一次近衛内閣の成立を見るや内閣嘱託を命ぜられ昭和十四年一月之を辞したるも昭和十四年六月以降は満鉄高級嘱託と為り現在に至りたるもの、

クラウゼンは出生地の国民学校卒業後鍛冶工として労働に従事する傍ら夜間職業補習学校に通学中第一次欧州大戦に応召出征し其の間無電技術を習得し除隊後職工、採炭夫、感化院看守、船員等を転々中共産主義を信奉するに至り昭和二年夏独逸共産党に加入したるが、約一年後同党上部の慫慂に依りソ連共産党中央部の統率下に在る国際諜報活動に従事すべく決意し昭和四年二月モスコウに赴き赤軍第四本部の一員と為り同年四月同本部長ベルジンの命を受けて上海に潜行して在支諜報団に所属し爾来上海、哈爾賓、広東、奉天等に於て専ら無電機の組立、赤軍第四本部所属無電局との無電連絡等技術面を担当し、昭和八年八月モスコウ中央部の指令に依り一旦モスコウに帰還して無電の研究、無電技術者の教育養成、無電設備の設置及無電捜査等に従事したるも昭和十年九月赤軍第四本部長オリツキより日本に赴きゾルゲを指導者とする諜報団体の為活動すべき旨の指令を受け、欧州及米国を経て同年十一月下旬来朝し爾来東京に於て表面雑貨輸入商クラウゼン商会を経営し其の後邦人従業者二十数名を使用し青写真複写機製造業を営み居りたるものなり。

而してゾルゲは昭和八年九月来朝するや直に東京に於て赤色諜報組織の結成に着手し豫てモスコウ中央部より指示せられ居りたる方法に依り常時既に来朝画策し居りたる無電技師ベルンハルト（昭和十年本邦より退去）及ヴーケリッチ等と連絡し其の結成を遂げ自ら其の主宰者と為り間もなく同年十二月豫て在米コミンテルン本部連絡員より指示せられたる連絡方法に従ひジヤパン・アドヴアタイザー紙に「浮世絵買入度し」なる広告文を掲載することに依り其の頃既に同様の指示を受け帰朝し居りたる宮城との連絡を遂げ次で在支諜報団当時優秀なる協力者として其の手腕を高く評価し居りたる尾崎との連絡回復を企図し漸く昭和九年六月宮城の斡旋に依り奈良公園に於て尾崎と再会し其の獲得に成功し

更に豫て無電技師ベルンハルトの技術に慊らざりしものありたる為昭和十年七月モスコウに於てコミンテルン第七回世界大会開催に際し同地に於てモスコウ中央部に対し上海当時より優秀なる無電技師として嘱目

し居りたるクラウゼンの派遣方を要請し同年末同人が同中央部の指令を受けて来朝するや之を諜報団に参加せしむると共にベルンハルトをモスコウに帰還せしめ茲に中心首脳部の陣容一段と強化せられたる結果次第に本格的活動を展開するに至り爾後内外人十数名を漸次獲得して其の規模を拡大し鋭意諜報活動を遂行し来りたるが

本諜報団に於てゾルゲは其の主宰者兼指導者としてモスコウ中央部との連絡の衝に当り、団体員の指揮統制に任じ、諜報項目を判断決定し、諜報団に於て探知収集したる情報及資料を総合整理して一定の情報に取纏め其の提報を命ずる等諸般の活動を総轄したる外、自らも亦深き信頼を得居りたる駐日独逸大使オット等を通じ同大使館より各種の秘密情報及資料を蒐集したるに止まらず帝国の国策特に外交政策をソ連邦に有利に展開すべき意図を以て策動し、

ヴーケリッチは通信記者たる地位を利用し駐日仏蘭西大使館、内外通信機関及外人新聞記者方面等より主として帝国の外交に関する諸情報を探知しゾルゲに提報すると共に無電の操作又は団体員の連絡場所に其の住居を提供し且各種資料及報告文書の撮影複写を担当し、

宮城は主として諜報補助者を使用して各般の情報及資料を探知収集し尾崎の蒐集に係る諸情報と共に之を取纏め英訳してゾルゲに提供する等の任務に従事したる外、多数の諜報補助者の発見獲得に努めて之を果し、

尾崎は極めて優秀なる協力者としてゾルゲの絶対的信頼の下に其の社会的地位及広き交際範囲を利用し主として政界上層部、満鉄方面及新聞関係者等より諸般の情報及資料を多数入手提供すると共に絶えずゾルゲの相談に応じ生起する内外の重要諸問題に付専らソ連邦擁護の観点よりする自己の見解及判断を披露して同人を補佐したる等諜報団に於てゾルゲと相並ぶ重要役割を果し

クラウゼンは其の卓越せる無電技術に依り四千粁に及ぶ発信能力ある無電気機を組立て之を使用し主としてモスコウ中央部との間の無電連絡事務を担当したる傍ら会計事務に従事し居りたるものにして、

常に帝国の対ソ政策、特に対ソ戦計画の有無並に〔不〕可能性を中心課題と為し之に関連して

一、ソ連邦に重大なる影響を及ぼすべき帝国陸軍及空軍の増強並に編制替に関する事項

二、帝国の対支政策

三、帝国の対米英外交政策

四、帝国と独逸国との諸関係

等に重点を置き居りたるが之に基き諜知を遂げたる事項中主要なるものは

一、昭和十六年七月二日開催せられたる御前会議の決定事項

二、政府大本営連絡懇談会の議に付する為内閣に於て準備したる日米国交調整に関する事項

三、独ソ開戦に関するヒットラー総統の意図及開戦予定日

四、昭和十六年六月二十三日開催の軍事参議官会議及同年八月下旬開催の軍首脳部会議の内容

五、満洲国に於ける帝国陸軍の編成、装備及配備状況

六、日独防共協定及三国軍事同盟の経緯

七、大日本帝国中華民国間基本関係に関する条約案及其の附属事項並に所謂日華国交調整に関する「内約」

等なり。

以上は国際諜報団事件の概要なるが、本件に於て特に注目を要すと思料せらるる諸点は

一、本諜報団が各国共産党員及共産主義者の国際的集合

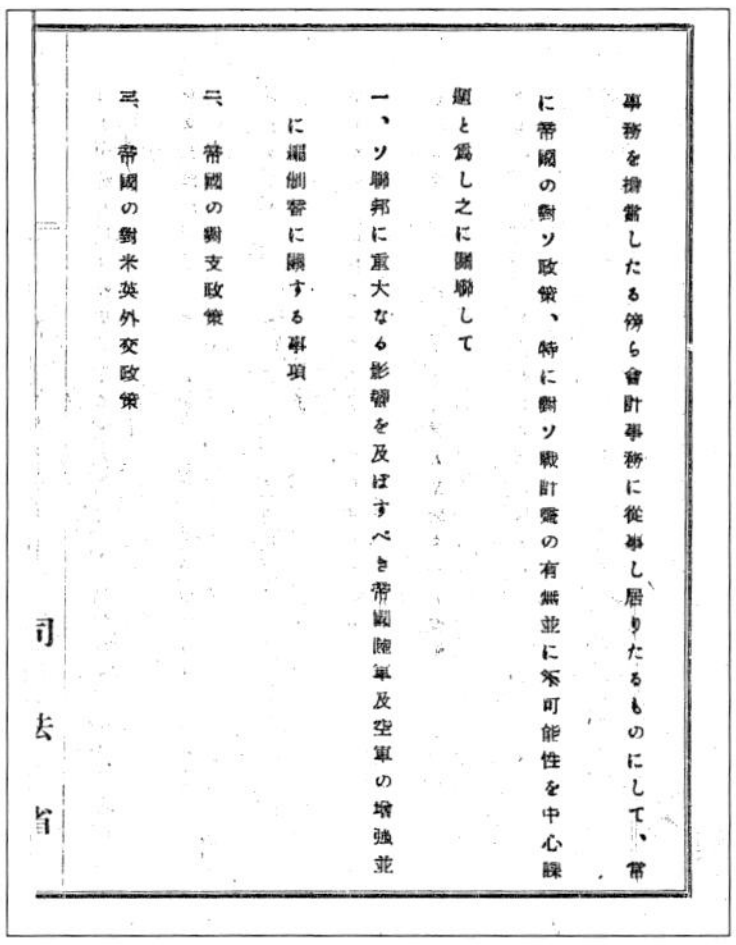

事務を擔當したる傍ら會計事務に從事し居りたるものにして、常に帝國の對ソ政策、特に對ソ戰計畫の有無並に其可能性を中心課題と爲し之に關聯して

一、ソ聯邦に重大なる影響を及ぼすべき帝國陸軍及空軍の增強並に編制等に關する事項

二、帝國の對支政策

三、帝國の對米英外交政策

司法省

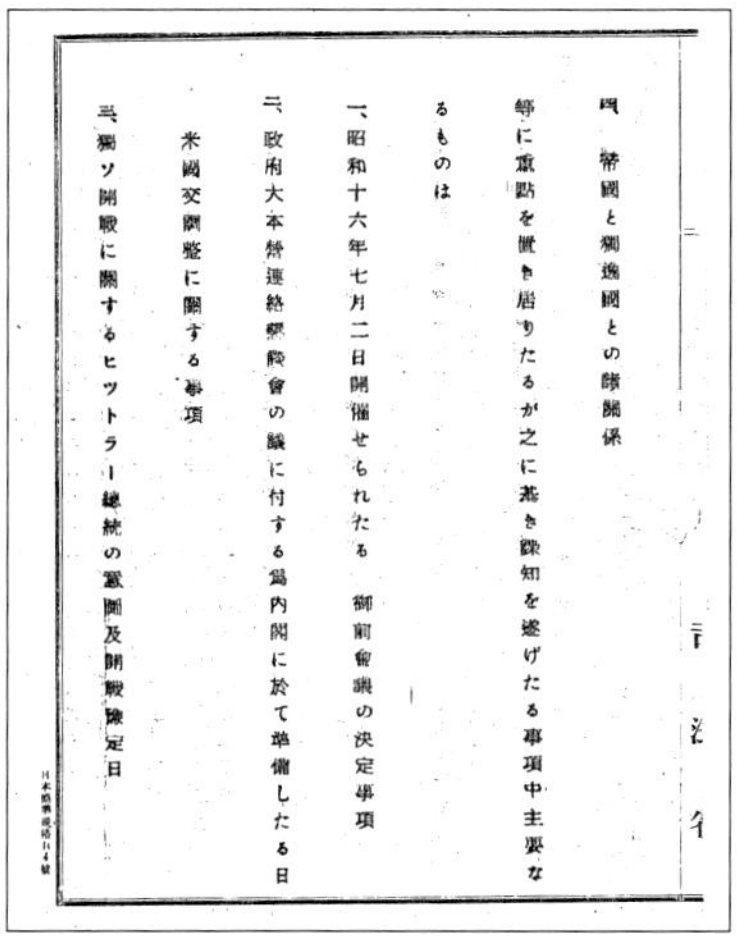

四、帝國と獨逸國との諸關係

等に重點を置き居りたるが之に基き探知を遂げたる事項中主要なるものは

一、昭和十六年七月二日開催せられたる　御前會議の決定事項

二、政府大本營連絡懇談會の議に付する爲內閣に於て準備したる日米國交調整に關する事項

三、獨ソ開戰に關するヒツトラー總統の意圖及開戰豫定日

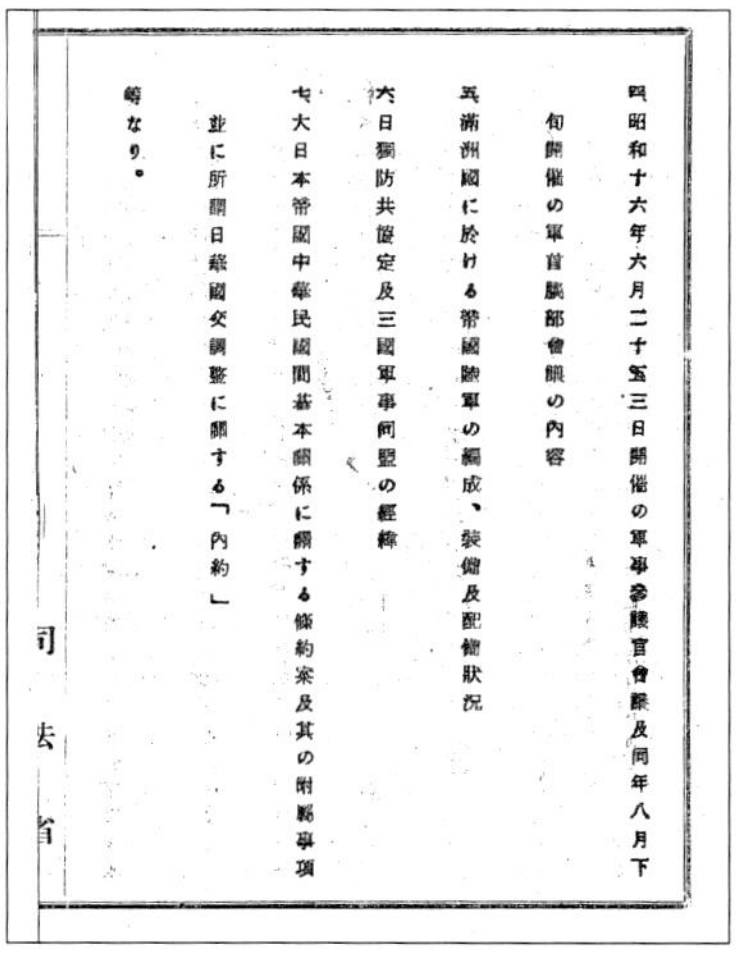

四、昭和十六年六月二十三日開催の軍事參議官會議及同年八月下旬開催の軍首腦部會議の內容

五、滿洲國に於ける帝國陸軍の編成、裝備及配備狀況

六、日獨防共協定及三國軍事同盟の經緯

七、大日本帝國中華民國間基本關係に關する條約案及其の附屬事項並に所謂日華國交調整に關する「內約」

等なり。

司法省

史料③

体なりしこと

二、本諜報団の中心人物が孰れも確固たる社会的地位を有し合法擬装極めて巧妙なりしこと

三、政府及駐日独逸大使館の中枢部に極めて緊密なる接触を有し居りたること

四、日本共産党との連絡を厳禁し居りたること

五、時々生起する重要問題に対する判断の正鵠を期する為常に帝国の諸情勢を詳細に調査検討し居りたること

六、無電技術極めて優秀なりしこと

等なり。

尚、東京刑事地方裁判所検事局に於ては国際諜報団事件の捜査進捗に伴ひ秘密事項を漏洩したる廉を以て

元内閣嘱託兼外務省嘱託　西園寺公一

三十七年

衆議院議員　犬養健

四十七年

を夫々検挙し其の取調を進め居りたるが、

西園寺公一は昭和十一年夏米国に於て開催せられたる太平洋問題調査会の会議に偶々同行したる等の事情よりして尾崎秀實と相識り親交を重ぬる中同人の支那問題に関する造詣に幻惑せられたると其の言動等より同人をするに至りたること等の為同人に利用せられ外国に漏泄せらるるの情を知らずして昭和十六年九月内閣嘱託として業務上知得したる日米国交調整に関する国家機密を同人に漏泄したる外軍事上の秘密事項等をも亦同人に漏洩し

犬養健亦尾崎秀實を支那問題の権威者として高く評価し常に其の意見を徴し居りたること等の為同人の乗ずるところとなり外国に漏泄せらるるの情を知らずして昭和十五年秋軍事上の秘密事項を包含する大日本帝国中華民国間基本関係に関する条約案、附属議定書案、附属秘密協定案及秘密交換公文案を同人に開示漏泄したる嫌疑孰れも明確となりたるを以て

極めて最近の機会に西園寺公一に対しては国防保安法違反及軍機保護

法違反、犬養健に対しては軍機保護法違反の各罪名の下に東京刑事地方裁判所に予審請求を為す予定なり。

支那事変発生以来朝野協力して防諜措置の万全を期し詭激思想の防遏に苦心し来りたる其の間に於て長期間に亘り斯る不逞団体の蠢動を放任したるは仮令其の擬装極めて巧妙なりしとは謂へ洵に恐懼に堪えざる次第なり。御稜威の然らしむるところ幸にして大東亜戦争勃発の直前之を検挙し其の組織を覆滅し得たるは偏に天祐の感謝感激に堪えざるところなり。

本大臣に於ては今次事犯の経験に鑑み此の種事犯に対する検察を強化し其の未然防止に万全を期する所存なり。

（3）司法省刑事局「ゾルゲ事件概要」から「国際諜報団事件」上奏文起草、新聞発表文作成へ

この「上奏文」は、一九四二年四月から準備され、五月上旬に仕上げられた。その下敷きになったのは、「太田耐造関係文書」［203］の司法省刑事局「ゾルゲ事件概要」である。それは、三月段階での捜査・取調総括である。ただし、三月段階の「概要」には、西園寺公一と犬養健の容疑が入っていなかった。西園寺の国防保安法・軍機保護法違反第一回検事尋問は四二年三月一六日、七月二日御前会議の内容を尾崎に流したのではないかという尋問は第三回、三月三〇日である。犬養健は、西園寺供述との関係で四月四日に軍機法護法検事尋問を受ける。西園寺・犬養とも、警察訊問を受けた記録はない。そこから、上奏文作成の準備が始まる。

直接には内務省内で、［205］の留岡警視総監・司法大臣宛四二年六月一〇日「国際共産党対日諜報機関検挙申報」の原型にもなる。事件の総称自体が、三月の「ゾルゲ事件」から五月に「国際諜報団事件」に変わる。

「犯罪発覚の端緒」は、日本共産党再建運動の被疑者伊藤律・青柳喜久代の自供から米国共産党員北林トモの和歌山在住が判明し、北林の九月二八日検挙から宮城与徳の一〇月一〇日検挙、一一日の自供でゾルゲ・尾崎等の「コミンテルン系国際諜報団の外貌」判明とされている。特高警察による伊藤律等の日本共産党再建運動捜査と、特高外事警察による米国共産党外課捜査の交点でゾルゲ諜報団の存在が判明したが、「本件検挙の端緒は査察内偵に基づくにあらずして寧ろ偶然とも称し得るが、事案の重要性に鑑みるとき、特に検挙の時期が大東亜戦争勃発の直前なりしことは全く神国日本の神助とも謂ふべし」と率直に述べる。この「神の助けによる偶然」が、やがて、とりわけ戦後のGHQウィロビー報告などで「伊藤律端緒説」として一人歩きするが、太田耐造にとっては神がかった「日本法理」の成果であった。

続く「検挙の概要」では、「ゾルゲは駐日独逸大使オツトウとの信頼極めて厚く、大使館方面に隠然たる勢力を有する人物なること」が判明して「同国との友好関係を考慮し特に慎重を期し、先ず尾崎秀実を検挙して更に確証を得たる上外人に及ぶこととし」同月一五日尾崎を検挙し「即日宮城と略同様の自白」を得て、「同月十八日右外人三名を同時に検挙」したという。その際、クラウゼン、ゾルゲ、ヴーケリッチ宅の家宅捜査から無線機・文書など多くの証拠が得られたことが、以後の取調・検挙を容易にした。宮城の一〇月一〇日検挙の後、尾崎秀実の一五日検挙・拘束の前に、一一日岡井安正、一二日芳賀雄、一三日九津見房［子］・秋山幸治・鈴木亀之助の検挙が書かれ、久津見・秋山は拘束、岡井・芳賀・鈴木は釈放とされている。この検挙の時系列は、後の司法大臣宛「申報」及び内務省警保局「ゾルゲを中心とせる国際諜報団事件」（従って戦後の

警察庁『外事警察資料』、みすず書房『現代史資料』も）では「諜報機関員十七名」と「非諜報機関員十八名」に分けられたため、わかりにくくなっている。伊藤律・青柳喜久代は、いずれにも入っていない。

五人の「経歴」の書き方も、その後の総括文書と比べると、ゾルゲのドイツ語著作の列挙、上海での任務の「後任者パウル」、尾崎の東大大学院時代「マルキストたる助教授大森義太郎指導のブハーリン『史的唯物論』研究会」参加、上海での「郭沫若設立の『創造社』に出入」、中国でも「後任連絡者として山上正義」推薦など、具体的である。

この一九四二年三月［203］司法省刑事局「ゾルゲ事件概要」の内容が、以下の三つのルートでの文書の大元であったと考えられる（史料④）。

第一に、短いが事実は曲げられない昭和天皇宛五月一三日「上奏文」［206］へ。

第二に、一般国民向けの検閲報道文五月一六日「司法省発表」［207以下］へ。

第三に、五月の［204］「ゾルゲ事件関係主要被告人公訴事実集」と合体され、権力内部での詳細な外諜対策総括・教訓文書六月一〇日［205］「国際共産党対日諜報機関検挙申報」へ。

（4）「上奏文」の五月九日草案から五月一一日最終案へ

「上奏文」の起草は、［200］司法大臣岩村通世から内閣総理大臣東条英機宛「勅許執奏方の件」で総理大臣の許可を得ている。「昭和一七年四月」のみでまだ上奏時機ははっきりしない時点だが、五人が「ソ連邦赤軍諜報機関の指令を受け」、尾崎が西園寺から得た四一年七月二日御前会議に於て決定せられたる基本政策の内容」情報をゾルゲに報告し「赤軍諜報機関」に伝えたことが、上奏が必要な最大の理由とされている。

ただし、上奏文は、五月九日に一度草稿を作ったものの、二日後の一一日に書き直している。おそらく五月一一日に「上奏文案」がそのまま五月一三日に昭和天

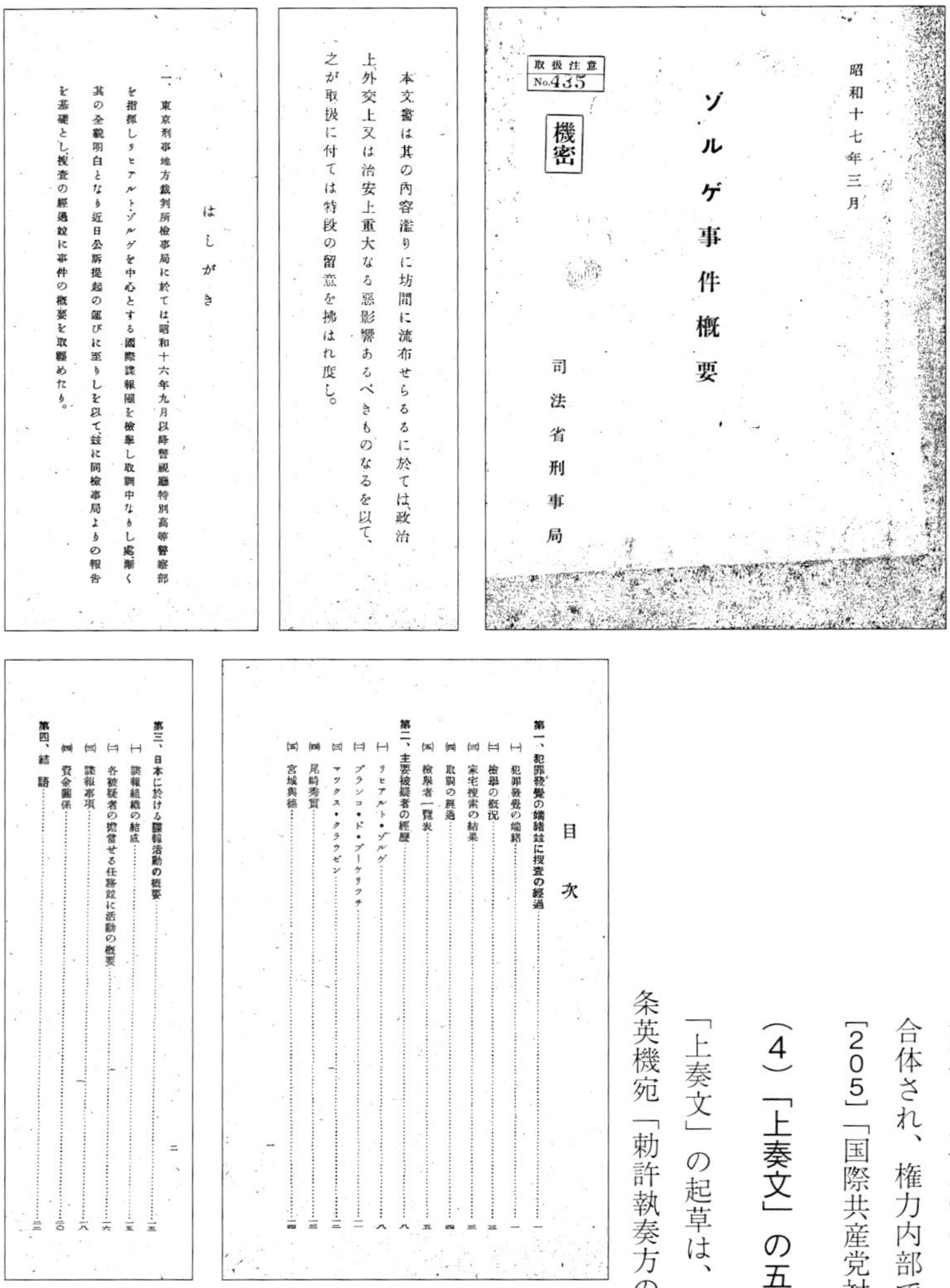
昭和十七年三月

ゾルゲ事件概要

取扱注意 No.435

機密

司法省刑事局

本文書は其の内容濫りに坊間に流布せらるるに於ては、政治上外交上又は治安上重大なる悪影響あるべきものなるを以て、之が取扱に付ては特段の留意を拂はれ度し。

はしがき

一、東京刑事地方裁判所検事局に於ては、昭和十六年九月以降警視廳特別高等警察部を指揮しリヒアルト・ゾルゲを中心とする國際諜報團を檢擧し取調中なりし處、漸く其の全貌明白となり近日公訴提起の運びに至りしを以て、玆に同檢事局よりの報告を基礎とし、捜査の經過竝に事件の概要を取纒めたり。

目次

史料④

皇に伝えられたと思われるが、『昭和天皇実録』にも内容の記述はないので、確定はできない。

五月九日「上奏文案」から一一日最終版への異同にも、簡単に触れておこう。

第一に、五月九日には入っていなかった「元米国共産党員北林トモ」、「無電技士ベルンハルト」の名前が、五月一一日最終案には追加された。

第二に、諜報団の使用した五月九日案「内外人二〇数名」が一一日に「一〇数名」と変更された。ゾルゲの日本入国時の新聞特派員名が、九日の「フランクフルター・ツアイツング」特派員から、一一日に「テーグリッヘ・ルンドシャウ」へと訂正された。

第三に、一番大きな違いは、五月九日原案では「日本の対ソ連政策。特に対ソ戦計画の有無並に可能性」に関する「諜報」の主な内容が、以下のようになっていた。

一、尾崎が西園寺公一より聴取致しました昭和十六年七月二日の御前会議に於て決定せられた重要国策―特に対ソ関係
二、尾崎が西園寺公一より開示を受けた日米交渉に関する日本案（所謂対米申入書）
三、ゾルゲが独逸大使館より入手せる独ソ開戦に関する独逸側の意図及開戦予定日
四、尾崎が新聞関係等より入手せる昭和十六年六月二十三日の軍参事官会議及同年八月下旬の軍首脳部会議の内容―特に帝国の対ソ方針
五、宮城、尾崎に於て入手せる満洲国に於きまする帝国陸軍の編成、装備、配備状況、及昭和十六年七月以降同年九月に至る動員状況
六、ゾルゲが独逸大使館より入手せる日独防共協定及三国同盟の経緯
七、尾崎が西園寺公一或は犬養健より入手せる日本国中華民国間基本関係に関する情約案及其の附属事項及所謂日華国交調整に関する昭和十四年十二月三十日付「内約」

等であります。

ところが、五月一一日案では、個々の案件の情報提供者・経路の個人名が伏せられ、以下のようになる。その代わりに、皇室・政権に近い西園寺公一と犬養健について別立てで詳しく記された。ただし、この重大情報漏洩が、二人とも「情を知らずして」尾崎秀実に流したものとされた。

一、昭和十六年七月二日開催せられたる　御前会議の決定事項
二、政府大本営連絡懇談会の議に付する為内閣に於て準備したる日米国交調整に関する事項
三、独ソ開戦に関するヒットラー総統の意図及開戦予定日
四、昭和十六年六月二十三日開催の軍事参議官会議及同年八月下旬開催の軍首脳部会議の内容
五、満洲国に於ける帝国陸軍の編成、装備及配備状況
六、日独防共協定及三国軍事同盟の経緯
七、大日本帝国中華民国間基本関係に関する条約案及其の附属事項並に所謂日華国交調整に関する「内約」等なり。

最重要情報を漏らした西園寺・犬養を、検挙者だが「諜報機関員」ではなく「情を知らずして」尾崎に流した「非諜報機関員」としたための昭和天皇への苦しい弁明であったが、その結果、一六日の「司法省発表」でも、五人の主犯以外で二人だけ、実名報道されることになった。

(5) 昭和天皇への「上奏文」と国民向け新聞報道「司法省発表」の落差

この上奏文の意味は、五月一三日上奏の三日後の五月一六日午後五時に司法省発表が行われ、翌一七日新聞各紙朝刊に発表された公式発表文との差異を検討することで、明らかになる。主権者であり大元帥である天皇に対する上奏と、「天皇の赤子」である国民向けの発表との落差であり、戦況の大本営発表の場合と同じである。ミッドウェイ海戦直前で、まだ日本軍は攻勢にあり進軍を続けていた。

この問題については、①一九六二年の『現代史資料』第一巻巻末における編者小尾俊人「歴史のなかの『ゾルゲ事件』」中での司法省・新聞発表文全文の紹介（五三九〜五四三頁）及び第三巻別冊「月報3」における公表・報道経緯の分析（ただし、いずれも司法省発表を一八四二年六月一六日と誤記している）、②『国立国会図書館月報』第六七九号（二〇一七年一一月）「憲政資料室の新規公開資料から」での「新聞記事掲載要領[213]」などの紹介、③それを受けた二〇一八年八月一八日『毎日新聞』一・二面のセンセーショナルな報道「ゾルゲ事件報道統制文書　旧司法省幹部手控え発見」「四段組以下、写真なし」「スパイ浸透　矮小化へ走る」「ゾルゲ事件文書　各省が修正要求」、があるが、いずれも[206]「昭和天皇への上奏文」との比較を行っていない（史料④）。また、いくつか不正確な点も含まれている。

昭和天皇向け五月一一日「上奏文」と、朝日新聞縮刷版一七日朝刊から司法省一六日夕「発表文」を比較すると、以下が特徴的である。

第一に、「発表文」は末尾の「司法内務両当局談」を合わせても、短時間で事実を要領よく天皇に伝えるための「上奏文」よりもさらに簡略化され、きわめて抽象的・一般的な「国際諜報団事件」報道となっている。

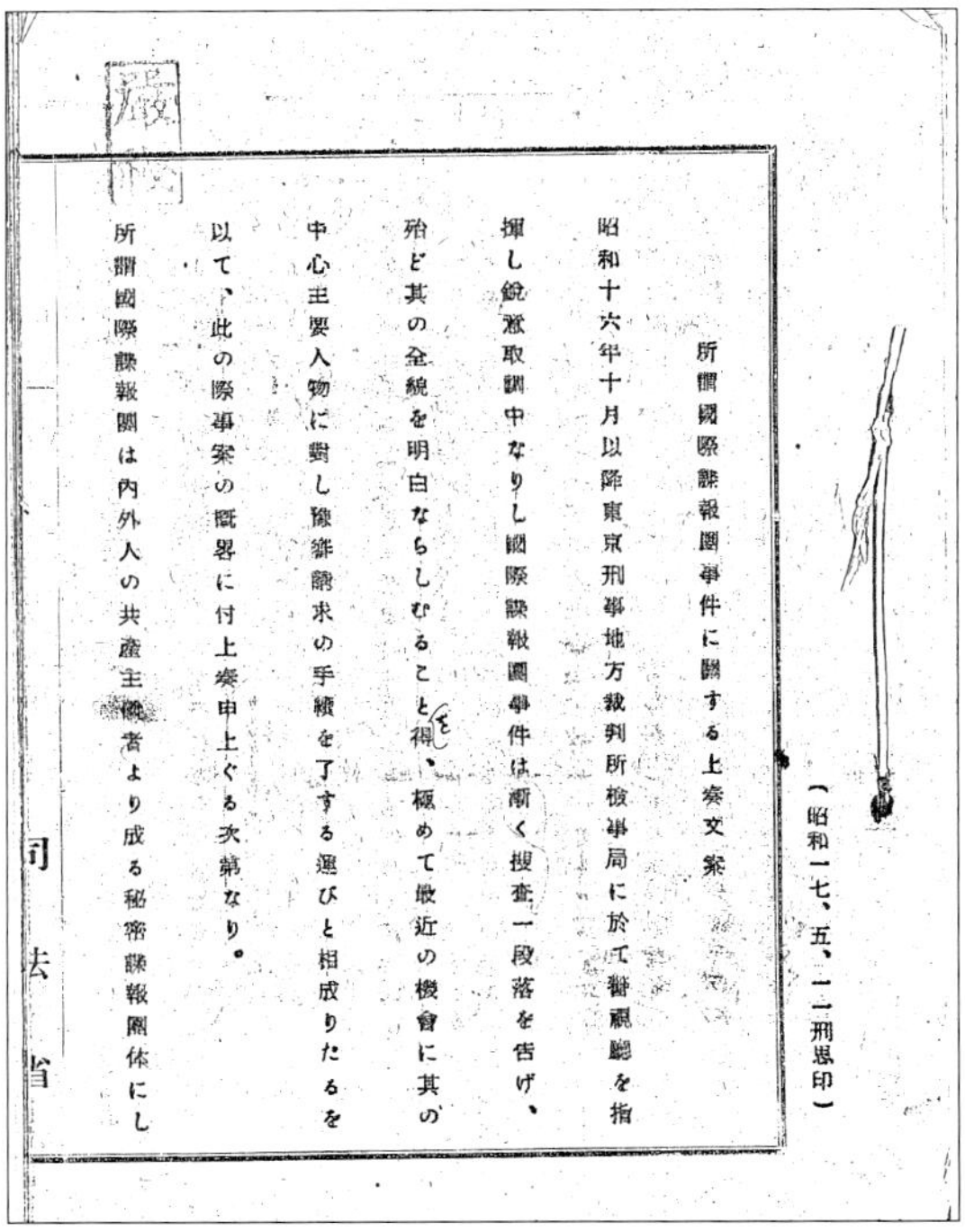
【昭和一七、五、一一刑思印】

所謂國際諜報團事件に關する上奏文案

昭和十六年十月以降東京刑事地方裁判所檢事局に於て警視廳を指揮し鋭意取調中なりし國際諜報團事件は漸く捜査一段落を告げ、殆ど其の全貌を明白ならしむること得、極めて最近の機會に其の中心主要人物に對し豫審請求の手續を了する運びと相成りたるを以て、此の際事案の概略に付上奏申上ぐる次第なり。

所謂國際諜報團は内外人の共產主義者より成る秘密諜報團体にし

司法省

史料④

第二に、関係者の氏名は、「上奏文」でゾルゲ・ブーケリッチ・宮城・尾崎・クラウゼンの「中心分子」五人に、皇室・政府に近い西園寺公一・犬養健を加えた七人であったが、「発表文」でもこの範囲に限定され、「関係のあった十数名の邦人」は隠された。捜査の発端として「上奏文」には入っていた「元米国共産党員北林トモ」、「在支諜報団アグネス・スメドレー」らの名は「発表文」で消されている。「上奏文」には明記されていた尾崎秀実の「第一次近衛内閣嘱託」は「発表文」では「元満鉄嘱託」のみに、西園寺公一についても「上奏文」の「元内閣嘱託兼外務省嘱託」が隠蔽され、肩書きなしになった（犬養健は、両者とも「衆議院議員」）。

第三に、「国際諜報団」の内実が、ゾルゲは「独逸共産党」出身ながら「ソ連共産党中央委員会」から派遣されたソ連「赤軍第四本部」の諜報員と「上奏文」では明記されていたが、「発表文」では、「コミンテル

朝日新聞

我が潜水艦の敵船舶撃沈
開戰以來六十五隻に達す
合計實に四十四萬四千トン

大本營發表

一、太平洋、ハワイ方面　十五隻、十萬一千七百トン
二、南太平洋方面　十五隻、九萬六千トン
三、印度洋方面　三十五隻、二十四萬六千三百トン
合計六十五隻、四十四萬四千トン

俘虜一萬二千、砲二百四十六
コレヒドール島等の戰果

大本營發表

米の虚構發表覆る

比島戰線の盛厚王殿下

比島作戰に御參加
東久邇宮盛厚王殿下御歸還

敵彈雨飛下に作戰を御輔佐

制海權と世界史の變轉（下）
歷史は海上權を續る
五ヶ月の戰果、戰局を決す

神速・雲南の騰越占領
兵器等莫大な資材鹵獲

大本營發表

國際諜報團檢擧さる
内外人五名が首魁

長年の擬裝暴露
司法・内務兩當局談

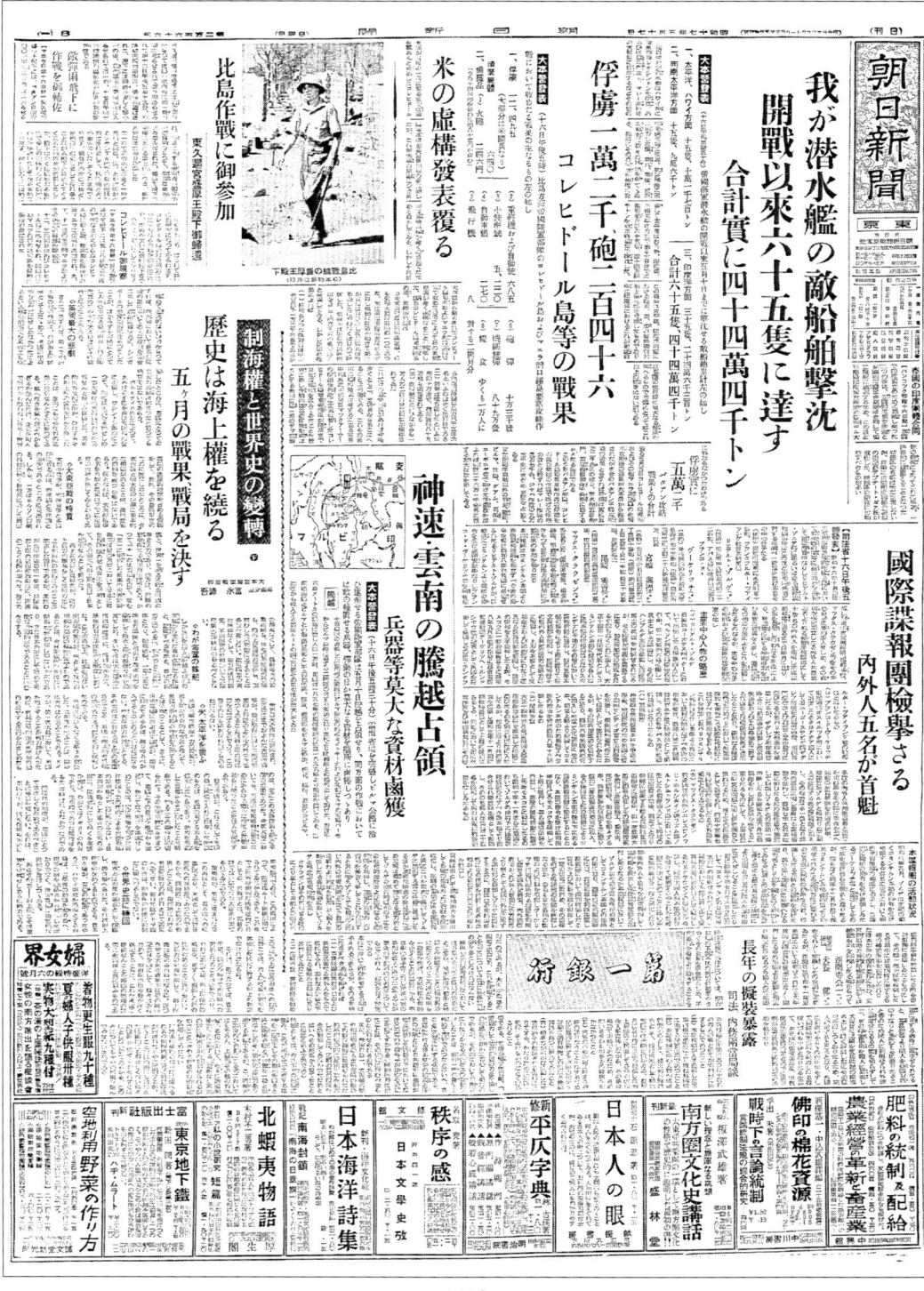

史料⑤　『朝日新聞』1942年5月17日朝刊

ン本部情報局員」で「コミンテルン本部」に情報を流したとされた。それればかりか、「発表文」には「モスコウ」という地名はでてくるが、「ソ連」という国名は一切なく、従って「ソ連共産党中央委員会」も「赤軍四部」も抹消された。これは、治安維持法「目的遂行罪」の構成要件たる「コミンテルン及び共産党の目的」に合わせるものであると共に、当時なお日本にとって重要な「日ソ中立条約」への配慮である。「上奏文」にはあったゾルゲが同盟国「駐日独逸大使館オット等」に信頼され「同大使館より各種の秘密情報及資料を蒐集」も「発表文」では落とされた。「ドイツ」も国名としては使われず、独ソ戦さなかのこの時点でも、ソ連もドイツも外交上の「親善国」であった。

第四に、最も重要な情報漏洩の内容は、「上奏文」で「対ソ政策及び対ソ戦計画」の「ソ連邦に重大なる影響を及ぼすべき帝国陸軍及空軍の増強並に編制替に関する事項」以下四つの「重点事項」と、「昭和十六年七月二日開催せられたる御前会議の決定事項」以下七項目の主要な「諜知を遂げたる事項」が列挙されているが、「発表文」では、一切国民には伝えられない。「発表文」には「我国情に関する秘密事項」が流されたとのみ言明された。したがって国民は、いかなる情報が漏洩したかが分からないまま「未然防止」を説かれた。特に「西園寺公一、犬養健の如き知名人士」も関わったため、「上層部その他の有識層」の「自粛自戒」を促した。ただし、昭和天皇への「上奏文」では「情を知らずして」具体的国家機密を尾崎に流したとされた西園寺・犬養は、「発表文」では「尾崎の極めて巧妙な偽装に幻惑」され「不用意」に「利用せられ」たるものとされた。

以上の最終新聞「発表文」は、「太田耐造関係文書」には文案のみである。新聞切り抜きも入っていない。読者・研究者は、日付を間違えた『現代史資料』第一巻の小尾俊人「解説」掲載文よりも、今日では容易に読むことができる大手新聞縮刷版一九四二年五月一七日朝刊の掲載記事を参照すべきである。新聞発表文の全文は、各紙同じである。

ただし縮刷版記事で驚くのは、各紙ともトップ扱いではなく、きわめて地味な報道だったことである。当時の『朝日新聞』一九四二年五月一七日朝刊でいえば、「我が潜水艦の敵船舶撃沈　開戦以来六五隻に達す　合計実に四四万四千トン」という六段見出しの「大本営発表」の下に、「国際諜報団検挙さる　内外人五名が首魁」という四段見出し記事のみである（史料⑤）。

（６）「事件公表関係」史料にみる検閲と省庁間調整

「太田耐造関係文書」の目玉としてこれまで報じられてきたのが、「3・4・3 事件公表関係」［206〜213］である。もっとも小尾俊人による一九六二年の『現代史資料』第三巻別冊「月報3」に刑事局「発表要項（案）」の全文が（ただし作成日付が五月一七日とされているが、実際は「国際諜報団事件に関する発表要項」［208］で一九四二年五月一一日作成）、『毎日新聞』二〇一八年八月一八日付に「新聞記事掲載要項」［213］（四二年五月一六日）の全文が発表されている。前者は「発表文」の形式を「司法省発表及司法当局談」の範囲内と設定して記者会見のあり方を規定するものであり、後者は、新聞発表の形式を規格化するものである。その間に、つまり「昭和天皇への上奏文」作成・上奏と併行して、「発表文」の他省庁との調整があり、「司法省発表」本文、「司法内務両当局談」文案の吟味が進められた。

［208］の五月一一日付「国際諜報団事件に関する発表要項（案）」は、長文ではないので全文を掲げる。この日、「上奏文」の最終案ができて、一三日の岩村法相の上奏では「なお十六日、司法省はゾルゲ事件を国際

諜報団事件として発表する」と天皇に伝えられた。

一、国際諜報団事件に関する発表は同種事件の先例に倣い専ら司法当局に於てこれを為すものとす。

二、昭和十六年十月十八日東京刑事地方裁判所検事正の為したる記事の差止は五月十六日午後四時を期し司法省発表及司法当局談に限り之を解除せしむるものとす。

三　各新聞社に対しては司法省発表及司法当局談の範囲内に限り新聞記事を掲載せしむべきものとす。

四　司法省発表及司法当局談は五月十六日午後四時を期し刑事局長室に関係新聞記者及放送局員の参集を求め其の席上発表するものとす司法省高等官、関係検事局検事及関係各省高等官に対しては希望に依り発表の際其の席に列せしむべきものとす。

五　関係新聞記者及放送局員に対し特に差止ありたる事実及其の一部解除なる事実に触れざる様注意するの要あるものとす。

六　情報局を通じ一乃至三及五の事項を適当の時期に各新聞社に対して示達し編集上の注意を促すものとす。

ここで発表形式は「先例にならい」とされているが、具体例は示されていない。しかし「外諜事件」としては、一九四〇年七月二七日にロイター通信東京支局長M・J・コックスら一一人が東京憲兵隊により軍機保護法違反容疑で検挙され、コックスは憲兵司令部で飛び降り自殺、最終的に一四人が捕まった「コックス事件」「英国人スパイ事件」があった。

政府高官の思想事件としては、一九三九年一一月発覚の企画院「判任官グループ」事件、四一年一～四月に「経済新体制確立要綱」を作成した稲葉秀三・正木千冬・和田博雄・勝間田清一・和田耕作ら一七名を「赤化思想」として検挙した企画院「高等官グループ事件」があった。後者の企画院事件については、「太田耐造関係文書」にもいくつか史料があり、本史料集成では「周辺史料」として収めておいた。

司法省発表の記者会見は、一九四一年一〇月ゾルゲ逮捕時になされた記事差止・報道禁止の「解除」手続きとされた。ただし「発表文」にある当時の「憶測に基く流言飛語」払拭の口実で、新聞も放送も報道は「司法省発表及司法当局談」の範囲内に厳しく限定された。このうち「司法当局談」は、内務省との調整で最終「発表文」では「司法内務両当局談」になる。

「太田耐造関係文書」［２０７］には、「国際諜報団事件に関する刑事局長談」草稿が五月七日［２０７－１］、五月九日［２０７－２］と二通入っている。ただし「昨年十月我国未曾有の国際諜報団を検挙」に始まる五月七日案は、原型をとどめないほどに訂正・加筆がなされ、「今回我国に於ては殆ど未曾有とも称すべき」に始まる五月九日案になった。この段階で既に、「上奏文」にはあった「ソ連」も「赤軍」も使わず、「各国共産党員及共産党関係者」「コミンテルンとも密接且具体的なる連絡」「軍事、外交、政治、経済其の他我国情に関する重要事項」と、「上奏文」に比して著しく問題が隠され抽象化されていた。その上で「大東亜戦争勃発の直前に於て此の種不逞団体を検挙し得たことは洵に慶賀に堪えない」と、あたかも内務省特高警察と司法省思想検事の「成果」を誇るかのような一文もあった。

ところが、こうした「慶賀」は、五月一一日に昭和天皇向け「上奏文」が完成し、「刑事局長談」から「司法当局談」に格上げされた段階で、消えていく［２０９］。五月一二日には「太田耐造関係文書」［２０９、２１０］で少なくとも八種の異文が作られ、幾度も書き直された。その過程で、「軍事、外交、政治、経済其の他我国情に関する重要事項」といった表現のほか、「ゾルゲ及尾崎等に於ては単に諜報活動に止らず我国の政策を左翼に有利に展開すべく企画策動」という諜報団の能動性・謀略性を示す案文は削除され、逆に西園寺・犬養の「知名人士」の関わりが加えられた。

五月一二日最終と思われる「刑思印」案は、内務省との調整で「司法内務両当局談」になった。内務省の意見を容れてか、「未曾有の戦慄すべき国際諜報団」「国家的機密事項」「政治枢要部等に接近」といった事件の重大性を示す表現が大幅に削られ、むしろ事件を軽微に、「我国情に関する秘密事項」漏洩を抽象的に扱う方向が確定した。

併行して「司法省発表」文も、五月一二日に少なくとも五種の異文が作られ［211］、被告の「国籍・出生地」を消したり、ゾルゲと宮城與徳の「浮世絵買入」広告を介した連絡等の具体的叙述が消され、発表内容は「司法内務両当局談」に即して隠蔽され、抽象化された。

この五月一二日案で「司法省発表」の司法・内務両省の調整が行われたうえ、五月一三日の昭和天皇への上奏後に、おそらく昭和天皇への「上奏文」そのものは示さないで、大審院及び外務省にも意見が求められた。

［212］の他省庁との調整は、小尾俊人の「月報3」に全文が引かれているが、一三日に大院院検事局が、①検挙日時の明確化、②「重要」という形容詞の削除、③「漸次獲得」「帝国の国策」云々の文章表現、④ゾルゲ・尾崎の能動的政策変更企図削除、⑤西園寺・犬養についての記述中の尾崎を「憂国有意の士」とする「憂国」削除、を意見したが、「発表文」では、③の「帝国の国策」及び④の削除は認められたが、①②⑤は無視された（［212］への司法省の何者かの書き込みからは①の「検挙日時」のみ無視に見えるが、最終「発表文」には「重要」「憂国」等の表現が残った）。

「上奏文」にある諜報目的四重点、漏洩事項七点の内容からして、本来最も関係し責任を取るべき官庁である外務省からは、五月一四日に「非公式意見」として、①写真掲載禁止、②「帝国の国策」部分削除、③「慄然たるもの」削除、④能動的政策変更削除、⑤西園寺の肩書きから「外務省嘱託」削除、という責任回避の意見が出された。大審院と同じ②④のほか、基本的に採用された。ただし西園寺の「外務省嘱託」削除にあたっては、尾崎と西園寺の「内閣嘱託」も同時に削除され、「発表文」では尾崎は「満鉄嘱託」のみ、西園寺は肩書きなしとなった。

（7）「上奏文」における「特に注目を要す」留意点の「新聞発表」への改編

五月一三日「上奏文」の総括末尾、西園寺・犬養の項の前には、以下のようにあった。

> 以上は国際諜報団事件の概要なるが、本件に於て特に注目を要すと思料せらるる諸点は
> 一　本諜報団が各国共産党員及共産主義者の国際的集合体なりしこと
> 二　本諜報団の中心人物が孰れも確固たる社会的地位を有し合法擬装極めて巧妙なりしこと
> 三　政府及駐日独逸大使館の中枢部に極めて緊密なる接触を有し居りたること
> 四　日本共産党との連絡を厳禁し居りたること
> 五　時々生起する重要問題に対する判断の正鵠を期する為常に帝国の諸情勢を詳細に調査検討し居りたること
> 六　無電技術極めて優秀なりしこと　等なり。

この六点も、新聞発表ではそのまま採用されず、「独逸大使館」や「日本共産党」は抹消されたうえで、「司法内務両当局談」のなかに、より一般的な六項目の「注目点」に改編された。その際実は、五月一一日の

司法省案には七項目の五として「ゾルゲ及尾崎等に於ては単に諜報活動に止らず我国の政策を左翼に有利に展開すべく企画策動」という諜報団の能動性・謀略性を示す案文があったが、おそらく内務省との調整過程で項目そのものが削除され、発表された「司法内務両当局談」では六項目となった。下図は、その修正を示す、「太田文書」［209］中の異文の一つ［209-4］である（史料⑥）。

（8）「新聞記事掲載要領」——国民向けには軽微な外諜事件として発表

最後に、五月一六日に「新聞記事掲載要領」［213］が作られる。同文の和文タイプ二通が綴じ込まれているが、二通目に「今日午後五時発表、明日朝刊掲載」と手書きの書き込みがあるので、「司法省発表文」の綿密な推敲と他省庁との調整を経た上での、発表様式についての厳格な統制、検閲の総仕上げであることがわかる（史料⑦）。

すでに『毎日新聞』二〇一八年八月一八日にも出ているが、短文なので全文を示そう。旧漢字・カタカナは新漢字・ひらがなに改める。

新聞記事掲載要綱

一　発表文（司法省発表及当局談）以外に亘らざること

二　本件に関する記事差止並に其の一部解除を為したる事実に触れざること

三　記事の編集は刺激的に亘らざる様注意すること

（イ）トップ扱い其の他特殊扱を為さざること

（ロ）四段組以下の取扱を為すこと

（ハ）写真の掲載せざること

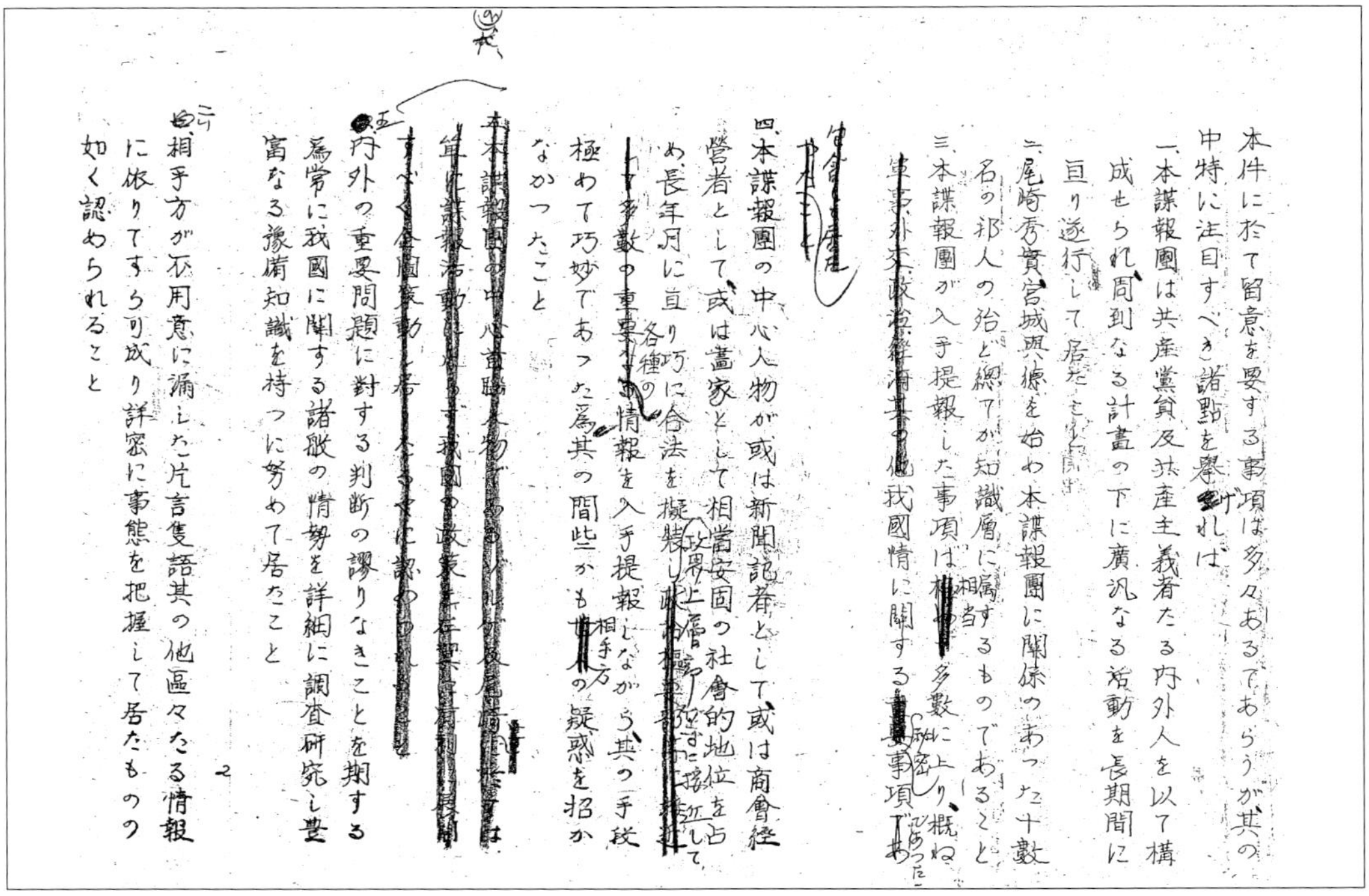
本件に於て留意を要する事項は多々あるであらうが其の
中特に注目すべき諸點を擧げれば
一、本諜報團は共産黨員及共産主義者たる内外人を以て構
成せられ周到なる計畫の下に廣汎なる活動を長期間に
亘り遂行して居たこと
二、尾崎秀實宮城與徳を始め本諜報團に關係のあつた十數
名の邦人の殆ど總てが知識層に屬するものであること
三、本諜報團が入手提報した事項は相當多數に上り、概ね[illegible]
我國情に關する秘密事項であつたこと
四、本諜報團の中心人物が或は新聞記者として或は商會經
營者として相當安固の社會的地位を占め長年月に亘り巧に合法を擬装し政界上層部に接近して
各種の情報を入手提報しながら其の手段
極めて巧妙であつた爲其の間些かも相手方の疑惑を招か
なかつたこと
[illegible]
五、内外の重要問題に對する判斷の謬りなきことを期する
爲常に我國に關する諸般の情勢を詳細に調査研究し豊
富なる豫備知識を持つに努めて居たこと
六、相手方が不用意に漏らした片言隻語其の他區々たる情報
に依りてすら可成り詳密に事態を把握して居たものの
如く認められること

史料⑥

新聞記事掲載要領

一、發表文（司法省發表及當局談）以外ニ亘ラザルコト

二、本件ニ關スル記事差止並ニ其ノ一部解除ヲ爲シタル事實ニ觸レザルコト

三、記事ノ編輯ハ刺戟的ニ亘ラザル樣注意スルコト

例ヘバ

(イ)トップ扱其ノ他特殊扱ヲ爲サザルコト

(ロ)四段組以下ノ取扱ヲ爲スコト

(ハ)寫眞ヲ掲載セザルコト

史料⑦

この「新聞記事掲載要領」［213］には、二通の同文の和文タイプが綴じられている。ただしその二通目には、記者発表が司法省刑事局長室で午後五時からと決まって後に書き込まれたと思われる数行のコメントがある。おそらく太田耐造と思われるが、手書きで読みにくい。編者なりに解読すると、①政治面に掲載、②社説その他一切の取り扱い禁止、③見出しは適当に、④前文不可、⑤今日（一六日）午後五時発表として取扱い明日（一七日）朝刊掲載、⑥ラジオは七時のニュース、⑦発表はしないが、各方面の談話をとっておくこと、等と読める。いっそう具体的な口頭指示のようである。

その結果が、先にイメージ写真として掲げた『朝日新聞』一九四二年五月一七日朝刊である。六段見出しの「大本営発表」の戦果に比して、地味でわかりにくい四段見出しでの検閲「一部解除」であった。なお、しばしば用いられる『現代史資料』第一巻「事件の公表に対する各方面の反響」（一〇〇頁以下）及び第四巻「国際諜報団事件に対する意嚮に就て」（五二二頁以下）は、この五月一六日「司法省発表」への「反響」、部内向けに集められた「各方面の談話」であり、「上奏文」についてではない。「上奏文」に入っていたオット・ドイツ大使の「反響」など、報道統制の一部である。

その後一九四五年の日本敗戦にいたるまで、新聞報道でゾルゲ事件を知ることはできなかった。『朝日新聞一〇〇年の記事に見る④　外国人の軌跡』（朝日新聞社、一九七九年）によると、『朝日新聞』誌上では、上記の四二年五月一七日朝刊「司法省発表」の後、四三年九月三〇日夕刊に「国際諜報団に判決、ゾルゲと尾崎に死刑」という小さな記事が最後で、四四年一一月七日のゾルゲと尾崎秀実の死刑執行を含め、「国際諜報団事件」の顛末が報道されることはなかった。

その代わりに、戦時思想統制と防諜体制確立のために、司法省刑事局一九四二年三月「ゾルゲ事件概要」［203］と五月の「ゾルゲ事件関係主要被告人公訴事実集」［204］（史料⑧）をもとに、権力内部での詳細な外諜対策総括・教訓文書、六月一〇日「国際共産党対日諜報機関検挙申報」［205］が編纂され極秘裏に配付・流通した（史料⑨⑩）。

この「申報」が、基幹部分はほとんどそのままで逐次補充され、『特高月報』一九四二年八月号、内務省警保局「昭和十七年中に於ける外事警察の概要」、戦後の一九五七年、警察庁警備部『外事警察資料』「ゾルゲを中心とする国際諜放団事件」、一九六二年、みすず書房『現代史資料』第一巻巻頭の「ゾルゲを中心とせる国際諜報団事件」へと受け継がれていく。これまでのゾルゲ事件研究において重用された、最もオーソドクスな基礎資料であった。

ただし、一九四二年五月の「昭和天皇への上奏」のために、早期に骨子を定め、しかも厳密に報告しなければならなかったがゆえの、多くの問題点が残された。

第一に、ゾルゲは、在日ドイツ大使館のほか、ドイツ大使館に出入りする武藤章・馬奈木敬信・山県有光・西郷従吾ら陸軍中枢の親独派高官からも情報を得ていたが（松崎昭一「ゾルゲと尾崎のはざま」ＮＨＫ取材班『国際スパイ　ゾルゲの真実』角川文庫、一九九五年）、内務省・司法省は、その事実を知りながらも捜査することはできなかった。そのため傀儡国家・満洲での「合作社事件」「中共諜報団事件」「満鉄調査部事件」等を立件するにとどまった。

第二に、当時の日独伊枢軸以外の外交ルートの切断、国際的孤立で、諜報団の一員と判明した在中アグネス・スメドレーや出国したギュンター・シュタイン、ジョセフ・ニューマンなどジャーナリスト、重要人物だがアメリカ共産党員ゆえに手の届かない鬼頭銀一や木元伝一、矢野務（豊田令助＝将月《まさつき》令助）らは追究できず、宮城の「米国共産党第十三

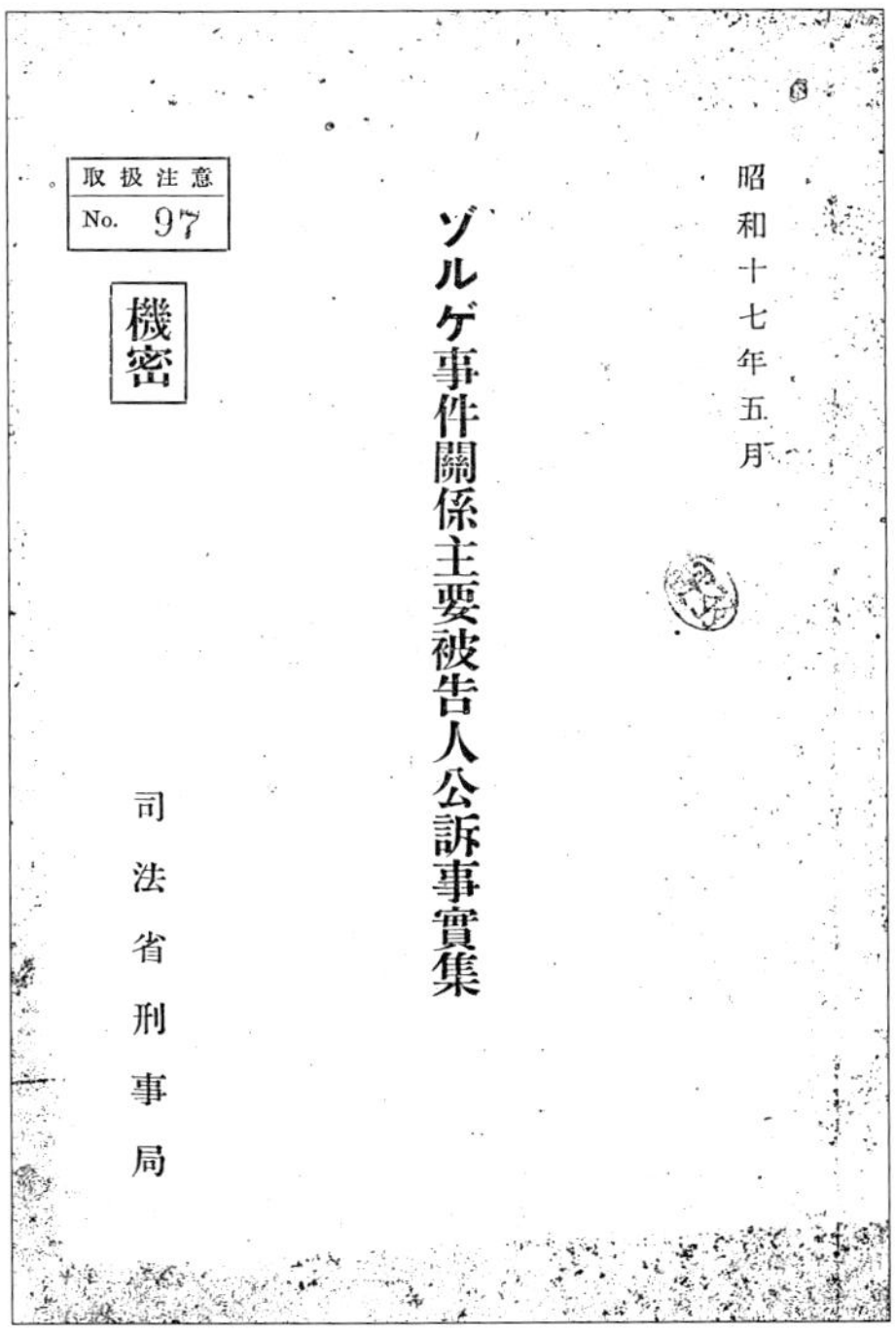
取扱注意
No. 97
機密
昭和十七年五月
ゾルゲ事件關係主要被告人公訴事實集
司法省刑事局

史料⑧

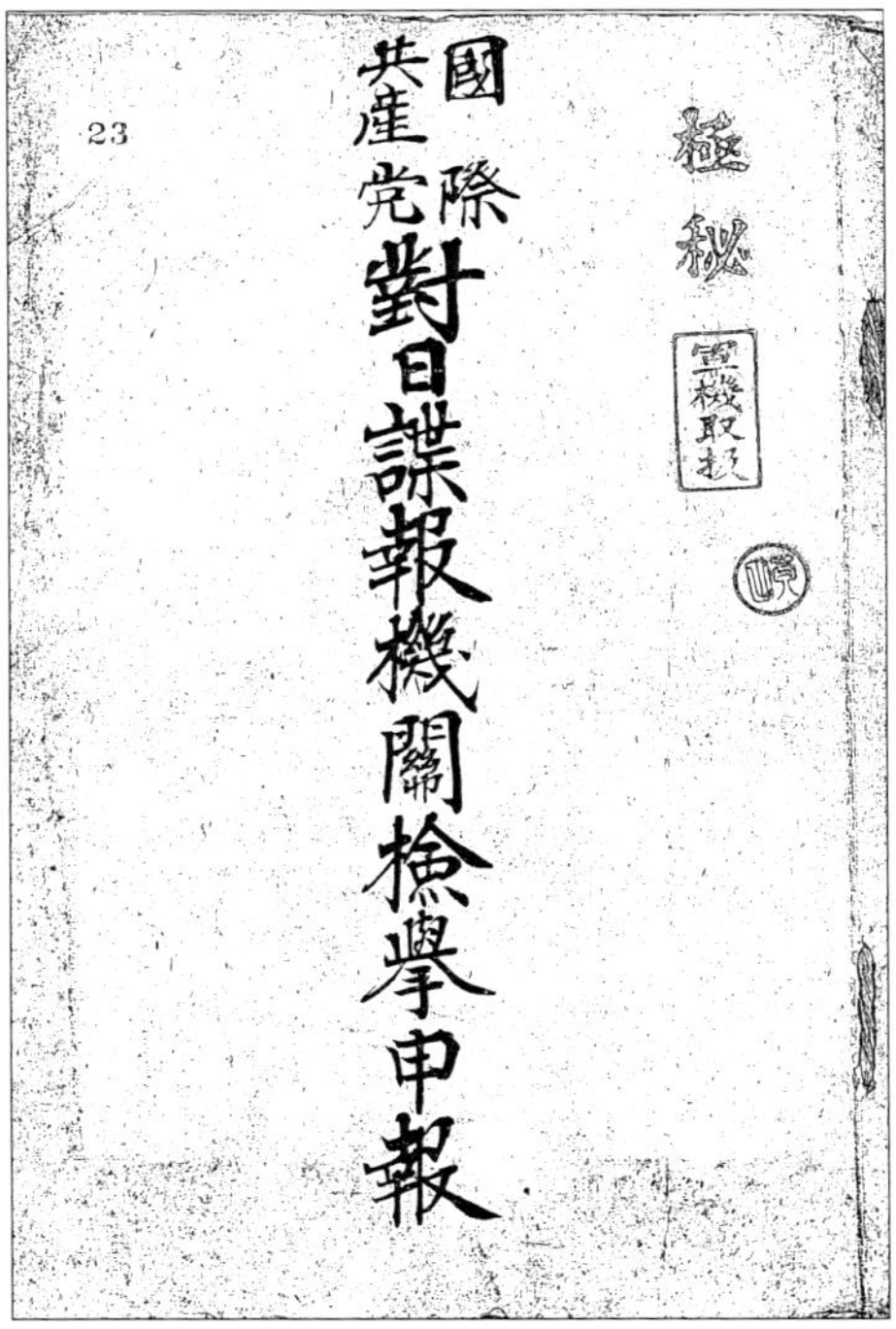
23
極秘
國際共産党對日諜報機關檢擧申報

史料⑨

本申報ノ取扱ハ機密保持上最ニ
御注意相成度　特高部長

特高務秘第一一一三號

昭和十七年六月十日

警視總監　留岡幸男

司法大臣殿

國際共産黨對日諜報機關並之ニ關聯セル治安維持法、國防保安法及軍機保護法等違反被疑事件檢擧ニ関スル件

昭和十六年九月二十八日當廳ニ於テ検擧ヲ開始シタル標記事件ハ未曾有ノ組織的大間諜事件ニシテ其ノ政治的國際的意義極メテ深大ナルモノアルニ鑑ミ極秘裡ニ捜査継續中ノ處最近漸ク一應ノ見透シヲ得タルヲ以テ不取敢其ノ概要ヲ左記ノ通リ及申（通）報候也

目次

史料⑩

区加州支部東洋民族課日本人部」など実態と異なる表現が残された（加藤『ゾルゲ事件』平凡社新書、二〇一四年及び「米国共産党日本人部研究序説」『アリーナ』第二〇号、二〇一七年、参照）。

　第三に、その後の研究では、当時のソ連の対日諜報も、ゾルゲ諜報団ばかりでなく多岐にわたっていた。ゾルゲと同じ時期に同じ赤軍四部からアイノ・クーシネンが来日して皇室に接近したり、ソ連大使館内にも赤軍（GRU）系列・内務省（NKVD）系列の諜報団があったと想定できるが、それらは、日本の警察・検察・憲兵隊の貧弱なインテリジェンスでは追究できなかった。ゾルゲの在日中に送った秘密電文・書簡報告も、日本側は四〇〇通程度と想定したが（内約二〇〇通はその後公開）、最近のミハイル・アレクセーエフ、アンドレイ・フェシュンらによるロシア公文書館での発掘・公表では、上海時代を含め八〇〇通にのぼるという。ドイツにおいてゾルゲがドイツ語新聞に送った二〇〇通以上の日本関係記事は、E・パウエルらによりようやくリストにされた。他方、ゾルゲがドイツ語でタイプした「獄中手記」は、日本語訳の英語への重訳が世界に出回っており、戦災で焼失したともいうドイツ語原文は見つかっていない。

　第四に、尾崎の中国情報を中心に追究すれば、昭和研究会から近衛内閣中枢まで、さらに被疑者が出る可能性があったが、そこまでは手がまわらず、西園寺公一と犬養健の二人を、いわば「生け贄」ないし「見せしめ」で起訴・公表するにとどまった。二一世紀に入って中国でもゾルゲ事件の研究・史資料蒐集が始まっており、今後の研究では中国側史資料の参照が、不可欠となる。

　つまり、太田耐造風「日本法理」によっても、一応の「法的体裁」をとらなければ、ゾルゲ諜報団の検挙も訊問も起訴・処刑もできなかった。戦後のGHQのウィロビー少将、ポール・ラッシュらの「赤色スパイ」調査は、その間隙を縫って新たな事実と史資料を集め、反ソ・反共プロパガンダに用いた。そのため戦後のゾルゲ事件研究は、ウィロビー風マッカーシズムのバイアスをくぐった「共産主義スパイ探し」を出発点にしなければならなかった。

Ⅵ　おわりに——二一世紀の国際的なゾルゲ事件研究のために

　編者がゾルゲ事件を知ったのは、一九六六年頃、学生時代に木下順二作の戯曲「オットーとよばれる日本人」を観劇した時だった。永井智雄が尾崎秀実を演じていたと記憶するから、俳優座の公演だったろう。その後は政治学の理論研究に忙しく、ほとんど接点をもたなかった。一九九〇年代にソ連に在住した日本人のスターリン粛清による被害調査をはじめ、アメリカ西海岸日本人・日系人の労働運動、ソ連KGBと米国CIAの情報戦・インテリジェンスなどの歴史研究にも携わるようになって、再びゾルゲ事件と関わることになった。

　私の個人ホームページ「ネチズンカレッジ・情報学研究室」で辿ると、米国9・11同時多発テロとイラク戦争の頃、日露歴史研究センターの白井久也・渡部富哉共同代表に頼まれ、二〇〇四年一一月の「ゾルゲ・尾崎秀実処刑六〇周年記念講演会」で「イラク戦争から見たゾルゲ事件」と題して話したのが、最初のようである。その後も、象徴天皇制、日本社会主義史、情報戦理論、占領期インテリジェンス、原爆・原発研究、関東軍防疫給水部七三一部隊等の研究と併行するテーマの中の一つとしてゾルゲ事件も扱ったが、ほとんどは講演・研究会での新資料紹介であった（日露歴史研究センター『ゾルゲ事件関係外国語文献翻訳集』などの講演原稿は、「ネチズンカレッジ」「情報学研究室」に収録）。書物のかたちで単独で論じたのは、二〇一四年三月刊の平凡社新書『ゾルゲ事件 覆された神話』のみである。本史料集成編纂は、その意味で、改めてゾルゲ事件に接近する手がかりを見出すものとなった。内務省の特高警察が、もっぱら「共産主義撲滅」のための治安維持法事案として捜査したのに対して、これを指揮した司法省思想検察は、国防保安法違反、軍機保護法違反の「国家機密漏洩」事件として昭和天皇にまで上奏せざるを得なかったことを見出した。

そのさい、世界各国での新資料公開と二一世紀の新研究に目配りすることが必要であった。

ロシアにおけるＭ・アレクセーエフ、Ａ・フェシュンの書物刊行により、上海・東京でのゾルゲ送受信の全容が見えてきたのが、画期的である。エレーナ・カタソーノワの論文「リヒアルト・ゾルゲ 二一世紀の視点から」（ロシア語、『日本研究』第四号、二〇一七年）によれば、Ｍ・アレクセーエフ、Ａ・フェシュンのほかにも多くの研究者が現れ、その後も映画・テレビを含む「ゾルゲブーム」が起こっているという。しかし、ロシアの研究は、基本的にソ連時代の「大祖国防衛戦争勝利」に貢献した英雄という、愛国主義的な軍事諜報団評価が根強い。

統一後のドイツにおいても、ゾルゲの見直しが始まっている。旧東独にはソ連の研究にならったユリウス・マーダーの英雄伝や上海時代のゾルゲの協力者ウルズラ・クチンスキーの『ソニア・レポート』があったため、旧西独では、ゾルゲ研究は盛んではなかった。一時は手塚治虫『アドルフに告ぐ』のドイツ語版が、ゾルゲ事件研究への入門書となった。二一世紀に入っていくつかの研究書が出始め、テレビやコミックでも取り上げられるようになって、Ｅ・パウエル博士は、ゾルゲの Frankfurter Zeitung 寄稿記事二三一本のリストを作成して、そのアナリスト・ジャーナリストとしての再評価を始めた。ただし、戦後冷戦・東西分裂期の全体主義論で形作られた、「反ナチ活動家」というよりも「ソ連盲従の赤色スパイ」としてのゾルゲ像が支配的で、旧西独でのギヨーム事件など、政権中枢に食い込む「高等諜報員」の歴史的事例としての扱いが多い。

英語圏では、ディーキン＝ストーリーやロバート・ワイマントの実証的研究があり、ウィロビー報告を踏襲したＧ・プランゲや、尾崎の中国論を重視するＣ・ジョンソンの特色ある研究は、研究上ではあまり使われていない。ソ連崩壊後の米国「ヴェノナ文書」、英国「ミトローキン文書」「ワシリーエフ文書」等の公開で「二〇世紀ソ連共産主義のマスタースパイ」としてのゾルゲに新たな照明が当てられたが、本格的なインテリジェンス研究で焦点を当てられるにはいたっていない。二〇一九年にオーウェン・マシューズの新著『完璧なスパイ リヒアルト・ゾルゲ』（Owen Matthews, *"An Impeccable Spy: Richard Sorge, Stalin's Master Agent"*）が刊行されて、話題となっている。

二一世紀の史資料的意味でのゾルゲ事件研究の宝庫は、中国である。もともとゾルゲと尾崎は、上海で知り合った。紹介者は「上奏文」にも入ったアグネス・スメドレーではなく、米国共産党日本人部の鬼頭銀一であった。すでに上海でのゾルゲと周恩来の接触など新しい史実が中国の研究者から示されているが、中国共産党の檔案館資料が公開されれば、顧順章事件、ヌーラン事件、中共中央特科などと「太田耐造関係文書」のいう「在支諜報団」の関係がいっそう明らかになり、ゾルゲ事件を国際的文脈で考察する新たな展開が期待できる。

編者は、戦前イエール大学歴史学教授、戦中ＯＳＳ（ＣＩＡの前身）欧州局調査分析部長、戦後はＣＩＡの情報分析のトップ＝「国家情報評価局長」となったシャーマン・ケントの役割に着目し、「情報評価」の先駆者として、ゾルゲや尾崎を見る視点が必要だと考えている（シャーマン・ケント『戦略インテリジェンス論』原書房、二〇一五年、参照）。「情報評価」とは、戦後のシャーマン・ケントが世界各地のＣＩＡ諜報員から寄せられる膨大な情報の真偽と信頼性を科学的に評価・選別し、戦後米国の世界政策立案に必要不可欠な情報のみをホワイトハウスに送る仕事を担当していたように、高度な知識と分析力を要するアナリストの役割である。ゾルゲも尾崎も、そのような意味でのアナリストの資格を持つ、ジャーナリストであり知識人だった。ゾルゲの二・二六事件分析、尾崎の西安事件分析には、その片鱗が見られた。

もっともシャーマン・ケントがいうように、「情報評価」には「一種の学問的自由」が必要である。時の権力者や政策に迎合・忖度するバイアスがかかると、現状分析と長期的見通しを誤り、インテリジェンスとしての質は低下する。「最高のスパイは権力中枢の知られざるスパイ」であることを前提とすれば、ゾルゲや尾崎の情報収集活動は「インテリジェンスの発覚例・失敗例」であり、彼らが「スターリンのソ連国家に利用され生命を落とした悲劇の知識人」であったことも否めない。

二一世紀のゾルゲ事件研究は、「太田耐造関係文書」を含む各国での新たな資料と研究に目配りし、政治的思惑を禁欲した実証的・学術的な研究が必要である。アレクセーエフらが発掘したゾルゲの電信・書簡史料や「太田耐造関係文書」をもビッグデータの一部とした大量情報処理・ＡＩ型研究も、これからの学術研究には不可欠であろう。ＩＴに秀でた若い研究者の出現が、期待されるゆえんである。

本史料集成が、そうした新時代を切り開く一助になれば幸いである。

（かとう・てつろう　一橋大学名誉教授）

ゾルゲ事件史料集成　太田耐造関係文書　第1巻

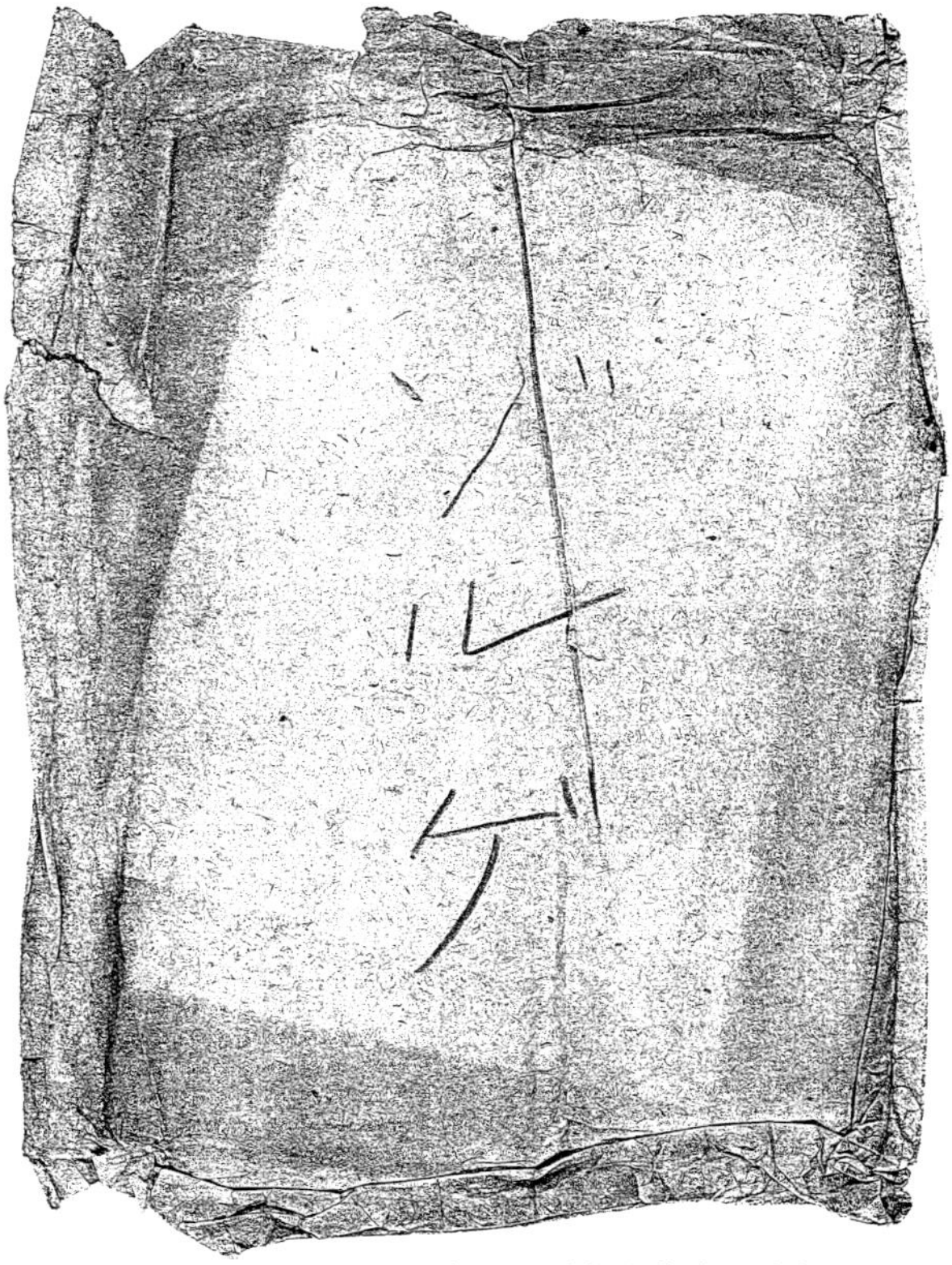

214〔資料収納包紙「ゾルゲ」〕

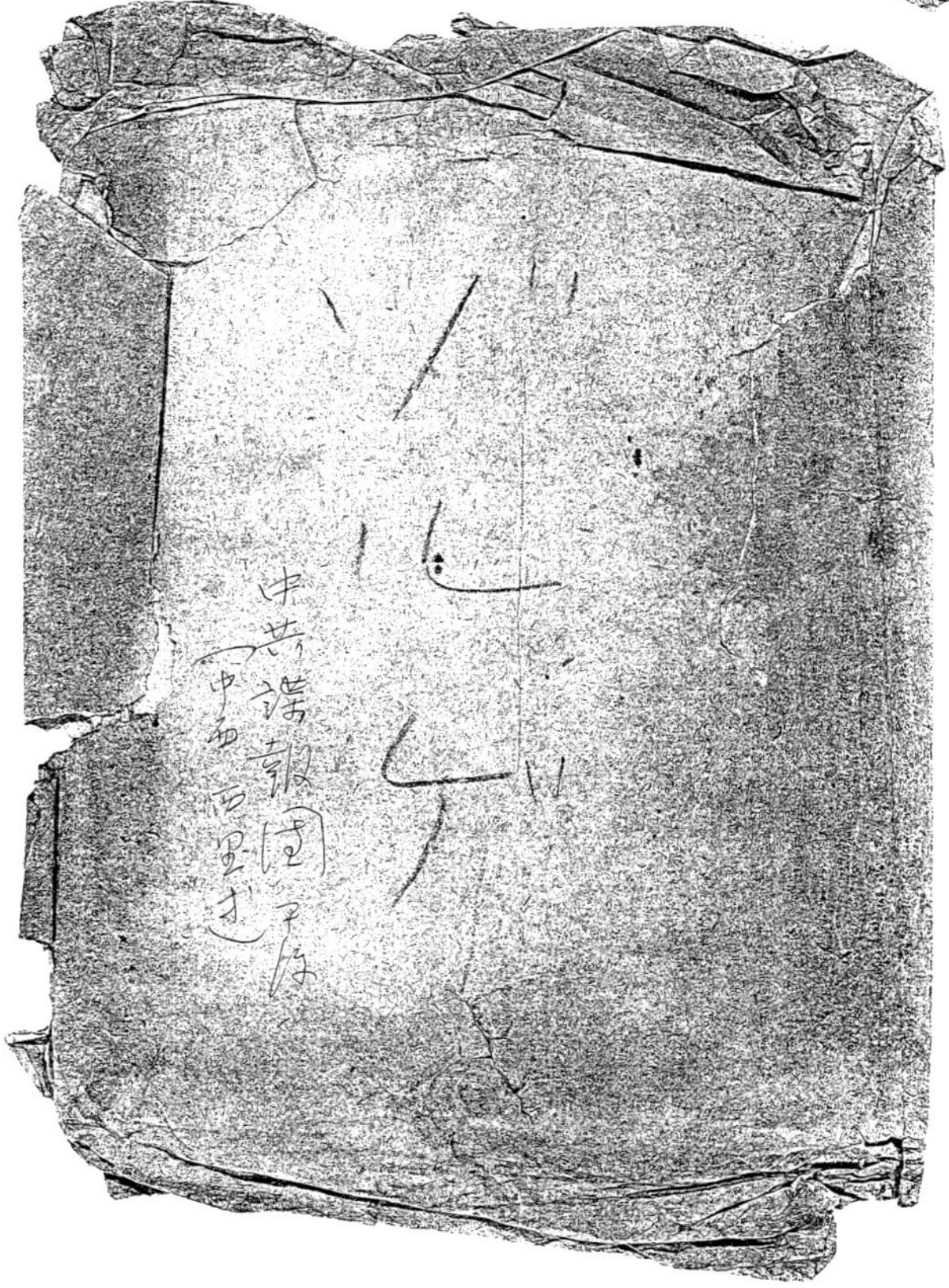

215〔資料収納封筒「ゾルゲ」〕

二、共産主義運動の状況

國内に於ける共産主義運動は引續く檢擧と嚴重なる取締とに拘はらず戰爭の長期化に伴ひまして漸次擡頭の傾向を示し、之を檢擧の方面より見まするに昭和十四年の三二九名に比し、十五年六三三名、十六年に於ては一〇五〇名に達するの状況でありまして漸次增加の趨勢にあることが窺はれるのであります。卽ち戰爭の長期化に伴つて生起する内外の諸問題は是等の分子に對し強き刺戟を與へ、彼等は日本の國力を過少に評價し、我が國が近く經濟的に破綻すべきことを妄信し、之を轉機として勤勞大衆の反抗意識が急激に昂揚すべきことは必至なりと做し、且物資統制の結果に基く事業の不振、物價騰貴等に伴ふ勞働大衆の生活脅威、出征兵士遺家族の心理的不安等が相錯綜し、平和希求の國民的感情が自然發生的に釀成せらるべきことが必然であるから此の機運を巧みに捕へて國民大衆を反軍反戰の闘爭に誘導し所謂「戰爭を内亂へ」轉化せざるべからずとなし密かに策動を續けて居たのであります。

然るに客年六月獨ソ戰爭勃發しソ聯の危機が緊迫せられまするや、國内共産主義分子は異常なる衝撃を受け、深刻なる焦燥を感じ乍ら、獨蘇戰の推移と「コミンテルン」の動向に對し多大の關心を集中しつゝあつたのでありますが、「コミンテルン」がソ聯

内務省

用紙B.5

の危機を救ふべく新戰術を採用し、従来のイデオロギーを韜晦して専ら「ソ聯援助」と「ヒットリズム打倒」に一切の闘爭を集中すべきことを指令致しましたる為、國内共產主義者も亦此の指令に相呼應し、専らソ聯援助を目標として之が宣傳に努め、内外諸情勢をソ聯の為に有利に展開すべく凡ゆる活動を爲しつゝあつたのであります。

而して我が國が今回米英兩國に對して宣戰を布告致しまするや彼等共產主義者の多くは當局の檢擧彈壓を恐れて地下に潜伏するの情勢にありましたが、其の動向を内偵致しまするに「今次戰爭は吾等の燃燒し且つ待望しつゝあつた所であつて、之を契機に世界は遂に二大帝國主義陣營に對立し、世界史未曾有の大規模の戰爭に突入するに至つた」と做し、又「今次大東亞戰爭は支那侵略戰爭の必然的結果である。支那を繞る帝國主義國家相互間の鬪爭は漸次激烈化しつゝあつたが遂に爆發した。今次戰爭が帝國主義的侵略戰爭であることは最早辯解の餘地はない」と做し更に「大東亞戰爭は其の緒戰に於て大戰果を獲得すると否とに拘はらず大きな矛盾を含んで居る。日本資本主義は其の戰爭の變態に成長したのであるか、今又大東亞全域に亘る資源・市場・投資搾取の巨大な夢を描いてゐる。

然るに「プロレタリアート」は滿洲事變から支那事變・そして今

大戦争へと益々大きな重税と犠牲とを余儀なくされた、何時迄重税と犠牲とが続くか、戦争が長期化し、米、英、支の反抗が強化されて来る時こそ、日本帝国主義の内部的矛盾が爆発する時だ」との認識の下に「此の大戦争の過程に於て生起する混乱に乗じて一挙に革命を断行すべしとの見透しを以て執拗なる策動を継続しつつあるのであります。

以上の様な思想的根底に立つて、反戦反軍思想の宣伝煽動、策謀活動等極めて執拗且巧妙なる運動を展開せんとする模様が観取せられましたので之等国内左翼分子をして策動の余地なからしむる為、宣戦布告と共にその主要なる者三九五名に対し一斉に検挙

内務省

検束を断行したのでありますが斯の種運動に対しては今後共格別の注意を払ふ必要があるのであります。

国内共産主義運動を概観致しまするに主なる形態が三つあるのであります。

第一は革命の主体的条件即ち其の指導組織たる日本共産党を再建せんとするもの

第二は革命の客観的条件醸成の為合法場面に潜入し、或は巧に合法を偽装し一般大衆に左翼的気運を醸成せんと企図するもの

第三はコミンテルンの指導下にソ聯軍の為軍事諜報活動並謀略の活動をなるんとするもの

内務省

規格B.5

であります。

第一の日本共產黨の再建を企圖するものは、日本に於ける革命の客觀的條件は既に成熟せるを以て其の指導中樞組織たる日本共產黨を急速に再建せざるべからずとの意圖の下に活動しつゝあるのであります、卽ち日本に於ける非合法黨組織は昭和八年以來黨內の分派鬪爭に依る組織の分散と警察取締の强化とに依りまして全國に亘る黨の中央集權的組織は遂に破壞せられ、其の後幾度か「コミンテルン」よりの派遣員に依つて中央部の再建運動が行はれましたが、何れも檢擧の爲に統一的組織を確立することが出來なかつたのであります、爲に最近に於きましては直ちに中央部を結成することなく、各地に非合法小グループを結成し、所謂分散的組織形態を採りまして独自の方針に依り組織の擴大に努めつゝあるのであります。

第二に合法利用乃至偽装の運動でありますが、人民戦線戦術の採用以來合法場面の活動に中心が移つたのであります。從つて過去に於て採用せられた様な矯激なる内容の文書活動、煽動演説、示威運動等は之を排撃し或は從來の様な極左的言論、スローガン等を用ひる事は極力之を戒め、各種の合法團体に潜入して、廣く一般大衆に共産主義思想を浸透せしむると共に、此の鬪爭を通じて尖鋭分子を隠密裡に而も積極的に糾合して所謂革命の主体的勢

内務省

規格B.5

件の確立を企圖して居るのであります。又以上の樣に戰術が合法化して居るばかりでなく、生活迄も合法化して居るのであります卽ち昭和十年以前の共產主義者は原則として地下に潜り生活が非合法的であつたのでありますが、最近に於きましては黨再建に暗躍して居るものでも孰れ工場、會社、公共組合等に就職致しまして公然たる生活を營んで居るのであります。故に彼等の公然たる生活面にのみ接觸せる人々は彼等を全く疑ひ得ないのみならず動もすると利用されて居る場合があるのでありまして之等分子に對しては細心の注意を要するのであります。

第三は組織活動であります、彼等共產主義者がコミンテルンの指導の下にソ聯援助の爲に活動致しますことは蓋し當然のことでありますが、特に戰時下に於きましては、彼等共產主義者はコミンテルン指導の下に我が軍事、政治、外交、經濟等各般の情勢を偵察して之を「コミンテルン」に通報し、ソ聯並に赤軍の援助に努めつゝあるのでありまして、殊に最近の國際情勢の變轉に伴ひソ聯に對する我が軍の行動に至大の關心を拂ひつゝあるのであります。

次に最近に於ける檢擧事件の概要に就いて申し上げます。

昭和十六年中に於ける事件だけを見ましても日本共產黨再建準備委員會事件、全國統一運動準備會事件、コミンテルン派遣員伊藤利三郎の事件・企劃院グループ事件・小學校教員を中心とする生活主義教育運動事件等件數に於いて二一七件・人員に於いて一・〇五〇名に達するの狀況でありますが、其の内容に於いては共產黨の再建を企圖しつゝあつたもの或は俳句繪畫等を利用して左翼的氣運の釀成に努めて居たもの其の他工場・病院等に於いて勞働爭議を煽動して居たもの及諜報活動に從事して居たもの等複雜多樣に亘つて居るのでありますが、其の代表的な事件を一・二申し上げますれば

第一は岡部隆司等を中心とする所謂日本共產黨再建準備委員會事件であります。彼等は過去の運動の失敗に鑑み

㈠ 實踐的熱烈なる知識階級及書齋的街頭分子等を絶對に排除し、之に更ふるに可及的優秀なる勞働者の鬪士を以て之に充てること

㈡ 黨員數の獲得よりも寧ろ運動の效果に重點を置き鬪爭の過程を通じて組織を擴大し、大衆運動を誘發せしむること

等の方針の下に京濱地方を中心とする大工場等の職場を目標に活動を展開し、其の組織は頗る廣汎に亘り既に百數十名の檢擧を見て居るのであります。

第二は企劃院グループ事件であります。

之は京濱地方の工場勞働者を中心とする所謂京濱グループ事件の

内務省

規格B.5

取調に依り端緒を得まして判任官グループ數名を検擧し更に昨年一月以降高等官グループ十名を検擧したのであります。取調の結果其の主なるものは犯意を自白し、三名は既に第一審に於いて有罪の判決を受け、目下控訴中であります、又高等官グループも概ね起訴せられて居る實情であります。

彼等は企劃院をしてソ聯のポリトビユーロー（政治局）の様な機關たらしめ、我が國最高政治機關として「ファッショ」的官僚機構化を防止し企劃院を通じて社會主義的計劃經濟を實現せんことを企圖し、又支那問題研究會、戰時經濟研究會及村の家研究會等を開催致しまして積極裡に活動をなして居たものであります。

内務省

規格B.5

第三は國民學校教員等を中心とする所謂「生活主義教育運動」の状況であります。

之は從來の教育方針を觀念的なりとして排撃し、主として國語及綴方教育を通じて兒童並に教員の赤化活動を展開して居たのであります。即ち先づ綴方教育に於ては兒童に家庭の窮乏せる生活状況を綴らせ、其の不合理なる社會缺陷を兒童の心理に植付けることに依り、社會組織に對する反抗心を養ひ、以て將來階級鬪爭の一線に立つ優秀なる共產主義者を養成せんことを意圖し、又兒童の斯かる作品を蒐集して、兒童及教員間に回覧せしめて、共產主義意識の昂揚に努めて居つたのであります。

内務省

規格B.5

以上の實情でありましたので十五年二月以降昨年に亘り警視廳山形、秋田、岩手、宮城、茨城及北海道に於て合計約百名に達する國民學校教員を檢擧したのであります。

其間に學生運動としては東京帝大、京都帝大、京都醫科大學、慶應大學、東京商大、廣島文理大等に亘り百名を超ゆる檢擧を見て居るのでありますが、何れも學内に「グループ」を形成し、單なる共産主義の研究に止まらずして、街頭分子と連絡して運動を策しつゝあつたのであります。

相互に共産主義者を中心とする「コミンテルン」の機關網檢擧事件であります。

本事件は「コミンテルン」が我が國に設備したる精鋭なる諜報機關を一擧に根底より潰滅した事件であります。

本事件の内偵は昭和十五年七月に始まり検擧は昨年九月二十日に着手したものでありますが、コミンテルン情報局次長たりし獨逸人「ゾルゲ」外二名の外國人並に日本人中心人物たる尾崎秀實宮城與徳外十七名を檢擧致して居るのであります。

日本人中心人物の一人たる尾崎は有名なる新聞記者であり、又滿鐵囑託等の地位にあつた事もありまして要路の高官に對する面識も深かつたのであります。

之等の關係を利用して政治中樞部の秘密を偵知すると共に、軍

内務省

規格B.5

事・経済等各般に亘り重要なる情報を蒐集し、之を「ゾルゲ」に提供し、又他の中心人物の一人たる宮城與徳は米国共産党の密命を帯びて昭和七年十月米国より帰朝し、指示せられたる秘密の方法に依り「ゾルゲ」に面接其の指揮下に入つたものでありまして尾崎と共に情報蒐集に当り之を「ゾルゲ」に報告して居たのであります。

「ゾルゲ」は之等日本人より得たる情報に対し自己の判断を加へ、其助手たる無電技師「マックスクラウゼン」をして手提鞄内の短波無電機を以て「コミンテルン」へ報告しつゝあつたのであります。

情報の内容に就いては目下取調中でありますが、一例を挙ぐれは独ソ開戦後に於ける日本軍部の行動並に日米交渉に関する閣内情勢、其の見透し等に関し相当詳細なる情報を偵知し、打電して居るのであります。

尚本事件は捜査中の事件でありまして、之以上御説明を申上げることは不可能でありますことを御諒承願ひ度いと存じます。

策動を爲すものが急激に増加し其の動向は極めて憂慮すべき状況であります。

彼等は對米英戰爭に依り「我國の政治的經濟的危機は必至にして革命の到來近きにあり」との妄斷を下しまして一般朝鮮人に對し働き掛け極めて巧妙に且つ執拗なる民族共產主義運動を展開しつゝあるのであります。

今試みに大東亞戰爭勃發後に於ける治安維持法違反事件の主なるものを簡單に申し上げて見まするど

(1) 宮城縣に於て在仙臺第二高等學校及東北帝國大學在學中の朝鮮人學生を中心として朝鮮獨立運動を畫策せるグルー

内務省

規格B.5

するものをも醸出すると云ふ風な情勢にあつたのであります。

斯様な空氣の中に愈々米英を正面の敵とすべき大東亞戰爭の勃發を見るに至りましたので、年來一貫して主張し來つた處が正に現前の事實となつた感激は實に異常なものがあるのでありまして愈々政府を支持擁護し難局を突破せんとする熱意を示して居るのであります。

而して國家主義團体は從來支那事變の發生を以て內外一切の革新を實現すべき絕好の機會であるとして、所謂昭和維新の成就を目標に、內外諸政策の革新を主張して來つたのであります。處が支那事變の長期化と共に國際問題は愈々重大化して參りましたの

內務省

規格B.5

大審院
檢事局日記秘三四二九號
昭和十六年七月二十五日
大審院檢事　柴　碩　文

東京刑事、横濱、靜岡、新潟、大阪
京都、神戸、名古屋、廣島、岡山、
長崎、福岡、熊本、大分、仙臺、札
幌、函館
各地方裁判所檢事正　殿

外諜被疑者檢擧準備ニ關スル件

非常時局下ニ於ケル皇國ノ安全ヲ確保スル爲今般司法省刑事局憲兵司令部及內務省警保局ト協議ノ上近ク外國ノ諜報謀略ニ暗躍策動セル疑アル者ニ對シ全國一齊檢擧ヲ斷行スルコトニ決定之ガ目標人物並ニ檢擧方法等ハ夫々貴管內憲兵隊及警察部特高課ノ各當局ヨリ貴官ニ連絡

報告シテ指揮ヲ受クルコトニ相成居候ニ付テハ右檢擧準備ノ爲速ニ憲兵隊及警察部特高課ヨリ各責任者ヲ可成同時ニ招致シ具體的資料ニ基キ目標人物ニ對スル犯罪嫌疑ノ原由偵諜ニ付テ執リタル手段其ノ他參考トナルベキ事項ニ付詳細報告ヲ徴シ至急檢擧スベキ者並ニ檢擧方法等打合ノ上其ノ結果概要報告相成度尚檢擧ノ時期等ハ決定次第通知可致依命此段及通牒候也

追テ嚢ニ貴廳思想係檢事ニ託シ送付致シ置キタル容疑者一覽表等ハ別紙處理要綱等ト併セ參照相成度申添候

大審院
檢事局

日記秘第六二〇〇號
昭和十六年十二月五日

大審院檢事局次長檢事　中野並助

東京刑事、横濱、靜岡、新潟、大阪、京都
神戸、名古屋、廣島、岡山、長崎、福岡、
熊本、大分、仙臺、札幌、函館

各地方裁判所檢事正　殿

外諜被疑者檢擧計畫ニ關スル件

非常時局下ニ於ケル皇國ノ安全ヲ確保スル爲曩ニ司法省刑事局憲兵司令部及内務省警保局ト協議ノ上外國ノ諜報謀略ニ暗躍策動セル疑アル者ニ對シ全國一齊檢擧ヲ斷行スルコトニ決定シ之ガ檢擧準備ニ關シ昭和十六年七月二十五日附大審院檢事局日記秘第三四二九號ヲ

以テ依命通牒致置候處最近國際情勢頓ニ緊迫化シ何時非常事態ノ發生ヲ見ルヤ豫測ヲ許サザルモノ有之從而檢擧命令ヲ發スル時期モ切迫セルヤニ看取セラレ候ニ就テハ別紙「外諜被疑者檢擧計畫要綱」ニ基キ直チニ司法警察官ヨリ報告ヲ徴シ檢擧命令發出ト同時ニ檢擧ニ着手シ得ル樣諸般ノ準備相成樣致度此段依命及通牒候

追而內務省警保局及憲兵司令部ニ於テハ別紙「非常措置要綱」ヲ決定シ夫々地方廳及隊宛通牒シタル趣ニ有之候處右要綱中檢擧ニ關スル事項ニ付テハ內務省及憲兵司令部ヨリ夫々地方廳及隊宛本通牒ノ趣旨ニ則リ所轄檢事局ノ指揮ヲ受ケ措置スベキ旨ノ通牒ヲ發スル豫定ナル趣ニ有之候ニ就テハ檢擧スベキ者ノ決定ニ際シテハ前記要綱ニ基ク行政措置トノ關聯ニ留意シ警察及憲兵ト緊密ナル連絡ヲ遂ゲ萬遺漏無キヲ期セラレ度爲念申添候

大審院
檢事局

日記秘第六二三八號
昭和十六年十二月六日

大審院檢事局次長檢事　中野並助

東京刑事、横濱、靜岡、新潟、大阪、京都
神戸、名古屋、廣島、岡山、長崎、福岡、
熊本、大分、仙臺、札幌、函館
各地方裁判所檢事正　殿

外諜被疑者檢擧ニ關スル件

首題ノ件ニ關シテハ既ニ兩度ニ亙リ依命通牒致置候處本日司法省刑事局憲兵司令部及內務省警保局ト協議ノ結果近ク實施スベキ外諜被疑者ニ對スル全國一齊檢擧ノ命令ノ內容ヲ豫メ左記ノ如ク決定スルト共ニ檢擧ニ着手スベキ日時ニ付テハ追テ指示致スコトト相成候條

右日時ヲ指示シタルトキハ所轄憲兵隊及警察部ヲ指揮シ檢擧ヲ斷行相成候様致度此段及依命通牒候也

左記

一、檢擧目標ハ英米系（國籍ノ如何ヲ問ハズ但シ第二項ノ者ヲ除ク）諜報網ニノミ限定スルコト

二、獨逸伊太利及蘇聯邦ノ國籍所有者（但シ白系露人ヲ除ク）ニ對スル檢擧ハ一時留保シ特ニ檢擧ノ必要アル者ニ付キテハ理由ヲ具申シ指揮ヲ受クルコト

三、外諜被疑邦人ニ對スル檢擧ハ本檢擧ト同時ニ之ヲ行フコト但一覽表以外ノ者ニ付テモ容疑アル者ハ遲疑ナク檢擧スルコト

尚曩ニ送付致置候容疑者一覽表ハ其ノ後若干修正ノ必要ヲ生ジタルニ因リ至急新ニ容疑者一覽表ヲ調製送付可致候ニ付新一覽表到着ノ上ハ

篤ト御檢討相成度若シ檢擧ヲ適當トセザル者有之候場合ニ於テハ至急御報告相成度

追テ憲兵司令部及內務省警保局ニ於テモ前記同趣旨ノ通牒ヲ夫々隊及地方廳宛發スル趣ニ付發出ノ上ハ直ニ其內容御通知可致候

外諜被疑者檢擧計畫要綱

一、檢擧目標

昭和十六年七月二十五日附大審院次長檢事依命通牒「外諜被疑者檢擧準備ニ關スル件」ニ基キ準備シタル結果及其ノ後ノ其内ノ結果等ニ依ルベキモ左ノ諸點ニ留意スルコト

1 敵國人ニ對シテハ乙號ニ屬スル目標人物ト雖モ犯罪ノ容疑ナキコト明白ナル者ヲ除キ全部檢擧スルコト

2 第三國人中敵國ト親善關係ニアル國家(準敵國)ノ國籍ヲ有スル者及敵國人ト個人的ニ親密ナル關係ニアル者ニ對シテハ乙號ニ屬スル目標人物ト雖モ外部ニ現ハレタル行動等ニ依リ犯罪ノ容疑アラバ確證ノ有無ニ拘ラズ之ヲモ檢擧スルコト

3 苟クモ外諜ノ容疑アル邦人ハ全部之ヲ檢擧スベク就中所謂諜報網ノ中心人物タル外國人ノ手先諜者トシテ行動セル容疑アル邦人ニ留意スルコト

二、檢擧方法

國防保安法所定ノ合法手續ニ依リ之ヲ爲シ行政檢束其ノ他非合法措置ヲ用ヒザルコト

三、檢擧ニ伴フ措置

檢擧ト同時ニ必要ニ應ジ家宅搜索其ノ他ノ措置ヲ講ズルコト

四、檢擧命令

檢擧命令ハ檢事總長ヨリ檢事正ニ宛電報電話其ノ他ノ方法ヲ以テ之ヲ發スベク其ノ際敵國又ハ準敵國ノ範圍ヲ具體的ニ明示スル豫定ナリ。

司法省

中央外諜事犯對策協議會設置理由並要綱案

一、設置理由

緊迫セル内外ノ情勢殊ニ複雑微妙ナル現時國際情勢ニ鑑ミ外諜事犯ニ對スル檢察ハ國際秘密戰ノ一環トシテ運用セラルベク、如何ナル時期ニ於テ如何ナル相手方ヲ、如何ナル範圍ニ於テ檢擧スルコトガ最モ効果的ナリヤヲ常ニ考慮スルノ要アルト共ニ、其ノ効果モ單ニ檢察的觀點ヨリスル効果ニ非ズシテ、外交其ノ他ノ政策ニ對スル影響ヲモ參酌シ綜合國策的立場ニ於テ我國ノ爲メ最モ有利ナル効果ヲ擧グルコトニ努メザルベカラズ。

檢察權ハ他ノ行政權ヨリ制肘ヲ受クベキモノニ非ザルコト論ヲ俟タザルトコロナルモ、檢察關係機關ガ相互ニ緊密ナル連絡ヲ圖ルト共ニ自發的ニ行政機關ノ意見ヲ徴シ以テ眞ニ國策ノ遂行ニ寄與スベキ檢察權ノ運用ヲ爲スコトハ檢察機關ニ課セラレタル當然ノ責務ナリト謂ハザルベカラズ。此ノ意味ニ於テ中央檢察統轄機關タル司法省刑事局及大審院檢事局ノ關係官ヲ中心トシ、檢事ノ指揮下ニアル司法警察官ニ對スル身分上ノ監督權ヲ有シ且司法警察ト密接ナル關係アル行政警察ヲ擔當スル內務省警保局及司法警察官タル憲兵ニ對スル身分上ノ監督權ヲ有シ且司法警察ト密接ナル關係アル軍警察ヲ擔當スル憲兵司令部ノ各關係官ヲ加ヘテ、中央外諜事犯對策協議會ヲ設置シ、定時會合シテ相互ニ最高檢察方針樹立ニ資スベキ意見ノ開陳、情報ノ交換ヲ爲スト共ニ、必要ニ應ジ隨時外務省陸海軍省其ノ他ノ行政機關ノ關係官ヲ招致シテ諸般ノ情勢ノ說明ヲ求メ又ハ參考意見ヲ聽取シ以テ外諜事犯檢察ノ有効適正ナル運用ヲ圖ルノ要アリ。

一、設置要綱

1、協議會ハ官制ニ依ラザル事實上ノ協議會トス

2、協議會ハ外諜事犯檢察關係機關相互間ノ緊密化ヲ增進スルト共ニ情報ノ交換及蒐集ヲ爲シ有効適正ナル外諜事犯檢察ノ運用ヲ圖ルヲ以テ其ノ目的トス。

3、協議會ハ司法省ニ之ヲ設置ス

4、協議會ハ司法省刑事局長之ヲ主宰シ司法省刑事局大審院檢事局、內務省警保局及憲兵司令部ノ左記關係官ヲ以テ之ヲ組織ス

司法省刑事局

第六課長

同課外課係事務官
大審院檢事局
次　長
思想係檢事
內務省警保局
外事課長
同課事務官
憲兵司令部
第三課長
同課々員
右協議會ノ役員ハ左ノ者ヲ以テ之ニ充ツ
會　長　　司法省刑事局長

幹事長　　同局第六課長

常任幹事　　同課外諜係事務官

尙司法省刑事局第六課外諜係屬ヲ常任書記トシ庶務ニ從事セシム

6. 協議會ハ毎週一回之ヲ開催シ必要アリト認ムルトキハ隨時之ヲ開催ス

7. 協議會必要アリト認ムルトキハ外務省、陸軍省、海軍省其ノ他各廳ノ關係官ヲ招致シ國際情勢ノ説明其ノ他協議會ノ目的達成ニ必要ナル事項ヲ聽取スルコトヲ得

8. 協議會ハ關係省以外ノ者ニ對シテハ其ノ存在自体ヲ秘匿シ密行ス

9. 協議會開催ニ要スル費用ハ機密費ヲ以テ之ニ充ツ

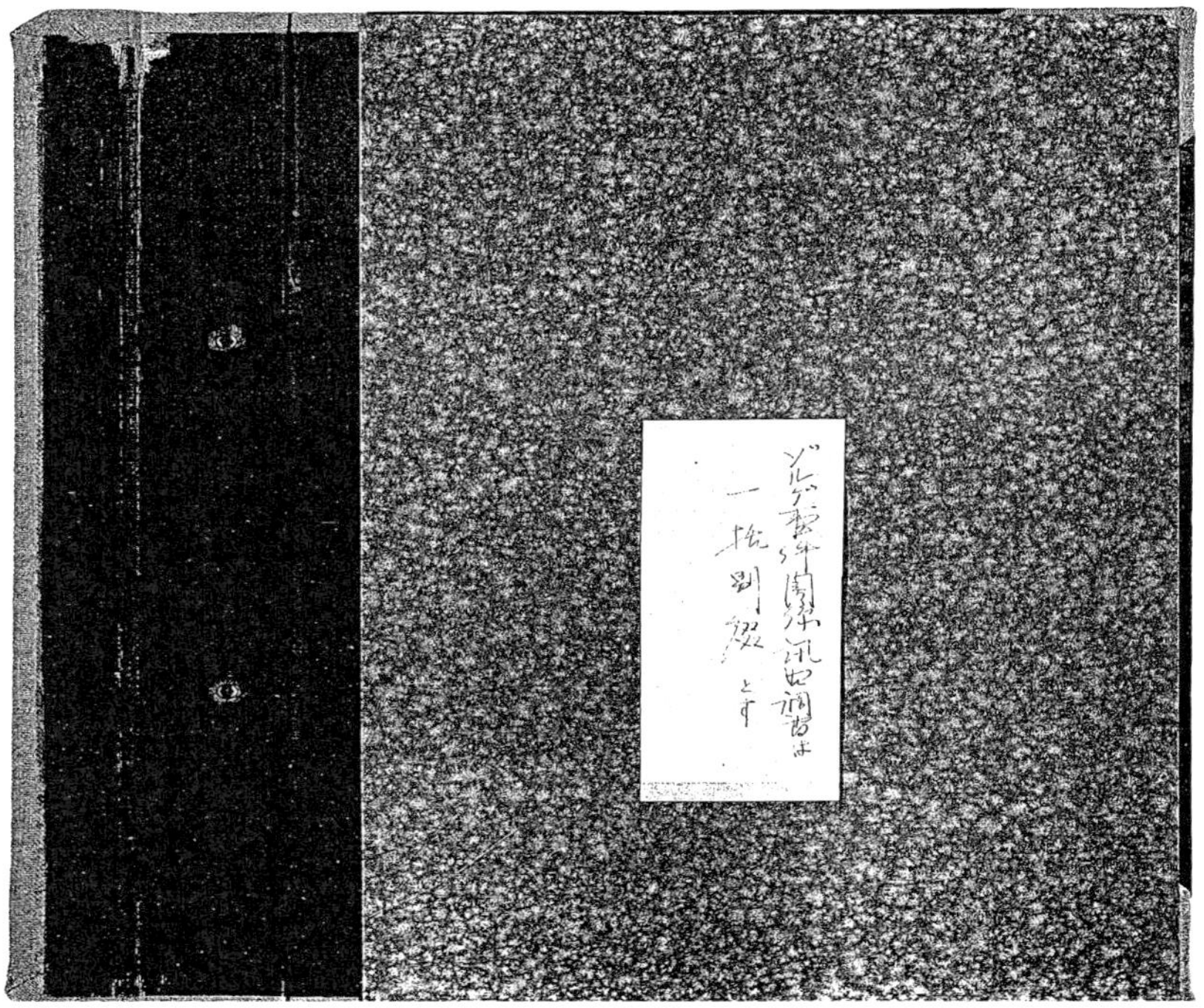

110〔表裏表紙板〕

一、外事関係非常措置ニ関スル件　昭和一六、一一、二八
二、防諜ニ関スル非常措置要綱案送付ノ件「通牒」
三、外諜被疑者檢擧ニ関スル件　〃　一六、一二、六
四、外諜被疑者檢擧計畫ニ関スル件　〃　一六、一二、五
五、外諜容被疑者一斉檢擧ニ関スル件　〃　一六、一二、六
六、ドゴール派ノ活動状況　〃　一六、一一、一三
七、コルベニ対スル軍機保護法違反事件證據品（名簿）寫
八、外諜関係事件國籍別並各廳別檢擧者表
九、遞信省ニ於テ傍受セルAC系XU系暗號無線通信文ノ解讀譯文（二）　〃　一六、一一、二五
一〇、大阪遞信局傍受暗號解讀　〃　一七、二、
一一、外諜被疑者取調状況調査表
一二、昭和十六年十二月二十三日附國際共産黨系外諜被疑事件取締状況報告ノ追加
一三、ゾルゲ事件取調状況　〃　一七、一、一二
一四、ゾルゲ、クラウゼン使用ノ暗號解説

（國定規格B5 一八二×二五七粍）

一五、ゾルゲ一派外諜事件捜査資料（無電関係）　昭和一六、一一、

一六、今次赤色國際諜報國ノ諜報活動ニ関スル技術的注意
「リヒアルド・ゾルゲ」ノ供述　〃一六、一二

一七、ゾルゲ宅ヨリ発見セルペン書英文情報譯文

一八、「リヒアルド・ゾルゲ」ノ蒐集セル情報要旨（其二）　〃一七、一

一九「ゾルゲ」調査書

二〇　クラウゼン宅英文ノ情報

二一　クラウゼン宅ヨリ発見セルペン書英文情報譯文

二二、マックス・クラウゼン家宅捜査索ノ結果発見シタル報告書譯文（原文独文）　〃一六、一一、二五

二三、マックス・クラウゼン家宅捜索ノ結果発見シタル発信原稿譯文（原文英語）

二四、マックス・クラウゼン手記（譯文）其ノ一　〃一七、一

二五、「ブランコ・ド・ヴーケリッチ」手記譯文（一）
「私ノ共産主義信奉ノ経過」

二六　独逸雑誌「ゲオ・ポリティーク」西暦一九三七年一月號所載「エル・エス」筆「日本ノ農村問題第一」ト題スル論説譯文

二七　独逸雑誌「ゲオ・ポリティーク」西暦一九三七年二月號所載「エル・エス」筆「日本ノ農村問題第二」ト題スル論説譯文

二八、水野成諜報活動一覧表

（國定規格B5一八二×二五七粍）

二九　山名正實ノ宮城與徳ニ提報シタル情報内容及其ノ蒐集先調査　昭和一七、一

三〇　本文ハ宮城與徳ノ所持品タル秋山幸治ノ英譯文ヨリ譯出
セリ本文ノ前半ハ英譯後上部ニ提出セリ

三一　獨ソ開戰ト岐路ニ立ツ國内政治

三二　宮城與徳ノ下部組織　昭和一六、一一、

三三　尾崎秀實ノ下部組織　〃　〃　〃

三四　篠塚虎雄ノ尾崎秀實、宮城與徳ニ提報シタル軍事資料
並情報内容及其蒐集先調査　〃　一七、一

三五、篠塚虎雄ノ犯罪事實

三六　尾崎秀実に対する意見書及別表　（訊問調書綴中）

一

（昭和一六・一二・五大検印）

警保局外發甲第九七號

昭和十六年十一月二十八日

内務省警保局長

警視總監殿

各廳府縣長官殿（除東京府）

外事關係非常措置ニ關スル件

標記ノ件ニ關シテハ本年七月三十一日付警保局保發甲第十七號ヲ以テ通牒致置候處今般同通牒中ノ第一外事關係ニ關シ關係各省ト協議ノ上別添ノ通リ非常措置要綱ノ細目ヲ決定致シ候條本要綱ニ基キ緊急事態發生ノ際直チニ之ガ措置ヲ實施シ遺漏ナキヲ期シ得ル樣速カニ必要ナル具體的準備計畫ヲ進メラレ度

尚本要綱ノ具體的實施時期ニ關シテハ事態ノ推移ニ卽應シ更メテ當

省ヨリ通牒可致ニ付夫レ迄ハ準備ニ止ムル様致度
追而具體的準備計畫作成相成候ハヾ可及的速カニ二部御送付相煩度

非常措置要綱

第一　敵國人ニ對スル措置

一、非常事態發生ノ際本邦内ニ在ル敵國人中左ニ該當スル者ニ對シテハ檢擧、取調又ハ抑留其ノ他必要ナル措置ヲ講ズルコト

(一)檢擧スヘキ者

被疑者トシテ檢擧スヘキ容疑充分ナル者

(二)抑留スヘキ者

(イ)敵國ノ軍籍ニ在ル者

(ロ)敵國人タル船員及航空機ノ乘員又ハ其ノ資格アルモノ

(ハ)敵國人中十八才以上四十五才迄ノ男子

(ニ)特殊技能者（無電技師、軍需工場ノ技師等）

(ホ)(一)以外ノ外諜容疑者

以上ノ中(イ)(ロ)及(ニ)ニ付テハ俘虜ノ取扱ヲ爲スコトアルベキニ付キ豫メ名簿等ヲ準備シ置クコト

（俘虜ノ取扱ヲナスモノハ軍ニ於テ擔當ノ豫定）

三　前項以外ノ者ニツイテハ左ノ措置ヲ講ズルコト

(一)善良ナル敵國人ノ保護、但シ行動ノ制限ヲ爲スヲ妨ゲズ

(二)退去願出人ニ對シテハ本省ニ稟伺ノ上許否ヲ決スルコト

(三)通過入國願出人ニ付テハ前項該當者ハ抑留シ其ノ通過入國ハ不許可トスルコト

備　考

一、亞米利加合衆國人中ニハ布哇ヲ含ミフイリッピン人ヲ含マズ

二、英國人中ニハ加奈陀及濠洲人等ヲ含ミ印度人馬來聯邦人及緬甸人ヲ含マズ

三、蘇聯邦人中ニハ白系露西亞人ヲ含マズ

四、日系米國人ハ日本人ニ準ジ取扱フコト

五、二重國籍者中日本國籍ヲ有スル者ハ日本人トシテ取扱フコト

六、佛國人中ニハ安南其ノ他佛領印度支那人ヲ含マズ

七、和蘭國人中ニハ蘭領印度土人ヲ含マズ

第二、第三國人ニ對スル措置

一、非常事態發生ノ際本邦内ニアル第三國人中敵國又ハ敵國人ト通謀シ又犯罪ノ容疑充分ナル者ニ付テハ檢擧取調ヲナスコト

一、前項以外ノ外諜容疑者ハ退去處分ニ付スルコト

一、善良ナル第三國人ニ對スル保護

一、通過及入國ノ願出人ニ付テハ査閲ヲ強化スルコト

第三、容疑邦人ニ對スル措置

非常事態發生ノ際本邦人ニシテ左ニ該當スル者ニ對シテハ檢擧取調其他必要ナル措置ヲ講ズルコト

(一)檢擧スベキ者

被疑者トシテ檢擧スベキ容疑充分ナル者

(二)檢束スベキ者

公安ヲ害スル虞アル者（敵國又ハ敵國人ト通謀ヲナス虞アル者）

(三)警告又ハ行動ヲ監視スベキ者

其他敵國人ト平素緊密ナル關係ニアリテ之ニ利用セラルル虞アル者

3

第四、外國公館及公館員ニ對スル措置

一、敵國公館及公館員ニ對シテハ不測ノ事故ヲ防止スル樣保護警戒ニ努ムルト共ニ公館員ノ引揚迄其ノ行動ヲ嚴重監視シテ諜報活動ノ餘地ナカラシムルコト

本邦人ノ敵國公館出入ハ原則トシテ禁止スルコト

二、第三國公館及公館員ニ對シテハ其ノ視察ヲ強化シ諜報謀略活動ノ餘地ナカラシムルコト

本邦人ノ出入ヲ必要ノ限度ニ止ムルコト

第五、抑留者ノ衣食供給其ノ他

一、抑留場所ハ可成クー府縣ニ二ケ所（警視廳、神奈川、大阪、兵庫等ハ特ニ考慮スヽトシ敵國人及第三國人、男女別ニ區分ノ上抑留スルコト

二、衣類寢具ハ各自所有ノモノヲ使用セシムルコトトシ抑留ノ際之ガ携行ヲ許可スルコト

三、食糧供給ノ方法ハ豫メ計畫シ置クコト

四、抑留者ニ對シテハ外部トノ接觸ヲ遮斷シ其ノ接見、通信ハ充分ナル立會、又ハ檢閲等ヲナスコト

五、抑留前必ズ嚴密ナル身體及携帶品ノ檢索ヲ勵行シ容疑文書又ハ物件ノ發見ニ努ムルコト

六、抑留者運搬方法ニ付自動車其ノ他交通機關ノ利用方法ヲ具體的ニ計畫シ置クコト

第六　敵國財産ニ對スル應急措置

敵國及敵國人ノ本邦内ニ在ル財産ニ就テハ概ネ左ノ方法ニ依リ滅失毀損等ナカラシムル樣警戒方法ヲ講スルコト（特ニ直接軍事上ノ用ニ供シ得ヘキモノニ付注意スルコト）

一、檢擧抑留者ノ本邦内ニ在ル動産及不動産ニ對シテハ家族又ハ管理人アルトキハ之ヲシテ保全セシメ、適當ナル管理人ナキトキハ之ヲ幹旋シ又ハ封印ヲ施シテ其ノ保全ヲ圖ルコト

二、重要ナル工場又ハ事業場等ニシテ運營ヲ繼續セシムル必要アリ 3

ト認ムルモノニ付テハ之ガ運營ヲ繼續スルニ必要ナル方法ヲ講スルコト（怠罷業ノ豫防々過ニモ注意スルコト）

三　工場其ノ他特殊施設（タンク、貯藏庫等）ヲ有スルモノニ對シテハ爆破、流失其ノ他謀略的災害ノ防止警戒ノ措置ヲ講ズルコト

四　危險物（銃砲火藥類等）ハ假領置シ軍用ニ供シ得ル物件（寫眞機、望遠鏡、高級放送受信機、自動車、自轉車等）ノ使用制限ヲ爲スコト

備考

財產ノ管理上封印ヲ要スルモノハ適當ナル立會人ノ立會ヲ求メ物件名封印ノ年月日、官署名ヲ記シ、官署印ヲ押捺シ且ツ緘封ノ趣意ヲ表示セル紙片ヲ以テ封印ヲ施スコト

封印ニ適セサル物件（動物類其ノ他揮發性ノモノ等）ハ換價處分ヲ爲シ其ノ代價ヲ保管スルコト

第六　船舶ニ對スル措置

外國船舶ノ措置ニ關シテハ夫々主務省ノ指揮ニ依ルベキモ管下港灣關係機關ト連絡シ豫メ船舶ノ在港狀況ヲ調査シ置クコト

一、在港中ノ敵國船舶ニ對シテハ左ノ措置ヲ講ズルコト
船内ノ檢索ヲ行ヒ重要書類（航海日誌、海圖、船舶國籍證明書、暗號帳等）ヲ押收シ、重要機關（羅針盤、無電機其ノ他機關ノ重要ナル部分等）ニ封印シ危險物件ノ假領置ヲ行ヒ關係機關ト協力監視ノ措置ヲ講シ自爆、逃亡等ノ防止ヲ計ルコト
敵國船舶ノ新ニ入港セルモノアルトキハ前項ニ準ズルコト
二、在港中ノ第三國船舶ニ對シテハ主務省ノ指揮ニヨリ檢索ヲ爲シ戰時禁制品ノ發見ニ努ムルコト
第三國船舶ノ新ニ入港スルモノアルトキハ前號ニ依ルノ外容疑人物ノ發見ニ努ムルコト

備考

敵國籍ヲ有シ又ハ敵國ニ備船セラレ或ハ第三國ノ國籍ニ假裝移轉セル船舶及敵國又ハ敵國人ニヨリ其ノ全部又ハ一部ヲ所有セラルル船舶ハ敵性船舶トシテ取扱フモノトス

4

日本ニ於テ傭船セラレタル外國船舶ハ日本船ト看做スコト

（昭和一六、一一、二五大検印）

憲三高第一〇〇〇號

防諜ニ關スル非常措置要綱案送付ノ件「通牒」

昭和十六年十一月十九日　憲兵司令部本部長　加藤泊治郎

非常事態ヘノ展開ニ應スル爲別紙ノ如キ措置要綱案ニ基キ必要ナル準備ヲ進メラレ度シ尚本措置ハ情況ニ依リ一部更改セラルルコトアル可ク之等ハ其ノ都度指示ス

右依命通牒ス

發送先　朝憲司、各隊長、憲校

別紙

防諜ニ關スル非常措置要綱案　（關係各省協定濟）

第一　敵國人ニ對スル措置

一、非常事態發生ノ際本邦内ニ在ル敵國人中左ニ該當スル者ニ對シテハ檢擧・取調又ハ抑留其ノ他必要ナル措置ヲ講スルコト

(一)檢擧スヘキ者（憲警擔當）

被疑者トシテ檢擧スヘキ容疑充分ナル者

(二)抑留スヘキ者（主トシテ警察擔當）

(イ)敵國ノ軍籍ニ在ル者

(ロ)敵國人タル船員及航空機ノ乘員又ハ其ノ資格アル者

一

(ハ)敵國人中十八才以上四十五才迄ノ男子

(ニ)特殊技能者（無電技師・軍需工場ノ技師等）

(ホ)(一)以外ノ外諜容疑者

以上ノ中(イ)(ロ)及(ニ)ニ付テハ俘虜ノ取扱ヲ爲スコトアルベキニ付キ豫メ名簿等ヲ準備シ置クコト

（俘虜ノ取扱ヲナスモノハ軍ニ於テ擔當ノ豫定）

二、前項以外ノ者ニツイテハ左ノ措置ヲ講ズルコト（憲警協力）

(一)善良ナル敵國人ノ保護・但シ行動ノ制限ヲナスヲ妨ゲズ

(二)退去願出人ニ對シテハ中央部ニテ許否ヲ決スルコト

(三)通過入國願出人ニ付テハ前項該當者ハ抑留シ其ノ通過入國ハ不許可トスルコト

第二、第三國人ニ對スル措置

一、非常事態發生ノ際本邦内ニアル第三國人中敵國又ハ敵國人ト通謀シ又ハ犯罪ノ容疑充分ナル者ニ付テハ檢擧取調ヲナスコト（憲警擔當）

二、前項以外ノ外諜容疑者ハ退去處分ニ付スルコト

三、善良ナル第三國人ニ對スル保護

四、通過及入國ノ願出入ニ付テハ査閲ヲ強化スルコト

第三、容疑邦人ニ對スル措置

非常事態發生ノ際本邦人ニシテ左ニ該當スル者ニ對シテハ檢擧取調其他必要ナル措置ヲ講ズルコト（憲警擔當）

(一) 檢擧スベキ者

二

被疑者トシテ檢擧スベキ容疑充分ナル者

(二)檢束スベキ者

敵國又ハ敵國人ト通謀ヲナス虞アル者

(三)警告又ハ行動ヲ監視スベキ者

其他敵國人ト平素緊密ナル關係ニアリテ之ニ利用セラルル虞アル者

第四、外國公館及公館員ニ對スル措置(憲警協力擔當)

一、敵國公館及公館員ニ對シテハ不測ノ事故ヲ防止スル樣保護警戒ニ努ムルト共ニ公館員ノ引揚迄其ノ行動ヲ嚴重監視シテ諜報活動ノ餘地ナカラシムルコト

本邦人ノ敵國公館出入ハ原則トシテ禁止スルコト

三、第三國公館及公館員ニ對シテハ其ノ視察ヲ强化シ諜報謀略活動ノ餘地ナカラシムルコト
本邦人ノ出入ヲ必要ノ限度ニ止ムルコト

第五　抑留者ノ衣食供給其ノ他
(警察擔當ヲ但俘虜取扱ヲナスモノヲ除ク)

一、抑留場所ハ可成ク一府縣一二ケ所(警視廳、神奈川、大阪、兵庫等ハ特ニ考慮ス)トシ敵國人及第三國人ハ男女別ニ區分ノ上抑留スルコト

二、衣類寢具ハ各自所有ノモノヲ使用セシムルコトトシ抑留ノ際之ガ携行ヲ許可スルコト

三、食糧供給ノ方法ハ豫メ計畫シ置クコト

三

四、抑留者ニ對シテハ外部トノ接觸ヲ遮斷シ其ノ接見、通信ハ充分ナル立會、又ハ檢閲等ヲナスコト

五、抑留前必ズ嚴密ナル身体及携帶品ノ檢索ヲ勵行シ容疑文書又ハ物件ノ發見ニ努ムルコト

六、抑留者運搬方法ニ付自動車其ノ他交通機關ノ利用方法ヲ具體的ニ計畫シ置クコト

第六　敵國財產ニ對スル應急措置

（憲警擔當爾後ノ處理ハ更ニ指示ス）

敵國及敵國人ノ本邦內ニ在ル財產ニ就テハ概ネ左ノ方法ニ依リ滅失毀損等ナカラシムル樣警戒方法ヲ講スルコト（特ニ直接軍事上ノ用ニ供

シ得ヘキモノニ付注意スルコト）

一、檢擧抑留者ノ本邦内ニ在ル動産及不動産ニ對シテハ家族又ハ管理人アルトキハ之ヲシテ保全セシメ、適當ナル管理人ナキトキハ之ヲ斡旋シ又ハ封印ヲ施シテ其ノ保全ヲ圖ルコト

二、重要ナル工場又ハ事業場等ニシテ運營ヲ繼續セシムル必要アリト認ムルモノニ付テハ之カ運營ヲ繼續スルニ必要ナル方法ヲ講スルコト（怠罷業ノ豫防々遏ニモ注意スルコト）

三、工場其ノ他特殊施設（タンク、貯藏庫等）ヲ有スルモノニ對シテハ爆破、流失其ノ他謀略的災害ノ防止警戒ノ措置ヲ講スルコト

四、危險物（銃砲火藥類等）ハ假領置シ軍用ニ供シ得ル物件（寫眞機、

四　望遠鏡、高級放送受信機、自動車、自轉車等）ノ使用制限ヲ爲スコト

備考

財産ノ管理上封印ヲ要スルモノハ適當ナル立會人ノ立會ヲ求メ物件名封印ノ年月日、官署名ヲ記シ、官署印ヲ押捺シ且ツ緘封ノ趣意ヲ表示セル紙片ヲ以テ封印ヲ施スコト

封印ニ適セサル物件（動物類其ノ他揮發性ノモノ等）ハ換價處分ヲ爲シ其ノ代價ヲ保管スルコト

第七　船舶ニ對スル措置（憲警稅關及海軍省出先機關協力）

外國船舶ノ措置ニ關シテハ夫々主務省ノ指揮ニ依ルベキモ管下港灣關

係機關ト連絡シ豫メ船舶ノ在港狀況ヲ調査シ置クコト
一、在港中ノ敵國船舶ニ對シテハ左ノ措置ヲ講スルコト
船內ノ檢索ヲ行ヒ重要書類（航海日誌、海圖、船舶國籍證明書、暗號帳等）ヲ押收シ、重要機關（羅針盤、無電機其ノ他機關ノ重要ナル部分等）ニ封印シ危險物件ノ假領置ヲ行ヒ關係機關ト協力監視ノ處置ヲ講シ自爆、逃亡等ノ防止ヲ計ルコト
敵國船舶ノ新ニ入港セルモノアルトキハ前項ニ準ズルコト
二、在港中ノ第三國船舶ニ對シテハ主務省ノ指揮ニヨリ檢索ヲ爲シ戰時禁制品ノ發見ニ努ムルコト
第三國船舶ノ新ニ入港スルモノアルトキハ前號ニ依ルノ外容疑人物

五

ノ發見ニ努ムルコト

備考

敵國籍ヲ有シ又ハ敵國ニ備船セラレ或ハ第三國ノ國籍ニ假装移轉セル船舶及敵國又ハ敵國人ニヨリ其ノ全部又ハ一部ヲ所有セラルル船舶ハ敵性船舶トシテ取扱フモノトス

日本ニ於テ備船シタル外國船ハ日本船ト見做スコト

備考

一、亞米利加合衆國人中ニハ布哇ヲ含ミフイリッピン人ヲ含マス

二、英國人中ニハ加奈陀及濠洲人等ヲ含ミ印度人ビルマ人ヲ含マス

三、蘇聯人中ニハ白系露西亞人ヲ含マス

四、日系米國人ハ日本人ニ準ジ取扱フコト

五、二重國籍者中日本國籍ヲ有スル者ハ日本人トシテ取扱フコト

六、佛國人中ニハ安南其他佛印土人ヲ含マス

七、和蘭人ニハ蘭領土人ヲ含マス

三、

大審院檢事局日記秘第六二三八號

昭和十六年十二月六日

大審院檢事局次長檢事　中野並助

東京刑事、横濱、靜岡、新潟、大阪、京都
神戸、名古屋、廣島、岡山、長崎、福岡、
熊本、大分、仙臺、札幌、函館
各地方裁判所檢事正　殿

外諜被疑者檢擧ニ關スル件

首題ノ件ニ關シテハ既ニ兩度ニ亙リ依命通牒致置候處本日司法省刑事局憲兵司令部及內務省警保局ト協議ノ結果近ク實施スベキ外諜被疑者ニ對スル全國一齊檢擧ノ命令ノ內容ヲ豫メ左記ノ如ク決定スルト共ニ檢擧ニ着手スベキ日時ニ付テハ追テ指示致スコトト相成候條右日時ヲ

指示シタルトキハ所轄憲兵隊及警察部ヲ指揮シ検擧ヲ斷行相成候様致度此段及依命通牒候也

左　　記

一、検擧目標ハ英米系（國籍ノ如何ヲ問ハズ但シ第二項ノ者ヲ除ク）諜報網ニノミ限定スルコト

二、獨逸伊太利及蘇聯邦ノ國籍所有者（但シ白系露人ヲ除ク）ニ對スル検擧ハ一時留保シ特ニ検擧ノ必要アル者ニ付キテハ理由ヲ具申シ指揮ヲ受クルコト

三、外諜被疑邦人ニ對スル検擧ハ本検擧ト同時ニ之ヲ行フコト但シ一覽表以外ノ者ニ付テモ容疑アル者ハ遲疑ナク検擧スルコト

尚嚢ニ送付致置候容疑者一覽表ハ其ノ後若干修正ノ必要ヲ生ジタルニ因リ至急新ニ容疑者一覽表ヲ調製送付可致候ニ付新一覽表到着ノ上ハ

篤ト御檢討相成度若シ檢擧ヲ適當トセザル者有之候場合ニ於テハ至急
御報告相成度
追テ憲兵司令部及内務省警保局ニ於テモ前記同趣旨ノ通牒ヲ夫々隊
及地方廳宛發スル趣ニ付發出ノ上ハ直ニ其内容御通知可致候

四

大審院檢事局日記秘第六二〇〇號

昭和十六年十二月五日

大審院檢事局次長檢事　中野並助

東京刑事、横濱、靜岡、新潟、大阪、京都

神戸、名古屋、廣島、岡山、長崎、福岡、

熊本、大分、仙臺、札幌、函館

各地方裁判所檢事正　殿

外諜被疑者檢擧計畫ニ關スル件

非常時局下ニ於ケル皇國ノ安全ヲ確保スル爲曩ニ司法省刑事局憲兵司令部及內務省警保局ト協議ノ上外國ノ諜報謀略ニ暗躍策動セル疑アル者ニ對シ全國一齊檢擧ヲ斷行スルコトニ決定シ之ガ檢擧準備ニ關シ昭和十六年七月二十五日附大審院檢事局日記秘第三四二九號ヲ

以テ依命通牒致置候處最近國際情勢頓ニ緊迫化シ何時非常事態ノ發生ヲ見ルヤ豫測ヲ許サザルモノ有之從而檢擧命令ヲ發スル時期モ切迫セルヤニ看取セラレ候ニ就テハ別紙「外諜被疑者檢擧計畫要綱」ニ基キ直チニ司法警察官ヨリ報告ヲ徴シ檢擧命令發出ト同時ニ檢擧ニ着手シ得ル樣諸般ノ準備相成樣致度此段依命及通牒候

追而内務省警保局及憲兵司令部ニ於テハ別紙「非常措置要綱」ヲ決定シ夫々地方廳及隊宛通牒シタル趣ニ有之候處右要綱中檢擧ニ關スル事項ニ付テハ内務省及憲兵司令部ヨリ夫々地方廳及隊宛本通牒ノ趣旨ニ則リ所轄檢事局ノ指揮ヲ受ケ措置スベキ旨ノ通牒ヲ發スル豫定ナル趣ニ有之候ニ就テハ檢擧スベキ者ノ決定ニ際シテハ前記要綱ニ基ク行政措置トノ關聯ニ留意シ警察及憲兵ト緊密ナル連絡ヲ遂ゲ萬遺漏無キヲ期セラレ度爲念申添候

外諜被疑者檢擧計畫要綱

一、檢擧目標

昭和十六年七月二十五日附大審院次長檢事依命通牒「外諜被疑者檢擧準備ニ關スル件」ニ基キ準備シタル結果及其ノ後ノ内偵ノ結果等ニ依ルベキモ左ノ諸點ニ留意スルコト

1 敵國人ニ對シテハ乙號ニ屬スル目標人物ト雖モ犯罪ノ容疑ナキコト明白ナル者ヲ除キ全部檢擧スルコト

2 第三國人中敵國ト親善關係ニアル國家（準敵國）ノ國籍ヲ有スル者及敵國人ト個人的ニ親密ナル關係ニアル者ニ對シテハ乙號ニ屬スル目標人物ト雖モ外部ニ現ハレタル行動等ニ依リ犯罪ノ容疑アラバ確證ノ有無ニ拘ラズ之ヲモ檢擧スルコト

3 苟クモ外諜ノ容疑アル邦人ハ全部之ヲ檢擧スベク就中所謂諜報網ノ中心人物タル外國人ノ手先諜者トシテ行動セル容疑アル邦人ニ留意スルコト

二　檢擧方法

國防保安法所定ノ合法手續ニ依リ之ヲ爲シ行政檢束其ノ他非合法措置ヲ用ヒザルコト

三　檢擧ニ伴フ措置

檢擧ト同時ニ必要ニ應ジ家宅搜索其ノ他ノ措置ヲ講ズルコト

四　檢擧命令

檢擧命令ハ檢事總長ヨリ電報電話其ノ他ノ方法ヲ以テ之ヲ發スベク其ノ際敵國又ハ準敵國ノ範圍ヲ具體的ニ明示スル豫定ナリ。

五

極秘

警保局外發甲第　號

昭和十六年十二月六日

内務省警保局長

警視總監殿
關係廳府縣長官殿

外諜容疑者一齊檢擧ニ關スル件

外事關係非常措置ニ關シテハ昭和十六年十一月二十八日警保局外發甲第九七號通牒ニ基キ夫々計畫中ノコト、被存候モ近ク英米關係外諜容疑者一齊檢擧ノ指令發セラル、ヤモ知レザルニツキ別册名簿登載ノ容疑者ニ關シ左記諸點ニ御留意ノ上檢擧準備相成度

記

一、檢擧ノ日時ハ改メテ指示ス
二、本名簿登載容疑者中ノ第三國人ニシテ其ノ後犯罪容疑ナキコト明瞭トナリタルモノハ所轄檢事局ト協議ノ上削除スルモ支障ナシ

三、本名簿登載ノ敵性國人（英米）容疑者ハ檢擧取調ノ結果犯罪關係ナキコト明瞭トナリタルトキハ退去處分ヲナサズ抑留スルモノトス

四、本名簿登載ノ容疑邦人ハ同時ニ檢擧スルコト

五、獨、伊、蘇聯（白系露人ヲ含マズ）ノ國籍所有者ハ檢擧ヲ一時保留スルコトニ決定シタルヲ以テ本名簿ハ蘇聯關係ノ容疑者及獨、伊、蘇聯國籍所有者ヲ削除シタリ

六、檢擧準備其ノ他ニ關シテハ所轄檢事局及憲兵當局ト緊密ナル連絡ヲ保持スルコト

七、本名簿ニ付異動アリタル場合ハ至急報告スルコト

六

極秘

大日本帝國政府

太田

昭和十六年十一月十三日

ドゴール派ノ活動狀況

目下神戸地方裁判所檢事局ニ於テ捜査中ニ係ル（最近起訴ノ見込）軍機保護法並國防保安法違反事件被疑者バルベハ英國倫敦ニ本部ヲ有スルドゴール派ノ日本支部長トシテ反樞軸的宣傳並諜報活動ニ暗躍シ居リタルモノニシテ同人ノ供述内容ハ我國ニ於ケルドゴール派ノ活動狀況一斑ヲ明カニシ居リテ將來ニ於ケルド・ゴーリストニ對スル査察内偵上ノ參考ト爲ルベキモノト思料シ茲ニ同人ニ對スル檢事訊問調書寫ヲプリントニ付シタリ

追而日本ニ於ケルド、ゴーリストト認メラルル者ノ名簿ハ後日プリントニ付スル豫定ナリ

大日本帝國政府

第六回訊問調書

被疑者　ヂャン、マリー、ガブリエル、バルベ

右者ニ對スル國防保安法違反等被疑事件ニ付昭和十六年十月二十二日神戸地方裁判所檢事局ニ於テ檢事横田靜造ハ裁判所書記安原延男立會ノ上前回ニ引續キ右被疑者ニ對シ訊問スルコト左ノ如シ

一、問　被疑者ハドゴール政權ノ支持者ナリヤ

答　左樣デアリマス

昭和十五年六月二十七日フランスノペタン政府ハ獨逸ト停戰條約ヲ締結シタノデアリマスカ夫レヨリ少シ前私ハフランスノ敗戰カ濃色テアリフランス政府ハ獨逸ト單獨講和ヲ締結スル形勢ニアリマシタノテ私トシテハフランスカ英國ト共同シテ最後ノ勝利ヲ得ル迄ハ獨逸ト戰ヲ繼續スヘキテアルト信念シテ居リ又獨逸ハ必ラス敗レルト確信（今日テモ左樣ニ確信シテ居リマス）

大日本帝國政府

シテ居リマシタ爲佛ノ獨ニ對スル單獨講和ニハ前々カラ絶對反對テアリマシタ

夫レ故私ハ昭和十五年六月三十一日私ノ勤務先テアルエムエム汽船ノ神戸支店ニ神戸駐在ノフランス領事ドペールヤ神戸在住ノフランス在鄕軍人フランス人十二名ヲ召集シマシテ右獨佛休戰條約反對ノ決議ヲ致シ

在神フランス在鄕軍人ハ對獨單獨講和ニ絶對反對ヲシテ聖戰ノ繼續ヲ欲ス此ノ旨貴官ヨリ佛政府ニ傳達サレ度シ

トノ電文ヲ認メ之ヲ駐英フランス大使コービンニ打電シ其ノコツピーハ神戸英國總領事館及駐日フランス大使館ニ送付シタノテアリマシタ此ノ電報ニ對シ御示シノ如ク神戸駐在英國總領事グレーブスヨリ感謝ノ手紙カ參リマシタノテ之ヲ右フランス在鄕軍人等ニ見セタノテアリマス

大日本帝國政府

此ノ時第七號證ヲ示シタリ

ニモ拘リマセスペタンヤラバールノフランス政府ハヒットラーニ降伏シ前述ノ様ニ休戰條約ヲ締結シテ了ッタノテアリマシタカ之ニ對シテフランスノ軍人テアルドゴール將軍カ敢然反對ヲ唱ヘマシテ同將軍ハ昭和十五年七月七日テアッタト思ヒマスカ英國ニ飛行機テ參リマシテ英國政府保護ノ下ニフランスノ眞ノ政府タルドゴール政府ヲ倫敦ニ於テ樹立シタノテアリマスドゴール將軍ハ自由フランスノ爲ニ英米ト共同シ飽ク迄モ獨伊ニ反對シペタンラバール等ノフランスノヴイシー政府ヲ認メス獨伊等ノ所謂樞軸國ニ對シテ交戰シフランスノ最後ノ勝利ヲ信シ之ヲ念願シテ英米ノ援助ヲ受ケ自由フランスノ爲凡ユル政治的及軍事的行動ヲ開始シ倫敦ノドゴール本部ヨリ佛國内ノフランス人ハ勿論世界各國ノフランス人ニ對シテ全フランス人ハヴ

大日本帝國政府

イシー政府ニ反對シドゴールヲ援助シテ自由フランス獨立ノ爲ニ英米ト共ニ飽クマテ獨伊ニ對シテ抗戰スヘキコトヲ或ハラヂオヲ通シ若クハ文書ニ依リ又ハ口頭ニ依リ宣傳工作ヲ續ケテ參ツテ居ルノテアリマス

私ハ右ドゴール政權ノ樹立ヲ知ルト共ニドゴールノ支持者所謂ドゴーリストニナツタノテアリマス

英國ノ官憲ハ陰ニ於テ此ノドゴールノ宣傳工作ニ狂奔シテ居ルノテアリマス

被疑者ハ日本駐在ノ英國官憲ト日本内地ニ於テドゴール宣傳運動ヲ爲スヘク謀議シタル事實アリヤ

二、問

答

アリマス

其ノ事ノ詳細ニ付テハ警察テ申述ヘテ居リマスカラ此處テハ簡單ニ其ノ筋書丈ヲ申上ケルコトニ致シマス

大日本帝國政府

昭和十五年九月十日頃神戸ノ英國領事館テ英國領事ノグレーブスニ會ヒマシタ際私ハドゴール將軍ヲ稱揚シベタンヤラバールヲ罵倒シテ居リマシタ處グレーブスハ日本內地ニ於テドゴールノ運動ヲヤラナイカト申シマシタノテ私ハ之ヲ快諾致シマシタグレーブスハ駐日英國大使館ヲ通シ倫敦ノドゴール將軍ニ私ノコトヲ云ツテ遣ツタト見ヘマシテ同年九月下旬ドゴールカラ私ノコトニ關シテ來タ電報ヲ私ニ見セマシテ阪神方面ニ於テ極力ドゴールノ宣傳ヲシ全フランス人ヲドゴーリストニセヨ夫レニ付テハ駐日英國大使館付情報部長レツドマンニ會ヒドゴール政府ノ宣傳物ヲ送ツテ貰フ樣ニ賴メト申シマシタノテ之ヲ承諾シタノテアリマス右グレーブスノ示シタ電報ニハ私ヲ日本ニ於ケルドゴール運動ノ日本支部長ニスルト云フコトカ書イテアツタノテアリマス

大日本帝國政府

其處テ私ハ直ニ上京レツドマンニ會見シテドゴールノ宣傳文書ノ交付方ヲ申込シタ處レツドマンハ倫敦ノドゴール政府ニ打電シ宣傳印刷物ヲ多量ニ取寄セテ交付スルカラ暫ク待テト申シ尙倫敦ノドゴール本部ヨリ來ル宣傳印刷物ハ直接私ノ許ニ郵送スルコトニスルト日本官憲ノ檢閱ヲ受ケ差押ヘラルヽ虞レカアルカラ一應全部駐日英國大使館ニ送ラセ夫レヲ大使館カラ神戶ノ英國領事館ニ送ル故同領事館ニ於テ受取レト指令サレタノテアリマス即チ右宣傳物ノ英國カラ日本ヘノ郵送ハ所謂「デプロマチツクウエイ」ニ依ルコトヽシタノテアリマス尙其ノ際私ハレツドマントペタン政府カ北部佛印ニ日本軍ノ進駐ヲ許容シタ事ニ付ヴイシー政府ノ腰拔ケヲ嘲笑シタノテアリマシタ

昭和十五年十一月中頃私ハ上京シテレツドマン及駐日英國大使館ニ於テ日本ニ於ケルドゴール運動ノ主任ヲシテ居ルギアブー

大日本帝國政府

ス書記官ニ面接シ種々日本ニ於ケルドゴール運動ノ方法ニ付テ協議シビルマルートト再開ノ爲日英關係カ惡化スレハ日本在住ノドゴーリストタルフランス人ハ彈壓サレルニ違ヒナイカラ之ヲ加奈陀、濠洲、南阿ニ逃避サセル準備打合ヲ遂ケ其ノ際私ハレツツドマンニ對シテ御示シノ第二十四號證ノ如キ大阪及神戸ニ於ケル各フランス領事館管下ニ在住スルフランス人百二十三名ノ住所氏名錄及第二十五號證ノ如キ東京提供ノ各フランス領事館管下ニ在住スルフランス人百二十一名ノ住所氏名錄並御示シノ第二十六號證ノ如キフランス國保護下ニ在ルシリヤノ日本內地ニ於ケルシリヤ人四五十名ノ住所氏名錄ヲ交付シ之等三册ノ住所氏名錄ヲ上海ニ在ルドゴール本部ニ送リ右上海ドゴール本部ニ於テ每週發行サレルドゴール宣傳印刷物タル

ブレチン、ヘブドマデール、ド、フランス、カン、メーム

大日本帝國政府

ヲ直接右住所氏名録記載ノフランス人ヤシリヤ人ニ送付スル様依頼シタノテアリマス其ノ結果ブレチン、ヘブドマデール、ド、フランス、カン、メームハ其ノ當時ヨリ今日ニ至ル迄上海ドゴール本部カラ右ノフランス人約二百五十名及シリヤ人四五十名ニ送ラレテ居ルノテアリマス

此ノ時第二十四號證及第二十五號證、第二十六號證ヲ示シタリ

御示シノブレチン、ヘブドマデール、ド、フランス、カン、メームハ昨年九月下旬以來上海ドゴール本部ヨリ直接私ノ許ニ郵送サレテ來タモノ、一部テアリマシテ夫レト同様ノモノカ昨年十一月頃以來現在ニ至ル迄右日本在住ノフランス人約二百五十名及シリヤ人四五十名ニ郵送サレテ來テ居ル次第テアリマス

此ノ時第三十四號證ヲ示シタリ

ブレチント云フノハ冊子ト譯スベクヘブドマデールト云フノハ

大日本帝國政府

毎週ト云フ意味テブレチン、ヘブドマデールト云フノハ週報ト云フ意味テアリカンメームト云フノハ英語テ云ヘハ「インスパイトオブエブリシング」ト云フ意味テフランスカンメームト云フノハフランスハ何物ニモ拘ラス立上リ必ラス復活シ再生スルト云フ意味テアリマス故ニフランスカンメーム週報ハドゴールノ蹶起ヲ表徴スルノテアリマス

昭和十五年十二月十四日頃ドゴールカラ日本ニ於ケルドゴール運動ノ功勞者ニ勳章ヲ授與シ度イカラ資格者ヲ推薦セヨトグレーブスヲ通シテ申シテ參リマシタノテグレーブスト推薦ノ相談ヲシマシタカ未タ適任者カ無カツタノテ推薦シナイト云フ電報ヲ打チマシタ

同年十二月十六日頃グレーブスカドゴールノバツヂ十二個ヲ呉レマシタノテ之ヲ在神フランス人等ニ與ヘ又エムエム汽船ノダルタ

大日本帝國政府

ニアン號カ入港シタ際士官カ同樣ノバッヂ十八個ヲ私ニ渡シタノテ之モ配付シマシタ

昭和十五年十二月二十八日頃タツタト思ヒマスカ私ハ東京ノ帝國ホテルテレツドマント會見シドゴールカラ大使館氣付ケ私宛ニ來タ電報ヲレツドマンヨリ渡サレマシタカ其ノ電報ニハ

ヴイシー政府ノ降伏政策ニ反對スル日本在住ノフランス人ヲシテ一月一日午後一時カラ三時迄ノ間各自宅ニ於テ自由フランス、再生ノ爲祈リヲ捧ケシメヨ

ト指令シテアリマシタノテ歸神後之ヲ阪神在住ノフランス人ニ傳達致シマシタ

昭和十六年二月中旬私ハ駐日英國大使館ヨリ大使館内ニ於テ私カ主賓トシテ一等書記官ヘンダーソン外十二、三名ノ館員カ出席シテ午餐會ヲ催シテ呉レマシタカ私カ主賓ニセラレタノハ私カ日本ニ於ケルドゴール運動ノ日本支部長トシテ英國官憲指導下ニドゴール運動ニ努力シテ居タ爲テアリマス

大日本帝國政府

私ハ本年三月十日頃グレーブスニ倫敦ニ參ツテ直接ドゴール陣營ニ參加シドゴールノ爲ニ盡シ度イカラ倫敦ノドゴール陣營ニ參加ガ出來ル樣斡旋方ヲ依賴シマシタ日本ニ居テ宣傳シテ居ル丈テハ滿足出來ナカツタカラテアリマス

本年三月十七日頃レツドマンカ來神シタ際エムエムノ神戶支店ニ私ヲ訪問シテ參リマシタノテ私ハ其ノ際レツドマンニ對シ御示シノ第三十五號證ノ如キ雜誌

ラ、フランス、リボー

（自由フランス）

ヲ毎月四五十册宛私ニ送ツテ吳レル樣又上海發行ノ前述ブレチンヘブドマデール、ドフランスカンヌームヲモツト多量ニ私ニ送ツテ吳レル樣依賴シマシタ併シ結果ニ於テハ實行サレマセヌテシタ

此ノ時第三十五號證ヲ示シタリ

大日本帝國政府

雜誌自由フランスハ勿論倫敦ドゴール東部ニ於テ發行サルヽドゴールノ宣傳機關紙テアリマシテ駐日英國官憲ヲ通シ前々カラ之ヲ受取リ在神フランス人ニ回覽シテ居タモノテアリマス
昭和十六年三月下旬グレーブスヲ英國領事館ニ訪問シマシタ際ドゴール將軍カラ私ニ對シ倫敦ニ來レ然ラハドゴール將軍ノ卒ヒル自由フランス商船隊ニ參加セシメルトノ電報カ參ツテ居ル事ヲ聞キマシタカ其ノ後間モナク又グレーブスヨリドゴール將軍カラ私カエムエムノ本店ニ對シテドゴール政權ノ治下ニアルニユーカレドニヤノヌーメヤ市ノ支店長トシテ赴任スル樣交渉セヨト申シテ來テ居ル旨ヲ聞知シマシタノテ私ハ同年四月中旬上海ニ商用テ參リマシタ際エムエムノ極東支配人コトシエニ其ノ話ヲシタ處コーシエハ左樣ナ交渉ヲ本店ニスレハ馘首セラレフランス國籍ヲ取上ケラレルト云ハレタノテアリマス

斯クスル内昭和十六年六月十三日ドゴール將軍カラグレーブスニ宛テバルベヲ倫敦カ上海ニ寄越セ夫レニ付ドゴール運動ノ極東首領テアルバロント話合ヒ決定セヨト申シ來ツテ居ルトノ事テアリマシタカラ私ハ倫敦行ヲ希望シマシタ

同年六月十八日バロシヨリグレーブス宛バルベハ倫敦ニ赴クヘシトノ指令カ參リマシタノテ私ハ其ノ準備ヲシ本年七月十三日大阪出帆ノ米國貨物船テ倫敦ニ行ク準備ヲ完了シタ處縣外事課員カラ取調ヲ受クルニ至ツタノテアリマス

三、問　被疑者ノ日本内地ニ於ケルドゴール宣傳運動ノ内容如何

答　大別シマスト

文書活動

口頭宣傳活動

ノ二ニナリマス

大日本帝國政府

先ツ文書宣傳活動ノ方カラ申上ケマス
昭和十五年十月初旬グレーブスノ館ニ前述フランスカンメーム週報カ十五六部到着シマシタノテ領事館ニ行ツテ夫レヲ受取リ之ヲ在神佛人十五六名ニ頒布致シマシタカ爾來同年十一月頃迄ノ間上海ドゴール東部ヨリ前同様駐日英大使館ヲ通シフランスカンメーム週報カ神戸ノ英國領事館ニ參リマシタノテ私ハ毎週之ヲグレーブスカラ受取リ阪神居住ノフランス人ニ配布シテ居タノテアリマシタカ手數カカヽリマスノテ同年十一月前述ノ様ニフランス人ノ住所氏名錄ヲ作ツテレツドマンヲ通シ上海ドゴール東部ニ之ヲ送ラセフランスカンメーム週報ヲ直送セシメテ來タノテアリマス
御示シノフランスカンメーム週報ハ昨年十一月以來私カ檢擧サルル本年七月十四日迄ニ私ニ直送サレテ來タモノヽ一部テアリマスカ其ノ内本年五月十日以後ニ頒布サレタモノハ第三十八號乃至第

四十八號迄アリマス

此ノ時第三十四號證ヲ示シタリ

右ノ様ナ週報ハ前述致シマシタ私ノ通報ニ基キ上海ドゴール東部カラ京阪神在住ノフランス人二百數十名シリヤ人四五十名ニ郵送頒布サレテ居タモノデアリマス

御示シノ第三十四號證ノフランスカンメームノ内容ノ一部ニ付簡單ニ申上ケマスト

(一)本年一月十一日附發行ノ週報ノ一部ニハ

平和ノ罠

ト題シ前佛印總督デアルカトール將軍ノ演説ガ掲載サレテアリマスカ夫レニハ印度支那カ日本ノ占領ノ不正ヲ受ケナカツタ前ノ佛印總督カカトール將軍デアツタト云フコトヲ冒頭ニ致シマ

大日本帝國政府

シテカトールカドゴール等ト共ニ英國ト一体トナリ獨逸ニ對シテ戰爭ノ繼續セル旨ヲ強調シヒツトラーノ強制スル平和ハフランスノ政治經濟的獨立ノ喪失テアルト做シ獨逸政府ノフランス政府ニ對スル要求ヲ無道ノモノトシテ攻擊シ獨逸ハ英國トドゴールノ提携ノ爲ニ最後ニハ必ラス敗レルコトヲ強調シテ居リマス

(二)本年七月七日附フランスカンメーム週報第四十七號ニ協力ト題シヴイシー政府カヒツトラート協力セルコトヲ攻擊シヒツトラーヲ無賴ナ約束ヲ守ラヌ男トシテ攻擊シ斯カルヒツトラートノ協力ヲ排擊シ獨逸カフランスニ於テ凡ユル資材ヲ印刷費丈ヲ要シタマルクト云フ紙ヲ使ツテ奪略シツツアルコトヲ強調シテ居リマス

(三)本年七月十四日附ノフランスカンメーム週報第四十八號ニハ

何者と雖フランスの仕事を妨げることは出來ぬ

ト題シフランス人トシテノ義務ハナチズムト一般樞軸國ニ對スル闘爭ヲ繼續スルニアルコト其ノ爲ニハ凡ユル手段ヲ盡シテ獨逸ト戰爭ヲシナケレハナラヌコトヲ強調シ獨逸ト協力スルフランス人ハ其ノ協力行爲カ犯罪テアルコトヲ強調シ英國及ドゴールノ最後ノ勝利ヲ信頼シテドゴールノ獨逸ニ對スル抵抗ニ凡ユル援助ヲ與ヘヨト云フコトヲ強調シヴイシー政府ノ宣傳ハヒツトラーノ代理者ニ依ツテ牛耳ラレフランスヲ英國ヨリ離間セントスルモノテアルコトヲ強調シテ居ルノテアリマス

(四)本年三月十五日附發行ノフランス週報第三十三號ハ

目的は手段を選ばず

ト題シ獨逸軍カ和蘭、白可義、フランスノ各國民ヲ奴隷ノ如ク使ヒ獨逸軍ノ彈丸除ケニ使ヒ無辜ノ人民ヲ機銃掃射ニ依リ虐殺セル殘虐性ヲ種々具体的ノ例ヲ擧ケテ描出シ獨逸ニ對スルフラ

大日本帝國政府

ンス人ノ敵愾心ノ煽動ニ努メテ居ルノデアリマス

(五)本年六月二十三日附發行ノフランスカンメーム週報第四十五號ハ

降伏記念日

ト題シヴイシー政府當局者ノ休戰條約ヲ締結シタ事情ヲヴイシー政府當局者ヲ誹謗シツヽ批判罵倒シフランス人ヲシテヴイシー政府ニ對スル信頼ヲ喪失セシメドゴールニ對スル信頼ヲ鞏固ニセムコトヲ企テヽ居ルモノデアリマス

次ニ御示シノ第三十一號證ニ付テ申上ケマス

此ノ時第三十一號證ヲ示シタリ

御示シノフアイルハ昨年十一月頃ヨリ本年五月十五六日頃迄ノ間ニ於ケル倫敦デドゴール將軍カ放送シタ演説ナリ講演ヲタイプシタモノデアリマシテ御覽ノ通數十篇ニ亙ルドゴールノ放送ヲ其ノ

大日本帝國政府

都度タイプシテ駐日英大使館カラ私ノ許ニ送ツテ來タモノテ私ハ此ノファイルヲエムエム神戸支店ニ備付ケテ同支店ニ出入リスルフランス人ニ閲覧セシメタリ又私カ之ヲ讀ンタ内容ヲ解説シタリ面白イト思ツタ分二篇ハ之ヲ數枚タイプシテ在神フランス人ニ配布シテ居タノテアリマス私ハ本年五月十五六日頃迄卽チ私カ神戸支店ヲ退ク迄御示シノ第三十一號證ノドゴール將軍ノラヂオ放送演說ノタイプヲ利用シテドゴールノ宣傳運動ヲシテ來タノテアリマス

私カ店テ更ニ之ヲタイプシテ在神フランス人ニ配布シタノハ本年三月十二日附ノ將軍の話ト題スル分外一篇テアリ前者ハ其ノファイルノ中ニ綴込ンテアリマスカ他ノ分ハ見當リマセヌ本年五月十日以降右ドゴールノラヂオ放送ヲタイプシタモノヲ誰々ニ見セタカハ記憶ニアリマセヌカ店ニ來ルフランス人ニ此ノ三十一號證ノ

大日本帝國政府

ファイルヲ見セテ讀マシタリ其ノ内容ヲ解説シタリ、シテ宣傳ニ努メテ來タ事ハ事實ニ相違無イノテアリマス

其處テ右ドゴール將軍ノラヂオ放送演説ヲ記錄シタモノヽ内容ノ説明テアリマスカ其ノ内ノ一部カ日本語ニ飜譯サレテ居ル様テアリマスカラ夫レヲ御參照願イ度イノテアリマスカ要スルニ其ノ内容ハ獨逸及伊太利特ニ獨逸並ヒツトラーノ政治的軍事的經濟的諸工作カフランスニ對シテ如何ナル目的ヲ以テ如何ナル方法ニ依リ遂行サレテ居ルカト云フ問題ニ關シ各種角度カラ各種問題ヲ提ヘテ之ヲ誹謗批判シヴイシー政府ノ獨逸及ヒツトラーニ對スル協力ハフランスヲ賣ルモノテアルコトヲ説明強調シ全フランス人ハヴイシーヲ離レテドゴールノ傘下ニ集リ英米ト協力シテ飽ク迄獨伊等ノ樞軸國ニ抗戰ヲ續ケ自由フランス帝國ノ復活獨立ヲ致サナケレハナラヌト云フコトヲ強調シテ居ルノ

大日本帝國政府

テアリマシテ從テ常ニ其ノ放送ハ英米ノ軍事的經濟的協力ヲ讚美シ獨逸ハ抗戰ヲ繼續スレハ必ラス最後ニハ敗北スルコトヲ強調シタモノテアリマス私カ警察テ右ドゴールノラヂオ放送ノ草稿カ英大使館カラ送ラレテ來ル都度之ヲエムエム神戸支店テ更ニタイプシテ阪神間ノフランス人ニ配布シタト申上ケテ居ルトノコトテアリマスカ夫レハ間違ヒテアリマシテ其ノ内二篇丈シカ配布ハシテ居ラヌノテアリマスカラ其ノ點ハフランス人達ヲ御調ヘ下サレハ明ニナルコトテアリマス

次ニ雜誌自由フランスノ配布若クハ回覽ニ依ルドゴール宣傳運動ニ關シ申上ケマス

御示シノ雜誌自由フランスハ昨年十一月號カラ本年四月號迄毎月一册宛計六册ヲ昨年十二月頃ヨリ本年五月頃迄ノ間ニ於テ駐日英國大使館カ神戸英國領事館ヲ通シ之ヲ私ニ交付シテ居タモノノ一

部テアリマス

此ノ時第三十五號證ヲ示シタリ

私ハ昨年十二月頃カラ本年五月中頃迄ノ間毎月右雜誌ヲ受取リ自分カ讀シタ後ハ之ヲエムエム支店ニ備付ケテ置イテ來客ノフランス人ニ讀マセタリ又京阪神ノフランス人ニ回覽サセタリ日佛協會ニ備付ケタリシテドゴールノ宣傳ヲシタノテアリマス御示シノ雜誌自由フランス二月號同四月號ハ私カ讀了後フランス人ノ間ニ回覽サセタモノカエムエム支店ニ返ツテ來テ居タノヲ縣外事課員カ入手サレタノテアリマス

私ハ右雜誌自由フランスヲ讀了後其ノ都度私カラ直接神戸在住ノフランス人テアル

ゲ　ガ　ン

ベンキアン

大日本帝國政府

ウエイト
チエツク
ゲリト

等ニ交付シ其ノ人達カ讀メハ知合ノフランス人ニ順次交付シテ回覽スル樣命シテ居タノテアリマス二月號ト四月號ハ斯樣ニ回覽シテエムエム神戸支店ニ返ツテ參リマシタカ殘リ四冊ノ内一冊ハ神戸日佛協會ニ備付ケテアリ他ノ三冊ハ未タニ回覽サレテ居ルト見ヘテ戻ツテ參リマセヌ

雜誌自由フランス掲載ノ内容モ結局ニ於テフランスカンメーム週報ドゴール將軍ノ倫敦ニ於ケルラヂオ放送ヲタイプシタモノト同巧異曲ノ内容テアリマス

私ノドゴール宣傳活動ノ文書活動トシテハ以上ノ三ツカ主ナルモノテアリマス

大日本帝國政府

次ニ英國大使館カ神戸ノ英國領事館ヲ通シテ私ニ送ツテ參リマシタドゴール運動ノ資料中證據品トシテ押收サレテ居ルモノニ付簡單ニ申上ケマス

此ノ時第三十號證ヲ示シタリ

御示シノドゴールフランスト獨乙ノ侵略ヘノ鍵ト題スル書籍ハドゴール運動ノ解說書テアリマシテ昭和十五年十二月頃送付ヲ五册受ケマシタノテ他ノ四册ハ神戸在住ノ前述フランス人等ニ次カラ次ヘト回覽ニ廻ハシテ居リマスノテ來タニ手許ニ返ツテ參リマセヌ

此ノ時第三十二號證ヲ示シタリ

御示シノファイルノ內薄イ紙ニタイプシタ分ノ方ハ香港ノドゴール本部テドゴール將軍カ爲シタル講演ヲタイプシタモノテ英大使館ヲ通シ受取リマシタカ其ノ內容ハ先刻申上ケタ第三十一號證ノモノト同趣旨ノモノテアリ厚イ紙ニタイプサレタモノハ倫敦ノド

大日本帝國政府

ゴール派部テ發行サルヽフランス國内及フランス軍即チドゴール麾下ノ軍隊ノ勇敢ナル活動戰鬪狀況ヲ書イタ宣傳印刷物テアリマシテ私ハ此ノ第三十二號證ノフアイルヲ昨年十月頃カラ本年五月中旬過迄エムエム神戶支店ニ備付ケ店ニ來ルフランス人ニ閲覽サセテ居リマシタ

此ノ時第三十三號證ヲ示シタリ

御示シノパンフレツトハ倫敦ドゴール本部ニ於テ發行シテ居ル世界各國ニ存在スルフランス人ノ僧侶ニ讀マスモノテ英國大使館カラ神戶領事館ヲ通シ本年四五月頃送ツテ參リマシタノテ私ハ神戶居住ノ僧侶佛人フアージ外一名ニ之ヲ配布シタノテアリマシテ御示シノモノハ其ノ配布シタ殘部テアリマス

此ノ時第三十九號證ヲ示シタリ

本年四五月頃英大使館カラ御示シノ様ナフランス人注意セヨフラ

大日本帝國政府

ンス萬歳ト題スル宣傳ポスター二十枚程並御示シノ樣ナ自由フランスノ使命ト題スルポスター三十枚程ヲ

此ノ時第四十號證ヲ示シタリ

各神戸英國領事館ヲ通シ送ツテ參リマシタノテ之ヲ神戸在住ノフランス人ニ配布シマシタ

此ノ時第四十一號證ヲ示シタリ

御示シノ雜誌ハ倫敦居住ノフランス人ノ協會カラ出シテ居ルフランス人ト英國人トノ協力ヲ宣傳スルモノテアリマシテ昨年十一月頃カラ本年五月頃迄毎月十部位宛駐日英國大使館カラ送ツテ參リマシタノテ之ヲ配布シテ居リマシタ

此ノ時第四十二號證ヲ示シタリ

御示シノリーフレツトハドゴールノ率下ニ在ルフランス海軍ノ宣傳印刷物テアリマシテ之モ十五部位英國大使館カラ前同樣送ツテ參ツタノヲ配布シタ殘品テアリマス

大日本帝國政府

此ノ時第四十三號證ヲ示シタリ

御示シノフランス帝國ノ覺醒ト題スルパンフレツトモ時々英國大使館カラ送ツテ來タモノヲ配布シタ殘品ナノデアリマス

此ノ時第四十四號證ヲ示シタリ

御示シノリーフレツトハ之又ドゴールノ卒ヒル海軍部隊及陸軍部隊土人部隊ノ威容ヲ宣傳シタモノデ本年五月何日デアルカ忘レマシタカ十數部英大使館カラ送ツテ來タノデ神戸在住ノフランス人ニ頒布シタノデアリマス

此ノ時第四十五號證及第四十六號證ヲ示シタリ

御示シノパンフレツトハ何レモドゴール宣傳印刷物デアリマスカ之ハ兩方其ノ私カ檢擧セラレテ後エムエム神戸支店ニ英國大使館カラ郵送シテ來タモノヽ一部ヲ警察官カ持ツテ來ラレタモノデアルト思ヒマス

大日本帝國政府

此ノ時第四十七號證ヲ示シタリ
御示シノ英佛協力ト題スルパンフレツトモ亦私カ檢擧サレテカラ來テ居タモノト思ヒマス私ハ今夫レヲ見ルノカ初メテヽアリマス

此ノ時第四十八號證ヲ示シタリ
御示シノ自由フランスノ運動ト題スルパンフレツトハドゴール運動ノ解說書テ本年六月下旬頃私カ檢擧サレル直前ニ英大使館カラ送ツテ來タモノテアリマス

此ノ時第四十九號證ヲ示シタリ
御示シノパンフレツトハ本年六月頃一冊丈英大使館カラ送ツテ來タモノテ內容ハドゴール海軍ノ解說テアリマス

此ノ時第五十號證ヲ示シタリ
御示シノパンフレツトモ本年五六月頃英大使館カラ一部送ツテ來タモノテドゴールノ海軍カ阿弗利加テ伊太利海軍ト戰ツテ勝ツタ

大日本帝國政府

内容ヲ記述シタモノテアリマス

此ノ時第五十一號證ヲ示シタリ

御示シノパンフレツトハ前述第四十一號證ト同様ノモノテアリマス

此ノ時第五十二號證ヲ示シタリ

御示シノパンフレツトハヴイシー政府ヲフランスノゲシユタツポトシテ攻擊シタモノテ之ハ昨年八月頃上海ノドゴール本部テ發行サレタモノテ昨年十月頃自社汽船カ入港シタ際士官カラ五册程貰ツタノテ他ノ四册ハ配布シタノテアリマス

此ノ時第五十三號證ヲ示シタリ

御示シノ一九四〇年ノフランスト題スルパンフレツトハ昨年ノ十一月頃上海ノドゴール本部ニ於テ發行シタ獨佛休戰條約ノ内容ヲ素破抜イタモノテアリマシテ同本部カラ直接私ニ送ツテ参ツタモ

ノテアリマス

此ノ時第五十四號證ヲ示シタリ

夫レハ英國人カワードカ上海ニ於テ為シタルフランス事情ノ放送ヲ印刷シタモノテドゴール本部カラ昨年十一月頃來タモノテアリマス

此ノ時第五十五號證ヲ示シタリ

御示シノパンフレットハ倫敦ノドゴール本部テ昨年七月中旬作ラレタモノテヴイシー政府建設ノ裏面ヲ暴露シタモノテアリ之ハ英國大使館カラ昨年十月頃私カ貰ヒ受ケテ居タモノテアリマス

此ノ時第五十六號證乃至第六十六號證ヲ示シタリ

御示シノ第五十六號證ノドゴール章印刷物ハ本年六月頃英國大使館カラ二三部送ツテ來タモノノ一部テアリ第五十七號證乃至第六十五號證ノ寫眞九葉ハ何レモドゴールノ宣傳寫眞デ本年七月十四

大日本帝國政府

日エムエム支店ニ大使館カラ郵送シテ來テ居タモノテアリ第六十六號證ハ第五十六號證ト同時ニ到着シタモノテアリマス

此ノ時第七十七號證ヲ示シタリ

御示シノ新聞ハ本年一月頃英國大使館テ貰ヒ受ケタモノテ埃及ノ新聞テアリマスカ其ノ中ニドゴール將軍ノ部下テアルカトール將軍カカイロテ爲シタ演説カ載ツテ居リマス

此ノ時第七十八號證ヲ示シタリ

御示シノフランスト題スル新聞ハ倫敦テ發行サレル唯一ノフランス新聞テアリマシテ無論ドゴール派ノ機關紙テアリマス昨年十月頃ヨリ本年四月頃迄レツドマンカ英國大使館カラ私ニ送ツテ呉レテ居リマシタレツドマンカ本年四月頃香港ニ行ツテカラハ參リマセヌ處其ノレツドマンカラ新聞フランスハ私カ讀シタ後ハ之ヲ他ノフランス人ニ與ヘテ居リマシタ

次ニドゴールニ關シ口頭テ宣傳シタ事ヲ申上ケマス
私ハ右ニ申上ケマシタ駐日英國大使館其ノ他ドゴールノ本部カラ送ラレタ宣傳資料ヲ閲讀致シマシテ昨年十月以來本年七月中旬檢擧サレル迄ノ間阪神在住ノフラジス人ニ會フ每ニ夫レ等ノフランス人ヲドゴーリストトシテ獲得スヘク右ドゴール宣傳資料ノ内容ヲ口頭ヲ以テ宣傳致シテ參リマシタ併シナカラ何月何日何處テ何人ニ具体的ニドンナ事ヲ云ツタカハ一々記憶ニアリマセヌノテ申上ゲル事カ出來マセヌ私ハ又昨年十一月頃カラ本年六月頃迄ノ間神戸日仏協會副會長宮島綱男ヤエムエム神戸支店勤務ノ日本人七八名ニ對シテ機會アル每ニドゴールノ宣傳印刷物ヲ見セ獨伊ヴイシーヲ誹謗シ英米及ドゴールヲ賞讃シテドゴールノ宣傳ヲ續ケテ來タノテアリマシタ

四、問　阪神地方ニ於ケルドゴーリストノ人數如何

答　澤山アリマスカ自分ハドゴーリストテアルト表明スレハ領事カラ

壓迫サレルノテ隱シテ居リマスドペールト云フ神戸ノ仏領事カドゴーリストカラ旅券ヲ取上ケ様トシタリ其ノ他壓迫スルノテ私ハ之ニ對スル抗議ヲ廣ク頒布シヤウトシタ事カアリマス御示シノモノカ其ノ抗議書ノ草稿テアリマス

此ノ時第百二十五號證ヲ示シタリ

五

問　之ハ何カ

此ノ時第十三號證ヲ示シタリ

答　御示シノ文書ハ昭和十年十一月神戸駐在ノ仏蘭西領事オーシユコルムカ東京ノ仏大使宛出シタ書信ノ寫テ夫レニハ私カ仕事カ確實テアリ活動的テアルト推賞サレテ居リマス駐日仏蘭西官憲ハ常ニ在日民間ノ仏人テ御用ニ立ツ者ヲリストシテ居ルノテ私ハ是迄ノ御調テ申上ケタ様ニ神戸ノ仏大使館員ニ種々經濟上ノ情報ヲ調査シテ提供シタリ獨伊船ノ監視ヲシタリスル様ナコトニ適シタ人物

テアツタ爲推賞セラレタモノト思ヒマス

六、問　被疑者カ日本內地ニ於テドゴール宣傳運動ニ從事シタル目的如何

答　私ハ英米及ドゴール一派ノ同盟ヲシテ最後ニ於テハ獨伊樞軸國側ヲ打倒シ獨乙ノ支配カラ脫シタ自由フランスヲ復活セシメル目的デ、駐日英國官憲ト相談ノ上此ノ運動ニ從事シタモノテアリマシテ此ノ運動ハ當然ニ英國ニ利益ヲ與フルモノナルコトハ當初カラ判ツテ居タノテアリマス英國ハ利益カアレハコソ此ノドゴール運動ヲ精神的物質的ニ援助シテ居リマシタノテアリマス

七、問　日本內地ニ於テ被疑者ノ申シタル如キドゴールノ宣傳ヲ爲スコトハ日本ノ安寧秩序ヲ妨害シ治安ヲ害スヘキ事項ナルニアラスヤ

答　私ハ日本ノ治安ヲ害サウト思フテ斯樣ナドゴールノ宣傳運動ヲ日本內地テシタノテハナカツタノテアリマスケレ共此ノ運動ノ內容ハ要スルニ獨伊樞軸國ノ歐洲ニ於ケル軍事的行動、政治的經濟的

大日本帝國政府

行動ヲ中備シヴイシー政府ヲ賣國奴ト罵リ之ニ反シ英米コソ歐洲ノ民衆ニ正義ト自由ヲ與ヘ之ト協力スルドゴールハ正シイノテアルコトヲ強調スルノテアリマスカラ斯カル運動ヲ獨伊ト軍事同盟ヲ結シテ居ル樞軸國側ノ日本內地ニ於テ致シマスコトハ假令フランス人丈ニスルニ致シマシテモ日本政府ノ輿論ノ指導ヲ妨害シ治安ヲ害スルト認メラレテモ致シ方ノナイ事テアリマスノミナラス此ノドゴールノ宣傳內容ハ私及私ニ依リドゴーリストニナツタフランス人カラ日本人ニ廣ク傳ヘラル丶性質ヲ帶ヒテ居リ斯様ナ宣傳內容カ日本人ニ傳ヘラレ日本人カ之ヲ信スレハ其ノ日本人等ハ親英米派トナリ其ノ同盟國タル獨伊ニ對シテ反感ヲ持ツ虞レカ生スル譯テアリマスカラ斯様ナ觀點カラ致シマシテモ私ノドゴールノ宣傳運動カ日本ノ治安ヲ害スル結果ヲ惹起スコトハ自分ニモヨク判ツタノテアリマス從ツテ此ノ問題ニ付テ私ハ處罰セラレテモ

致シ方ノ無イ事ト覺悟致シテ居リマス

ガブリエル　バルベ

通事　植田　勇

右英語ニ依ル通事ヲ介シ錄取シ讀聞ケタルニ相違ナキ旨申立テ署名シタリ

神戸地方裁判所檢事局

裁判所書記　安原延男

檢事　横田靜造

七

「バルベ」ニ對スル軍機保護法違反事件證據品（名簿）寫

日本標準規格B列五號

司法省

(3一一三號證)

神戸在住ドゴール政權支持者名簿

シャンプー(瑞西名譽領事) 私書函第四一七號(三宮局)
フレー(ジャック)(輸出商) 同 第二四九號(同)
ハラリ(ジョゼフ) 神戸市葺合區八幡通五丁目一一四(入江ビル)
カタン(H) 私書函第九二號(三宮局)
ケラー(オットー) 同 第二四九號(同)
レヴィ(M・D) 同 第一二二八號(同)
マタロン(E・I) 神戸區京町七九 日本ビル
ネシン(J・S) 私書函第四二四號(三宮局)
ラツク(ネツスルミルク技師) 同 第四一七號(同)
シャロン(N) 同 第二八八號(同)
スチユンズイ(R) 同 第一三一四號(同)
ツーシエ(E) 神戸市葺合區八幡通五丁目一一四

司法省

日本標準規格B列五號

第二四号証

神戸及大阪領事區在住佛國人名簿（第二十四號證）

（神戸ノ部）

氏名	住所其他
エーテリ夫妻	帝國酸素株式會社氣付 及明石郡鹽屋天神ケ原三三二 （電話、舞子三七四番）
G・バルベ	郵船會社氣付 及山本通三丁目八ノ七
ベルジユ（宣教師）	林田區海運町三丁目一 聖ペーテル教會堂
I・ピカル夫妻	オーペンハイマー商會氣付
R・ピカル夫妻	オーペンハイマー商會氣付 及明石郡鹽屋字天神ケ原三〇九

司法省

日本標準規格B列五號

司法省

F・ブリユム
ブーイヨン夫妻（夫人ハ日本人）
（子供　五人）
ドウ・カラドン
カペル孃（教師）
コロンブ夫妻
J・コツト
クレミユー夫人（子供一人）
デーラ（宣教師）

オーペンハイマー會社氣付
及山本通四丁目一六
帝國酸素株式會社氣付
及林田區大塚町九丁目長田七
（電話、湊川九二九番）
篠原本町一丁目五一
葺合區熊内町五丁目一三三
山本通三丁目
又は帝國酸素株式會社氣付
ストロング會社氣付
及灘區青谷町三丁目四一
帝國酸素株式會社氣付
及北野町四丁目三ノ一三五
中山手通一丁目五一

日本標準規格B列五號

P・ドンパール（歐亞雜種兒）	中島通二丁目一四
ドンパール孃　（同）	東洋ビル
デリア孃	北野町三丁目五四ノ九一
デュルタク（宣教師）	中山手通一丁目五一
ファージュ（同）	同
ファルヂュ夫妻（子供四人）	帝國酸素株式會社氣付
	及須磨區須磨浦通二丁目一〇
フォール夫妻（子供二人 横濱ニ在リ）	京町七三
	明石郡西垂見一ノ二二三一
	及ドヴニイシュ寄宿舍
ゴルド	葺合區磯上通一丁目三
	シベル・エーグ方氣付
J・グラシアニ夫妻	神戸區山本通一丁目三ノ四

司法省

日本標準規格B列五號

ゲグアン夫妻（子供一人）

北野町一丁目一五號

郵船海運會社氣付

ゲリトー

帝國酸素株式會社氣付

及神戸區山本通西諏訪山二八

蓬樂園

エルマン夫妻（子供二人）

大阪市西區空穗南通四丁目

岡崎橋傳商社氣付

及鹽屋

ジユバエン兄弟（子供歐亞雑種兒）

西灘村ゴモ五三

カーン夫妻（夫人ハ日本人）

京町七六ノ一ユーナイデド・オリエン

タル・シツパース社氣付

及北野町四丁目三七ノ二

ランツ夫妻（夫人ハ日本人子供二人）

北野町三丁目五四

V・ラヴアクリー

山本通二丁目七ノ二

司法省

日本標準規格B列五號

ジヨゼフ・レヴイ

H・メルシオル

宮下夫人

モツテ孃（歐亞雜種兒）

オルセリ夫妻

ペラン夫妻（子供一人）
夫人ハ日本人

ベルラエン夫妻（子供二人）

ピヴエトー孃

神戸區東町九六
ストロング會社氣付
帝國酸素株式會社氣付
及中山手通五丁目二三
（電話、元町三五四五番）
林田區蓮宮通七
大阪市中ノ島朝日ビル内
日本國産工業會社氣付
帝國酸素株式會社氣付
及北野町二丁目一九五
京町七〇
英和貿易會社氣付
北野町三丁目四二ノ六
北野町四丁目四五ノ一一一
ベンキラン方

司法省

日本標準規格B列五號

ルキアン	北野町
E・ローラン（二重國籍）	武庫郡本山村岡野前森一五七
ローラン・メヅル夫妻（二重國籍 子供一人）	蘭印商業銀行氣付
L・サルデーギユ夫妻（歐亞雜種兒 子供 一人）	及山本通三丁目一〇ノ一
ソリアノ夫妻	山本通三丁目五四ノ七
テイエツク夫妻（夫人ハ日本人 子供 三人）	北野町二丁目吉根山一
アンテルワルド（宣教師）	下山手通七丁目三四八（電話、元町三九二七番）
ウエルネエ	神戸區明石町三一
ウエール夫妻	ウエルネエ倶樂部氣付
	山本通二丁目五二ノ一
F・ドウ・カラドン	六甲篠原本町一丁目五一

司法省

日本標準規格B列五號

コロンブ夫妻　帝國酸素株式會社氣付及山本通三丁目
アムラム夫妻（チユニス人 子供 三人）　北野町四丁目七四ノ一
ベンキラム（モロッコ人）　北野町四丁目四五ノ一一
ビギヨー夫妻（小供二人）　北野町一丁目一二六ノ一
エル・アムラニ（モロッコ人）
マラッチ夫人　山本通三丁目二ノ一
ルフオール孃

領事館

ドウペール夫妻及子供一人　北野町二丁目五三
ヴージヨー夫妻及子供二人　北野町二丁目五二

大阪、京都及名古屋在住佛國人

（大阪ノ部）

クートレ　明星學校（横濱）

ヘツク　同　（東京）

シエルメツセ　東區餌差町一六

　明星學校

クサヴイエ・　同

リユツス（宣教師）

（京都ノ部）

カルドン・ドウ・モンチギー夫妻　京都田中アスガイ町一

オーシユコルヌ夫妻　日佛學院

（夫人ハ歐亞雜種兒）

子供　一人

ロベール夫妻　日佛學院

（名古屋ノ部）

プレヴォー夫人（日本人ニシテ佛國人ノ寡婦）

ビゾー（宣教師）　住吉町

メルシエ（宣教師）　宿川

司法省

日本標準規格B列五號

長崎在住佛國人

ボー（退去）
A・ブークリー（退去）
ボッジ夫人（退去）
カンプ　イサハヤ
L・ボーマン（マリア會教師死亡）
A・ブルザシエル（マリア會教師）　東山手一
A・エーゲリ（同）　（横濱）
デーベル・（同）　浦上
聖マリア學院
デイブレエン（同）　同
O・ランバック（同）　東山手一

A・ユルリック（マリア會教師）　横濱

バルレー未亡人（日本人）

コーテン未亡人（同）

ゲノン未亡人（同）

イザール未亡人（同）

ジヤロン未亡人（同）

ケルジヤン未亡人（同）

ペソン　未亡人（同）

オーピイ未亡人（同）

H・バードル孃（母親ハ日本人）

司法省

日本標準規格B列五號

佛國人宣教師

（福岡司教區）

ブルトン（アルベール・アンリー）大司教	福岡市如水通三九
フレドリツク・ボア師	同市大名町
アンドレ・ベーギエ師	大牟田市曙町二八
フランソア・ブラングユイエ師	佐賀市中之小路町
マリー・ジヨゼフ・ブルトン師	佐賀縣名古屋村斑島
ジヨセフ・ボア師	同縣東松浦郡呼子町殿ノ浦辻
マルク・ボンヌカヅ師	熊本市本町手取
マキシーム・ボンネ師	福岡縣太刀洗今村
ルネ・カロー（サレ人）氏	宮崎縣都城市桑原町二三一六

フランソワ・ドルーエ師	福岡縣八幡市春野町
J・ミュルグ	久留米市日吉町
オーギュステン・アルブー師	熊本縣天草郡富津村﨑津
アナトール・ウーゼ師	熊本市島崎町琵琶崎
ジョールジ・ラグレーヴ師	福岡縣ミヤコ郡シンデルパル
アンリ・Leoutre師	福岡市平尾八二二、大成中學校氣付
マルテン師	福岡市如水通三九
ギュスターヴ・ラウル師	熊本市人吉町寺町六
R、ルーリエ師	戸畑市千防町七丁目西小路
フランソワ、ヴェヨン師	唐津市裏坊主町
フランソワ、Lemoine	熊本縣八代町

司法省

日本標準規格B列五號

（大阪司教區）

カスタニエ大司教	大阪市港區富島町五八
ピエール、ファジユ師	神戸市中山手通一丁目五一
オーギユスト、ベルジエ師	神戸市林田區海運町三丁目
ジヨゼフ、ピロー師	兵庫縣武庫郡住吉村丸ノ後
シルヴエン、ブースケ師	大阪市東淀川區西通二丁目豊崎
ジエレミー、セツツール師	堺市花田口町
イジドール、シヤロン師	兵庫縣赤穂町相生町
フラヴイアン・コルジエ師	大阪府岸和田市
デーラ師	
モーリス・デユシエスヌ師	大阪市旭區野江町
アメデー・グリナン師	和歌山市館町三丁目

フランソワ・エルヴ師	大阪府豊中市新免
アルフレッド・ユット師	尼崎市難波南通一丁目一七
ジャン・ジュピラ師	大阪市住吉區田邊西ノ町七丁目
アルフレッド・メルシエ師	西ノ宮市夙川霞町
モラ師	大阪府北河内郡友呂岐村郡
アンリー・ユンテルワルド師	神戸市下山手通七丁目
トビエ師	兵庫縣加古郡八幡村宗佐
アルノー師	同

佛國人尼僧
（ヌヴェール聖母懷胎敎會）
聖母女學院
クースチー（アギエー尼）
グールマン（スタニヌラ・マリー尼）
ウールカスターギユ
（セエント・アンドレ尼）
ラマドン（セエント・アンリ尼）
リユチニエ
（マリー・クロチルド尼）
プーレエン・ド・コルビオン
（セエント・イーヴ尼）

大阪府京阪沿線香爐園

司法省

日本標準規格B列五號

（セエン・タンフアン・ジエズ・ド・ショーフアイユ教會）

（a）聖母マリア學校　神戸市下山手二丁目

聖家族女學院　神戸市下山手通七丁目

ピエフ（エリゼー尼）

デロルム（テオフアニー尼）

デミユルヂエ（マリー・ジユリエツト尼）

マルテン（マリー・エミリー尼）

トーマ（セエント・ジユステン）

ヴアランテン（アントニーヌ尼）

（b）親愛高等女學校　大阪市旭區千林町

ベルナデイーヌ尼

エレナ尼

司法省

日本標準規格B列五號

(c) 女子和洋技藝學校　京都市三條上ル河原町
マーメ(マリー・ゲルトリユード尼)
(d) 上林高等女學校　熊本市新壺井町
グラー(マルグリート尼)
ルメートル(アンドレア尼)
(e) 聖心女學校　長崎市南山手町一六
ブランシヤール
(マドレーヌ・ド・パッズイ尼)
ギレエン(アンテルム尼)
ラミー(フロセリー尼)
ポチギヨン(エピフアニー尼)
ロベエン(ジユスチーヌ尼)

司法省

日本標準規格B列五號

（f）久留米

マルテエン（テオフアーヌ尼）

ガギヤール（バブチスチーヌ尼）

（セエン・ヴエンサン・ド・ポール教會）

（a）テルミエ尼　　大阪市住吉區山坂町三丁目八三

（b）バルメ（マリー尼）　　福岡市荒砥町三三

コスタ（アンジエール尼）　　同

カバネ（ヴエンサン尼）　　同

メートルジヤン（ベルナデツト尼）　　同

（フランシスコ派尼僧）

熊本市島崎町琵琶崎タイロー院

ブユロン（マリー・ド・セエン・バジリアン尼）

司法省

日本標準規格B列五號

ル・デユ（マリ・デユ・ジヤン・ドペンナ尼）
ド・モン（マリー・アルレツト尼）
ヴユバール（マリー・ド・シオン尼）
（セエン・ポール・ド・シヤルトル敎會）
博愛院　熊本縣八代市長町
ドレクレエン（ローズ・デユ・サクレ・クール尼）
ジユーセ（スタニスラ・コスカ尼）
メルレエン（モニーク・デユ・サクレ・クール尼）
アザール（グラチエンヌ尼）
（聖モール派尼僧）
福岡女子商業學校　福岡市御所ケ谷藥院
ドゼー（セエント・ジユヌヴイエーヴ尼）

司法省

日本標準規格B列五號

兵庫縣武庫郡大林

（サクレ・クール派尼僧）

聖心學院

ボーデ尼

ボルソン尼

ル・ベック尼

（八幡レ・ザーム・デユ・ブユルガトアール修道院）

セエン・ジヤン尼

セエン・テミール尼

マリー・ド・セエント・ズイト尼

（第二十五號證）

東京及横濱在住佛國人名簿（一九四一年一月九日現在）

ダンデユレーン・ド・メーシー　在東京佛國大使館

アルクー工家　横濱山ノ手一〇四

シヤルル・アルセーヌ
アンリー夫妻　在東京佛國大使館

ベツク夫人　横濱市中區間門二丁目二九九

ベルナール　在東京佛國大使館

ボイチヂエル（不在）

ド・ボワスーデイ孃　東京市麻布區市兵衞町二丁目五〇

ボンマルシヤン　在東京佛國大使館

ボンネ孃	東京市麴町區元園町八丁目三四 ドワ氏方
ブーフイエ夫人	東京市杉並區天沼二丁目四〇六
ブーブアール	横濱、ニユー・グランド・ホテル
シヤンボン僧正	横濱市中區山手町四四
F・シユヴアリエ	東京市目黑區上目黑八丁目五二二
コルニユ夫妻	横濱市山下町一〇九
コレアール夫妻	在横濱日佛商業會議所
I・A・コツト	東京市小石川區雜司谷町一一二
ダルビエ夫妻	横濱山ノ手二八
ダンチチ（ダント）	横濱山下町一〇九
ヅーリーユ夫人	横濱市保土谷區元町權道坂 二〇八四

Chエイマール	横濱山下町二五三
フエン男爵夫妻	東京、佛國大使館
フオール夫人	横濱山ノ手九〇ノ九
フオンテーヌ	東京市牛込區南榎町五七
フオルム・ブシユラ	東京、佛國大使館
フウツク家	東京市世田谷區玉川田園調布 二丁目六九四
ゴー	横濱、ニユー・グランド・ホテル
アンベール	横濱根岸町八丁目二六
ガロア夫妻	横濱、佛國領事館
ガレエン孃	
グーイユー夫人	横濱千代崎町四丁目一〇七

司法省

日本標準規格B列五號

ゲイラール	東京市芝區田村町六ノ一
ゲイマール夫妻	東京市芝區田村町四丁目六ノ一
ゲザンネック夫妻	東京、佛國大使館
ギザール	横濱本牧三輪谷一三八六
R・ギレエン	東京、アヴアス通信社
イゼレル夫妻	東京、アテネ・フランセ
ジヤクーレ	東京市赤坂區中ノ町一二
ジヤランケ	横濱根岸町五七
ジヨリー	東京、佛國大使館
ジユオン・デ・ロングレエ夫妻	東京市神田區駿臺二丁目三 日佛公館
キルク	東京、佛國大使館

ルフオークール孃　東京市本郷區曙町二三
ルピカール夫妻　横濱市中區根岸町矢口臺五五
レスカ　東京、佛國大使館
レズール　横濱、佛國領事館
メイユエ・レヴイ夫妻　横濱山下町四八、ヘルム館
ヴイクトル・レヴイ　同
ロア　東京、佛國大使館
ロンドン　同
ロンデー夫妻（不在）
ロルタ・ジヤコブ夫妻　東京、佛國大使館
リユカス　東京市麻布區新龍土町一二
マエス孃　東京市赤坂區榎坂町九
パズキエウイツ方

司法省

司法省

マスネー	東京、帝國ホテル
ミヨー夫妻	東京市麻布區廣尾町一五
モンノー孃	東京市牛込區南榎町五七
モツテー家	横濱山手町二〇六
ヌーエ	東京市麹町區富士見町二丁目七
ノワイエ	東京市神田區駿臺二丁目三 日佛公館
オデュン未亡人	東京市杉並區東荻町一三
オフオース夫妻	東京市淀橋區柏木二丁目六五六
バズキエウイツ伯爵夫妻	東京、佛國大使館
ペリアン夫人	（住所領事館ニ届出無キタメ未詳）
ブリユニイ夫妻	東京市杉並區高圓寺五丁目八五九
ピツク夫人及孃	横濱市保土谷區元町權道坂二〇八

日本標準規格B列五號

ロザチ伯爵夫妻	東京、佛國大使館
サンギエ夫妻	東京市澁谷區千駄谷四丁目七七五
シカール陸軍大尉	東京、佛國大使館
ド・ワ・タシエ伯爵夫妻	同
チエボー陸軍中佐	同
ヴアドン	東京市芝區田村町六ノ一
ヴイギエ	横濱山下町九
ヴオスクレサンスキー夫妻	横濱山手町一二〇
外國傳道會	横濱山手町四四
マリア會派外國傳道致會	同　八五
セエン・ポール・ドウ・シヤルトル修道院	東京市麴町村富士見町一丁目二
聖モール修道院	東京市麴町區六番町一ノ一四

トラピスト修道院　北海道上磯郡石別村登別
ノートル・ダーム・デユ・フアール

トラピスト修道尼院　北海道函館上湯ノ川
ノートル・ダーム・デ・ザンジユ

フランチスケーヌ・ド・マリー　横濱、ヂエネラル・オルピタル

サクレ・クール派修道尼院　東京市芝區白金三光町四二五

カルメリート（カルメル派修道尼院）　東京市淀橋區下落合二丁目六七〇

司法省

日本標準規格B列五號

（第一二六號證）

佛國ノ保護下ニ在ル在日シリア人及リバン人名簿

ラフイツク・アブダル・ハミド・ファーラ・　京町七九、日本ビル

シャフード・ガンディ　同

ジョゼフ・ミンヤン　京町八二

イザック・ジェマル　八幡通五丁目一二四 私書函第一二一七號

アルバート・シャンマー　加納町六丁目八

ジョゼフ・ヒンディ

一八幡通五丁目一五二

エミール・ヒンディ

エズラ・トター　東町一一六イ

ダヴイッド・ラッフ（墨哥領事）　商船ビル

司法省

日本標準規格B列五號

ラモー・サッスーン	三宮一丁目二ノ一七〇
ヌーレ・タクラ	西町三六、興銀ビル
マルコ・タウイル	海岸通一〇、ネニク・スメク氣付
アルバート・エリア（夫人同伴）	京町七九、日本ビル
ヤントブ・シャヨ	播磨町四六
アンリ・バラデイ	三宮一丁目八七
イザック・サード	同
ダヴイッド・サッスーン	京町七三
ダヴイッド・エセス	八幡通五丁目一二四
ヤシン・ハラビ	京町七九、日本ビル
イザック・サバン（夫人同伴）	磯邊通四丁目七、神戸ビル
エミール・ヤズイヂ	神戸野崎通四丁目五〇
エズラ・シユーエケ（夫人同伴）	京町七一

司法省

日本標準規格B列五號

ユーセフ・ムースリ	加納町六丁目八
イザツク・ハザン	海岸通一〇、海岸ビル
アブダル・ナビ・ラシン・ラバツト	磯邊通四丁目七、神戸ビル
エリアス・アジルーニ	同
イブラヒム・ハツザン	磯邊通四丁目四〇ノ一五
ライモンド・ハイアト	磯邊通四丁目七、神戸ビル
イザツト・サファディ	明石町三〇、
ハイム・ムツサ・エセス	京町七九、日本ビル
ジヨゼフ・アボー	私書函第一一六六號
ムツサラ・アブ・ジブ	神戸局私書函第一三五六號
アブダル・ガニ・ヒンナウイ	海岸通一〇、海岸ビルa四四
チヤリフ・スツブラ	海岸ビル
ナジ・アブト・アブジブ	神戸局私書函第一三五六號

シユーエケ未亡人	京町七一
イザツク・ヅエク	三宮一丁目一七〇ノ一
カレド・モハメド・ヤムーテ	海岸通一〇、海岸ビル
バシル・エル・カサール	同
タラジ・コカブ	同
エドモンド・サッスーン	私書函第一二一八號
イブラヒム・シヤンマー（夫人同件）	同　第一一七三號
ジヨゼフ・マンスール	帝國酸素株式會社氣付
ジヨゼフ・コジイ（夫人同件）	江戸町一〇五
エミール・シヤルーブ	江戸町一〇五
エズラ・アンタキ	
アルフレド・アンタキ	一京町七六
アンタキ夫人及女兒	

アルバート・ハラリ　日本ビル五一五號室、コトブ商會氣付
H・ハラビ　同　四〇四號室、ハラリ商會氣付
ハイム・ジエマル　北野町四丁目八九
アルバート・シャヨ　私書函第一一五
モハメド・タラバ　大阪市南區南綿屋町四一
シャミー・ミシエル　大阪北濱五丁目二二、スザン堂商會

佛國ノ保護下ニ在ル在日ユーゴスラヴィア人等名簿

エリッチ・カエメラー（夫人同伴）　浪速町六ノ二六、マックノートン氣付
ソフィア・モルヂシ孃　山本通二丁目
ニック・ペトロフ・（夫人同伴）　山本通四丁目イノ四四
ヤンナ・ペトロフ　同　八ノ一六
アレキシス・ペトロフ（夫人同伴）　下山手通二丁目六五

ボリス・ペトロフ（夫人同伴）
ジヨン・ペトロフ
一下山手通二丁目六五

アダム・コヴアツク
灘區宗和町二丁目七

アダム・コヴアツクJ
同

◎アルメニア人

エソーヤン未亡人
リブジネ・エソーヤン孃
一中山手通一三六

◎モロッコ人

ベンキラン
日本ビル

エル・アムラミ

◎チユニス人

アムラン（夫人同伴）

アムランJ

京町、京町ビル

司法省

日本標準規格B列五號

(ろ二六號證ノ二)

佛國ノ保護下ニ在ル神戸在住者ノ氏名住所

アジヤミ(ラシヤド) 三宮局私書函第一二四八號

アボー(ジヨゼフ) 同 第一一六六號ー神戸

アブ・ジエイブ(ムツサラ) 同 第一三五六號

アジルーニ(エリアス) 同 第一一五五號

ラバツト商會氣付

シヤルーブ(エミール) 三宮局私書函第三七一號

シヤミ(ミシエル) 大阪北濱五丁目一二、スザン堂商會氣付

シユーエク(エズラ) 神戸京町七一

コジー(ジヨゼフ) 三宮局私書函第三七一號

デブス(エザト) 同 第一〇二六號

ジエマル(ハイム) 北野町四丁目八九

ヅーエク（ザキ）	三宮一丁目一七〇ノ一
エリアー（アルバート）	三宮局私書函第一二二五號
エセス（ハイム）	京町七九、日本ビル
ハラビ（H）	三宮局私書函第一三四一號
ハラリ（アルバート）	神戸京町七九、日本ビル内 コトブ商會氣付
ハイアト（ライモンド）	神戸磯邊通四丁目、神戸ビル
ハザン（イザック）	私書函第一〇五三號
ハザン（M）	
ヒンデイ（エミール）	三宮局私書函第一一〇〇號
エル・カサル（バシール）	海岸通一〇、海岸ビル
コザヤ（L）	三宮局私書函第四二一號
ラチユフ（ダヴイツド）墨哥領事	神戸商船ビル

マンスール（J）	神戸明石町三八、帝國酸素株式會社氣付
ミシヤーン（ジブゼワ）	神戸京町八二
サバン（イザツク）	神戸磯邊通四丁目七 神戸ビル第一〇六號室
サツスーン（アブラハム）	三宮局私書函第一〇八四號
サツスーン（ラーモ）	同 第一二一八號
シヤヨー（ラーモ）	同 第一一一五號
シヤンマー（イブラヒム）	同 第一一七三號
シヤンマー（アルバート）	同 第一二九三號
スーブラ（シヤリフ）	ナシエド・サシマキエ氣付 三宮局私書函第一〇八九號
タクラ（ヌーレ）	同 第三一〇號

トーター（エズラー）　神戸東町一一六

ヤムート（カレド・モハメッド）　神戸海岸通一〇
海岸ビル第四一〇號

ヤズイヂ（エミール）　神戸野崎通四丁目五〇

司法省

日本標準規格B列五號

外諜關係事件國籍別並各廳別檢擧者表（昭和17.1.20現在）

國籍別＼廳別	東京	横濱	靜岡	新潟	京都	大阪	神戸	名古屋	廣島	岡山	長崎	福岡	熊本	鹿兒島	仙臺	盛岡	秋田	札幌	函館	計
英國	八	一四		一		五	九	一	一		三			一						43
米國	八	九				一	一	一	一			一	一		一	一		三		28
英領印度		一					二													3
英領加奈陀		二																	一	3
佛國		四	一				三					二								10
和蘭							六	一												7
丁抹		二									一									3
葡國		一					一													2
土耳古		一																		1
諾威		一																		1
波國	一																			1
中國		二																		2
獨逸									二											2
希臘		一									一									2
日本	一〇	二四			一	八	一	八	三	一						一	一	五		63
無國籍							一		二											3
合計	二七	六二（三）	一	一	一	一四（六）	二四	一一	九	一	五	三	一	一	一	二	一	八	一	一七四（九）

備考

一、合計中右側數字ハ釋放數ヲ示ス（內數ナリ）

九〇八

昭和十六年十一月二十五日

遞信省ニ於テ傍受セルＡＣ系ＸＵ系暗號
無線通信文ノ解讀譯文（二）

東京刑事地方裁判所檢事局思想部

司法省

日本標準規格Ｂ列５號

（昭和十四年九月一日傍受ニ係ルモノ。XU系發）

今夏中の當面の軍事及政治問題に關する貴情報は次第に低下せり。その間日本に於ては對ソ戰に備へ重要なる行動を爲したるに貴方より何等見るべき情報なし。右に關しては獨逸大使館の良く承知するところなるを以て右情報を獲得し遲滯なく無電にて當方に通報せらるべし。

貴殿は經驗を有し且つ獨逸大使館に於ける貴殿の地位は極めて良好なり故に當方にては貴殿に對し刻下の軍事及政治問題に關する充分なる情報を要求且つ期待し居るものなり。然るに貴殿は之を回避し當方に左して重要ならざる情報を送付す。續。

續。親しきラムゼーよ貴殿に對し再び情報蒐集の仕事を改良し、余が常に充分に日本の凡ゆる重要なる軍事的及政治的動向を承知し得べき樣爲されんことを望む。

司法省

日本標準規格B列5號

斯くしてのみ貴殿の日本在留は吾々の仕事に有用たるべきなり。より良き情報獲得の爲にはヂヨー、ミキ及オツトウの全能力を用ふべし。彼等が斯る仕事を爲したる時は彼等に金錢を支拂ふべし。貴殿は・・・・（此處一二語解讀不能）・・・・と貴殿の重大性を考慮に入れ貴殿の母國（ソ聯ヲ謂フ）を深く信頼し居るものと思料す。仕事に於ける變化を待つ。本電を受領せば其の旨知らせ。

極東。

（昭和十五年二月十九日傍受ニ係ルモノ。XU系發）

一、日ソ關係に付きアメリカは日本に對し如何なる壓迫手段を執りたるやアメリカは反ソ方策の代價として何を日本に與へんと約せしや

二、日本は防共協定の方針に從はんとの有田聲明に對する獨逸大使の

所見如何。本件に關し日本は如何に行動するや。右闡明すべし。

結果しらせ。　板東。


（昭和十五年二月十九日傍受ニ係ルモノ。XU系發）

總。　陸海軍工廠及民間工場の大砲、戰車、飛行機、自動車、機關銃等の兵器製產能力に關する正確なる圖表の入手に努力すべし。

板東。


（昭和十五年二月十九日傍受ニ係ルモノ。AC系發）

ミキの書物（日本陸軍ノ操典ナリ）に對する貴批判は同書の第一部を基としてゐる如くなるも同個所は技術的觀點より見る時は興味あるものに非ず唯教育的效果あるものに過ぎず。第二部は・・・（二部後解讀不能）・・・。合法的には購入し得ず。今回は支那事變の部分なり。

本問題を決せんには貴機の合法機關に命じて之を購入せしむべきなり。これ最良の試驗方法なるべし。ミキ勉むともこれ以上知ること無からん。チョーはミキと共に仕事をなし、ヴイクスはチョーを通じてのみミキを驅使しつゝあり。　ラムゼー。

（昭和十五年二月十九日傍受ニ係ルモノ。AC系發）

更に編成部隊が大阪軍管區より到來しあり。大阪は……（解讀不能）……を有し、南支に……（解讀不能）……を、南昌周邊には第百一師團と共に……（解讀不能）。ミキの聞知せるところに依れば、目下高崎に在る第十四師團の第十五……。（解讀不能）……は機甲聯隊に改變せらるべしと。東部國境のスニクェンホの町は東部國境各師團に滋派せられたる新補充兵員訓練の中心地とならん。最近東部國境は九…式及九六式戰車並に野砲を有する小數戰車隊により兵力增

司法省

日本標準規格B列5號

強せられたり。

ラムゼー。

（昭和十五年三月三日傍受ニ係ルモノ。XU系發）

貴殿及貴殿の一團に對し大記念日（ソ聯陸軍記念日ニテ二月二十六日ト思フ）を祝ふ。

デイレクター。

第百六、百九、百十、百十四及百十六師團の現駐屯位置の闡明に努め結果を知らせ。

極東。

（昭和十五年五月四日傍受ニ係ルモノ。XU系發）

貴殿及貴殿の一團に對しメーデー國際記念日を祝ふ。貴殿の健勝と仕事の成功を祈る。

デイレクター。

（昭和十五年七月十四日傍受ニ係ルモノ。XU系發）

目下日本陸軍は新に全國に亘り豫備兵の總動員を行ひつゝある由なり、この・・・。（一字解讀不能）。・・・の目的を確知し結果を通報せられ度し。

極東。

司法省

日本標準規格B列5號

10.

昭和十七年二月

大阪遞信局傍受暗號解讀

外事課

（昭和十四年十二月二十五日受信）

ラムセリ。説明す、三枚の切符の中二枚は大なる番号にて當方の着より、フリッツに提供する座席の切符なり。他の小なる番号の切符は當方の着の為残し置くべし。例へば第二十号及二十一号はフリッツ用にして第十九号は當方の着のものなり

極東

（昭和十五年三月七日受信）

ラムセー。日本軍に第百六、第百八、第百九、第百十四等の師団ありや否や、若し實在すとせば現在何處に移駐し居るか等に關し情報を至急――――文字不明なるも「通報すべし」の如き意らし――譯者――――解明の上報らせ。

極東

（昭和十五年三月七日發信）

極東。續。……数字意味不明……故に佛蘭西、白耳義、和蘭の海岸を征服せねばならぬ此の計画の最大の危険は西部戦線・攻略に於て、白耳義、和蘭が壓倒されね時はアメリカは直ちに參戦するであらうといふ點である。

第二の計画は……数語不明……アメリカ、蘇聯及其の他の残存せる経済的地域と共に自給自足を建設するといふのである。然しパウラの関知せるところでは、第一の方がヒトラー及リカルドにより遙かに有利であり従つて恐らく實施されることになるだらうといふのである。ラムセー。

（昭和十五年三月二十五日受信）

ラムセーリ。續。第一の任務に次いで必要なる第二の任務左の如し。即ち是非共我々は日本陸軍の編成替に関する文書資料及情報を必要す。即ちこの編成替は如何なる部隊より編成せりや、又如何なる部隊や小部隊が新たに作られをりや、其等は如何なる部隊より發展編成せるものなりや、其等の隊号及び司令官の氏名等なり。我々は日本政府の外交政策の動向に関する諸問題の詳細なる情報蒐集に留意すべし。

故に之等の情報は事前に得る必要あり。事後に至りて記録するのみにては可ならざるなり。

極東

（昭和十五年五月二日受信）

ラムセー。飛行機製造工場の詳細非常に貴重なり。又大砲製造工場、工廠及一九三九年に於ける實生産高を推測する（「推測する」ノ個所明確ナラザルモ斯カル意味ノ趣ナリ――訳者）こと極めて必要なり。大砲製産高拡充の為如何なる策を講じありや？余は一九四〇年及一九四一年に於ける陸軍の編成替並に軍備の近代化に関する（「に関する」ノ個所解讀不能ナ趣ナルモ、斯ル意ナラン――訳者）

情報を得たり。就ては之等製産高扱記案及び全種類の部隊の具体的分析並に其の規模分明に努むべし。

極東

（本電ハ昭和十五年受信トアルモ昭和十六年ニ受信セシ様憶ストホ人言ヘリ）

（昭和十五年七月十三日受信）

ラムセー。當方に於ては八月一日より學時の始め十五分間貴方よりの發信を聽取の姿勢にあるべし。

デイレクター

（本電ハ昭和十三年ニ受信セシ様記憶スト被疑者言へり）

昭和十五年十一月二十九日受信

ラムゼー。當方の第三十四号電に依り、フリッツはコンマサント（鉄道人フオイクト）との連絡不可能なることを想起せり。

極東

二一.

極秘

外諜被疑者取調状況調査表

神戸地方裁判所検事局

國籍	被疑者氏名	勾引年月日	勾留年月日	勾留訊問係官	勾留後ノ捜査係官	勾留ノ場所	起訴見込ノ有無	勾留更新ノ要否	釋放後ノ身柄處置
佛	アルベール、ルネ、ビッカール	一六、一、八	一六、一、九	笹岡検事	澤村警部補	神戸拘置所	有	要	
葡	ヴィクトリノ、ルシアノ、マチャード	〃	〃	〃	刑部警部補	〃	有	要	
日	服部鐐二	〃	〃	〃	〃	〃	有	要	
英	クーパー、ブライ	〃	〃	〃		〃	不明	要	抑留
〃	フランクス、モリス、ジョネス	〃	〃	〃		〃	不明	要	抑留
〃	アーサー、フレングリッグス、ハンドコック	〃	〃	石原検事	村田警部補	〃	有	要	
〃	ノーマン、パーシー、ヘーウエイ	〃	〃	〃		〃	不明	要	抑留
〃	レヂナルド、アーサー、ウールガア	〃	〃	檜田検事		〃	不明	要	抑留
〃	エリック、ウルター、ベーアー	〃	〃	〃		〃	不明	要	抑留
〃	ゼームス、ギゼンベル、マークス	〃	〃	〃	伊藤警部補	〃	有	要	
〃	ハリー、ジョン、グリフイス	〃	〃	笹岡検事		〃	不明	要	抑留
〃	アーサー、ヒルス	〃	〃	〃		〃	不明	要	抑留

國籍	被疑者氏名	勾引年月日	勾留年月日	勾留訊問係官	爾後ノ捜査係官	勾留ノ場所	起訴見込ノ有無	勾留更新ノ要否	釋放後ノ身柄處置
英(印度)	ハンス、ラージ	一八、一二、八	一八、一二、九	横田検事		神戸拘置所	不明	要	全然不拘束
和	ヤコブス、フイリップス、ヴァン、デ、ワーテル	〃	〃	〃		〃	不明	要	抑留
米	ハリー、ボワイト、マイヤース	〃	〃	〃	渡辺警部補	〃	有	要	
和	ベルナルヅス、ヘンドリクス、ヴァン、ケテル	〃	〃	〃		〃	不明	要	抑留
〃	ヘンドリクス、ヨハネス、ホパーマン	〃	〃	〃		〃	不明	要	抑留
〃	ベルナルド、スパンヤード	〃	〃	〃		〃	不明	要	抑留
〃	ヘイン、ホルトカンプ	〃	〃	〃		〃	不明	要	抑留
無	パウル、ホートン	〃	〃	石原検事	椎名伍長	〃	無	否	全然不拘束
英(印度)	ラム、シング、グレリア	〃	〃	〃	臼田軍曹	〃	無	否	全然不拘束
和	オット、ヤコブ、ロークマーカー	〃	〃	〃	島村軍曹	〃	有	要	
佛	ロベール、ゲガン	〃	〃	〃	谷藤軍曹	〃	有	要	
〃	モーリス、チエック	〃	〃	〃	〃	〃	有	要	
日	井上秀天	一八、一二、九	一八、一二、一〇	吉岡検事	森山曹長	神戸憲兵分隊	有	要	
〃	鈴木一郎	〃	〃	〃	〃	〃	有	要	

一二

昭和十六年十二月二十三日附國際共産黨系外諜被疑事件取調状況報告の追加に有之候

[illegible]日本に於ける私の諜報「グループ」の性格に關する私の見解を記述しました。私は既に豫め此の私の見解に就いて直接の證據を有つて居ないが、私の經驗から斯かる見解を導き出し且此の見解が間違ひないと信じて居るといふ點に就いて論及して置きました。然し私が「斯く信じ斯く觀じたり」といふ點より離れて云ふならば、私が處理した事實のみに限定されることになります。そうなると次の點のみが確定的な事實として殘る譯であります。即ち私と私の諜報「グループ」は西暦一九二九年十一月以降技術的組織的には直接に赤軍諜報部即ち所謂第四本部に結合されて居りました。從つて此の狹い觀點に立ち然かも確定的な事實から更に導き出される總ての結論なるものを暫く措くとすれば、支那及日本に於ける私の諜報「グループ」は第四本部の特殊の機關と見なければなりませぬ。

裁判所

※次頁に付箋なしの同一文書あり。

追加

私は總括的解説に於て日本に於ける私の諜報「グループ」の性格に關する私の見解を記述しました。私は既に豫め此の私の見解に就いて直接の證據を有つて居ないが、私の經驗から斯かる見解を導き出し且此の見解が間違ひないと信じて居るといふ點に就いて論及して置きました。然し私が「斯く信じ斯く觀じたり」といふ點より離れて云ふならば、私が處理した事實のみに限定されることになります。そうなると次の點のみが確定的な事實として殘る譯であります。卽ち私と私の諜報「グループ」は西曆一九二九年十一月以降技術的組織的には直接に赤軍諜報部卽ち所謂第四本部に結合されて居りました。從つて此の狹い觀點に立ち然かも確定的な事實から更に導き出される總ての結論なるものを暫く措くとすれば、支那及日本に於ける私の諜報「グループ」は第四本部の特殊の機關と見なければなりませぬ。

裁判所

一三

極秘

昭和十七年一月十二日

ゾルゲ事件取調状況

本日標記ノ件ニ關シ東京刑事地方裁判所検事局ヨリ左記ノ通リ報告アリタリ

尾崎秀實ノ供述概要左ノ如シ

「獨ソ開戰前後ノ諜報活動ニ就テ獨ソ開戰前後ノ諜報活動ニ就テハ既ニ詳シク申述ベテアルガ其ノ中記憶ノ前後シタ點ヤ二、三申殘シテアツタ事ガアルカラ改メテ申述ベル

(1)私ハ今其ノ日時ハハツキリ覺ヘテ居ナイガ兎ニ角本年六月二十三、四日頃カラ同月二十六日頃迄ノ間ニ於テ(多分六月二十六日ノ朝デアツタト思フ)宮城ヲ通ジテゾルゲニ提報セシムベク私宅ニ於テ宮城ニ對シ

(イ)獨ソ開戰ニ關シオツトー大使カラ近衛首相ヤ軍部ニ對シテ豫メ諒解ヲ求メテ來テアツタト云フコトヤ其ノ他大島駐獨大使

司法省

カラハ再三政府ニ對シ色々ナ注文ガアツタト云フ様ナコト及ビ

(ロ)政府デハ斯ル緊迫セル獨ソノ關係ニ鑑ミ本年六月十九日會議ヲ開イテ日本ハ獨逸、ソ聯ニ對シ「中立」ヲ守ルコトニ決定シタ—ツマリ一方ニ於テハ日獨伊三國同盟ヲ守ルト共ニソ聯トノ中立條約モ嚴守スルコトニ決定シタ云フコト

ヲ話シテ居ル勿論是レト同様ノコトハ其ノ直後ノ頃私カラモ直接ゾルゲニ話シテアル筈デアルガ其ノ(イ)ノ情報ハ私ガ其ノ頃朝飯會ノ席上デ話題ニナツタ獨ソ開戰ノ話シノ中カラ知リ得タ情報(牛場、西園寺公一、松本重治三人ノ中ノ誰カノ話シデアツタト思フ)デアリ(ロ)ノ六月十九日ノ會議ノコトハ之レハ所謂一般的ナ情報デハナク特定ノモノデアツテ是レハ確カニ西園寺公一カラ得タモノデアルト記憶シテ居ルガ夫レヲ聞イタ場所ガ何所デアツタカハ私ハ是レ迄デモ申述ベテアル

通リ西園寺トハ色々ナ所デ屢々會ツテ居ルノデ今其ノ時ノ場所ノ記憶ハハツキリシナイ但シ是レハ朝飯會ノ席デ聞イタコトデナイト云フコト丈ハ確カデアル

(2) 私ハ前述ノ情報(一(1)ノ(イ)及(ロ)ノ情報)ヲ宮城ニ知ラシテヤツタ時更ニ

(イ) 本年六月二十三日陸海軍ガ首腦部會議ヲ開イテ「南北統一作戰」—ツマリ從來日本ノ陸軍ハ其ノ建軍ノ歴史カラシテ對ソ作戰軍事行動ヲ目標ニシテ居リ海軍ハ太平洋作戰—對米軍事行動ヲ目標ニシテ居ル爲夫レガ軍事上許リデナク日本ノ外交政策ノ上ニ於テモ陸軍ト海軍トガ常ニ相背馳スルト云フ實情ニ置カレテアツタモノガ獨ソ開戰以後ノ對ソ關係ノ緊迫ト南方問題ノ重大化ヲ契機トシテ今後國際情勢ノ如何ニ依ツテハ南北同時ニデモヤル態勢ヲ整ヘルト云フ方針—ヲ採ルコトニ決定シタト云フコト

及ビ
(ロ)同日（六月二十三日）開催サレルコトニナッテ居ッタ政府首腦部會議（首相、外相、陸相、海相）ハ近衞公ノ缺席ノ爲延期ニナッタト云フ情報モ話シテ居リ又夫等ノ情報ハ其ノ後間モナイ頃ノ時期ニ於テ私カラモ直接ゾルゲニ提報シテアル筈デアルガ右ノ情報ノ中
(イ)ノ陸海軍首腦部會議ノコトハ其ノ頃（本年六月二十三、四日頃カラ同月二十五日頃迄ノ間滿鐵東京支社調査室ニ私ヲ來訪セル
「東朝」政治經濟部長　田中　愼次郎
カラ聞キ得タ情報デアルガ(ロ)ノ情報ハ其ノ頃一般情息通ノ間ニ知ラレタモノデアッテ特別ナソースカラ得タモノデナイト記憶スル。

二、御前會議ニ關スル情報ニ就テ

(1) 本年七月二日ノ御前會議ニ關スル情報ニ就テ其ノ後、其ノ前後ノ事情等カラ良ク記憶ヲ整理シタ結果私ガ其ノコトニ就テ曩ニ述ベテアルコトガ記憶違デアツタコトガ解ツタカラ次ノ通リ訂正スル。

私ガ本年七月二日ノ御前會議ノ内容ヲ聞イタノハ田中愼次郎カラデハナクソレハ西園寺公一カラデアツタト云フ記憶デアリ其ノ内容ハ

日本ガ獨ソ開戰後ノ國際情勢ニ對處スル重要國策ニ關スルコトデアツテ日本ガ對米關係ノ緊迫化ニ對處スベク南部佛印ニ進駐スルト共ニ獨ソ戰ノ進展ニ伴フソ聯ノ内部動搖等如何ナル事態ニモ應ゼラレル樣北方ニ對スル態勢モ整ヘルト云フ南北ノ統一作戰ノ方針ヲ決定一面對米交渉モ行フ

コトニ決定サレタト云フコトデアツタ

私ガ西園寺公一カラ此ノコトヲ聞イタト思フノハ其ノ御前會議ガ開カレテカラ二、三日位ノ間ノコトデアリ其ノ場所ハ今ハッキリ記憶ニ殘ツテ居ナイガ確カ滿鐵東京支社調査室ノ私ノ部屋ニ於テデアツタト思フ

(2) 私ハ此ノ御前會議ノ内容ハ其ノ頃(本年七月四、五日頃ト記憶ス)其ノコトヲ聞ク爲ニ來宅シタ宮城ニ返ラシテアルカラ勿論宮城カラモゾルゲニ報告シテアル筈デアルガ私モ亦其ノ後間モナイ頃ゾルゲノ自宅ニ於テ同樣内容ヲ同人ニ提報シタト記憶スル。

三、以上ノ樣ナワケデ私ハ最近迄此ノ六月二十三日ノ陸海軍首腦部會議ノ決定事項ヤ七月二日ノ御前會議ニ於クル決定事項其ノ他日米交渉問題ナドヲゴチヤゴチヤニシテ記憶シテ居ツタ爲ニ夫等ノ情報ヲ田中愼次郎カラ一度ニ聞キ得タ樣ニ申述ベタノデアルガ私ガ田中カラ知リ得タ情報ハ正シクハ

(1)本年五月末頃カ六月初メ頃「日本ガアメリカニ重要提報ヲシテ居ル」ト云フコトーツマリ日米交渉ニ關スルモノト

(2)先程述ベタ本年六月二十三日ノ陸海軍首脳部會議ノ內容

トヲ夫々異ナル其ノ時期ニ於テ別個ニ聞イテ居ルノデアル

從ツテ私ガ田中カラ聞キ得タコトニ基イテ牛場秘書官ニ對米交渉ノコトヲ質ネタ時期モ本年七月デハナク本年五月末頃カ六月初メ頃ノコトデアツタノデアル。

四、所謂近衛公ノブレン「朝飯會」（水曜會）ニ就テ

(1)所謂近衛公ノブレンデアル朝飯會（水曜會）ハ第一次近衛內閣時代ノ昭和十三年七月中旬頃總理大臣秘書牛場友彦、岸道三ノイニシヤニ依リ夫レニ自分（尾崎）モ加ハリ相談ノ結果新聞記者評論家學者等ノ意見ヲ聞イテ近衛內閣ー近衛公ヲ扶ケテ行カウト云フ目的デ夫々ソノ周圍カラ有力ナ評論家、記者、學者等ヲ集メ[illegible]タモノデアルガ其ノ後モズツト續イテ居リ本年十月十

司法省

五日自分ガ検擧サレタ當日ノ朝モ開催サレルコトニナツテ居タ
第一次近衛内閣時代ハ不定期的ニ數回牛場秘書官官邸デ會合第一次近衛内閣辭職後ハ當時牛場ノ宿泊シテ居タ万平ホテルデ二回位其他ハ神田區駿河臺ノ西園寺公一ノ邸デ會合昭和十五年十一、二月頃同邸ガ賣却サレテカラハ首相官邸日本間デ會合シテ居タ
朝飯會トシテ定期的ニ會合スルコトヲ申合セタノハ昭和十四年四月頃カラデソレガ毎週水曜日デアツタノデ之ヲ水曜會トモ呼ブ樣ニナツタ
其ノメンバーハ
牛場友彦
岸道三（現滿鐵囑託）
尾崎秀實（本人）
西園寺公一

日本標準規格B4號

松本重治（同盟通信編輯局長、松方正義伯ノ孫、西園寺公一及牛場ト親交アリ）
蠟山政道（曾テ近衛公渡米ノ際牛場等ト共ニ公ニ隨行牛場ト親密）
佐々弘雄（「東朝」關係ニテ尾崎ノ推挽）
笠信太郎（「東朝」關係ニテ尾崎ノ推挽）
平貞藏（佐々、蠟山ノ友人）
渡邊佐平（法政大學教授、岸ノ高校時代ノ友人）

デアリ其他ニモ時々

犬養健

ガ出席シテ居リ

、松方三郎（同盟通信上海支局長、松本、牛場ノ友人）

モ前後ヲ通ジテ二回位出席シテ居ル。

但シ前述メンバーノ中佐々弘雄ハ本年ニナツテカラハ殆ンド出席

シテ居ナイ其ノ理由ハ佐々ハ其ノ後柳川將軍ヲ以テ日本ノ將來ヲ擔當スル人物ナリトノ見解ヲ抱キ柳川ト近衞公トノ結合ヲ望ンデ居ル樣デアルカラ其ノ爲段々ト所謂近衞公ノブレンデアル此ノ會合ニ積極的デ無クナツタモノト諒解スル

(3) 此ノグループノ會合デハ第一次近衞内閣時代ニハ私(尾崎)ノ

支那事變處理ニ就テノ私案(昭和十三年八月頃)

蠟山政道ノ

東亜大學案(昭和十三年八、九月頃)

ナド纒ツタ形ノ報告其ノ他國民精神總動員中央聯盟改組問題、國民再組織問題、外交問題、行政機構改革問題(行政機構改革問題ハ佐々弘雄ガ中心)等ニ關スル意見ノ交換ガアリ眞面目ナモノデアツタガ其後各人ノ意見ト政治的主張ニ懸隔アルコトガ次第ニ明瞭ニナルニ及ンデ却ツテ活潑ナル意見ノ交換ガ尠クナツテ行ツタ故ニ西園寺公一ノ如キハ既ニ早クカラ此ノグループヲ廢止スルカ或ハ改組スルカノ意見ヲ洩シテ居タ之レハ同氏ノ抱ク日本ノ革新ハ單ナル文化主義者ノ様ナ者デハ克ク爲シ得ルモノデハナイトスル見解ニ依ルモノデ其ノ爲ニ同氏ハ皇道翼賛青年聯盟ノ三上卓等一派ト交渉ガアリ其他元國民新聞ノ記者デアル後藤勇、木原道雄等所謂野武士的革新派ニモ囑目シテ居タ様デアツタ

斯様ナ事情デ第一次近衞内閣辭職後、第二次近衞内閣ノ出現ノ直前頃迄ハ殆ド纒ツタ意見ノ交換ト云フ様ナモノハナク犬養ヨリ其ノ歸朝ノ度毎ニ中支事情ヲ聞キ松本ヨリ同盟通信關係ノニユース（主トシテ外電）ヲ聞キ尾崎ハ支那旅行ノ情勢報告等ヲ話シタ位ノモノデアリ其他ハ尾崎、平等ガ中心トナツテ新聞ニユース的ナ駄辨ヲ繰リ返シテ居タ様ナモノデアル

昭和十四年九月歐洲大戰勃發後ハ引續キ是ニ付テノ見透シヤ意見ノ交換ヲ行ツタ而シテドイツノ壓倒的優勢ヲ信ジテ居タモノハ平貞藏デアリ私ハドイツノ終局ノ勝利ヲ疑ヒ乍ラモ其ノ英、

米トノ抗争ガ歴史的意義ヲ持ツコトヲ確信シ結局ソ聯ノ存在ガ大キナ意味ヲ持チ來タルデアラウコトヲ信ジテ獨逸ノ軍事的成功ヲ祈ツタ（之ハ獨逸ヲ利用シテ世界資本主義國最強ノ環デアル英、米ヲ崩壊セシムルト云フ意味カラノコトデアル）其他ノメンバーノ見透シト立場ハ不明確デアツタガタダ佐々弘雄ハ獨逸ニ好意ヲ持ツテ居ナカツタ様デアル

(4) 昭和十五年七月第二次近衛内閣成立前後ノ中心話題ハ所謂「政治新体制」問題デアリ尾崎、蠟山ハ其ノ黨的構造ヲ主張シ（此ノ尾崎ノ構想ハ國民再組織表ニ關スル説明ニ於テ供述セルト同様（既報蠟山案ハ遂黨ノ中ノ行政機構ー政府ト黨トノ關係、政府ト黨トノ中間連絡機關ト云フ様ナモノノ機成等ニ力點ヲ置イタモノデ特異ナモノデナカツタト思フ）

牛場、西園寺、岸等モ大体黨的構造ヲトルベシトノ意見デアツタガ佐々弘雄ノミハ反對ノ如ク見ラレ其ノ主張スルトコロハ眞

ニ日本民族ノ指導者トシテ通スル人物ト人物トノ結合ノミヲ重視スル樣ナ極メテ抽象的、精神的ナモノデ良ク理解ガ出來ナカッタ一方笠信太郎ハ所謂「經濟再編成」ヲ中心トシテ考ヘテ居リ近衞內閣ト云フ限定シタモノデハナク經濟ノ面ヲ通ジテ實際政治ヲ運用シテ居ル官僚、軍部、民間トノ結合ヲ圖ラウトスル樣ナ意圖ノ樣デアッタ兎ニ角此ノ問題以後元來日本ノ困難ナ時期ガ近衞公ニ依ッテ革新シ乘切ッテ行カレルダラウト云フ期待ヲ持ッテ集ッテ居タ此ノグループハ現實ノ近衞公ノ政治ノヤリ方ヲ見テ不滿ヲ抱ク樣ニナリ近衞公ノ役割ニ對スル見方ガ變ッテ來

近衞公ト切ッテモ切レヌ關係ニアル牛場、岸、西園寺、松本ハ別トシテ平、佐々、笠等ニハ明カニ其ノ態度ガ看取サレタ

私（尾崎）モ第二次近衞內閣閣僚ノ詮考振リヤ所謂政治新体制ニ對スル輕井澤聲明等ニ依ッテ全ク近衞ニ對シ課セントシテ居タ役割（所謂ケレンスキー的役割）ニ期待ヲ失ッタ（既報近衞

公トノ關係ニ於テ詳述ス）

(5) ドイツノ新シイ攻勢以後ノ歐洲情勢ニバルカン、中東方面、アメリカニ於ケル戰爭及本年六月獨ソ開戰以後ハ獨ソ戰ヲ中心ノ話題トシテ意見ノ交換ヲ行ツタ

此ノ獨ソ戰ノ見透シニ付テハ牛場、松本、岸等ハソ聯軍ノ崩壞ハ極メテ短期間ニ實現スベシト公言シタ（ドイツ側ノ意見ヤ大島駐獨大使ヨリノ報告ニ依レバ三週間或ハ六週間ヲ以テ崩壞スベシトノ説デアツタ）私（尾崎）ハ軍事的ニハ獨逸ノ緒戰ニ於ケル成功カラ見テ或ハソ聯敗北ノ可能性アリト思ヒタルモ夫レヲ以テ直ニスターリン政權ノ崩壞ト見ルコトニ反對ヲ表明シタ

之ニ對シ岸ノ如キハ

「スターリン政權ノ唯一ノ支柱ガ赤軍デアルトスレバ赤軍ガ紛碎サルレバ政權モ亦タ倒レザルヲ得ナイノデハナイカ」

ト論ジ平モ亦ドイツノ組織力ヲ高ク評價スル持論カラシテソ聯ノ崩壞ヲ信スルモノノ如クデアツタガ私ハ革命以來ソ聯ノ社會的結合ハ想像以上鞏固ナモノデアルト信ズル旨ヲ述ベ更ニ後ニソ聯ガスモレンスク邊デドイツヲ喰ヒ止メタ時私ハソ聯ハ最早一朝一夕デハ崩レナイト云フコト、シベリアハ歐露ニ依ツテ支配セラルルモノデアルカラシベリアダケヲ對象トスル行動ハ無意味デアルトスル趣旨ノコト等ヲ述ベタ(ソ聯ニ關スル意見ヲ爲スニ當テノ尾崎ノ眞ノ意圖等ハ既報日ソ關係ニ於テ詳細ス)

(6) 對米交渉ニツイテハ朝飯會ノ席上デハ殆ンド觸レナカツタ夫レハ檢余リニ機密ニ屬シシカモ知ツテ居ルモノハ余リニ之ヲ知リ過ギ知ラザルモノハ亦余リニ之ヲ知ラズ話ニナリ得ナカツタ爲デアル

司法省

話題ハ却ツテ來年ノ議會ノ總選擧ノコトニ向ケラレ志アルモノハ議政壇上ニ立チ限ラレタ政治面カラニセヨ革新政治ニ參劃スベキデアルトノ説ガ岸アタリカラ持チ出サレ之ニツイテハ何等カ具体的ナ目論見ガアル樣ニ見受ケラレタガ一般ニハ反對モ無カツタガ氣乘リ薄デアツタ斯ノ如ク朝飯會デハ對米交渉問題ニ關シテハ殆ンド觸レハシナカツタガ此ノ問題ニ對スル各メンバーノ動向ハ

牛場　西園寺　松本

等ハ近衞公トノ關係カラデアルダラウカ對米協調デアリ蠟山又其ノ樣デアリ岸ハ

「蘭印ハ先ニ取ランケレバナラン」

ト云ツタ樣ナ工合デ南進論ー對米強硬デアリ平ハ

「日本トシテハ對米協調ハ出來ナイダラウ第一國民ガ承知シナイダラウ結局南進スルヨリ外ハアルマイ」

トスル意見デアリ

(7)犬養ハ汪政權擁立ノ關係デ對米協調反對デアリ私（尾崎）ハ又私トシテ別ニ抱懷スル意圖カラ南進論對米英打倒デアツタ（既報對米問題關係ニ於テ詳細ス）

(ア)前ニ（(三)項）述ベタ第一次近衞内閣時代朝飯會デ報告シタ私（尾崎）ノ

支那事變處理ニ就テノ私案

ト云フノハ實ハ内閣ノ囑託トナツテ最初ニ風見書記官長ヨリ支那事變處理ニ就テノ意見ヲ提出セヨトノコトデアツタノデ不取敢數枚ノ意見書ヲ書イテソレヲ朝飯會ノ同人ニ示シタモノデソノノ内容ハ政治、經濟、文化ノ諸工作ニ分チ

(イ)政治ニツイテハ外交工作ヲ以テ蔣介石ヲシテ成ルベク早ク屈伏セシメタルガ如キ手段ヲトル（其ノ爲ニハ支那ニ密接ナ關係ヲ持ツモノハ英國デアルカラ英國ヲ利用スルコト但シ支那事變ニ對シ觀念的ナ立場ヨリ日本ヲ非難シテ居ル米國ト實利

的ナ立場ニアル英國トノ間ハ分離政策ヲ圖ルコト）

(ロ)經濟ニ就テハ占領地經營ノ合理化（地方政權ノ育成、經濟建設ニ付テハ當時私見トシテハ疑問ヲ持ツテ居タ）浙江財閥ノ利用戰時資源ノ利用、農村工作ニ特ニ力ヲ注ギ合作社運動ヲ盛ニスルコト等

(ハ)文化及社會面ニ於テハ日支文化共同工作、秘密結社等ノ利用難民救濟事業ノ實踐等ニ觸レ其他蒙古民族、回教徒等ノ小數民族政策等ニモ言及

シタモノデアツテ其ノ後此ノ私案ハ牛場秘書官、風見書記官長ノ手許迄提出シテ置イタモノデアリ

蠟山政道ノ

東洋大學案

ト云フノハ

日本ノ東亞經營ヲ擔當スルニ充分有用ナルベキ人材ヲ養成ス

ル爲之ニ高等ノ實踐敎育ヲ授ケントスルモノデ其ノ爲ニ實務家ヲモ敎授ニ登用スベシトシタ樣ナモノデアツタト記憶スル而シテ後ニ平貞藏、佐々弘雄笠信太郎、三木淸、尾崎（私）等ガ後藤隆之助ト相談シテ設立シタ

昭和塾

ハ之等ノ示唆ヲ受ケテ居ルモノデアル

又當時佐々弘雄ガ中心トナツテ研究シテ居タ行政機構改革問題ニハ內閣機構ノ問題ヤ內閣直屬機關ノ問題等色々アツタト思フガ之ハ要スルニ後ニ昭和硏究會カラ出サレタ行政機構改革案ト同ジ樣ナモノデアツタト思フ

(8) 朝飯會ヨリ得タル諜報活動ノ成果

以上ノ樣ニ朝飯會（水曜日）ハ長イ期間ニ亘ル會合デアリ殊ニ其ノメンバーノ中ニハ近衞公ノ側近者（牛場、岸、西園寺、松

本）或ハ外交政策ト密接ナ關聯ニ立ツテ居ル二、三ノ人々（牛場、西園寺、松本）ガアツタコトカラシテ其ノ雰圍氣カラ近衞內閣等ノ動向ヲ察知シ得ルコトニ役立ツタコトハ尠クナカツタ此ノ意味ニ於テ此ノ朝飯會ガ私ノ諜報活動上ニ相當ノ成課ガアツタコトハ確カデアルガ朝飯會デノコトガ其ノママノ形デゾルゲヘノ諜報トナツタ樣ナモノハナカツタト思ツテ居ル。

一四

極秘

ゾルゲ
クラウゼン
使用ノ暗號ノ解説

ゾルゲ・クラウゼン使用ノ暗號解説

一、暗號ノ種類

本暗號ノ種類ハ文中ノ文字ヲ他ノ文字又ハ數字其他ノ記號ヲ以テ表現スル所謂サイファー式換字暗號ニ屬ス。

二、暗號ノ構成

本暗號ノ基本タル換字表ハ左ノ如シ

A	5	J	84	S	0	(終止符)	90
B	87	K	88	T	6	(數字ノ前後ニ)	94
C	80	L	93	U	82		
D	83	M	96	V	99		
E	3	N	7	W	91		
F	92	O	2	X	81		
G	95	P	85	Y	97		
H	98	Q	89	Z	86		
i	1	R	4				

右ノ如ク本暗號ハ文中ノ文字（アルファベット）ヲ數字ヲ以テ表現シ、其ノ際最モ頻繁ニ使用サルルA、E、R、S、T、N、O、I、ノ八文字ハ數字一字ヲ以テ現ハシ其他ノ使用度數ノ小ナル文字ニ對シテハ數字二字ヲ使用シ居レリ。元來英語文中ニ在リテハ
右ノA、E、R、S、T、N、O、I、ナル文字ハ全文字數ノ七〇乃至七三パーセントヲ占メ居リ、之ニ對シテ數字一字ヲ當テタルハ暗號使用者ニ於テ暗記ヲ容易ナラシメ且ツ暗號文組立ヲ便ナラシメンガ爲ナリ。蓋シ、間諜使用ノ暗號ハ記憶ニ容易ニシテ暗號表等ヲ備付クルノ必要ナキコトガ要件ニシテ使用者ガ暗號表等ヲ所持シテ官憲ノ家宅捜索等ノ際之ヲ發見セラルル如キ危險ナカラシムルコトガ最モ重要ナルヲ以テナリ。

然シ作ラ文中ノ或ル文字ニ對シテハ數字一字ヲ當テ、或ル文字ニ對シテハ數字二字ヲ當ツルコトハ、使用上混亂ヲ來ス虞ア

ルヲ以テ、本暗號ニ於テハ此ノ混亂ヲ避クル爲、一文字ニ對シテ數字二字ヲ當ツル際ニハ八〇代及九〇代ノ數字ヲ使用シアリ。尚此ノ數字一字又ハ二字ヲ併セ使用シ居ルコトハ第三者ガ之ヲ技術的ニ解讀セントスル場合或ル程度解讀ヲ困難ナラシムルモノナリ。

又文中ニ於テ數字ヲ使用スル際ニハ同一數字ヲ二字重複シテ使用シ居レリ。例ヘバ八〇〇ナル數字ヲ現ハスニハ　八八〇〇〇〇トスルナリ。而シテ此ノ際之ガ數字ナルコトヲ受信者ニ知ラシムル爲ニ其ノ前後ニ九四ナル數字ヲ挿入スルコトトナリ居レリ。從ツテ受信者ハ前後ニ九四ナル數字ノアル中間ノ數字ハ文中ノ數字ヲ現ハスモノナルコトヲ直ニ知リ得ルナリ。

三、亂數表ノ使用

本暗號ハ前述ノ方法ニ依リ作成シタル儘ノモノナルトキハ解讀ハ極メテ容易ニシテ使用者ニ於テ大ナル危險性アリ。之ガ爲亂

二

數表ヲ用ヒテ更ニ之ヲ複雜化シ解讀ヲ困難ナラシメ居レリ。
亂數表トシテハ

獨乙國政府統計局發行

獨乙國統計年鑑（Statistisches Jahrbuch Für Das Deutsche Reich）

（現在一、九三五年版ヲ使用中）

ヲ使用ス。

最初通信文ヲ作成シ、之ヲ前記ノ換字ヲ以テ數字暗號化シ更ニ其ノ各數字ニ對シテ此ノ統計年鑑中ノ任意ノ頁（但シ發信ノ際ハ白色ノ頁ノ部分、受信ノ際ハ末尾ノ方ノ青色ノ頁ノ部分ヲ用フル約束トナリ居レリ）ノ數字ヲ加算スルモノナリ。數字ハ常ニ五字組ニ作リテ取扱フ。

作成ノ順序ヲ實際的ニ示セバ次ノ通リナリ。

卽チ今假リニ

" Japan will soon declare war on U.S.S.R. "

ナル文ヲ暗號化スルトスレバ

J	A	P	A	N	W	I	L	L	S	O	O	N	D	E	C	L	A	R	E
84	5	85	5	7	91	1	93	93	0	2	2	7	83	3	80	93	5	4	3

W	A	R	O	N	U	S	S	R
91	5	4	2	7	82	0	0	4

トナル而シテ發信ノ際ハ通常本文ノ最初ニ

D	A	L	.	（極東ノ意）
83	5	93	90	

終リニゾルゲノ諜報名タル

R	A	M	S	A	Y	.
4	5	96	0	5	97	90

三

又ハ

I N S O N.
1 4 0 2 7 10

ヲ記シ（受信ノ場合ハ之ト逆ニ最初ニ Ramsay. 終リニ Dal.
ヲ附ス）更ニ其ノ後ニ五字組ヲ一個ヲ附シ之ヲ以テ電信ノ番號
當該通信暗號ノ五字組ノ數（何レモ百以上ノ時ハ百位ハ省略シ
十位ト一位ノミヲ記ス）及通信日（五字ヲ越エルトキハ十位ヲ
省略シテ一位ノミヲ記ス）ヲ示スコトトス
（例ヘバ番號一二五、五字組數一一一、通信日一六日ナルトキ
ハ25116ヲ最後ニ附ス）

右ノ設例文ノ前後ニ Dal. 及 Ramsay. ヲ附シ、之ヲ數字ニ換ヘ五
字組ニ作レバ次ノ如クナル
（最後ノ電報番號、五字組數字通信日ヲ示ス五字組ヲ附ス）

83593 90845

~~83593—90845~~—85579—11939—30227—

83380—93543—91542—78200—44596—

05979—25116—

之ニ對シテ統計年鑑ノ第二六九頁ヲ開キ縦三行目横九列目カラノ三字目ヨリノ數字（常ニ當該列ノ三字目ヨリ始ムル約束トナリ居レリ）

7 4 8 0 1 3 2 1 3 2 1 6 1 3 7 5 3 2 7 4 4 9 6 1 5 9 2 4 5 3 6 9

2 1 8 4 0 2 9 6 2 8 3 6 5 2 8 7 2 7 4 1 9 4 3 5 3 6 8 5 ・・・・

ヲ前記ノ暗號數字ニ各々加算スレバ（數字一字ニ一字ヲ各々加算シ和ガ二桁トナルトキハ常ニ十位ハ之ヲ捨テ一位ノミヲ記スモノトス）

~~83593—90845~~

83593—90845—85579—11939—30227—83380—
74801—32132—11137—53274—49615—92457—

57394—22977—91606—64103—79832—75733—

四

93543—91542—78200—44596—05979—25116
69218—40296—28365—28727—41943—53685

52751—31738—96565—62213—46812—78791

トナル

而シテ亂數表トシテ統計年鑑ノ何レノ頁ノ何レノ行、何レノ列ノ數字ヲ使用セルカヲ受信者ニ知ラシムル爲ニハ縱行ヲ表ハス數字、横列ヲ表ハス數字（左ヨリ數ヘテ）及頁ヲ表ハス數字ヲ此ノ順序ニ並ベテ五字組ヲ作リ（縱行ヲ表ハス數字ニハ初ノ二桁ヲ用ヒ其ノ數ガ一〇ニ滿タザル場合例ヘバ三ノ如キ場合ハ03トシ、横列ヲ表ハス數字ニハ次ノ一行ヲ用ヒ頁ヲ表ハス數字ニハ最後ノ二桁ヲ用フ。頁數ガ百ヲ越エル場合ニハ百位ノ數ハ之ヲ省略シテ十位ト一位ノ二桁ノミトス。此ノ場合百位ノ數字ハ特ニ書カストモ送受信者双方ニ於テ當年ノ經驗上自ラ判斷シ得ルナリ。例ヘバ右ノ設例ノ場合ニハ03969ナル五字組トナル）

ニテ通信暗號ノ冒頭ニ記シテ受信者ニ對シ亂數表ノ所在ヲ示スモノナルガ、此ノ儘使用スレハ万一官憲ニ於テ通信ノ傍受其他ニ依リ其ノ暗號通信文ヲ入手セラレタル場合、之ヲ以テ解讀ノ手ガカリトサルル處アルヲ以テ更ニ之ニ對シテ複雑化ノ方法ヲ用ヒ居レリ。

卽チ五字組ニセラルルモノノ最初ヨリ四番目（此ノ亂數表ノ所在ヲ示ス、五字組ヲ冒頭ニ置キテ之ヨリ數フ）ノ組及末尾ヨリ逆ニ數ヘテ四番目ノ組ノ數字ヲ之ニ加算シ之ヲ暗號通信文ノ冒頭ニ記スルナリ。

右ノ設例ニ依リ實際ニ示セハ次ノ如シ。

```
  03969
  91606
+ 96565
-------
  90020
```

即チ之ヲ冒頭ニ附シ右設例ノ通信文ヲ暗號化セルモノ次ノ如クナル。

90020－57394－22977－91606－64103－79832

75733－52751－31738－96565－622

受信ノ場合ハ凡テ以上述ベタル暗號文作成ノ場合ノ逆ノ手續ヲ以テ解讀スルモノナリ。

即チ先ヅ冒頭ノ五字組ノ數ヨリ、最初ト最後ヨリ數ヘテ各キ數ト才四番目ノ五字組ノ數ヲ引キ去リ其ノ結果ニ依リ亂數表ニ用ヒラレタル頁（但シ背色ノ部分ヲ用フ）、行列ヲ發見シ暗號通信文ノ數字ヨリ亂數表ノ當該數字ヲ減ジテ得タル數字ヲ文字（アルフアベット）ニ置キ換ヘルナリ。

四、本暗號ノ特性

第一ニ本暗號ハ解讀極メテ困難ナリ。即チ第三者ガ無電ニヨツテ盗受信中之ヲ傍受シ又ハ其他ノ方法ヲ以テ此ノ暗號通信文ヲ入手スルモ之ヲ技術的ニノミ解讀スルコトハ極メテ困難ナリ。其ノ最大ノ原因ハ亂數表ニ前記獨乙國統計年鑑ヲ使用シ居リ其ノタメ通信文中ニ反復ノ現レルコトガ極メテ稀少ナルコトナリ即チ通常亂數表ヲ使用スルモ其ガ限ラレタル短キモノナレバ、多數ノ通信ヲ行フ中ニハ同一文字ノ反復ガ現レ之ニ依リ解讀ノ端緒ヲ相ミ得ルモノナルモ本暗號ノ如ク統計年鑑ヲ使用シテ殆ンド無限ニ近キ數字ヲ亂數表トシテ使用シ居レルヲ以テ解讀ノ端緒トナル反復ノ現レルコトハ殆ンド稀トナリ爲ニ解讀ハ極度ニ困難トナルナリ。

第二ノ特性ハ家宅捜査等ヲ行フモ發見ガ極メテ困難ナル事ナリ即チ原暗號表（換字表）ハ極メテ簡單ナルモノニシテ普通ノ智脳程度ヲ有スルモノナレバ極メテ容易ニ暗記スルコトヲ得、之ヲ紙片等ニ記載シテ所持シ置クノ必要ナク、從テ發見サレル危險性ハ全ク存ゼザルナリ。亂數表ニ使用シタル獨乙國統計年鑑ハ普通ノ獨乙人ナレバ之レヲ所持シ居ルモ其レノミヲ以テシテハ決シテ疑惑ヲ招クガ如キコトハアリ得ズ。從テ身邊ニ暗號文件ヲ殘サズ發受信トモ直ニ燒却スル等ノ警戒措置ヲ不斷ニ措リ居レバ家宅搜索等ニ依リテ暗號使用ノ事實ヲ暴露スルガ如キコトハ殆ンドアリ得ザルナリ。

斯クノ如ク本暗號ハ使用スル上ニ於テ容易ニシテ發見サレル危險性少ナク、第三者ニトツテ解讀困難ニシテ間諜使用暗號トシテ最モ高級ノモノト認メラル。

極秘

24

昭和十六年十二月

ゾルゲ一派外諜事件捜査資料

（無電關係）

東京刑事地方裁判所檢事局思想部

一五

一

（註）

一、本資料ハ遞信省傍受ニ係ル本件關係ノ暗號無線通信文及ゾルゲ、クラウゼン兩名ノ家宅捜索ノ結果發見シタル暗號無線通信文ヲ解讀飜譯シタルモノ並ニ右兩名宅ヨリ發見シタル通信原稿（英文）ヲ飜譯シモノヲ蒐錄シタルモノナリ。

二、本文中括弧ヲ付シタル箇所ハゾルゲ或ハクラウゼンノ供述ニ依ルコトヲ示ス。

三、昭和十六年分ハ主トシテ八月以降ノモノト思料セラル。

四、本資料中遞信省傍受分ハ昭和十二年十月十二日乃至昭和十五年七月十四日ノ期間内ノモノナルモ同省ニ於テハ昭和十六年十月四日迄傍受ヲ續ケ居リタルモノニシテ、傍受ノ分量少キハ傍受困難或ハ電波方向探知操作等ノ為メ傍受不完全ナルニ因ル趣ナリ。従テ本資料蒐錄分以外ニモ多量ノ通信交換サレタルモノト認メラルルヲ以テ捜査上注意アリタシ。

一、昭和十二年ノ分

(一)(昭和十二年十月十二日傍受)

英國大使館附武官ローリンダス及サムソンは大部隊の臺灣集結に付て又海南島占領及南支上陸の風說に付いて憂慮してゐるとダスタフに語つた。兩氏は英國が武力を以て權益の防衞を爲し得ずと考へ制裁行爲は却て香港を喪失せしめるに至るべきを懼れてゐるが一方切りに本國との

二

間に對日輸入制限の可能性及日本の一般事態急迫化の可能性に關し討議を重ねつゝあり。

ラムゼー(ゾルゲ)

二、昭和十三年ノ分

(一)（昭和十三年六月三日傍受）

ーーー（意味不明ナリ）病院を訪れたマルタ（獨逸大使館陸軍武官タレツテメル）の語るところに依れば日本陸軍部内には杉山及梅津がやがて退陣し多分寺（板垣カ）及東條がこれに代ることゝなるべく、石原も亦參謀本部の要職に就くを得べし、さすれば往來の關東軍一派が新政

三

府に對し威力を持つであらうといふ風說が流布されてゐる。

ラムゼー

(二)（昭和十三年八月二十三日傍受）

東京にて買ひ得る眞空管。送信機の力。アメリカ型、ドイツ型又はロシヤ型の何れの眞空管を使用するや。東京にて買ひ得ざる他のラヂオ部分品。右無電にて報らせよ。

極東

(三)（昭和十三年九月五日傍受）

ラムゼー」。

カナリス（有田外相ヲ指スモノノ如シ）の特使が日本陸軍より受領する文書の寫若は該特使が直接リユシコフとの會見に於て受領する文書の寫を獲得する樣全努力と全能力を盡せ。獲得せしものは總て直に送信せよ。

極東

四

(ロ)（昭和十三年九月五日傍受）

ラムゼー。

フリツ（クラウゼンノコト）の妻を九月下旬に香港に到着せし、めたきにつき同女の出發日時及乘船名を無電にて報らせよ。同女を組織に入れるに就いての貴見及當方の特使との連絡場所を報らせよ。同女は英語を話し得るや。

極東

(五)（昭和十三年九月二十一日傍受）

漢口附近に行はれつゝある作戰行動に直面せる日本外交方針の變化に付き適確なる究明を爲す樣留意すべし。特に日本の對英佛米諸國との關係並に支那の天然資源開發に付き此等諸國との間に行ふ會談一切に關する速なる情報が重要なり。

極東

五

(六)（昭和十三年九月二十一日傍受）

一、豫備品整備の必要あるを以て眞空管及部分品の詳細を知らせよ。返事待つ。

二、二千百米弗送金者サム・セリダソンとして九月十六日送金せり。　　デイレクター

(七)（昭和十三年九月二十一日傍受）

續。無電裝置は何處に如何にして保管するや、無電作業には何

軒の家又何れの家を使用せるや器材は何處で如何にして購求し得るや、作業には何れの器材部分品が最良なりや、日本人家屋又は田舎屋にても作業し得るや又無電作業を如何にしてカモフラージしつゝありや、之は極めて困難なることゝ考へられるが如何にして此の困難を克服しつゝありや前回と同樣の國（アメリカヲ指ス）よりフリツ宛ニ千

六

百弗送金方指令ありたり、送金
人の名義は後報す。

極　東

(八)（昭和十三年十月七日傍受）

待使の香港行きの件は取消。フリツの妻十月二十日迄上海に行き得るや報らせ。ホテルの個所及パーク・ホテルのところの最後の一文解讀し得ず。今一度送信を乞ふ。連絡の方法を報らせ。

ザイレクター

(九)（昭和十三年十月十九日傍受）

我が方の特使十月十八日より上海に於てフリッツの妻を待つ。

デイレクター

七

三、昭和十四年ノ分

㈠（昭和十四年九月一日傍受）

今夏中の當面の軍事及政治問題に關する貴情報は次第に低下せり。その間日本に於ては對ソ戰に備へ重要なる行動を爲したるに貴方より何等見るべき情報なし。右に關しては獨逸大使館の良く承知するところなるを以て右情報を獲得し遲滯なく無電にて當方に通報せらるべし。貴殿は經驗を有し且つ獨逸大使館に

八

於ける貴殿の地位は極めて良好なり故に當方にては貴殿に對し刻下の軍事及政治問題に關する充分なる情報を要求且つ期待し居るものなり。然るに貴殿は之を回避し當方に左して重要ならざる情報を送付す。續。

續。親しきラムゼーよ貴殿に對し再び情報蒐集の仕事を改良し余が常に充分に日本の凡ゆる重要なる軍事的及政治的動向を承知し得べき樣爲されんことを望む。斯くしてのみ貴殿の日本在留は吾々の仕事に有用たるべきなり。より良き情報獲得の爲にはヂヨー、ミキ及オツトウの全能力を用ふべし。彼等が斯る仕事を爲したる時は彼等に金錢を支拂ふべし。貴殿は……（此處一二語解讀不能）……と貴殿の重大性を考慮に入れ貴殿の母國（ソ聯ヲ謂フ）を深く信頼し居るものと思料す。仕事に於ける

九

變化を待つ。本電を受領せば其の旨報らせ。極東

四、昭和十五年ノ分

㈠（昭和十五年二月十九日傍受）

一、日ソ關係に付きアメリカは日本に對し如何なる壓迫手段を執りたるや、アメリカは反ソ方策の代償として何を日本に與へんと約せしや。

二、日本は防共協定の方針に從はんとの有田聲明に對する獨逸大使の所見如何。本件に關し日本は如何に行動するや。右

十

闡明すべし。結果報らせ。

極

東

(二)（昭和十五年二月十九日傍受）

續。陸海軍工廠及民間工場の大砲、戰車、飛行機、自動車、機關銃等の兵器製産能力に關する正確なる圖表の入手に努力すべし。

極

東

(三)（昭和十五年二月十九日傍受）

ミセの書物（日本陸軍ノ操典ナリ）に對する貴批判は同、書の第一部を基としてゐる如くなるも同個所は技術的觀點より見る時は興味あるものに非ず唯教育的效果あるものに過ぎず。第二部は……（一部解讀不能）……合法的には購入し得ず。今回は支那事變後の部分なり。本問題を決せんには貴殿の合法機關に命じて之を購入せしむべきなり。と

十一

れ最良の試験方法なるべし。ミヤ勉むともこれ以上知ると無からん。デヨーはミヤと共に仕事をなし、ヴイタスはデヨーを通してのみミヤを驅使しつゝあり。

ラムゼー

(四)（昭和十五年二月十九日傍受）

更に編成部隊が大阪軍管區より到來しあり。大阪は・・・・（解讀不能）・・・・を有し、南支に・・・・

（解讀不能）……を、南昌周邊には第百一師團と共に……（解讀不能）。ミ守の聞知せるところに依れば、目下高崎に在る第十四師團の第十五……（解讀不能）……は機甲聯隊に改變せらるべしと。東部國境のスニクエンホの町は東部國境各師團に送派せられたる新補充兵員訓練の中心地どならん。最近東部國境は九・・式及九六式戰車並に野砲

を有する小數戰車隊により兵力
增强せられたり。

ラムゼー

(五)（昭和十五年三月三日傍受）

貴殿及貴殿の一國に對し大記念日（ソ聯陸軍記念日ニテ二月二十六日ト思フ）を祝ふ。

デイレクター

第百六、百九、百十、百十四及

百十六師團の現駐屯位置の闡明に努め結果を報らせ。

極東

㈥（昭和十五年五月四日傍受）

貴殿及貴殿の一團に對しメーデー國際記念日を祝ふ。貴殿の健勝と仕事の成功を祈る。

デイレクター

㈦（昭和十五年七月十四日傍受）

十三

目下日本陸軍は新に全國に亘り豫備兵の總動員を行ひつゝある由なり、この……（一字解讀不能）……の目的を確知し結果を通報せられ度し。

極東

五、昭和十六年ノ分

(一)（捜索ノ結果發見シタル暗號電文）

ラムゼー。

七月十九日に余の友人が貴下に吾々の無電連絡に關し追加して新しき條件を與へる。此の條件に從ひて九月二十日より練習を始められ度し。若し無電の新しい條件がうまく行けば將來之を實驗の爲にのみ繼續せられ度し。其の結果は通報せられ度し。

十四

ヂイレクター
〇日發。

㈡（同　上）

ジムセー。

貴下の此の前の情報を感謝する。

吾々の仲間（ＭＡＮ）が貴下にジゴロ（ヴーケリッチノ變名）の先妻の濠洲行旅費として五〇〇米弗を渡す。

ヂイレクター

十九日發。

㈢（同　上）

極東。續。客月中に鐵道會社はチチハルよりウシユムンの對角地點ウーブに至る區間に秘密裡に道路及鐵道連絡點の建設をすべき旨命令を受けた。日本は來年勃發するやも計られさる戰爭を考慮してこの地點を攻擊基地として裝備すべく企圖してゐるのである。ソ聯と獨逸の戰爭の爲斯かる日本の攻擊か行はれ得

十九

るとしても、北支から滿洲へは軍隊を派遣することはないであらう。續く。

インソン。（ゾルゲノ諜報名）

――六日發。

㈣（同上）

極東。續。滿洲より歸りたるインヴエスト（尾崎ノコト）の語るところに依れば「師團の數を得ることは不可能であつた」と。

全師團はその師團長の名前を冠してゐる。部隊長の階級によつてのみ、それが聯隊か、旅團か又は師團であるかを知ることが出來る。日本本國からの增强は別の師團の守備隊を以て爲されてゐる。

インリゾエストが鐵道會社から聞き得たるところによれば最近二ケ月間に約四〇萬の新兵が到着して滿洲駐屯兵力總數七〇萬に

十六

遂した。續。インシン

――六日發。

㈤（同　上）

極東。續。今年は對ソ戰がない爲例へば宇都宮第十四師團の一ケ聯隊の如く、小數兵力は日本本國に歸駐した。その他の軍隊は國境より歸駐して目下大連、奉天間の新築兵舍に駐屯してゐる。主要集結地點はなほ[illegible]

シロワ市及浦鹽市の向ひの東部境界である。續。

インツン

――六日發。

(六)(同　上)

極東。續。

僅か三、〇〇〇のトラック及車輛が送られた。一、〇〇〇は以前滿洲から北支に送られた。赤軍攻撃準備の最初の一週間の内

十七

に關東軍では三、〇〇〇の訓練を受けた鐵道員に命令してシベリヤ鐵道占領を行はんとしたか軍事輸送を扱ふ人員は今で五〇に減少してゐる。これは本年は戰爭が無いことを意味するものである。

インソン

十一六日發。

(七) (同　上)

極東。インヴエスト(尾崎ノコト)

報告。

日本アメリカ會談はワカツキトウサ（？）が近衛及海軍首腦部と會談の後辭任した事により最後的段階に達した。近衛としては支那、佛印に於ける日本の兵力を縮少し中南支の大部に亘り撤兵を行ひ佛印に八個の海空基地の建設を行はなければ談合が着くであらうと相當樂觀してゐる。續。　インジン

一一六日發。

十八

(八)

（同　上）

極東。續。

十月中旬迄にアメリカが妥協する用意がない場合は日本は先づその國を攻撃し更に馬來諸國新嘉坡スマトラを攻撃するであらうがボルネオ攻撃は其の兩側面に新嘉坡とマニラがあるので斷念した、日本はスマトラの防備はボルネオより劣弱であり且石油の資源はスマトラの方がはるかに多大且良好であると考へてゐる。而しこの攻撃は日本・アメリカ會談が決裂せる場合にのみ行はれることになるのであらう。而し日本は獨逸側を無視してもアメリカとの談合に至るべく總ゆる努力をなすであらう。

インソン

一一四日發。

(九) （クラウゼン宅捜索ノ結果發見

十九

シタル發信原稿）

各種の日本當局より知り得た事に依れば若し今月十五日或は十六日頃迄に日本の交渉開始申入れに對して米國側から何等かの滿足すべき回答が到着しない時には日本政府は總辭職するか或は根本的に改組を爲すかに致るであらう。而して總辭職を爲すにしても或は改組するにしても夫れは近い將來即ち今月か來月に米國と開戰する事を意味するものである。併し米國との衝突を避ける事を希望して居る日本當局の唯一の希望は最後の瞬間に於て交渉を開始する何等かの提案を爲し得る駐日グルー米大使にかけられて居る。ソ聯側に關しては首腦者間には左の意見が大体の賛同を得て居る。卽ち獨逸が勝利を得たとしても獨逸が勝ち得た戰果は將來極東に於

二十

て日本が奪ひ取り得るので日本として參加する必要はない。若し獨逸がソ聯政權を粉碎して夫れを烏拉爾東部に退去せしめ得られないとしたら日本は來春まで其の機會を待つべきである。兎に角對米問題と南進問題の方が北方の問題よりも遙かに重大なものである。十二月及一月に於ける入除は昨年よりは遙かに大規模なものと豫想される。

九月に貴下の部下より（　　）を受け十月にジゴロ（ヴーケリッチ）の妻の旅費として米貨五百弗は確かに受領した。吾々は深甚なる同情を以て貴國が獨逸に對して英雄的に戰ひつつある事を注視して居り又吾々が貴下に取つて全く何等の利益も亦重要性も無い此の場所に居る事を非常に遺憾に思ふものである。フリッツ（タラウゼン）とヴイツクス（ヅルゲ）は貴下に尋ね度いが、ホーム（ソ聯又ハ本部ノ意ナラン）に歸るか或は獨逸國に於て新しい仕事を始めては如何だらうか。フリッツ（クラウゼン）とヴイツツクス（ヅルゲ）は現在の情勢下に於て右の兩方共極めて困難であることは判つて居るが、吾々は吾々の仕事に慣れて居るので越境して貴下の許に行くか或は新しい仕事を始める爲に獨逸國に行くか、何れでも何とか遂行することが出來ると信じて居る。返事を待つ。

ワシントンに於て・・・、東京の豐田とグルーとの間に於ても亦・・・。獨逸は完全に放置されて居り、アンサ（ボツト）は三回に亘り三國同盟の存續を指摘する形式を知るべく努力したが今の所はたゞ冷く拒絶されて居る

二十二

のみである。

(十)（同　上）

七月二十九日から始まつた第二次動員は八月六日迄には終るであらうし第一次動員が約四十萬人を召集した後を受け約五十萬人を召集するであらう。今後の動員には事實上に特異性が見られる。例へば第十四師團は新しく動員された兵士達を小さい集團に分けて他の前からあつた部隊に分屬せしめたが彼等の一部は冬服、一部は夏服を支給されたので、既に召集されて居るイラコはすべての國内守備兵は既に大陸に居る種々の部隊に配屬せしめられるのだと主張してゐる。唯技術部隊だけは聯隊程に大きくない部隊として出發する。主要乘船港は淸津、羅津方面に行くのは敦賀、新潟で其他は神戸と廣島附近の港である。第一第十四の兩師團のうちから大陸へ派遣された部隊は敦賀及新潟から出發した。インヴェルネト（尾崎）とインタリ（宮城）は支那に送られる大部分の軍隊は楽國との關係の緊迫化及び對蘭印行動の可能性と云ふ見地から南支に向ふと云ふ事を聞いたが、此の情報は未だ確認を得てはゐない。

山下將軍は共に滿洲國建設の役

割に於て有名なカマタミ少將を參謀長としカタタミ大佐を幕僚として關東軍に特別防衞司令部を作る爲に滿洲に派遣された。新司令部の特性及び任務は梅津將軍が關東軍司令官として殘留して居るので未だ不明である。山下の使命に關しては二つの見解がある。即ち第一は、山下は大島及びアンサ（オサット）と密接な關係を持つて居て此の二人

二十四

と共に日本を出來るだけ早く戰爭に引込む爲或種の個人的密約をなしたので、東京が彼を遠ざけんとしてゐるのだといふ說である。又第二の見解は山下をして梅津が近衞内閣の政治的指導に對して細心と柔順さを持つて居るのと反對の行動に出でしめると云ふ事である。尙山下の眞の役割はインヴエスト（尾崎）とインテリ（宮城）が現在調査中である。マルタ（獨逸大使館陸軍武官クレチユマー）は日本の動員と戰爭準備を調査する爲又第二には日本の積極的參戰の誘致宣傳をなす爲滿洲國向け短期旅行に出發した。獨逸の日本を戰爭に引込む事に對する關心は日々に高まりつゝありアンチ（ホツト）に對しては冬の間でも日本が行動を起す事の可能性についての判斷資料を寄越せと言つて來た。獨逸最高當局が大島に約束した様に獨逸が此の前の日曜にモスクワを占領しなかつたと云ふ事實は寧ろ日本の熱を落し日本陸軍の印象すら獨逸は日本の支那に於てなした間違を繰返して居るので獨ソ戰爭は第二の支那事變になるだらうといふ風になつて來た。

(十)　（同　上）

マルタ（獨逸大使館陸軍武官タレダユマー）は亦滿洲國及朝鮮への旅行から歸つてインソン（ゾルゲ）に次の様に報らせた。六ケ師團は既に朝鮮に到着して居り、浦鹽攻撃を行ふ場合の用意に朝鮮に止まるであらう。滿洲國には既に四ケ師團の補充隊がついたがマルタ（タレダユマー）は日本が滿鮮軍を總計三十ケ師團に増强するつもりだと云

二十六

ふ事を聞いた。毎日の様に補充兵は到着するが準備の終るのは八月二十日から九月初めの間であらうが「マルタ（クルデユマー）が獨逸國に電報した所では今迄の所準備を終つた後でも攻撃を開始すると云ふ事には何等の決定も見てゐない。マルタ（クルデユマー）の觀察では日本が攻撃を始める場合には補充兵の大部分が送られた浦鹽の方に第一の攻撃は向けられるであらう。ブラゴヴエシチエンスクに對しては新しく僅か三ケ師團が送られたばかりである。アンナ（オツト）はインソン、（ゾルゲ）に次の如く報告した。リカルド（リッペントロップ）はアンナ（オツト）、大島及び坂西を通じて日本が即刻攻撃を始める様に誘ふ爲毎日電報を發した。けれども土肥原及び岡村

二十七

の兩將軍と話をした結果アンナ（ボツド）は日本は日本の攻撃が危険でなくなる程に赤軍がやつゝけられる迄待つと確信した。土肥原將軍は日本は長期戰をなし得ぬ事、日本軍が石油の貯藏量が非常に缺乏してゐるから戰爭が長引かぬ事が確かになつてからでなくては戰爭を始めないであらう事を指摘した。

日本外務省はソヴエツトに對し

脅威をなして樺太の譲歩を要求するのに動員を利用せんとしてゐる。アンナ（オツト）はかゝる交渉により日本は今年中は戦争を避け冬の間に赤軍が崩壊するのを待つであらうと云ふ事を非常にありさうな事だと考へて居る。

(十四)（同　上）

パウラ（ウ[illegible]ポツク海軍武官）

二十八

は日本海軍當局より得たる秘密情報として海軍及政府が今年中には戰爭開始せざる事を決定したが併し日本は佛印に對して爲したと同樣の手段を以て十月中に泰國に於ける重要地點の占據を開始し將來ボルネオを占領する時の準備行動とするであらうとヴイツクス(ゾルゲ)に語つた。尚同じ海軍筋の者がパウラ(ウエネツカ海軍武官)に對し日本陸軍は右の決定事項には絶對的に不滿であり殊に青年將校間には最も其の不滿が甚しく表はれて居る。然し陸軍にしても海軍の意向並に政府文官側の意志を無視して迄赤軍と戰爭を開始するとは豫想出來ない事である。何等かの豫想外の崩潰がソ聯に起きた時には海軍及政府の意向も變るであらうと語つた。海軍及政府が前述の如き態度をとる理由は次の如くである卽ち冬期に至る以前に確實に勝利を得らるるの見通しなくして今亦領を攻撃する事は日本に取つては經濟的に餘りにも大きな負擔である事。北方を征服しても日本の經濟に對して餘り助けともならず寧ろ南方がより以上重要である事。最後に若し獨逸が現在のソ聯との戰爭に勝利を得れば日本は大して損害を出さずして來年には希望する所を得られるとして居る事等である。更に海軍筋では右の決議は未だ公式に決定した事ではないが八月二十二日から二十五日頃迄には公式決定を見るであらうと語つた。アンナ（オツト）は右の情報をパウラ（ウエネツカ海軍武官）の如く絶對確實なるものとは信じて居ないが外務省の坂本がアンナ（オツト）の右腕である者

三十

に殆ど前述と同し意味の事を語つた事よりして情勢が前述の如く進展するの恐れはあるものとして居る。アンナ（ホツト）はマツク（松岡）の後任者と會談したが日本の計畫に關して新に明となつたことは餘りなかつたとヴイツクス（ヅルゲ）に語つた。マツク（松岡）の後任者はアンナ（ホツト）にサガレンに於ける露支問題に就てのソ聯との交渉。危険水域に對する抗議。米國がソ聯東部に軍事基地設置の要求提出の可能性に關して語りソ聯の一般の態度は寧ろ正しいものである事を強調し其れに依つて日本側は中立條約を嚴守するの保證を與へて居ると語つた。然しアンナ（オツト）が右の如き交渉及論議をソ聯と爲す事が既にマツタ（松岡）の指導下に於て採られて居た態度を變更する事を意味するものであるかとの質問を發したるに對してマツク(松岡)の後任者は獨逸語を以て「該交渉はソ聯工作の第一歩であり又獨逸にとつても又利害關係ある問題である」と答へた。アンナ(ホツト)は右の會話をリカルド(リツペントロツプ)に報告し日本は未だ如何にすべきかに就て決定して居ない故に交渉を打壊する事は容易である然し對ソ戰爭を開始する如き傾向は未だ見えてゐないと述べた。

(三)(同　上)

オンタリ(宮城)の知り得たる所に依れば東京師團の小部隊が南部に於ける補充部隊として派遣され、又大阪師團も補充の小部隊を南部に派遣した。北部に於ては何等の事態の進展もない。

アンナ(ナツト)は北方に對す

る軍事行動には何等關心を有して居ない様に見える所の東條陸相とは熱心なる會談は爲さなかつた。インヴエスト（尾崎）は軍部より泰國及シンガポールに對する行動を起すには少なくとも三十萬の兵力を必要とするが現在日本は南佛印に僅かに四萬の兵を進駐せしめて居るのみである。故に若し日本が行動を起す時は佛印駐屯部隊に増援しなければならず其の事は英米兩國に直ちに知れる事であると聞き知つた。インヴエス（尾崎）は日米交渉に於ける米國の提示する主要條件は日本軍が中支及南支より撤退する事にある。日米兩國の公式會談は近く開催される可能性はあるが現在の處では豫備的のものであつて公式のものではない。該會談の成功の望は極めて薄いものである。日本

三十三

が若し南進の行動を起すとしても今年末には難しいものであらうと聞いた。

㈥（同　上）

最重要

インヴエスト（尾崎）は近衛側近者より次のことを聞き知つた。即ち軍首脳部は関東軍代表将校と八月二十日乃至二十三日間にソ聯と戦ふべきか否を論議した。

其の結果本年中は戰爭を開始しない事變に繰り返して云ふが今年は對ソ戰を開始しないことを決定した。しかし尙次の樣な保留を爲した。卽ち獨ソ戰の戰況が全く豫期せざる何等かの進展を示しシベリヤ地方に深大なる反響を生じた場合は前述の決議は對ソ開戰に變更されるかも判らない。若し斯の如き戰況の進展が遲くとも八月十五日迄に起

三十四

きない曉は此の對ソ戰問題は次の時期まで決定的に放置されることゝなるであらう。又滿洲へ派遣される部隊は若し來春の情勢が對ソ攻擊の可能性を示すと見られた場合は滿洲に於て越冬せしめる事と成るであらう。インヴエスト（尾崎）が軍部より知り得たる事に依れば陸軍は次の二狀態の下に戰鬪を開始する卽ち第一は關東軍の兵力がシベリヤ赤軍よりも三倍の強力を得た時第二はシベリヤ軍の階級に内政的崩潰の明瞭なる兆候が見えた時更にインヴエスト（尾崎）は滿洲に增援部隊として派遣された部隊は前線から後方陣地に引を揚げた。此の情勢の進展よりして現地に於ける情勢の調査の爲にヴイツクス（ゾルゲ）はインヴエスト（尾崎）を滿洲に派遣した。インヴエスト（尾崎）

三十九

は今月十五日に歸還する。インヴェスト（尾崎）は近衛内閣は米國との交渉の結果再度危期に直面して居る。近衛は米國と妥結することに決意した。若し失敗した時は失脚し又若し成功しても内政上の事件を引起す事と成る。アンナ（オツト）よりリハルド（リツペントロツプ）宛に當方より電報したるが如き悲観的な電報を送りたるに對して日本が對ソ攻撃を開始することを熱望して居たりカルド（リッペントロップ外相）から非常に落膽した返事がアンナ（オツト）に來た。

（十三）（同　上）
インヴユスト（尾崎）が未だ其の詳細を知らない。マルタ（獨逸大使館陸軍武官クレチユマー）は何も知らない。インタリ（宮隊）は補充軍の一部が既に滿洲から撤退せしめられ南方主として臺灣に輸送せられてゐると云ふ事を聞いた。輸送は九月十日に始まつた。

北方からどれだけの軍が撤退したかは判らない。九月十五日頃には二十七歳から三十二歳の間の人間に對する小規模の動員が始まつた。イシダリ（宮城）は此の召集は新しく作られた防衛總司令部の强化の爲だと云ふ事を聞いた。近衞師團の第三、四、五、六聯隊は東京出發の準備をして居る。彼等は夏服を着て居るのだから又他の近衞の聯隊も既に佛印に駐在して居るのであるから彼等は南方に行くのであらうと思はれる。南樺太に駐在して居る旅團は其の兵舍を北緯香に持つて居る。

三十七

(六)（同　上）

インヴエスト（尾崎）は滿洲滯在中軍隊が北部から南滿洲に歸還した事を認め、南滿鐵道會社より知り得た情報に依れば國境方面から南滿に猶多數の軍隊輸送の爲列車を準備する樣關東軍から命令を受けた。インヴエスト（尾崎）は又米國との今後の交渉は日本海軍が十月初旬に行動を起す可能性あるものとして危期に直面して居るとの報を知り得た。右の行動が確實に起されるか否かに就てインヴエスト（尾崎）も確信はないが注意を要することである。詳細次の通り。

(廿)（同　上）

イ、インヴエスト（尾崎）は滿洲より歸り次の如く報告す。

關東軍に於ける師團名は一つも

知り得ない。全師團は其の司令官の名前を冠せられてゐる丈である。司令官の階級に依つて其の部隊が聯隊か旅團か師團かを知り得るのみである。增援部隊は日本本國に於ける各種の師團衞戍兵團より取つた混合部隊である。併しインヴエスト（尾崎）が鐵道會社より知り得た事に依ると過去二ケ月間に約四十萬の兵が到着し既に以前から駐屯して居た兵數とを加へて關東軍兵力は七十萬に達して居る。今年中には對ソ開戰せずとの決定に依り少數の軍隊は日本に歸還した例へば宇都宮第十四師團區の一ケ聯隊の歸還の如きである。之の聯隊は東京に到着した。他の新しく到着した軍隊は前線より撤退し大連及奉天間に新しく建築された各種の兵舎に駐屯した。主力部隊は今猶ウオロシロ

三十九

及ウラヂオストックに對する東部國境に集結して居る。併し先月中に鐵道會社は秘密道路の建設及チチハルよりアムール鐵道のウシユマン停車場の反對側のオウプに鐵道連絡線を作る樣にとの命令を受けた。

右は獨ソ戰爭が日本の攻擊開始を可能ならしめる如き進展を見せた時は來年三月頃に對ソ戰開始する事あるとして該地區を攻

擊地點とせんが爲である。北支から滿洲への兵の移動はなかつた。僅かに最近の動員に際して三千臺の自動車及其の車輛が北支から送られたのみである。內一千臺の自動車は以前滿洲から北支に送られたもので今般二千臺の增加臺數を以て滿洲に送り返へしたものである。動員實施の第一週目中に關東軍は赤軍攻擊の準備の爲鐵道會社に約三千名の熟練した鐵道從業員をシベリヤ鐵道網奪取の爲に單に呈供する樣命令を出した。後該命令は千五百名に減ぜられ現在では關東軍は單の交通機關取扱に鐵道從業員五十名を要求して居るに過ぎない。鐵道會社は右の對ソ攻撃開始は當分中止された明確なる證據であると見て居る。

2. インヴエスト（尾崎）が歸還に際し知り得た所では米國側

との交渉は若杉が近衛及海軍首腦部と會談をして歸米した事に依つて決定的段階に入つたのである。近衛は支那問題に就ての妥協、佛印の日本兵力輕減、中支及南支より大部隊の兵力の撤退、佛印政府が日本に許與した八ケ所の空軍基地及海軍基地を設置せざる事に依つて米國と假條約を締結する何等かの道を發見出來ると云ふことに就て樂觀的である。近衛及海軍高級司令部間に次の同意がなされた。若し米國側が九月下旬或は十月中旬中に日本と妥協しなかつたならば日本は第一に泰國に對して行動を起し次でマレー、シンガポール、スマトラに對して行動を開始する。ボルネオに上陸する計畫はシンガポール及マニラを兩翼とするの危険が有り日本はスマトラがボルネオよりも其の防禦力弱く石油資源はより大にして良好だと考へて居る爲に中止する事と成つた。併し右の如き寧ろ日本にとつて危險だと思はれる手段が取られる以前に近衞及海軍は假令獨逸を無視してでも米國側と條約締結に最善の努力を拂ふであらう。

3. アンナ（オツト）のヴイツクス（ゾルゲ）に對する報道

今年中に日本が對ソ開戰する

望はなくなつたと共に日本が米國と了解點に到達せんと企圖して居る容子歴然たるものありとリカルド（リツペントロツプ外相）に打電した後アンナ（オツト）は次の命令をリカルド（リツペントロツプ外相）から受理した。卽ち日本政府より假令米國と條約締結を爲すとも三國同盟は無效とならざる旨の保證を得る樣努力せよと。アンナ（オツト）はマツク（松岡）の後任者の所に行きリカルド（リッペントロップ外相）の要求を話し日本が如何なる形式を以て三國同盟に支障なく米國と條約締結するかに就て知らせて呉れる樣に求めた。一週間後アンサ（オツト）は再びマツク（松岡）の後任者より回答を得る爲に訪問したがアンサ（オツト）は米國側に宛てたるものではなく、單にリカルド（リッペントロップ外相）に宛て、目下日米間に續行中の交渉は三國同盟には何等影響するものに非ざるべき旨の寧ろ一般的の聲明書を受け取つたのみであつた。アンナ（オツト）から日本は右の點を米國側に指摘するか否かを聞かれてマツク（松岡）の後任者は怒つて了ひ回答を遲延したのであつた。アンナ（オツト）は日本が三國同盟は依然として有效なる旨を如何なる形式に於て米國側に指摘するかに就てはつきりした返答を得る爲に此の三日間マツク（松岡）の後任者に會ふべく骨を折つて居る。現在迄の所ではアンサ（オサツト）は右の件に關してマツク（松岡）の後任に會ふことに成功してゐない。アンサ（オサツト）とマツク（松岡）の後任者との空氣は寧ろ緊張してゐる。

(六)

(同　上)

1. 當地に於ける吾々とマルタ(獨逸大使館陸軍武官クレチユマー)、パウラ(同海軍武官ウエネツカー)、アンナ(オツト)の愼重なる判斷に依れば日本が攻撃を開始する最近迄の可能性は確實に少なくとも冬期の終り迄は去つたもので之の事實には何等の疑ひもさしはさむ事に出來ない。日本が將來攻擊を開始するのは貴國が大部隊の兵をシベリヤから撤去しシベリヤに於て內政上の紛擾が起きた時である。其の間に於て余りにも早急に大規模の動員を決定したるとに對する責任問題に付て日本陸軍部內に於て激しい議論が起つた。それは大部隊の關東軍を編成して置く事は經濟的及政治的に種々の困難を生ずるからである。

2. 日本の各種の關係筋及アンケ（オツト）より知り得た所に依れば日米交渉は進展を示し少なくとも一時的なりとも何等かの了解に到達するものと思はれる。交渉は日米兩國間に於て支那問題に對し或る種の修正を爲す事及日本は佛印より向ふには進出せず且つ三國同盟を破棄する旨の保證をなす事を含んで居る。米國は日本に對して全經濟圏に於ける大なる經濟的報酬を提供するとして居る。

交渉は主としてワシントンに於て行はれて居るが第二線として東京に於てグルー大使と豊田との間でも行はれて居る。アンサ（サツト）は昨日マツク（松岡）の後任者を訪問し次の如き通報を受けた。即ち有名なる近衛の

四十六

ルーズベルトに對する書翰は單に蓋に松岡に依つて決裂に導かれ又近衞内閣が改組されマツタ（松岡）を押出した後に決裂して了つた交渉を再開する事を要請したものに過ぎなかつた。ルーズベルトは交渉再開の用意ありと回答し目下交渉が行はれて居るのである。交渉の内容はマンナ（ボツト）には與へられなかつた。彼女は（アンナ即チオツトヲ指ス）單に交渉の内容は何等樞軸國を害する如き内容は含まれて居ないとのみ知らされた。併しアンガ（オツト）は右に關して疑を抱いて居る。マツク（松岡）の後任者は短期間の裡にシベリヤ鐵道を再開するとのホワイト（獨逸）側の期待が日本の側からすれば大きな間違であつたと思はざるを得ざる事實からしても今や日本は完全に全世界から孤立するに至つて居

四十七

ると云ふことを指摘して對米交渉再會に就て或種の諒解を洩らした。日本がシベリヤ鐵道を近き將來に再會することの希望を失つたので日本は米國と何等かの了解に到達せんと努力することを餘儀なくされたものである。

3. 更にパウラ（ウエネツカー）の得たる報道に依れば日本海當は南方に對する行動を起す完全

なる準備はなしたが赤軍の獨逸軍に對する意外に強力な抵抗と日本陸軍の準備の缺如と更に日本の極めて困難なる經濟狀態からして行動開始を見合はせ近衛をして對米交渉をやらせて見ることに決定した。若し該交渉が不成功に終つた時日本は行動を起す事は非常に危險であると知りつゝも南方に何等かの行動を起さなくてはならないのである。

〃　オルガナイザー」。デヨロ（ブーゲリッチ）の離縁した妻と子供は濠洲に於ける妻の妹の所で生活する様に招待されて居る。吾々は當地に於ける一般情勢からして彼女の行く事を拒絶する事は殆ど不可能である。フリッツ（クラウゼン）は彼女の場所を吾々の仕事場の一ケ所として使用して居たが彼女が居なくとも彼の仕事はやつて行けると考へて居る。結局彼女が去る事は吾々の月々の經費を減少する事ともなるであらう。然し差當り彼女が上海ジヤヴア經由で濠洲に行く旅費として米貨約四百弗を必要とし吾々の所から出してやらねばならぬ。實際吾々は單に生活費のみを有するもので豫備金なく彼女の旅行許可を願ふと共に貴下の部下MANを通して此の特別出費の四百弗を吾々に與へられん事を願ふものである。彼女の去つた後は前述の通り月額四百圓から五百圓位の出費の減少を見るものと思ふ。御返事を待つ。

(六)（同上）

第三回目の動員の一部は九月中旬に終了した事は既に打電したが而して其の後の第三回動員は九月末に開始された。第三回動員は昨年末及今年初めに支那から歸還したものが主で年齢二十五歳より三十五歳迄の豫備兵を召集したのみで大して多數の人員ではなかつた。東京に於ては以前約百一師團所屬の者が召集され其の一部の者は既に夏服を用意して南方に出發した。該召集に於ては新部隊を編成せず現在南方駐屯中の舊部隊に編入されるものである。

オツト」は米國向ケ申入書を見た。該書類は具体的なる申入事項を含んで居らず單に日米交渉に於て取扱はれるべき一般的問題のみを記載されてあつたものである。第一點は一般的に太平洋平和を取扱ひ日米兩國間に一種の不可侵條約締結の提案を記してあるが太平洋上の平和條約を他の形に依つて締結する餘地が殘してある。第二點には世界戰局に於ける日本の立場を取扱ひ或る情勢の下に於ては日本は歐洲に對して關心を示さゝる用意ある事を暗示し第三點には日本は西南太平洋主として蘭印から原料を得るの必要ある事を指摘し第四點には支那より徹兵問題を全部保留の上支那問題の解決を指摘して居るが一方中支及南支の或る地方から日本軍撤退の用意ある事を暗示し第五點に

五十一

は極東に於ける米國の權益を探り上げ其れを如何にして保護するかを指摘し第六點には條約の形式を含んで居るものである。ゲツトは今日迄の處では米國側は日本の提議を寧ろ輕く取扱つて居り又日本側の近衞がルーズヴエルトと會談するの用意ありとのほのめかしに對しても米國側は輕くあしらつて居ることを指摘してゐる。右の事實に關し一般の情勢は陸海軍が近衛に對して日米交渉の時間を制限した事に依つて寧ろ緊張を示して居る。近衛の側近者（[illegible]ＥＲＳ）よりオツトーが知り得た所では右の制限は十月末を以て切れるものである又其の制限期間中に該交渉に付き何等の成果を得られない時には海軍は直ちに南方に對して行動を起すであらう。海軍筋からオツトーが

五十二

知り得た事は制限された時日は非常に短時間であり若し十月の第一週中に米國から滿足すべき回答が來ない時は海軍は行動を起すとの事である。

オツトーは海軍部首腦者等も亦政府も共に事を起す事は希望して居ないが若し米國が日本の提議に對して滿足なる回答を與へない時には十月中には海軍及政府共に行動を起す事を餘議なく

されるであらうと確信して居る。

其の意味は此處二、三週間が日本が石油を得る爲に南進を開始するか否かの新しい危期が頂點に近づくであらうとされて居る。

北方に關しては何等の話もない。

五十三

223－1	今次事件ノ取調ニツイテ	吉植悟／太田司長	4月27日	治安維持法事件逮捕者に対し、感想を尋ねたもの。「取調開始前ノ心境」「取調及自供ノ経緯」「転向決意ト自供ニ至ル心境ノ変化ニ就キ」「取調状況ニ関スル感想」からなる／223-1、2は〔満鉄調査部事件関係者手記〕として一括／秘印	印刷［謄写（タイプ）］／21枚
223－2	検挙前ヨリ現在迄ニ至ル取調ヘニ対スル心境ノ推移	狭間源三／太田司長		治安維持法事件逮捕者に対して逮捕前から取調後の所感の変化を尋ねたもの／秘印	印刷［謄写（タイプ）］／8枚
247　1	司法部職員及特高警察勤務経験ヲ有スル者中聯合国総司令部発日本政府宛一月四日附覚書「公務従事ニ適セザル者ノ公職ヨリノ除去ニ関スル件」附属書A号G項ニ該当スル者ニ関スル件（昭和二一、四、五閣議決定）		〔昭和21年〕	（別紙）「重要思想刑事事件表」は、2部のうち1綴のみに付属／同一文書2綴あり／極秘印	印刷［謄写（手書）］／1綴
247－2	G項該当者調査抜粋		〔昭和21年〕	書き込み多数	印刷［謄写（手書）］／1綴
247－3	G項該当者審査下調の要領		昭和21年4月23日		印刷［謄写（手書）］／1綴
247－4	昭和二十一年一月四日附連合軍総司令部発日本政府宛覚書（公務従事ニ適セザル者ノ公職ヨリノ除去ニ関スル件）附属書B号調査表ノ作成ニ関スル件通牒　司法省人庶第二五八号	司法大臣官房人事課長 下村三郎／大審院長、検事総長、控訴院長、検事長、地方裁判所長、検事正	昭和21年4月18日		印刷［謄写（手書）］／1綴

98－20	第五回訊問調書抜粋 被疑者 和田博雄			極秘印	印刷［謄写（タイプ）］／司法省用箋／1綴
98－21	「五条」実行協議 和田博雄 公訴事実（昭和十六年十二月三十一日求予審）				印刷［謄写（タイプ）］／1綴
98－23	在満日系共産主義運動ニ関スル件（第二報）	〔関東軍憲兵隊〕	昭和16年11月6日	極秘印	印刷［謄写（タイプ）］／司法省用箋／1綴
98－25	名古屋旧朝基関係者ノ治維法違反被疑事件			書込みあり	印刷［謄写（タイプ）］／司法省用箋／1綴
98－38	量刑ト再犯ニ関スル資料				印刷［謄写（タイプ）］／大日本帝国政府用箋／1綴
103	満洲ニ於ケル共産運動ノ概況	関東軍司令部陸軍主計中尉・前警視庁検閲課長 羽根盛一（述）	昭和16年4月5日		印刷［謄写（タイプ）］／1綴
108－16	〔在留外地人ノ民族独立運動ニ関スル通牒〕	司法省刑事局第6課長〔太田耐造〕／大審院検事局、控訴院検事局思想係検事	昭和17年4月10日	108は「思想」綴として一括／秘印	印刷［謄写（手書）］／1冊

第10巻収録

112－1	〔部内学習会資料、プログラム〕		昭和17年3月	昭和17年3月に開催された部内学習会のレジュメか／極秘印	印刷［謄写（タイプ）］／内閣用箋／1綴
113	一斉検挙ニ伴フ新聞記事掲載及無線電話放送差止ニ関スル件	次長／各検事長、各検事正	昭和17年6月18日	報道規制の手順、通報書式／大検思印とあり	印刷［謄写（タイプ）］／大日本帝国政府用箋／5枚
114	思想研究資料特輯第九十二号 昭和十七年八月	司法省刑事局	昭和17年8月	昭和17年2月臨時思想実務家会同議事録（控訴院並に地方裁判所の思想係検事）と副題あり／取扱注意、NO168、極秘と印刷	印刷／1冊／＊214
117	〔共産主義取締り方針案につき意見〕	〔太田耐造〕		「国内共産主義の形態を二つとし 第三の諜報謀略活動を除くこと」等七項目	鉛筆／大日本帝国政府用箋／6枚
119	「在華日本人民反戦同盟」ノ活動ニ就テ			極秘印	印刷［謄写（タイプ）］／司法省用箋／6枚
120	〔中国共産党の戦略と問題点 断片〕			報告書の一部	印刷［謄写（タイプ）］／1枚
216	中国共産党組織系統表	在上海日本総領事館警察部第二課	昭和9年12月15日	秘と印刷	印刷／1枚
217－1	在満中国共産党隷下諸機関系統表	在満日本帝国大使館警務部	昭和10年6月	極秘印	印刷／1綴
217－2	在満中国共産党及共産軍分布図	在満日本大使館警務部	昭和10年6月	秘印	印刷／1綴
222	一、秘密結社「読書会」／二、秘密結社「鉄血同盟」／三、重慶派中国国民党／四、在新京大学学生運動ノ外貌 資料十七	一二･三〇工作本部（検）		新京や東京における、日本打倒のための結社についての内偵／極秘印	印刷［謄写（手書）］／1綴

Ⅲ.「ゾルゲ事件」周辺史料

第９巻収録

85－1	「コミンテルン」ノ青年層獲得政策ニ関スル件　司法省刑事局秘第一五一九号	司法省刑事局長 松阪広政／検事総長、検事長、検事正	昭和13年９月５日	厳秘と印刷／85は「左翼関係」として一括	印刷［謄写（手書）］／１冊
85－4	海外ヨリ密送セラレタル左翼宣伝印刷物調	司法省刑事局	昭和13年11月19日	刑印、秘と印刷	印刷［謄写（手書）］
85－5	日本共産党ノ「コミンテルン」ニ宛テタル一九三八年度上半期報告ノ全訳及其ノ要旨写送付ノ件　司法省刑事局秘第二〇八九号	司法省刑事局長 松阪広政／大審院長、検事総長、控訴院長、検事長、地方裁判所長（除東京民事）、検事正	昭和13年12月３日	秘と印刷	印刷［謄写（手書）］
85－7	第四国際極東代表部委員会ノ存在 ト蘇連側ノ第四国際運動対策ニ関スル件　司法省刑事局極秘第三〇号	司法省刑事局長 松阪広政／検事総長、検事長、検事正	昭和13年２月27日	極秘と印刷	印刷［謄写（手書）］
85－12	日本国ニ在ル「ソヴィエト」社会主義共和国連邦通商代表部ノ法律的地位ニ関スル我方対案／日本国「ソヴィエト」社会主義共和国連邦間通商協定			極秘印	印刷［謄写（タイプ）］／外務省用箋
85－19	中国共産党東京支部事件概要／中国共産党東京支部関係被起訴者氏名等一覧表〔１１月19日〕		昭和15年11月20日	極秘印	印刷［謄写（タイプ）］
85－22	三、一五・四、一六事件当時ニ於ケルコミンテルント我国共産党トノ連絡概況	〔司法省刑事局思想部〕	昭和16年２月21日	同一文書４部あり	印刷［謄写（タイプ）］／司法省用箋
85－22	対蘇国交調整問題ト国内共産主義運動取締対策		昭和15年２月14日	85-22に付随	司法省用箋
85－23	三、一五・四、一六事件当時ニ於ケルコミンテルント我国共産党トノ連絡概況	〔司法省刑事局思想部〕	昭和16年２月13日	極秘印／日付後に「刑思印」とあり	印刷［謄写（タイプ）］／司法省用箋
85－26	中国人汪叔子等ニ対スル治安維持法並軍機保護法違反事件／無国籍土人エリメイ外七名ニ対スル軍機保護法違反事件				ペン／大日本帝国政府用箋
85－40	〔左翼系研究会系統図〕			折込	印刷
85－41	質疑事項／参考事項	〔青森県〕		軍機保護法該当案件の問い合わせ／書込みあり／極秘印	印刷［謄写（手書）］
85－44	日本共産主義者団関係検挙調		９月13日午前10時現在	極秘印	印刷［謄写（手書）］
85－45	日本共産主義者団第二次検挙予定表			極秘印	印刷［謄写（手書）］
85－46	日本共産主義団ノ定義			極秘印	印刷［謄写（タイプ）］／司法省用箋
85－49	左翼運動情勢報告				印刷［謄写（タイプ）］
85－50	昭和十五年六月二十四日以降検挙ノ「党」再建運動概況追加報告				印刷［謄写（タイプ）］／東京刑事地方裁判所検事局用箋
85－52	日本国内に於ける共産運動の将来性			「高等官取扱保管」との朱書／極秘印	印刷［謄写（タイプ）］
85－53	「コミンテルン」ト治安維持法トノ関係／「コミンテルン」ノ目的遂行罪ニ関スル起訴状ノ雛型並若干ノ資料及注意（東京控訴院検事局思想部稿）	／名古屋控訴院検事局思想部		極秘印	印刷［謄写（手書）］
86－7	今春チタ市ニ於ケルコミンテルン極東会議ノ件 日記思第二八七号	東京刑事地方裁判所検事正 池田克／各控訴院検事長、各地方裁判所検事正	昭和15年３月22日	日露通信掲載記事（３月18日）の翻訳／86は「蘇連関係」として一括／秘印	印刷［謄写（タイプ）］／１冊／＊214
98－12	第七時コミンテルン極東大会ニ於テ指示サレタ日本ニ対スルテーゼ 情野義秀手記		昭和16年10月20日	日支戦争への対応／極秘印	印刷［謄写（手書）］／１綴
98－14	共産主義運動ノ近状（昭和十六年十月）			折込、書込みあり／極秘印	印刷［謄写（タイプ）］／１綴

210－3	国際諜報団事件に関する司法当局談	〔司法省刑事局思想部〕	昭和17年５月12日	修正あり／極秘印／日付後に「刑思印」とあり	印刷［謄写（手書）］／１綴（３枚）／＊215
210－4	国際諜報団事件に関する司法当局談	〔司法省刑事局思想部〕	昭和17年５月12日	修正あり／極秘印／日付後に「刑思印」とあり	印刷［謄写（手書）］／１綴（３枚）／＊215
210－5	国際諜報団事件に関する司法内務両当局談		〔昭和17年５月〕	秘印	印刷［謄写（手書）］／１綴（３枚）／＊215
211－1	国際諜報団事件に関する司法省発表	〔司法省刑事局思想部〕	昭和17年５月12日	極秘印／日付後に「刑思印」とあり	印刷［謄写（手書）］／１綴／＊215
211－2	国際諜報団事件に関する司法省発表	〔司法省刑事局思想部〕	昭和17年５月12日	211-2～5は同一だが、修正箇所に異同あり／極秘印／日付後に「刑思印」とあり	印刷［謄写（手書）］／１綴／＊215
211－3	国際諜報団事件に関する司法省発表	〔司法省刑事局思想部〕	昭和17年５月12日	211-2～5は同一だが、修正箇所に異同あり／極秘印／日付後に「刑思印」とあり	印刷［謄写（手書）］／１綴／＊215
211－4	国際諜報団事件に関する司法省発表	〔司法省刑事局思想部〕	昭和17年５月12日	211-2～5は同一だが、修正箇所に異同あり／極秘印／日付後に「刑思印」とあり	印刷［謄写（手書）］／１綴／＊215
211－5	国際諜報団事件に関する司法省発表	〔司法省刑事局思想部〕	昭和17年５月12日	211-2～5は同一だが、修正箇所に異同あり／極秘印／日付後に「刑思印」とあり／『ゾルゲ事件』①（解説、異同あり）	印刷［謄写（手書）］／１綴／＊215
212－1	大審院検事局意見		昭和17年５月13日	同一文書２綴あり、書き込みのあるもののみ収録／211に対する修正意見／秘印／日付後に「刑思印」とあり／『ゾルゲ事件』③（月報）	印刷［謄写（タイプ）］／大日本帝国政府用箋／１綴（２枚）／＊215
212－2	外務省非公式意見		昭和17年５月14日	同一文書２綴あり、書き込みのあるもののみ収録／211に対する修正意見／秘印／日付後に「刑思印」とあり／『ゾルゲ事件』③（月報）	印刷［謄写（タイプ）］／大日本帝国政府用箋／１綴（２枚）／＊215
213	新聞記事掲載要領		〔昭和17年〕	同一文書7枚／書き込みあり／（十二）のインデックス添付／秘印／『ゾルゲ事件』③（月報）	印刷［謄写（タイプ）］／１枚／＊215

205	国際共産党対日諜報機関検挙申報	警視総監 留岡幸雄／司法大臣	昭和17年6月10日	「押収物一覧」は76-77頁に挟まる。国際共産党対日諜報機関ノ本質及任務、資金案系、重要押収物 等／極秘印、軍事機密印、太田印／『ゾルゲ事件』①（異同あり）	印刷［謄写（手書）］／1冊／＊214

第8巻収録

206	〔資料収納封筒「ゾルゲ事件 上奏文案」〕		昭和17年5月	「上奏文案」「改正 治安維持法を纏る若干の問題点」とメモ書きあり	ペン／1枚
206－1	所謂国際諜報団事件に関する上奏文案		昭和17年5月11日	ゾルゲ写真がクリップで留められる。修正跡多数／厳秘印／日付後に「刑思印」とあり	印刷［謄写（タイプ）］／司法省用箋 ／1綴
206－2	所謂国際諜報団事件に関する上奏案		昭和17年5月9日	修正跡多数／厳秘印／日付後に「刑思印」とあり	印刷［謄写（タイプ）］／司法省用箋 ／1綴
207－1	国際諜報団事件に関する刑事局長 談		昭和17年5月7日	書込み多数／厳秘印／日付後に「刑思印」とあり	印刷［謄写（タイプ）］／司法省用箋 ／1綴（2枚）／＊215
207－2	国際諜報団事件に関する刑事局長 談		昭和17年5月9日	最終版か／厳秘印／日付後に「刑思印」とあり	印刷［謄写（タイプ）］／司法省用箋 ／1綴（2枚）／＊215
208	国際諜報団事件に関する発表要綱（案）	〔司法省刑事局思想部〕	昭和17年5月11日	秘印／日付後に「刑思印」とあり／『ゾルゲ事件』③（月報）	印刷［謄写（タイプ）］／司法省用箋 ／1綴（2枚）／＊215
209－1	国際諜報団事件に関する司法当局談	〔司法省刑事局思想部〕	昭和17年5月11日	同一文書2綴、同一修正あり／厳秘印／日付後に「刑思印」とあり／209-1のみを収録	印刷［謄写（タイプ）］／司法省用箋 ／1綴（4枚）／＊215
209－3	国際諜報団事件に関する司法当局談	〔司法省刑事局思想部〕	昭和17年5月12日	「内務省意見」を「内務司法両当局談」と修正あり／極秘印／日付後に「刑思印」とあり	印刷［謄写（手書）］／司法省用箋／1綴（3枚）／＊215
209－4	国際諜報団事件に関する司法当局談		〔昭和17年5月12日〕	二重丸が付されており、成案か。修正あり。日付及び「刑思印」に削除線あり／極秘印	印刷［謄写（手書）］／司法省用箋／1綴（3枚）／＊215
210－1	国際諜報団事件に関する司法当局談	〔司法省刑事局思想部〕	昭和17年5月12日	同一文書2綴あり／極秘印／日付後に「刑思印」とあり	印刷［謄写（手書）］／1綴（6枚）／＊215
210－2	国際諜報団事件に関する司法当局談	〔司法省刑事局思想部〕	昭和17年5月12日	修正あり／極秘印／日付後に「刑思印」とあり	印刷［謄写（手書）］／1綴（3枚）／＊215

192－2	中国共産党事件取調状況（陳一峯陳述要旨ノ二）（第二回八月四日）昭和十七年八月六日現在		昭和17年８月６日		印刷［謄写（手書）］／１綴（８枚）／＊215
193－1	中共関係事件取調状況 李徳生 昭和十七年八月二日		昭和17年８月２日		印刷［謄写（手書）］／１綴／＊215
193－2	中共関係者李徳生取調状況 （其ノ二） 昭和十七年八月六日		昭和17年８月６日		印刷［謄写（手書）］／１綴／＊215
194	昭和十七年四月二十日付兵務局長宛軍事上ノ秘密照会ノ一部			満洲軍における軍事輸送計画等／同一文書2枚あり	印刷［謄写（タイプ）］／裁判所検事局用箋／１枚／＊215
195	軍事上ノ秘密ニ関スル件照会 昭和十七年六月十一日	東京刑事地方裁判所検事正 金澤次郎／陸軍省兵務局長 田中隆吉	昭和17年６月11日	同一文書3綴あり	印刷［謄写（タイプ）］／裁判所検事局用箋／１綴／＊215
196	軍関係経済違反事件ニ関スル件 昭和十七年六月二十二日		昭和17年６月22日	海軍省嘱託金子靖夫等に関する取調状況／極秘印	印刷［謄写（タイプ）］／司法省用箋／１綴／＊215
197	満鉄東京支社ノ情報入手関係	〔司法省刑事局思想部〕	昭和17年６月26日	極秘印／日付後に「刑思印」とあり	印刷［謄写（タイプ）］／司法省用箋／１綴／＊215
198	訳文	遊田検事／太田第六課長		ゾルゲ協力者国民党汪錦元取扱いについて意見を乞う／極秘印	印刷［謄写（タイプ）］／司法省用箋／２枚／＊215
199	対米交渉ニ関スル件 昭和十七年二月二十日		昭和17年２月20日	16年6月の対米交渉と国家機密の関係／極秘印	印刷［謄写（タイプ）］／司法省用箋／１綴／＊215
200	勅許執奏方ノ件	司法大臣 岩村通世／内閣総理大臣 東条英機	昭和17年４月	昭和16年７月2日の御前会議の内容が察知されていた模様。捜査の為、実際の内容の開示を求める	印刷［謄写（タイプ）］／司法省用箋／１綴／＊215
201	「東京時事資料月報」			機密指定された閣議決定を掲載	印刷［謄写（タイプ）］／司法省用箋／１綴（2枚）／＊215
202	ゾルゲ事件概要（一）（無電関係）	司法省刑事局	昭和17年１月	通信省に於いて傍受したるもの、クラウゼン宅捜索の結果発見せる発信済のもの 等／取扱注意、NO124とあり／機密と印刷	印刷／１冊／＊214
203	ゾルゲ事件概要	司法省刑事局	昭和17年３月	犯罪発覚の端緒並捜査の経緯、主要被疑者の経歴、日本に於ける諜報活動の概要／取扱注意、NO435とあり／機密と印刷	印刷／１冊／＊214

第７巻収録

204	ゾルゲ事件関係主要被告人公訴事実集	司法省刑事局	昭和17年５月	取扱注意、NO97とあり／機密と印刷	印刷／１冊／＊214

177－8	〔尋問調書綴、裏表紙〕				印刷［謄写（タイプ）］／＊214

第６巻収録

178	検事訊問調書（四月四日）被疑者 犬養健		〔昭和17年〕４月４日	176-29、17-4と同一、左上にNO. 2とあり／極秘印／『ゾルゲ事件』④	印刷［謄写（タイプ）］／司法省用箋／１綴／＊215
179	海江田久孝供述要旨	〔司法省刑事局思想部〕	昭和17年６月26日	極秘印／日付後に「刑思印」とあり	印刷［謄写（タイプ）］／司法省用箋／１綴／＊215
180	18. 大森吉五郎関係 〔(イ) 職業、(ロ) 被疑事実〕			前後欠か	印刷［謄写（タイプ）］／司法省用箋／１枚／＊215
181	西暦一九三〇年ヨリ一九三二年ニ至ル迄ノ支那ニ於ケル各種ノ他ノ「グルー プ」			供述書（供述者名不明）	印刷［謄写（タイプ）］／裁判所検事局用箋／１綴（4枚）／＊215
182	西園寺公一等ノ国防保安法違反並軍機保護法違反被疑事件取調情況ニ関スル件 日記秘第●●号	東京刑事地方裁判所検事正 金澤次郎／検事総長 松阪廣政・東京控訴院検事長 秋山要	昭和17年３月23日		印刷［謄写（タイプ）］／司法省用箋／１綴／＊215
183	西園寺公一ニ対スル国防保安法違反 並軍機保護法違反被告事件			極秘印	印刷［謄写（タイプ）］／司法省用箋／１綴／＊215
184	未検挙被疑者被疑事実調	〔司法省刑事局思想部〕	昭和17年６月26日	被疑者職業氏名、被疑事実等／厳秘印／日付後に「刑思印」とあり	印刷［謄写（タイプ）］／司法省用箋／１綴／＊215
185	ゾルゲ事件取調状況		昭和17年５月28日	中西功、西里隆夫の関与状況／厳秘印	印刷［謄写（タイプ）］／大日本帝国政府用箋／１綴（10枚）／＊215
186－1	中西功関係事件概要 東京刑事地方裁判所検事局報告		昭和17年７月１日	中共との連絡ほか／厳秘印／日付後に「刑思印」とあり	印刷［謄写（タイプ）］／司法省用箋／１綴／＊215
186－2	中西功関係事件資料 東京刑事地方裁判所検事局報告		昭和17年７月１日	上海で拘留中の朝鮮人から得た情報／厳秘印／日付後に「刑思印」とあり	印刷［謄写（タイプ）］／司法省用箋／１綴／＊215
187	中西功関係事件取調状況 昭和十七年七月九日		昭和17年７月９日	厳秘印	印刷［謄写（タイプ）］／司法省用箋／１綴／＊215
188	中西功関係事件取調状況 昭和十七年七月十三日		昭和17年７月13日	極秘印	印刷［謄写（タイプ）］／司法省用箋／１綴／＊215
189	中西功関係事件取調状況 昭和十七年七月十五日		昭和17年７月15日	極秘印	印刷［謄写（タイプ）］／司法省用箋／１綴／＊215
190	中西功等関係事件取調概況報告 昭和十七年七月十八日	東京刑事地方裁判所検事局思想部	昭和17年７月18日		印刷［謄写（タイプ）］／裁判所検事局用箋／１綴
191	中共関係事件取調状況 汪錦元 昭和十七年八月三日		昭和17年８月３日		印刷［謄写（手書）］／１綴／＊215
192－1	中共関係事件取調状況 陳一峯ノ供述要旨 昭和十七年八月三日		昭和17年８月３日		印刷［謄写（手書）］／１綴／＊215

176－28	第七回被疑者訊問調書 被疑者 田口右源太	警視庁特別高等警察部特高第一課	〔昭和17年２月16日〕		印刷［謄写（手書）］／＊214
176－29	検事訊問調書（四月四日）被疑者 犬養健		〔昭和17年〕４月４日	177-4、178と同一、左上にNO. 6とあり／極秘印／『ゾルゲ事件』④	印刷［謄写（タイプ）］／司法省用箋／＊214
177	〔綴表紙「検事尋問調書 被告人 西園寺公一・犬養健・尾崎秀實」〕			訊問調書を綴ったもの。176とともに175に一括	印刷［謄写（タイプ）］／１冊／＊214
177－1	検事訊問調書（三月十六日附）被疑者 西園寺公一	〔東京刑事地方裁判所検事局〕	〔昭和17年〕３月16日	176-15と同一、左上にNO. 8とあり／極秘印／『ゾルゲ事件』③	印刷［謄写（タイプ）］／司法省用箋／１綴／＊214
177－2	検事訊問調書（三月二十八日附）被疑者 西園寺公一	〔東京刑事地方裁判所検事局〕	〔昭和17年〕３月28日	176-16と同一、左上にNO. 8とあり／極秘印／『ゾルゲ事件』③	印刷［謄写（タイプ）］／司法省用箋／＊214
177－3	検事訊問調書（三月三十日附）被疑者 西園寺公一	〔東京刑事地方裁判所検事局〕	〔昭和17年〕３月30日	176-17と同一、左上にNO. 9.とあり／極秘印／『ゾルゲ事件』③	印刷［謄写（タイプ）］／司法省用箋／＊214
177－4	検事訊問調書（四月四日）被疑者 犬養健		〔昭和17年〕４月４日	176-29、178と同一、左上にNO. 3とあり／極秘印／『ゾルゲ事件』④	印刷［謄写（タイプ）］／司法省用箋／＊214
177－5	第二回訊問調書（四月十日）被疑者 犬養健		〔昭和17年〕４月10日	『ゾルゲ事件』④	印刷［謄写（タイプ）］／司法省用箋／＊214
177－6	第三回訊問調書（四月二十一日）被疑者 犬養健		〔昭和17年〕４月21日	『ゾルゲ事件』④	印刷［謄写（タイプ）］／司法省用箋／＊214

第５巻収録

177－7	検事訊問調書（三月五日）被疑者 尾崎秀實		〔昭和17年〕３月５日	『ゾルゲ事件』②	印刷［謄写（タイプ）］／司法省用箋／＊214
177－8	検事訊問調書（三月七日）被疑者 尾崎秀實		〔昭和17年〕３月７日	177-8は調書ごとに表記した／『ゾルゲ事件』②	印刷［謄写（タイプ）］／司法省用箋／＊214
177－8	検事訊問調書（三月八日）被疑者 尾崎秀實		〔昭和17年〕３月８日	『ゾルゲ事件』②	印刷［謄写（タイプ）］／司法省用箋／＊214
177－8	検事訊問調書（三月十日）被疑者 尾崎秀實		〔昭和17年〕３月10日	『ゾルゲ事件』②	印刷［謄写（タイプ）］／司法省用箋／＊214
177－8	検事訊問調書（三月十二日）被疑者 尾崎秀實		〔昭和17年〕３月12日	『ゾルゲ事件』②	印刷［謄写（タイプ）］／司法省用箋／＊214
177－8	検事訊問調書（三月二十四日）被疑者 尾崎秀實		〔昭和17年〕３月24日	『ゾルゲ事件』②	印刷［謄写（タイプ）］／司法省用箋／＊214
177－8	検事訊問調書（四月一日）被疑者 尾崎秀實		〔昭和17年〕４月１日	『ゾルゲ事件』②	印刷［謄写（タイプ）］／司法省用箋／＊214
177－8	検事訊問調書（四月十四日附）被疑者 尾崎秀實		〔昭和17年〕４月14日	『ゾルゲ事件』②	印刷［謄写（タイプ）］／司法省用箋／＊214

176－7	第三回被疑者訊問調書 被疑者 宮城與徳	警視庁特別高等警察部特高第一課	〔昭和16年10月27日〕	（十四）のインデックス添付／『ゾルゲ事件』③	印刷［謄写（手書）］／*214
176－8	訊問調書 水野茂	東京刑事地方裁判所検事局	〔昭和16年10月17日〕		印刷［謄写（手書）］／*214
176－9	第二回被疑者訊問調書 被疑者 水野茂	警視庁特別高等警察部特高第一課	〔昭和16年10月27日〕	『ゾルゲ事件』④	印刷［謄写（手書）］／*214
176－10	第三回被疑者訊問調書 被疑者 水野茂	警視庁特別高等警察部特高第一課	〔昭和16年12月12日〕		印刷［謄写（手書）］／*214
176－11	第四回被疑者訊問調書 被疑者 水野茂	警視庁特別高等警察部特高第一課	〔昭和16年12月16日〕		印刷［謄写（手書）］／*214
176－12	第五回被疑者訊問調書 被疑者 水野茂	警視庁特別高等警察部特高第一課	〔昭和16年12月17日〕		印刷［謄写（手書）］／*214
176－13	第六回被疑者訊問調書 被疑者 水野茂	警視庁特別高等警察部特高第一課	〔昭和16年12月18日〕		印刷［謄写（手書）］／*214
176－14	第七回被疑者訊問調書 被疑者 水野茂	警視庁特別高等警察部特高第一課	〔昭和17年１月13日〕		印刷［謄写（手書）］／*214

第４巻収録

176－15	検事訊問調書（三月十六日附）被疑者 西園寺公一	〔東京刑事地方裁判所検事局〕	〔昭和17年〕３月16日	177-1と同一、左上にNO. 2.とあり／極秘印／『ゾルゲ事件』③	印刷［謄写（タイプ）］／司法省用箋／*214
176－16	検事訊問調書（三月二十八日附） 被疑者 西園寺公一	〔東京刑事地方裁判所検事局〕	〔昭和17年〕３月28日	177-2と同一、左上にNO. 2とあり／極秘印／『ゾルゲ事件』③	印刷［謄写（タイプ）］／司法省用箋／*214
176－17	検事訊問調書（三月三十日附） 被疑者 西園寺公一	〔東京刑事地方裁判所検事局〕	〔昭和17年〕３月30日	177-3と同一、左上にNO. 2とあり／極秘印／『ゾルゲ事件』③	印刷［謄写（タイプ）］／司法省用箋／*214
176－18	検事訊問調書（三月三十一日） 被疑者 西園寺公一	〔東京刑事地方裁判所検事局〕	〔昭和17年〕３月31日	極秘印／『ゾルゲ事件』③	印刷［謄写（タイプ）］／司法省用箋／*214
176－19	第二回被疑者訊問調書 被疑者 宮城與徳	警視庁特別高等警察部特高第一課	〔昭和16年10月26日〕	（三十五）のインデックス添付／極秘印／『ゾルゲ事件』④	印刷［謄写（タイプ）］／*214
176－20	第三回被疑者訊問調書 被疑者 宮城與徳	警視庁特別高等警察部特高第一課	〔昭和16年10月27日〕	（三十六）のインデックス添付／『ゾルゲ事件』④	印刷［謄写（タイプ）］／*214
176－21	第二回被疑者訊問調書 被疑者 水野茂	警視庁特別高等警察部特高第一課	〔昭和16年10月27日〕	（三十七）のインデックス添付／極秘印／『ゾルゲ事件』④	印刷［謄写（タイプ）］／*214
176－22	訊問調書 被疑者 田口右源太	東京刑事地方裁判所検事局	〔昭和16年10月29日〕		印刷［謄写（手書）］／*214
176－23	第二回被疑者訊問調書 被疑者 田口右源太	警視庁特別高等警察部特高第一課	〔昭和17年２月５日〕		印刷［謄写（手書）］／*214
176－24	第三回被疑者訊問調書 被疑者 田口右源太	警視庁特別高等警察部特高第一課	〔昭和17年２月７日〕		印刷［謄写（手書）］／*214
176－25	第四回被疑者訊問調書 被疑者 田口右源太	警視庁特別高等警察部特高第一課	〔昭和17年２月９日〕		印刷［謄写（手書）］／*214
176－26	第五回被疑者訊問調書 被疑者 田口右源太	警視庁特別高等警察部特高第一課	〔昭和17年２月12日〕		印刷［謄写（手書）］／*214
176－27	第六回被疑者訊問調書 被疑者 田口右源太	警視庁特別高等警察部特高第一課	〔昭和17年２月14日〕		印刷［謄写（手書）］／*214

Ⅱ.「ゾルゲ事件」史料２

第３巻収録

170	第二回被疑者訊問調書 被疑者尾崎秀實		〔昭和16年10月26日〕	（三十）のインデックス添付／極秘印／170は調書ごとに表記／『ゾルゲ事件』②	印刷［謄写（タイプ）］／１綴／＊215
170	第三回被疑者訊問調書 被疑者 尾崎秀實		〔昭和16年10月27日〕	（三十一）のインデックス添付／『ゾルゲ事件』②	
170	第四回被疑者訊問調書 被疑者 尾崎秀實		〔昭和16年10月28日〕	（三十二）のインデックス添付／『ゾルゲ事件』②	
171	第五回被疑者訊問調書 被疑者 尾崎秀實		〔昭和16年10月29日〕	（三十三）のインデックス添付／極秘印／171は調書ごとに表記した。／『ゾルゲ事件』②	印刷［謄写（タイプ）］／１綴／＊215
171	第六回被疑者訊問調書 被疑者 尾崎秀實		〔昭和16年10月31日〕	（三十四）のインデックス添付／極秘印／『ゾルゲ事件』②	印刷［謄写（タイプ）］
172	尾崎秀實ノ供述要旨	検事 吉河光貞	昭和16年10月17日	(四) のインデックス添付／極秘印	印刷［謄写（タイプ）］／大日本帝国政府用箋／１綴（６枚）／＊215
173	尾崎秀實供述要旨（其ノ三）――客観情勢ニ対スル認識所見――	特高第一課	昭和16年12月３日		印刷［謄写（手書）］／１綴／＊215
174	尾崎秀實供述要旨（其ノ四）――支那事変処理問題ニ就テ――	特高第一課	〔昭和16年〕12月22、27日		印刷［謄写（手書）］／１綴／＊215
175	〔包紙「ゾルゲ事件」〕			もと176と177を一括	ペン／１枚／＊214
176	ゾルゲ事件（川合、水野、西園寺、宮城、田中）		〔昭和17年〕	訊問著書を綴ったもの。表題「田中」は「田口」の誤りか／177とともに175に一括	墨書／１冊／＊214
176－1	第二回被疑者訊問調書 被疑者 川合貞吉	警視庁特別高等警察部特高第一課	〔昭和16年10月28日〕	（三十八）のインデックス添付／極秘印／『ゾルゲ事件』④	印刷［謄写（タイプ）］／＊214
176－2	第三回被疑者訊問調書 被疑者 川合貞吉	警視庁特別高等警察部特高第一課	〔昭和16年11月７日〕	『ゾルゲ事件』④	印刷［謄写（タイプ）］／＊214
176－3	第四回被疑者訊問調書 被疑者 川合貞吉	警視庁特別高等警察部特高第一課	〔昭和16年11月９日〕	『ゾルゲ事件』④	印刷［謄写（タイプ）］／＊214
176－4	第五回被疑者訊問調書 被疑者 川合貞吉	警視庁特別高等警察部特高第一課	〔昭和16年11月10日〕	『ゾルゲ事件』④	印刷［謄写（タイプ）］／＊214
176－5	第二回被疑者訊問調書 被疑者 水野茂	警視庁特別高等警察部特高第一課	〔昭和16年10月27日〕	書き込みあり、（十二）のインデックス添付／『ゾルゲ事件』④	印刷［謄写（タイプ）］／＊214
176－6	第二回被疑者訊問調書 被疑者 宮城與徳	警視庁特別高等警察部特高第一課	〔昭和16年10月26日〕	（十三）のインデックス添付／『ゾルゲ事件』③	印刷［謄写（手書）］／＊214

110－17	ゾルゲ宅ヨリ発見セルペン書英文情報訳文			極秘印	印刷［謄写（タイプ）］／司法省用箋／1綴／＊214
110－18	「リヒアルド・ゾルゲ」ノ蒐集セル情報要旨（其一）	警視庁外事課	昭和17年1月	極秘印	印刷［謄写（手書）］／17枚／＊214
110－19	「ゾルゲ」調査書		11月20日	極秘印	印刷［謄写（タイプ）］／1綴／＊214
110－20	クラウゼン宅 英文ノ情報			「日米交渉」。110-20、21は、ほぼ同一	印刷［謄写（タイプ）］／裁判所検事局用箋／1綴／＊214
110－21	クラウゼン宅ヨリ発見セルペン書英文情報訳文			20、21は、ほぼ同一／極秘印／『ゾルゲ事件』④	印刷［謄写（タイプ）］／司法省用箋／1綴（3枚）／＊214
110－22	マツクス・クラウゼン家宅捜索ノ結果発見シタル報告書訳文（原文独文）		昭和16年11月25日	極秘印／『ゾルゲ事件』④	印刷［謄写（タイプ）］／司法省用箋／1綴（10枚）／＊214
110－23	マツクス・クラウゼン家宅捜索ノ結果発見シタル発信原稿訳文（原文英語）			極秘印／『ゾルゲ事件』④	印刷［謄写（タイプ）］／1綴／＊214
110－24	マツクス・クラウゼン手記（訳文）其の一	東京刑事地方裁判所検事局思想部	昭和17年1月	「独逸に於ける私の共産主義者としての経験」／『ゾルゲ事件』③	印刷［謄写（タイプ）］／1綴／＊214
110－25	「ブランコ・ド・ヴーケリツチ」手記訳文（一）「私の共産主義信奉の経過」／「ブランコ・ド・ヴーケリツチ」手記訳文（二）「ユーゴースーラヴイア」に於ける私の共産主義運動の経験	東京刑事地方裁判所検事局思想部	昭和17年2月	極秘印／『ゾルゲ事件』③	印刷［謄写（タイプ）］／司法省用箋／2綴／＊214
110－26	独逸雑誌「ゲオ・ポリテイーク」西暦一九三七年一月号所載「エル・エス」筆「日本ノ農村問題第一」と題する論説訳文	東京刑事地方裁判所検事局思想部		1936年執筆／『ゾルゲ事件』④	印刷［謄写（タイプ）］／司法省用箋／1綴／＊214
110－27	独逸雑誌「ゲオ・ポリテイーク」西暦一 九三七年二月号所載「エル・エス」筆「日本ノ農村問題第二」と題する論説訳文	東京刑事地方裁判所検事局思想部		『ゾルゲ事件』④（ただし訳文は異なる）	印刷［謄写（タイプ）］／司法省用箋／2綴／＊214
110－28	水野成諜報活動一覧表				印刷［謄写（手書）］／1枚／＊214
110－29	山名正實ノ宮城與徳ニ提報シタル情報内容及其ノ蒐集先調査	特高第一課	昭和17年1月	極秘と印刷	印刷［謄写（手書）］／1綴／＊214
110－30	（参考）本文ハ宮城與徳ノ所持品タル秋山幸治ノ英訳文ヨリ訳出セリ本文ノ前半ハ英訳後上部ニ提出セリ		昭和16年10月27日	極秘印	印刷［謄写（手書）］／1綴／＊214
110－31	独ソ開戦ト岐路ニ立ツ国内政治 満鉄「時事資料月報」ノ一部（満鉄首脳部ノミ配布ヲ受ケ居ルモノ）			宮城與徳証拠品。満鉄『時事資料月報』1の一部／極秘印	印刷［謄写（タイプ）］／1綴／＊214
110－32	宮城與徳ノ下部組織	特高第一課	昭和16年11月	極秘印	印刷［謄写（タイプ）］／1綴／＊214
110－33	尾崎秀實ノ下部組織	特高第一課	昭和16年11月	極秘印	印刷［謄写（タイプ）］／1綴／＊214
110－34	篠塚虎雄ノ尾崎秀實・宮城與徳ニ提報シタル軍事資料並情報内容及其蒐集先調査	特高第一課	昭和17年1月	極秘と印刷	印刷［謄写（手書）］／1綴／＊214
110－35	篠崎虎雄ノ犯罪事実			タイトルは目次のみに記載	印刷［謄写（手書）］／1綴／＊214

110－2	防諜ニ関スル非常措置要綱案送付ノ件「通牒」 憲三高第一〇〇〇号	憲兵司令部本部長／朝憲司、各隊長、憲校	昭和16年11月19日	通達／「昭和一六・一二・五大検印」あり	印刷［謄写（タイプ）］／1綴／*214
110－3	外諜被疑者検挙ニ関スル件　大審院検事局日記秘第六二三八号	大審院検事局次長検事 中野並助／東京刑事、横浜、静岡、新潟、大阪、京都、神戸、名古屋、広島、岡山、長崎、福岡、熊本、大分、仙台、札幌、函館 各地方裁判所検事正	昭和16年12月6日	通達／104－3と文書番号同じ。ただし文字組が異なる	印刷［謄写（タイプ）］／1綴／*214
110－4	外諜被疑者検挙計画ニ関スル件　大審院検事局日記秘第六二〇〇号	大審院検事局次長検事 中野並助／東京刑事、横浜、静岡、新潟、大阪、京都、神戸、名古屋、広島、岡山、長崎、福岡、熊本、大分、仙台、札幌、函館 各地方裁判所検事正	昭和16年12月5日	通達／104－2と文書番号同じ。ただし書き込み、印なし	印刷［謄写（タイプ）］／1綴（2枚）／*214
110－5	外諜容疑者一斉検挙ニ関スル件　警保局外発甲第〔空欄〕号	内務省警保局長／警視総監、関係庁府県長官	昭和16年12月6日	通達／極秘印	印刷［謄写（タイプ）］／1枚／*214
110－6	ド・ゴール派ノ活動状況	神戸地方裁判所検事局検事 横田静造	昭和16年11月13日	バルベの第六回尋問調書／極秘印	印刷［謄写（タイプ）］／1綴／大日本帝国政府用箋／*214
110－7	「バルベ」ニ対スル軍機保護法違反事件証拠品（名簿）写			在日ド・ゴール政権支持者名簿等、在留仏人の居住地域別名簿	印刷［謄写（タイプ）］／司法省用箋／1綴／*214
110－8	外諜関係事件国籍別並各庁別検挙者表（昭和17．1．20現在）		昭和17年1月20日	同一文書2枚あり	印刷［謄写（タイプ）］／1枚／*214
110－9	通信省ニ於テ傍受セルＡＣ系ＸＵ系暗号無線通信文ノ解読訳文（二）	東京刑事地方裁判所検事局思想部	昭和16年11月25日	書込みあり／極秘印	印刷［謄写（タイプ）］／司法省用箋／1綴／*214
110－10	大阪逓信局傍受暗号解読	外事課	昭和17年2月	昭和14～15年、指令解読文／極秘印／『ゾルゲ事件』④（ただし訳文は異なる）	印刷［謄写（タイプ、手書）］／1綴／*214
110－11	外諜被疑者取調状況調査表	神戸地方裁判所検事局		国別名簿／極秘印	印刷［謄写（手書）］／1枚／*214
110－12	昭和十六年十二月二十三日附国際共産党系外諜被疑事件取調状況報告の追加			付箋貼付	印刷［謄写（タイプ）］／1枚／*214
110－13	ゾルゲ事件取調状況		昭和17年1月12日	尾崎秀實供述概要／極秘印	印刷［謄写（タイプ）］／司法省用箋／1綴／*214
110－14	ゾルゲ クラウゼン　使用ノ暗号解説			極秘印	印刷［謄写（タイプ）］／1綴／*214
110－15	ゾルゲ一派外諜事件捜査資料（無電関係）	東京刑事地方裁判所検事局思想部	昭和16年11月	昭和12年以降、通信省傍受分、ゾルゲら家宅捜査で発見されたものの解読文／極秘印	印刷［謄写（タイプ）］／1綴／*214

第2巻収録

110－16	今次赤色国際諜報団ノ諜報活動ニ関スル技術的注意「リヒアルド･ゾルゲ」ノ供述	東京刑事地方裁判所検事局思想部	昭和16年12月		印刷［謄写（タイプ）］／裁判所検事局用箋／1綴（4枚）／*214

『ゾルゲ事件史料集成 太田耐造関係文書』全10巻　収録史料一覧

- 本一覧は国立国会図書館憲政資料室「太田耐造関係文書目録」を基に、不二出版編集部によって作成した。同目録については、解説を参照。
- 「太田耐造関係文書目録」の「内容」「その他」項目を「概要」にまとめ、必要事項を追加した。また項目「附属資料」は割愛した。
- 原史料で明示的に確認できない情報は〔　　〕で示した。
- ［214］資料収納包紙「ゾルゲ」、［215］資料収納封筒「ゾルゲ」収録の文書はそれぞれ＊214、＊215を附した。
- 『現代史資料 ゾルゲ事件』全４巻（みすず書房、1964－71年）に関連する史料は「概要／備考」欄に、『ゾルゲ事件』①～④として該当巻数等を記した。

【対照作成：進藤翔大郎氏】

Ⅰ．「ゾルゲ事件」史料１

第１巻収録

NDL－NO	史料名	作成者／宛先	作成年月日	概要・備考	記述法／用紙／数量／綴形態
214	〔資料収納包紙「ゾルゲ」〕	【概要】「ゾルゲ関係」とフエルトペン書された（1）包紙と、(2）封筒。資料は（1）包紙に包まれテープで雁字搦めにされ保存されていた。さらに左の包紙の上に、(2）太田の筆で「ゾルゲ」と青鉛筆書された封筒がのせられ、全体が麻紐で括られていた			ペン、鉛筆／２枚
215	〔資料収納封筒「ゾルゲ」〕	【概要】表紙に「中共諜報団●●（中西　西里●）とあり			鉛筆／１枚
98－18	「二、共産主義運動ノ状況」	〔内務省〕		後欠	印刷［謄写（タイプ）］／内務省用箋／１綴
104－1	外諜被疑者検挙準備ニ関スル件　大審院検事局日記秘三四二九号	大審院検事 柴碩文／東京刑事、横浜、静岡、新潟、大阪、京都、神戸、名古屋、広島、岡山、長崎、福岡、熊本、大分、仙台、札幌、函館 各地方裁判所検事正	昭和16年７月25日		印刷［謄写（タイプ）］／１枚
104－2	外諜被疑者検挙計画ニ関スル件 大審院検事局日記秘第六二〇〇号	大審院検事局次長検事 中野並助／東京刑事、横浜、静岡、新潟、大阪、京都、神戸、名古屋、広島、岡山、長崎、福岡、熊本、大分、仙台、札幌、函館 各地方裁判所検事正	昭和12年12月５日	極秘印	印刷［謄写（タイプ）］／２枚
104－3	外諜被疑者検挙ニ関スル件　大審院検事局日記秘第六二三八号	大審院検事局次長検事 中野並助／東京刑事、横浜、静岡、新潟、大阪、京都、神戸、名古屋、広島、岡山、長崎、福岡、熊本、大分、仙台、札幌、函館 各地方裁判所検事正	昭和12年12月６日		印刷［謄写（タイプ）］／２枚
106－27	中央外諜事犯対策協議会設置理由並要綱案		昭和16年８月26日	極秘印	印刷［謄写（タイプ）］／司法省用箋
110－0	〔表裏表紙板･目次〕	【概要】110は「外諜事件」として一冊に綴られ、214〔資料収納包紙「ゾルゲ」〕に一括されていた。表紙題箋に太田印。表表紙裏に「ゾルゲ事件関係尋問調書は一括別綴とす」との付箋あり。目次は太田のものとは異筆で書かれている。目次番号36「尾崎秀實に対する意見書及別表」は「尋問調書綴中へ」と記され、本綴には含まれていない			墨書／２枚＋３枚／＊214
110－1	外事関係非常措置ニ関スル件　警保局外発甲第九七号	内務省警保局長／警視総監、各庁府県長官（除東京府）	昭和16年11月28日	通達／「昭和一六・一二・五大検印」あり	印刷［謄写（タイプ）］／１綴／＊214

編集・解説

加藤哲郎（かとう・てつろう）

一九四七年生まれ。一橋大学名誉教授、博士（法学）

主な編著書等　『七三一部隊と戦後日本　隠蔽と覚醒の情報戦』（花伝社、二〇一八年）、『「飽食した悪魔」の戦後　七三一部隊と二木秀雄『政界ジープ』』（花伝社、二〇一七年）、『ＣＩＡ日本人ファイル　米国国立公文書館機密解除資料』全一二巻（編集・解説、現代史料出版、二〇一四年）、『ゾルゲ事件　覆された神話』（平凡社新書、二〇一四年）、『日本の社会主義　原爆反対・原発推進の論理』（岩波書店、二〇一三年）、『ワイマール期ベルリンの日本人　洋行知識人の反帝ネットワーク』（同、二〇〇八年）ほか多数。ＨＰ「加藤哲郎のネチズン・カレッジ」主宰、http://netizen.html.xdomain.jp/home.html

ゾルゲ事件史料集成
太田耐造関係文書
「ゾルゲ事件」史料1
第1回配本 第1巻
編集・解説 加藤 哲郎
2019年7月25日 初版第一刷発行
発行者 小林淳子
発行所 不二出版 株式会社
〒112-0005
東京都文京区水道2-10-10
電話 03(5981)6704
http://www.fujishuppan.co.jp
組版/昴印刷 印刷/富士リプロ 製本/青木製本
乱丁・落丁はお取り替えいたします。

第1回配本・全2巻セット 揃定価(揃本体50,000円+税)
ISBN978-4-8350-8298-1
第1巻 ISBN978-4-8350-8299-8
2019 Printed in Japan

加藤 哲郎 編集・解説／編集復刻版

ゾルゲ事件史料集成

第2巻

太田耐造関係文書●「ゾルゲ事件」史料 1

不二出版

凡例

一、『ゾルゲ事件史料集成 太田耐造関係文書』は、太田耐造（一九〇三－五六）が保管し、国立国会図書館憲政資料室に寄贈された「太田耐造関係文書」のうち、ゾルゲ事件に関係する史料を編集し、全4回配本・全10巻として復刻、刊行するものである。

一、本集成は、ゾルゲ事件に直接関係する史料を「ゾルゲ事件」史料1・2、間接的ではあるが重要と判断された史料を「ゾルゲ事件」周辺史料として新たに分類・収録した。

全体の構成は次の通り。

第1回配本……「ゾルゲ事件」史料1（第1・2巻）／第2回配本……「ゾルゲ事件」史料2（第3～5巻）

第3回配本……「ゾルゲ事件」史料2（第6～8巻）／第4回配本……「ゾルゲ事件」周辺史料（第9・10巻）

一、史料は憲政資料室「太田耐造関係文書」記載の請求記号に依拠し、収録した。史料詳細は第1巻「収録史料一覧」に記載した。

一、原史料を忠実に復刻することに努め、紙幅の関係上、適宜拡大・縮小した。印刷不鮮明な箇所、伏字、書込み、原紙欠け等は原則としてそのままとした。欄外記載、付箋等がある場合、重複して収録した箇所もある。

一、編者・加藤哲郎による、ゾルゲ事件研究における本史料の意義と役割に関する解説を第1巻に収録した。

一、今日の視点から人権上、不適切な表現がある場合も、歴史的史料としての性格上、底本通りとした。

一、本集成刊行にあたっては、国立国会図書館憲政資料室にご協力いただきました。記して感謝申し上げます。

目次

ゾルゲ事件史料集成　太田耐造関係文書　第2巻

昭和十六年十二月

今次ニ於ケル國際諜報團ノ諜報活動ニ關スル

技術的注意

「リヒアルド・ゾルゲ」ノ供述

東京刑事地方裁判所檢事局思想部

裁判所

私ガ日本ニ於テ情報活動ニ從事スルニ就テハ多年ニ亘ル私ノ情報活動ノ經驗ヲ基礎トシテ次ノ如キ技術的注意ヲ拂ヒマシタ。

一、私ハ自分カ關係ヲ持ツ部面ヲハ努メテ廣クセス寧ロ出來ル丈ケ狹イ部面カラ出來得ル限リ廣ク觀察スル樣ニ致シマシタ。ソシテ危險ヲ感スル樣ナ部面例ヘハ官憲ニハ自分ハ絕對ニ接近セス、唯尾崎ヤ宮城ヲ通シテノミ斯樣ナ部面カラノ情報ヲ得テ居リマシタ。

二、私ハ「グルーブ」ノ直接「メンバー」ハ萬一ノ際ニハ合法的ナ歸邦ノ出來ル人間許リテアル樣キ撰ンテ置キマシタ。卽チ私カ日本渡來前豫メ獨逸テ新聞記者トナル爲「ナチス」ニ加入ノ申込ヲ致シ日本渡來後東京支部カラ加入ノ承諾ヲ得テ「ナチス」黨員テアル新聞記者トナツタコトハ勿論是カ爲テアリマスカ尙私自身ハ獨逸大使館關係ノ情報活動ヲ隱ス爲「オツト」大使ヤ「ヴエネツカ」海軍武官等ト親シイ友人トナリ又自分自身同大使館內テ或ル仕事卽チ每朝獨逸カラ來ル「ニユース」ヲ其ノ日ノ內ニ同大使館ノ宣際ヤ情報ニ使用シ得ル様ニ準備スル仕事ヲ持ツテ居リマシタ。「クラウゼン」ハ無線機製造販賣ノ商賣ヲ營シテ居リ私トハ同シ独逸人トシテ他カラ怪シマレルコトナク交際シ独逸人俱樂部ヤ酒場等テ一緒ニ酒ヲ飲ムコトモ出來マシタ。「ヴーケリツチ」ハ私ト同職ノ新聞記者テアリマシタノテ記者會議ヤ同盟通信社テ自由ニ逢フコトカ出來マシタ。尾崎モ亦新聞記者テアリ私トハ同盟ノ關係テアルノミナラス、私ハ同人トハ支那テ知合ニナツテ居タノテ好都合テシタ。宮城ハ藝術家テアリ私モ藝術ニ趣味カアリマスノテ藝術愛好者トシテ交際スルコトカ出來マシタ。

三、私ハ自分カ信頼シ得ル同志トシテ尾崎、宮城、「クラウゼン」、「ヴーケリツチ」ハ非常ニ近ク自分ニ接近サセマシタ反面ニ之等ノ直接「メンバー」ノ友人トカ補助者ハ出來ル丈ケ自分カラ遠サケル様ニシテ成ル可ク私自身カ逢ハヌコトトシ他ノ同志ヲ介シテノミ連絡スル様ニシテ居リマシタ。

検事局

四、私ハ「モスコウ」中央部カラノ指令ニ依ツテ日本人デアル尾崎ヤ宮城ニハ特ニ嚴重ニ日本共産黨關係ノ人々ニ近附ルナト命令シテ置キマシタ。其ノ譯ハ私カ外國人デアル爲日本共産黨關係者カ某シテ何處迄眞ノ黨關係者デアルカ判ラナイカラデアリ假ニ私カ之ヲ知ラウトシテモ私ニハ夫ヲ知ル方法ハ全ク無カツタカラデアリマシテ「モスコウ」中央部ノ指令ハ私ノ情報活動内ニ密偵カ潜入スルコトヲ防ク爲ニハ絶對ニ必要ナコトデアツタト思ヒマス。元來「モスコウ」デハ日本共産黨ノ中ニハ他ノ孰レノ國ノ共産黨ヨリモ一層澤山ノ密偵カ潜入シテ居ルト云フ印象ヲ持ツテ居ルノデアリマスカラ以上申上ケタコトハ尙更重要ナコトデアリマシタ。

五、私ハ私ノ「グループ」ノ直接「メンバー」ニ對シテハ時ト處ニ應シテ若シ「メンバー」ノ一人カ捕ヘラレタナラハ總テノ證據物ヲ破棄シテ仕舞ヘ、ソシテ捕ヘラレタ者ハ絶對ニ他ノ「メンバー」ノコトハ云フナト申渡シテ約束シテ置キマシタ。

裁判所

六、私ハ獨逸ノ「フォルム」ヤ手紙等ノ始末ニ注意ヲ拂ヒ終始之等ノ資料ヲ獨逸大使館内ヲ始メ「クラウゼン」又ハ「ヴーケリッチ」ノ各私宅等ニ持運ンデ移動サセテ居リマシタ。ソシテ之等ノ資料ノ内寫眞ニ撮影スルナリ使用シテ必要カ無クナッタモノハ直ニ之ヲ焼却シテ仕舞フカ返還セネハナラヌモノハ直ニ尾崎、宮城又ハ獨逸大使館ニ返還シテ仕舞ヒマシタ。

七、私ハ直接「メンバー」タルヘキモノト最初ニ連絡スルトキハ自分テ考ヘ出シタ非常ニ用心深イ連絡方法ヲ採リマシタカ夫レハ密偵カ私ノ「グループ」ニ潜入スルノヲ防止スル爲デアリマシタ。尤モ尾崎ニハ曾テ支那デ逢ッテ居リ日本デ同人ト逢ッタノカ最初ノ對面デハアリマセンデシタシ支那カラ日本ヘ歸ッテ來テ居タ尾崎ニ思想上ノ赤化カアルトハ疑ヒマセンテシタガ、尾崎カ日本デ警察當局ニ注視サレテ居ハシナイカト懸念シマシタノテ同人ト日本デ最初逢フ時モ用心深イ連絡方法ヲ採ッタノテアリマス。

八、私ハ日本人タル尾崎ヤ宮城ト連絡スル時ハ高級ナ料亭ヲ選ヒ然カモ場所ニ親シマヌ様同一ノ料亭等ハ一回シカ使ハヌ様ニシ決々ニ其ノ場所ヲ變ヘテ居リマシタ。又、二、二六事件ノ如キ困難ナ状勢下ニ於テハ公衆ノ眼ヲ避ケル最モ安全ナ連絡場所トシテ同志ノ私宅間ヘハ「ヴーケリッチ」宅ヲ使用シテ宮城等ト連絡シテ居リマシタ。處カ西暦一九四一年初頃尾崎ヤ宮城カ私ニ對シテ最近料亭ニ居タ他ノ客カ何等カノ指示ヲ受ケテ來テ居タ様ニ見エ其ノ料亭ノ女中カ主人カニ向ヒ外國人タル私ト一緒ニ來テ居ル日本人ハ誰カト質ネタ様子テアルカラ斯様ナ料亭ノ他ニ何處カヨイ場所ハナイダラウカト申シマシタノテ其ノ時始メテ私ハ尾崎ヤ宮城ニ私ノ宅ヲ教ヘ其ノ後ハ主ニ此ノ自宅テ逢フ様ニシタノテアリマス。

九、私ハ情報活動ナルモノノ一般的ナ方法通リ「モスコウ」本部トノ連絡ニ使フ無電文ニハ變名ヲ使用シテ居リマシタ。最初私ハ私ヲ始メ他ノ同志ノ變名ヲ等ヘ各選ノ本名ト一緒ニ「モスコウ」本部

裁判所

ニ通告シテ之等ノ變名ヲ使フコトニシマシタ。又間接ノ「メンハー」其ノ他ノ名デ屢々ソノ名ヲ使フ場合ニモ前標ノ方法デ變名ヲ使フコトニシタノテアリマス。處カ西暦一九四一年初頭「モスコウ」本部ノ方カラ突然私ニ對シテ今後ハ斯ウ云フ變名ヲ使ヘト指定シテ來マシタノデ私ハ之ヲ使フ樣ニ努メマシタガ新シイ變名ハ使ヒ馴レナイノテソイ部分的ニハ古イ變名ヲ使ツタコトモアリマシタ。

一七

極秘

ゾルゲ宅ヨリ發見セルペン書英文情報譯文

原文ハ宮城與德執筆シ秋山幸治之ヲ英譯シタルモノナリ

日本標準規格B4號

(一)日本政府及軍部ノ高官ハ獨逸ノソ聯攻撃ニ關スル確報ヲ得テ一九四一年六月十九日ニ會議ヲ開キ獨逸及ソ聯ニ對スル日本ノ政策ヲ決定シタ

(1)日本政府ハ獨伊トノ三國同盟條約ヲ守ルト共ニソ聯トノ中立條約ヲ嚴守シ而シテ中立ヲ維持スベキコトヲ決定シタ

(注意)其ハ日本ガ三國同盟ノ條約文中ノ「我々(日本、獨逸及伊太利)ハソ聯ヲ脅威スルコトナシ」トノ箇條ヲ固執スルトイフコトヲ意味スルノデアル

(二)一九四一年六月二十三日

(1)獨逸ハ今日迄ノ所日本ニ對シ未ダ何等ノ提案ヲモ爲シテ居ナイ

(注意)駐獨日本大使大島中將ハ日本政府ニ對シ屢々抗議的電報ヲ送ツタガ政府ハ其ノ都度大島ノ抗議ヲ笑殺シ去ツタ

(2)六月二十三日ニ日本政府ハ陸海軍ノ首腦部會議及首相、外相、

陸相、海相ノ會議ヲ開イタ

(A)陸海軍首脳部會議ニ於テ決定サレタ事項ハ次ノ如クデアル
軍部ハ將來ノ國際情勢ノ變轉ニ應ジ「南北一体作戰」ヲ採ルベク決定シタ

(注意)日本陸軍ハ南進政策トシテ佛印方面ニ相當多數ノ部隊ヲ送ツテヰル(既ニ二、三ケ師團ガ派遣サレ近衞師團ハ餘程以前ニ同地ヘ送ラレタトイフコトデアル)而シテ其ノ後陸軍ハ他方ニ於テ北進政策トシテ北海道、樺太、滿洲ニ於ケル兵力増強ヲ行フデアロウ即チ敍上ノ「南北一体作戰」ナノデアル

(B)政府ノ首脳部會議ハ首相近衞公ノ缺席ノ爲延期トナツタ

(三)日本政府官邊ノ得タル情報

(A)獨逸ハソ聯軍ノ掃滅ヲ期シテ居ル

(B)獨逸ハソ聯內ニ親獨政權ノ樹立ヲ欲シ重要ナル占領地域ヲ軍政下ニ置クデアラウ

(C)獨逸ハ重要ナラザル地域ヲ自治制下ニ置キタル後ソ聯ヨリ撤兵スルヤモ測ラレズ

(四)戰況ニ關スル日本軍部ノ見透

(A)軍事專門家ハ多クソ聯ハ三ケ月以內ニ敗退スルト信ジテ居ル

(B)露西亞ノ政治經濟及國民精神ニ期待ヲ持ツ少數ノ人ハ長期作戰ニヨリ露西亞ノ勝利ヲ信ジテ居ル

(五)日本ノ決心ノ時期

日本ハ山下奉文中將ノ率キル獨逸ヘノ軍事使節ノ歸還後其ノ態度ヲ決スルデアラウ(滿洲里ニ六月二十七日到着ノ筈)。國民ハ山下中將ガ卓越セル觀察眼ヲ持ツ故ニ彼ニ期待ヲカケテ居ルノデアル

今ヤ日本ハ獨逸カラ軍需物資ヲ輸入スル事ガ不可能ナレバ亞米利

司法省

加ヨリ物資ヲ購入スル外ニ採ルベキ手段ガナイ從ツテ日本ハ急速ニソ聯ニ對シ決心ヲ爲スコトガ出來ナイ他方ソ聯經由獨逸向ケ滿洲ノ商品物資ノ輸出ガ殆ド不可能ナルガ爲ニ日本ハ亞米利加ニ對シ益々宥和的態度ヲ採ラザルヲ得ナイ

(六)日本各層ニ於ケル指導的人物ノ意見

(A)亞米利加トノ關係ヲ考慮シテヰル財界方面デハ消極的政策ヲ支持シツツアル近衞首相ガ(異狀ノ出來事ニ依リ)辭職ノ正規ノ手續ヲ執ツタ時ハ宇垣大將ガ内閣ヲ組織スルデアラウト風評サレテ居ル

(B)北進政策ヲ支持シテヰル分子ハ今ヤソ聯ヲ攻擊スベシトシテヰル私ガ荒木ヲ訪問セル時ノ荒木大將ノ意見ハ次ノ如クデアル

我ガ國策ハ北進政策デアル今ヤソ聯覆滅ノ機會ガ到來セリ三國同盟カラ判斷シ我々ハソ聯ヲ攻擊スベキデアル外務大臣松岡ハ馬鹿者ダ彼ノ伯林滯在中ニ獨逸外相「リツペントロツプ」ノソ

聯攻撃ニ關スル確言アリタルニ拘ラズ松岡外相ハ經濟協定ニ附加シテソ聯ト中立條約ヲ結ンダ今ヤ我々ハ松岡ノ辭職ト更ニ近衞内閣ノ辭職ヲモ望ンデ居ル然シテ我々ハ北進政策ヲ敢行シナケレバナラヌ

訪問者　誰カ貴方ト同意見ノ人ガアルカ

荒木　勿論澤山アル

訪問者　次ノ内閣ヲ作ル者ハ誰ト思フカ

荒木　サアー、恐ラク（彼ガ後繼者ノヤウナ口吻）

訪問者　米國ニ付貴方ノ意見ハ如何

荒木　我々ハ非常ニ米國ノ物資ヲ欲シテヰル故ニ我々ノ側カラ讓歩スル方法デ米國ニ友好的態度ヲ取ラネバナラヌ

訪問者　對支ノ政策ニ關シ貴方ノ意見ハ如何

荒木　支那ノ新國民政府主席ノ汪ハ浮浪者ダ若シ我々ガ何程カノ金ヲ汪ニ與ヘルナラバ喜ンデ外國ヘ行ク私ハ中南

支ヨリ我軍隊ノ撤退後北支ノ獨立ヲ期待シテキルソシテ北方ヘノ進撃ヲ待ツテ居ルノダ

「私ノ見解」

今ヤ日本ノ指導階級ハ獨ソ戰勃發ニ因ツテ完全ニ二ツノグループニ分裂シテキル

我々ハ日本ノ物資ノ不足ニ注意ヲ拂ハネバナラヌ

（注意）今年ノ米穀ノ收獲ハ良好デナイ關係當局ハ多雨ノ爲臺灣米ハ三〇パーセントノ減收ナリト發表シタ

私ガ前ニ報告シタ日米兩國交渉ノ豫想ニハ何等ノ誤斷ヲモ爲シテ居ナカツタガ該問題ノ發展及現狀ヲ表示スルノニ非常ニ激越ナル言葉ヲ以テ爲シタ故私ハ左記ノ諸點ヲ訂正シヤウト思フ

(一)日米交渉ノ成功ト否トハ米國ガ正式ニ要求シテ居ル日本軍ノ支那ヨリノ撤退ト云フ問題ニ全面的ニカカツテ居ル現在ニ於テハ軍最高首腦部ハ政府(日本政府)ニ對シテ米國ノ要求ヲ承認スル事ハ不可能デアルト回答シテハ居ルガ併シ其ノ問題ニ關シテハ目下論議ヲ爲シテ居ルノデアル

併シ政府ハ未ダ交渉ニ希望ヲ有シテ居リ軍部ガ一日二日ノ内ニ融和的調子ヲ示ス事ト豫期シテ居ル政府ハ右ノ樣ナ期待ノ下ニ該交渉ノ締結ニ最大ノ努力ヲ續ケテ居ル政府ハ軍最高首腦部ノ同意ヲ得テ日本政府ガ既ニ用意シテ居ル同意ヲ米國政府ニ與ヘヤウトシテ居ルモノデアリ而シテ後ニ米國ト正式交渉ヲ開催セントシテ居ルノデアル

（注意）正式交渉開催ニ當リ日本ハ状態ヲ有利ニ導ク爲ニ軍隊ノ撤退ハ非常ニ困難ナルモノデアル事ヲ米國政府ニ訴ヘルデアラウ

(二)日本ノ南進軍事行動ノ開始時期ニ關シ私ハ前ノ報告中ニ十月末ガ最適デ又最モ危險ナ時期デアルト述ベタガ政府最高首腦部モ軍部モ南方攻撃ハ今年末迄延期ト其ノ意向ヲ變ヘタ

（注意）(1)政府首腦部モ軍部モ交渉余地ヲ殘スガ爲ニ如何ナル戰爭ヲモ避ケル事ヲ希望シテキル

(2)石原中將ノ意見ニ依レバシンガポール占領ト同シク泰國内ニ於テ軍事行動ヲ爲スニハ三十萬ノ兵力ヲ要スルトシテ居ル又同時ニ中將ハ日本ガ南進作戰ヲ宗遂スルニハ猶一層ノ兵力ヲ用意スルノ必要ガアル現在佛印ニ四、五萬ノ兵ガ進駐シテ居ルガ作戰準備ノ宗遂ニハ今後猶相當ノ時間ヲ要スルノデアルト語ツタ

(三)國民及軍部ノ若干ノ將校等ハ最近近衛内閣ニ對シテ喧シク攻撃シテ居ル併シ軍最高官部及政府筋デハ米國トノ和睦ヲ希望スルガ故ニ近衛内閣ヲ支持シテ居ル其レ故ニ内閣ハ何等カノ特異ナ事ノ起因ル事ヲ豫記シツツモ其ノ存在ヲ續ケテ居ルノデアル

御壯健ト御自愛トヲ祈ル

オツト

司 法 省

日本標準規格B4號

九月二十日―二十三日

「日本軍ノ動員」

(一)九月十七日ヨリ二十日ノ間ニ陸軍省ハ第三回目ノ大動員ヲ終了シタ様子デアル應召セル者ハ第一補充兵及無敎育兵ノ年齢二十五歳ヨリ三十二歳ノ者デアル應召者ノ總數ハ不明デアルガ東京地區ニ於ケル應召者ハ少數デアッタ應召者ハ東京ノ各聯隊ニ於テ敎育サレテ居ル今次應召者ハ國內防衞部隊トシテ國內ニ殘留ノ筈デアル

(二)高崎第十四師團管轄ノ步兵第十五聯隊ハ滿洲カラ歸還シタ

(注意)步兵第十五聯隊ハ第一回目ノ動員ニ際シテ滿洲ニ派遣サレ九月十五日ニ原隊ニ歸還シタモノデアル

「日本軍ノ行動」

日本軍ノ行動ハ九月十六日ノ北支及南支ニ於ケル新作戰ノ發表以來不明ト成ッタ日本軍部ニ於テハ獨軍ノ「キエフ」占領ト共ニ獨軍ノ迅速ナル歐露進擊ノ報ヲ入手シテ以來對ソ問題ニ關シ興奮ヲ

示シタ其結果トシテ人民ハ日本ガソ聯ニ對シテ冬期作戰ヲ起スト
ノ說ガ話題トナッテ居ル日本軍部ノ相當ノ地位ニアル人ノ語ニ依
レバ日本軍最高幹部ノ意向ハ現狀ヲ傍觀スルニアルトノ事デアル
（注意）未ダ何等ソ聯攻擊ノ兆候見エズ
九月二十日前後ニソ滿國境ニ於テ日ソ兩軍ノ小部隊間ニ衝突ガ起
キタガ兩軍共ニ司令部ノ命令ニ依リ短時間ノ戰鬪ノ後撤退シ現在
ニ於テハ平穩デアル。

「防空演習」

全國ヲ通ジテ行ハレル防空演習ハ十月二十二日ヨリ實施ノ豫定ノ
處陸軍省ニ依リ十月十二日ヨリ十日間實施ト變更サレタ
該變更理由左記ノ通リデアル
(1)現在ノ非常時ニ於ケル國民精神ノ弛緩防止
(2)援ソノ米國油槽船ノ多數ガ九月十七日太平洋沿岸カラウラヂオ
ストツクニ入港スルニ際シ米國ヘノ示威トシテ軍部ハ其演習日

程ヲ變更シタノデアル

「日米問題」

日米兩國交渉ノ進展ハ未ダ判然タルモノガナイ軍部ノ觀測ニ依レバ交渉ハ或ル程度ノ進展ヲ見セテ居リ近ク布哇ニ於テノ會談迄ニ進展スルデアラウ

昭和十七年一月

「リヒアルド・ゾルゲ」ノ蒐集セル情報要旨（其一）

警視廳外事課

一八

年月日	情報要旨	提供者又ハ蒐集者	備考
西暦一九三四年 昭和九年 （七月八日）	一、齋藤内閣辞職 斉藤内閣ノ辞職ハ議會制度ノ終熄ヲ招来シ政党内閣モ消滅シ強力ナル軍ノ力ガ加ハリ独裁政治ガ出現スルデアロウ。	駐日独逸大使館「フォンデレクソン」大使「クノール」	
一九三四年 昭和九年 （七月八日）	一、岡田内閣組織 岡田首相ニハ西園寺公ノ聲ガ掛リ大資本家ガ後楯トナッテ居ルガ強力ナ右翼ノ壓迫ガアリ非常ナ危険ガ伴ッテ居ル。	駐日独乙大使館員	
一九三四年 昭和九年	一、陸軍パンフレット問題 日本陸軍ガ荒木大将等ノ唱ヘテ居タ方	尾崎	

（十月十日）	向ニ向ヒ政治的ニ進出シテ来タガ之ニ対シ重臣政党財閥海軍インテリ階級ハ反対デアリ一般国民右翼ノ一部実業家ハ賛成デアル。		
一九三四年 昭和九年	一、獨逸ノ國際聯盟脱退ト日獨ノ接近 独乙ノ国際聯盟脱退ハ日独接近ノ前一歩デアル。	独乙大使「オンデレクソン」	
一九三五年 昭和十年	二、右翼及暴力團ノ彈壓 右翼及暴力團ニ大彈壓ガ行ハレタ。	尾崎	
一九三五年 昭和十年 （八月十二日）	一、相澤中佐事件 相沢中佐ノ永田軍務局長殺害事件ノ詳	尾崎 宮城	

	細。	
〃	一、相澤事件ニ現ハレタル日本陸軍ノ危機	独乙大使館付「オット」陸軍武官
自一九三三年 至一九三五年 自昭和八年八月 至〃十年三月	一、北鐵交渉 北満鉄道買收ニ関スル日蘇交渉ハ必ズ成立ス。	尾崎
	北鉄交渉中ハ日本ハ「ソ」聯ト戦フ事ナシ。 日本ハ満洲ノ産業開発ニ努ムルデアロウ。 日蘇間ニ不可侵條約締結問題ガ起ルデアロウ。	ゾルゲ 尾崎 宮城 独乙大使館
一九三五年	一、日本ノ對蘇對支問題	

昭和十年頃

日本ノ政策ハ北進（対蘇）デナク対支問題ニ重点ガアル。日本ノ対支政策ハ更ニ日蘇戦ト発展スルカモ知レヌ。日本ハ北支ヲ日本ノ植民地化スル考ヘヲ持ッテ居ルガ未ダ蘇聯ト事ヲ起コス準備ガ出来テ居ナイ。

宮城 居崎

独乙大使「オンデレクソン」

独乙大使館「オット」武官

一九三六年
昭和十一年
（二月二十六日）

二・二六事件

粛軍ニ関スル意見書。

叛乱軍並陸海軍部隊ノ状況。

一般市民ノ状況。

叛乱軍ノ状況。

叛乱軍将校ノ演説。

独乙大使館

本人直接視察ニヨリ蒐集

宮城

一九三六年
昭和十一年

一般市民ノ状況。
叛乱軍ノ背後ノ政治関係。
叛乱軍ノ共産党的及ファシスト的思想。
叛乱軍ノ主張ト内部ノ政治的意見ノ不一致。
事件後日本ハ内政ノ改革及支那或ハ蘇聯ニ対シ活溌ナル外交政策ヲ起コスデアロウ。

尾崎

海軍ノ叛乱軍ニ対スル降伏要求。

ブケリッチ

一、二・二六事件後ノ粛軍
陸軍各将軍ノ背後干係並中堅将校ノ動向

尾崎 宮城

3.

一九三六年 昭和十一年 （三月九日）	一、廣田内閣ニ就イテ	
	1.廣田内閣ノ議會ト軍ニ対スル政策 廣田内閣ハ両者ノ問題解決ニ失敗スルデアロウ。	尾崎
	広田内閣ハ無力ナ内閣デアル。	宮城
	日蘇ノ国交好轉ト支那問題解決ノ期待。	独乙大使「オンデレクソン」
	2.廣田内閣下農業問題 農林省発表並経済雑誌ヨリ飜訳。	独乙大使館
	米作並肥料問題等。	宮城
	新聞記事ヨリノ報告。	ブケリッチ
	3.豫算問題	尾崎
一九三六年 昭和十一年 （十月）	一、日獨防共協定 伯林デ大島武官ト「リッペントロップ」ノ間デ	独乙大使館「オンデレクソン」

	極秘裡ニ蘇聯ヲ目標トスル日独交渉ガ行ハレテ居ル	大使 オット 武官
	独乙ハ蘇聯ニ対スル日独軍事協定ヲ締結スル意向デアツタガ日本ガソ聯ト事ヲ起スノヲ避ケル為防共協定トナツタ。	オット 武官
一九三七年 昭和十二年？	一、宇垣大将ノ組閣失敗 宇垣大将ノ組閣ニ対スル陸軍内ニ於ケル賛否両派ノ主張。	尾崎
	陸軍部内ニ於ケル宇垣大将反対ノ理由。	宮城
一九三七年 昭和十二年 （二月二日）	一、林内閣ニ就イテ 陸軍ノ政治上ノ実権掌握ニ対スル政党	尾崎

ノ反対。
軍ト結合シタ諸勢力ト干係。

一九三七年
昭和十二年
（六月四日）

一、第一次近衛内閣
軍部ト政界トガ極端ナ暗礁状態ニアツタノデ之ヲ解決スルニハ近衛ヲ出スヨリ途ガナイ。
近衛ノ計畫ハ
議會ヲ自分ノ支配下ニ置ク事
軍モ亦自分ノ支配下ニ置ク事
デ陸海軍モ議會モ近衛ニ従フ事ヲ原則的ニ承諾シタ。

一九三七年
一、支那事変勃発

尾崎

4

昭和十二年（〃月七日）	日本ハ蘆溝橋事件ヲ契機トシテ北支問題ヲ一挙ニ解決シテ北支ヲ日本支配ノ特殊地域トスル計畫デアル。 日本ガ北支ニ対スル計畫ノ詳細。 此ノ事件ハ局地的解決ガ出来ズ必ズ日支間ノ長期戦トナル 日本ノ豫後備兵等ノ動員状況。	独乙大使館オット武官 尾崎 ゾルゲ 尾崎 宮城	ゾルゲ及尾崎ノ共同研究意見
一九三八年 昭和十三年（七月一日）	一、「リュシコフ」大将事件 独乙ヨリ派遣サレテ来タ秘密特使ノ「リュシコフ」トノ會見報告書。	独乙大使館ショール武官	
一九三七年 昭和十二年（七月頃）	一、日高交渉 日高参事官ノ南京政府ニ対スル要求ト	尾崎	

	蔣介石ハ拒絶。 支那軍ノ北支増援（交渉決裂ノ原因ノ一ツ）	独乙大使館
一九三七年 昭和十二年 （八月）	一、蔣政権相手ニセズノ声明 宇垣広田杉山ハ蔣介石ヲ相手トシ不拡大希望デアッタガ近衛ガ支那ニ対スル計画ヲ増大シ杉山ノ代リニ板垣ガ這入リ近衛声明ガ出タノデアル。	尾崎 独乙大使館
一九三七年 昭和十二年 （十一月二十日）	一、大本営設置 近衛ハ大本営ヲ設置シ天皇ト軍トノ間ノ相談役トナリ軍ノ如何ナルコトモ近衛ノ意見ヲ加ヘナケレバ出来ヌト云フ事ヲ計画シタ。	尾崎

一九三七年 昭和十二年 （十二月頃）	一、獨逸ノ日支事変調停 日本側ノ独乙ニ対スル調停希望ト独乙ノ日支和平斡旋。 日本ノ支那ニ対スル要求増大並南京占領ニ依リ調停失敗ス。	独乙大使館 「フオンデイルクセン」大使
一九三八年 昭和十三年	一、宇垣外相ノ辞職 宇垣ハ蒋介石ト和平希望デ近衛ノ政策ヲ承認シ得ナカツタ。 興亜院ノ計畫及陸軍ノ宇垣反対。	尾崎 独乙大使館
一九三九年 昭和十四年 （一月四日）	一、第一次近衛内閣辞職 近衛ガ非常ニ疲レタ事。	尾崎

	支那事変ガ長期化シタコト。 内政ノ改革ヲ考ヘテ居タコト。		
一九三九年 昭和十四年 (一月)	一、平沼内閣ニツイテ 平沼内閣ハ近衛内閣ノ様ニ支那ニ対シ強硬政策ヲトルコトナク寧ロ蒋政権ト和平ヲ結ブ可能性アリ 平沼内閣ハ内政ニ於テ強硬ノ政策ヲトリ平沼ニ反対スル團体ニハ強固ナ圧力ヲ加ヘルデアロウ	尾崎 独乙大使館員	
		尾崎	
一九三九年 昭和十四年 春頃	一、平沼内閣ト日独交渉 独乙ヨリ日本ニ対シ蘇聯及英國ニ対抗スル同盟締結ヲ申込ミ大島大使ハ日本	尾崎 独乙大使館	独乙大使館員手ト ゾルゲノ線

6

一九三九年 昭和十四年 五月—九月	ニ締結ヲ強要シタガ平沼及日本海軍資本家ノ反対ノ為平沼内閣ガ辞職シ交渉ハ打切ラレタ。 日独交渉決裂ノ為独蘇不可侵条約成立ス。 一、ノモンハン事件 イ、日本側ノ計畫 日本ハ最初ヨリ現地解決ノ方針デアツタガ最後ニハ本當ノ日蘇戦ニ発展スル危険性ガアツタ。 ロ、日本軍ノ動員並派遣部隊 日本軍ハ主トシテ関東軍（奉天、ハルピン、チチハル、牡丹江）駐屯部隊ヨリ送ラレ幾何	独乙大使館 尾崎 宮城
		合意見

ガ北支カラ送ラレタ北支ヨリ送ラレタ
ノハ機械化部隊デ東部国境ヨリモ一部
ハ機械化部隊ガ送ラレタ。
東京附近ヨリ新ニ部隊ガ召集セラレテ
派遣サレタ。
日本軍ノ主力部隊ハ現地ニ駐屯シテ居
タ歩兵二ケ師団ト半ケ師ノ騎兵デアル。
3、事件ニ対スル国民ノ感情
日本国民ハ最初ハ重大視セズ勝利ノ宣
傳ニ喜ンデ居タガ後蘇聯ノ優勢ヲ知リ
事件ヲ重大視シテ来タ。
4、日蘇両国ノ名ヲ勝利ノ宣傳ニ対スル反
響ニ
最初ハ日本側ノ勝利ノ宣傳ノミデ蘇聯

宮
尾崎城
ブケリッチ

グループ、
メンバーレノ

7

側ノ宣傳ハ勵カナカツタガ段々蘇聯ノ宣傳ガ効果ヲ表ハシ日本国民ハ失望シタ。	綜合意見
六、歸還兵ノ事件ニ対スル感情 日本兵ハ「ソ」聯ノ戰車火焔放射機ノ威力ニ驚嘆シタ。	宮城
6. 事件ノ經驗ニヨル日本軍ノ改革 日本軍ハ独乙ノ軍備ヲトリ入レ全軍ヲ機械化スルコトニ決シタ。	独乙大使館 マツキ武官
日本ハ独乙ノ戰車ヲ眞似ル事ニ決シタ。	宮城
「スブケリッチ」ノ現地視察ハ現地ニ於ケル戰争ハ眞剣デアルコト及「ソ」聯軍ノ優勢ト日本軍ノ増援ノ状況。「ソ」聯側宣伝ノ欠点ヲ指摘ス。	ブケリッチ

8.

	8、関東軍磯谷参謀長ハ上京シ現地解決ノ方針デ帰満シタ。	独乙大使館
	9、現地部隊ノ兵士ノ将校ニ対スル反抗。	宮城
一九三九年 昭和十四年 五月以降	一、満鉄ノ資料 尾崎ガ満鉄ノ為執筆セル各種資料	尾崎 宮城
一九三九年 昭和十四年 （六月頃）	一、汪精衛ノ来朝 汪精衛ガ秘密ニ日本ニ渡来スル事実ヲ其ノ乗船スル一週間位前ニ知ル。	尾崎
一九三九年 昭和十四年 （九月）	一、英佛ノ対独宣戦布告ト日本干係 日本ノ当面ノ問題ハ支那事変ノ解決ニアルノデ窮極ニ於テハ勿論独乙側ニ立	尾崎 及 独乙大使館

	ツデアロウガ相当ノ期間ヲ要スル。日本ノ態度ハ戦争ノ進展如何ニヨルノデ戦ニ勝ツ方ニ接近シテ行ク可能性ガアル。	
一九四〇年 昭和十五年（二月七日）	一、阿部内閣不信任 議會ニ於ケル阿部内閣不信任ハ国民ノ聲デ軍部政治ニ対シ危険ナ事デアッタ。	尾崎
一九四〇年 昭和十五年 初頃	一、軍需工場調査 人造石油工場名ノリスト。 「アルミニューム」生産工場名ト生産高。	独乙大使館
	飛行機戦車及自動車ノ製造工場名ト生産高。	独乙大使館 マツキ武官

9.

一九四〇年 昭和十五年 (三月三十日)	一、南京政府成立 汪精衛ガ要求ヲチヨイ〳〵変ヘル為交渉ハ長ク掛ッタガ日本外務省及経済界デハ汪政府ヲ作ル事ニ反対デ寧ロ蒋介石ト和平ニシタ方ガヨイト云フコトデアッタ。 日本ハ蒋介石トノ和平ヲ希望シテ居タ。	尾崎 独乙大使館
一九四〇年 昭和十五年 一月―七月	一、米内内閣 強力政治ニ対スル国民ノ期待。 米内々閣当時日本ニ反英思想ガ段々大キクナリ末次、白鳥、大島、中野、橋本等ノ各グループデハ日本ノ対英攻撃ガ眞劔ニ	尾崎 独乙大使館 尾崎 ゾルゲ自身 [illegible]及 独乙大使館

	研究サレタ。	
一九四〇年 昭和十五年 （六月十五日）	一、佛國ノ降伏ト日本ノ佛印進駐 独乙ガ佛國ニ対シテ勝利ヲ得休戦條約ノトキ独ハ佛ニ領土保障ヲ與ヘタノデ日本ガ佛印ニ進駐スルトキハ独政府ニ報告モシ又独政府ハ佛ニ対シ日本ノ要求ヲ聞キ入レル事ヲ勧メテ居タ。	独乙大使館 テイヒ マヒタートナ
一九四〇年 昭和十五年 （七月二十二日）	一、第二次近衛内閣ト三國條約 第二次近衛内閣ノ成立ハ近衛ノ内政改革ノ聲明アリタルトキヨリ明ラカデアツタ。 独乙ヨリ日独伊三国条約締結ノ申込ア	尾崎 尾崎

10.

	リ其ノ目標ハ英米デ蘇聯ハ除外シテ居ル。	及独乙特別使節スターマー	
一九四〇年 昭和十五年 （十一月三十日）	一、日華基本條約締結 日華基本条約ノ内容 汪政府ノ陶高ノ両名ガ暴露シタ日華条約案文ハ真実デアル。 日華新条約ノ要項（一九四〇年五月頃）	宮城 尾崎 尾崎	宮城ガ尾崎ヨリ情報ヲ取次イダモノト思ハル
一九四一年 昭和十六年 （一月三十一日）	一、泰佛印停戰協定成立 此ノ停戰協定ニハ秘密条項ハナイガ然シ将来特別ノ問題ガ加ヘラレル可能性ガアル	尾崎	

一九四一年 昭和十六年 （三月－四月）	一、松岡外相訪欧 松岡外相ハ「ヒットラー」カラノ招待デ訪欧独乙大使「オット」シ独乙ニ対シ非公式ノ保障ヲ與ヘル事ヲ許サレテ居ル。 松岡ノ訪欧ハ單ニ独乙ノ計畫ヲ見テクルダケデ政治的ノコトハ行ッテハナラ又、然シ蘇聯ニハ何等カ政治的ノコトヲ行ヒ得ル許可ガアル。	尾崎
一九四一年 昭和十六年 春頃	二、日本ノ師團調査表 日本師團ノ数及指揮官ヲ記シタ「リスト」。	宮城 尾崎
一九三七年 自昭和十二年 至ク　十六年	一、陸軍典範令蒐集 日本陸軍ノ操典教範要務令等各種	宮城

11.

一九四一年 昭和十六年 初頃	一、獨逸ヨリ軍事特別使節渡来 日本ガ蘇聯ト戰ヲ開ク可能性調査ノ為来朝	独乙大使「オット」特別使節
一九四一年 昭和十六年 (四月十三日)	一、日蘇中立條約調印 独乙ハ蘇聯トノ間ニ非常ノ状態ガ起ルト思ツテ居タ時日ソ中立条約ガ調印サレタノデ非常ニ驚イタ。	独乙大使「オット」
一九四一年 昭和十六年 (五月十日)	一、ヘス事件 「ヒットラー」ハ英国ト和平ヲ結ビ蘇聯ト戰フ為ニ最後ノ手段トシテ「ヘス」ヲ英国ニ派ハセタノデアル(此情報ハ莫斯科ニ報告セズ)	独乙大使館

一九四一年 昭和十六年 五月二十日頃	一、獨逸 對蘇開戰事前入手 独乙ハ六月二十日頃対「ソ」戦ヲ全線ニ亘ツテ開始スル、主力ハ莫斯科方面デ国境ニハ百七十乃至百九十ケ師団ガ集結ス。	駐泰独乙公使館ニ居ル武官
一九四一年 昭和十六年 （六月頃）	一、日獨經濟交渉 日本ガ独乙ヨリ軍需品等ヲ購入シ独乙ヘハゴム石油等ヲ送ル尚両国共同デ日本ニ工場ヲ設置スル。	独乙経済代表 ヴォルタート フォス スピンラー
一九四一年 昭和十六年 （六月二十二日）	一、獨蘇開戰ト日本参戰問題 ハ戦争開始前独本国ヨリ駐日「オット」大使ニ日本ガ独乙側ニ立ツテ参戦スル様活	独乙大使館 「オット」大使

一九四一年
昭和十六年
（六月下旬）

動セヨトノ命令アリ。

2. 日本ヲ独乙側ニ参戦セシメヨトノ命令及日本軍部ハ一、二ヶ月後ニ参戦スルト約束ス。

3. 日本海軍ハ対ソ参戦ノ意向ナシ。

4. 松岡外相ハ「オット」大使ニ日本ハソ联ト中立条約ガアルト雖モ近ク独乙側ニ立ツテ対ソ参戦スルト言明ス。

一、獨蘇戦争ニ對スル情報

1. 日本政府ハ独乙ノソ联攻撃ニ関スル確報ヲ得テ會議ヲ開キ独伊トノ三国条約及日ソ中立条約ノ両方ヲ守ルコトニ決定シタ。

クレチユマー陸軍武官
ヴエネカー海軍武官
「オット」大使

尾崎
宮城

一九四一年
昭和十六年
六月下旬

2. 六月二十三日日本政府ハ陸海軍首脳部會議ヲ開キ国際情勢ノ變轉ニ應シ南北一体作戰ヲトルコトニ決定シタ。

3. 荒木大將ト訪問者ノ會談。

宮城 尾崎

一、獨蘇戰ト尾崎ノ近衛側近「グループ」ヘノ働キカケ

1. 近衛ハ支那戰争ダケデ十分デ他ノ戰争ヲシタクナイガ如何シテモ戰フナラ英米ヨリ寧ロ「ソ」聯ト戰フ事ヲ希望ス。

尾崎

2. 近衛側近ガ参戰決定ニ迷ッテ居ルトキ尾崎ハ「ゾルゲ」ト相談シ戰争經濟ヲ説キ「ソ」聯トノ戰争ヲ阻止スル様ニ努ム。

尾崎

3

一九四一年 昭和十六年 （七月二日）	一、御前會議 イ、日本ハ南進政策ヲ強行シ佛印ヘ進駐諸基地ヲ獲得スルト共ニ「ソ」聯ニ対シテハ日「ソ」中立条約ヲ守ルガ起リ得ヘキ対「ソ」戰ノ可能性ニ対シテハ準備ヲ整ヘツツ為ニ大動員ヲ行フ。 ロ、日本ハ南進政策ヲ強行スルガ機會アリ次第「ソ」聯ニ宣戰シ其ノ準備ヲ為ス。	宮城 尾崎 独乙大使館 オット大使 クレチュマー武官
一九四一年 昭和十六年	一、日本参戰問題ノ経過 イ、日本ハ対「ソ」戰ノ準備ガ出来テ居ナカツタ。 ロ、独乙軍ノ戰果ガ予想程デナク「ソ」聯ノ抵抗ガ強ク且ツ「ソ」聯内部ニ何等内紛ガ起	尾崎 尾崎

13

キナイ為日本ハ参戦シナイ。
3. 独乙ハ駐日大使館ヲ通シテ日本ノ参戦ヲ希望シタ。（独乙大使館）
4. 日本ハ独ノ対ソ進撃ガ満足スヘキ状態ニナラバ参戦スル。（独乙大使館陸軍武官室）
5. 日本ノ参戦ハ独軍ノ進撃速度如何ニアル。（オット大使）
6. 日本ノ参戦熱ハ段々低下シ殊ニ日本ノ佛印進駐ニ対スル米国ノ反響ハ予想外ニ大デアッタ。（尾崎、独乙大使館）

一九四一年
昭和十六年
（七月十八日）

一、近衛第三次内閣
近衛ハ松岡ヲ追出シ対米干係ニ何等カノ解決ヲ見出ス為ニ辞職シテ第三次内（尾崎、宮城、独乙大使館）

一九四一年
昭和十六年
七月－八月

図ヲ作ッタ。

一、大動員ニツイテ

1、動員サレタ兵ハ約百萬デ小部分ガソ聯ニ備ヘル為満洲ニ送ラレ大部分ハ支那ニ送ラレタ。

2、満洲ヘハ八月下旬又ハ九月上旬迄ニ送ラレタガ対ソ戦ニハ遅レスギタ。

3、動員サレタ約三分一即チ三十ケ師団ガ満洲ヘ送ラレタガソノ兵力ハソ聯ニ対スル備ヘトシテ十分デアル。

4、九月初旬ニハ独大使館ハ日本ガ今年中ニ対ソ聯戦ニ参加スルト云フ希望ヲ捨テタ。

尾崎
宮城

尾崎
宮城
独乙大使館

独乙大使館

今
右

一九四一年 昭和十六年 八月下旬以降	
5、東京大阪、京都、北海道ニ於ケル動員ノ状況ト東京ニ於ケル動員部隊ノ出発状況。	宮城
6、関東軍ノ矢ハ今年中ニ「ソ」聯ト戦フ事ヲ希望シテ居ナイ。	仝右
一、近衛「メッセージ」ト日米交渉ノ	
1、近衛ヨリ「ルーズベルト」ニ宛テタ「メッセージ」ハ太平洋ノ平和ヲ希望シタモノデアルガ回答ハ不満足ノモノデアッタ。	尾崎
2、日米交渉ニ対スル日本ノ申入レ項目。	仝右
3、日米交渉ハ枢乙ニ有利デナイ。松岡外相ナレバ三国同盟ニ理解ヲ持ツガ豊田外相デハ希望ヲ持テナイ。	枢乙大使「オット」
4、米国ノ対日圧迫ガ強マルガ日米戦争ハ	仝右

5、

年月日	内容	出所
	疑問デアル。 仝日米会談ハ一時纏マツテモ長期ノ成功ヲ続ケルモノデハナイ。	仝　古
一九四一年 昭和十六年 八月頃	一、石油貯蔵量 (イ)日本ノ石油貯蔵量ハ 海軍二年分　陸軍半年分、一般半年分 (ロ)日本ノ貯蔵量ハ 海軍八〇〇　陸軍二〇〇　民間六〇〇	テイヒ、 独乙大使館 ヴェネカー 宮城
一九四一年 昭和十六年 九月上旬	一、尾崎ノ満洲旅行ノ報告 (イ)今般ノ大動員ノ結果満洲デハ経済的困難ガ起リ動員並戦争ノ障害トナツタ。 (ロ)九月初旬ニハ満鉄ノ交通ハ通常状態ニ	尾崎 以下仝

ナリ大戦争ノ準備ハ行ハレテ居ナイ。

3、新シク動員サレタ兵ハ口境カラ後退シテ後方ノ兵舎ニ収容サレタ。

4、齊々哈爾カラ西北ニ延ビル鉄道道路ヲ建設スル。

一九四一年（昭和十六年秋頃）

一、山下中将ノ満洲轉任

山下ハ親独的ノ気分ヲ嫌ハレテ満洲ノ第一線デナイ地位ニ追ハレタ。

宮城
尾崎
独乙大使館

27

「ゾルゲ」調査書

（十二月二十日調製）

一、住所　東京市麻布區永坂町三十番地

二、國籍　獨乙

三、職業　獨乙フランクフルター・ツアイツング紙特派員

リヒアルド・ゾルゲ
西暦一八九五年十月四日生

四、略歴

一八九五年露國コーカサス州バクーニ於テ生ル父「リツヒアルド・ゾルゲ」ハ石油採掘技師トシテバクーニ於テ勤務シ居リタルモ「ゾルゲ」ノ出生シテ二年後全家族ヲ伴ヒ伯林ニ歸リ石油ニ關スル事業ニ從事シ居リ一九一一年死亡ス

家族

父　リツヒアルド・ゾルゲ　一九一一年死亡　石油技師
母　ニイナ　七六、在伯林
兄　ヘルマン　五二、在獨乙マインツ化學技師
姉　ナタリヤ　五〇、在伯林　結婚ス
〃　アンナ　四八、在獨乙フライブルグ　結婚ス
私　リツヒアルド　四六

九才ノ時伯林「リヒターフエルデ」學校入學、小學部、中學部ヲ經テ
一九一四年ヨリ一九一五年迄出征負傷シ除隊シ
一九一五年十月高等學校卒業ノ資格ヲ得
一九一六年伯林大學經濟學部ニ入學、二學期ヲ終ヘテ再ビ出征
一九一六年初冬二回目ノ負傷ヲ爲シ約一ケ月入院後戰線ニ歸リ
一九一六年末頃第三回目ノ負傷ヲシテ六、七ケ月入院ス
一九一八年一月十八日兵役ヲ免除サレ伯林大學ニ復校四學期ヲ終了シテ一九二〇年冬期ニ卒業
一九二〇年十一月「ハンブルグ」大學ニテ政治學博士ノ學位ヲ得
一九二一年ヨリ「ハンブルグ」市戰時統制組合ニ約一ケ年勤務
一九二一年末ヨリ「アーヘン」市「カール」工業專門學校助手トシテ約一ケ年勤務
一九二三年ヨリ獨乙、和蘭國境附近ノ石炭鑛山ニ炭坑夫トシテ仝年冬迄約一ケ年勞働ス
一九二四年ヨリ仝年十二月迄「フランクフルト」市「フランクフルト」大學經濟學研究室ニ助手兼講師トシテ勤務ス

一九三三年七月獨乙「フランク・フルターツアイテイング」紙及和蘭「アムステルダム」市「ハンドレッドブラット」誌（貿易雑誌）ノ日本特派員トナリ、仝年九月六日日本渡來現在ハ「フランクフルト」新聞日本特派員タリ

五、獨乙ニ於ケル共産主義運動經歴

1、理論的研究

一九一五年第一回負傷入院中「ヘーゲル」「カント」ヲ研究、

一九一六年末第三回負傷入院中獨乙及歐洲歴史、美術並ニ文學史ヲ研究一九一八年退院後

マルクス著　資本論
エンゲルス著　反デューリング論
ヒルファティング著　金融資本論
ミーリング著　獨乙勞働運動史

其他多數ノ「マルクス」主義文獻ヲ讀ミ同年中ニ共産主義ヲ信奉スルニ至ル

2、獨立社會黨關係

一九一八年四月頃ハンブルグ市ニ於テ「ウンアップヘンギーゲゾチアーレ パルタイ」（獨立社會黨）ニ加入シ勞働者ノ教育、煽動、宣傳並

ニ黨員獲得組織活動ニ從事ス

3、獨乙共産黨加入關係

一九一九年三月「コミンテルン」創立サレ仝年九月「コミンテルン」獨乙支部トシテ獨立社會黨及「スパルタカス　ブント」「レボルチヨネーレ　アルバイター　シヤフト」（革命勞働者聯盟）等ノ諸團體ヲ母體トシテ獨乙共産黨カ結成サレ、仝年十二月「ハンブルグ」市デ仝黨ニ加入仝市ノ一地區委員會ニ所屬シ平黨員トシテ教育及宣傳煽動活動ニ從事ス

4、炭坑ニ於ケル活動

一九二三年一月頃ヨリ黨ヨリノ命令デナク自分ノ意志ニテ和蘭國境附近ノ石炭鑛山ニ炭坑夫トシテ働キ「アーヘン」市ニアル西部地區ニ所屬シテ七、八名ノ「グループ」ノ啓蒙者トシ又夕方及一週ニ一回位他ノ坑夫ヲ集メテ宣傳煽動並ニ啓蒙活動ニ約一ケ年從事ス

5、フランクフルト市時代

一九二四年一月頃黨ニ申出テ「フランクフルト」市ニ赴キ大學ニ勤務ノ傍仝地ニ於テ宣傳煽動並ニ啓蒙活動ニ從事ス

2

仝年九月頃「フランクフルト」市ニ於テ獨乙共産黨大會（コングレス）ガ非合法ニ開催サレ「コミンテルン」本部ヨリ「ロゾフスキー」ガ派遣サレ約百五十名ノ代表ガ集合「ゾルゲ」モ之ニ出席シテ五、六日ニテ大會ヲ終ル。

大會ノ議題ハ仝年七月「モスコー」ニ於テ開催セラレタル「コミンテルン」第五回大會ニテ決議ノ組織問題ニツキ討議ス

其後「コミンテルン」本部ヨリ獨乙共産黨ニ對シ仝問題討議ノ爲代表派遣方ノ命令アリ「ゾルゲ」及伯林市ヨリ一名合計二名ガ獨乙共産黨書記局ヨリ「モスコー」ニ派遣サル。

獨乙ニ於ケル黨名「アルフレッド」

六、獨乙共産黨ヨリ「コミンテルン」本部ヘ派遣

1、一九二四年十二月在伯林獨乙共産黨中央書記局ヨリ「コミンテルン」ヘ赴キ組織、宣傳、煽動及教育活動等ニツキ討議スル事ヲ依頼サレ仝年十二月三十一日伯林發一月三日「モスコー」ニ到着「トヴェルスカヤ」街ノ共産黨寄宿舍ニ宿泊シ以後約二年間仝所ニ滯在ス

2、第五回「コミンテルン」大會決議實行ノ爲ノ委員會出席

3

一九二四年六―七月「モスコー」ニ開催セラレタル第五回「コミンテルン」大會ニ於テ議決セラレタル街頭細胞ヨリ工場細胞ヲ基礎トスル黨再組織ニ關スル決議ヲ實行ニ移ス爲「クレムリン」宮殿附近共産黨會館ニ於テ委員會ヲ數日ニ亘ツテ開催之ニ出席ス

出席者

コミンテルン本部員　ピヤトリスキー（ソ聯ピヤトニツキー）
クージン（芬蘭クーシネン）、マーリスキー（ウクライナ、マヌイルスキー）
劉乙（二名）、佛、ベヌギー、スイス、ノルウエー（各一、二名）

3、擴大會議其他ニ出席

全年二、三月頃開催セラレタル「コミンテルン」ノ「プレニウム」（代表一五〇名位出席）及「コンフレンス」（代表七五名位出席）ニ中央本部員トシテ出席前記小委員會ニテ討議セル「工場細胞ヲ基礎トスル黨再組織」ヲ協議シ後之ヲ實行セリ

七「コミンテルン」情報局關係

一九二五年二月頃「コミンテルン」本部ヨリ依頼セラレ當時未ダ完備セザリシ「コミンテルン」情報局ノ擴大發展ノ爲情報局書記長「クーシン」（クーシネン）ノ下ニ活動シ約一年後ニハ情報局次長トナル

情報局ニ於テハ各國共産黨ト連絡シテ情報機關ヲ作リ各國ヨリ六週間毎ニ政治經濟軍事等ニ關スル情報ヲ集メテ黨ノ普通ノ情報ト比較シテ其ノ國ノ情勢ヲ判斷スルヲ任務トシ獨乙、佛國、スカンデナビヤ、北米、英國等ニ順次出來上ツタガ日本、支那、バルカン等ニテハ共産黨ガ非合法的ノモノデアツタノデ其設置方ヲ命令出來ズ遙カニ遲レテ出來タ。

一九二六年頃ニ至リ情報局ハ漸次擴大整備サレ直接各國ニ特別ノ人ヲ派遣シテ情報蒐集ヲ爲ス必要ヲ感ジソノ派遣ガ始マリ

一九三〇年頃ノ情報局ノ組織ハ次ノ如クデアル、

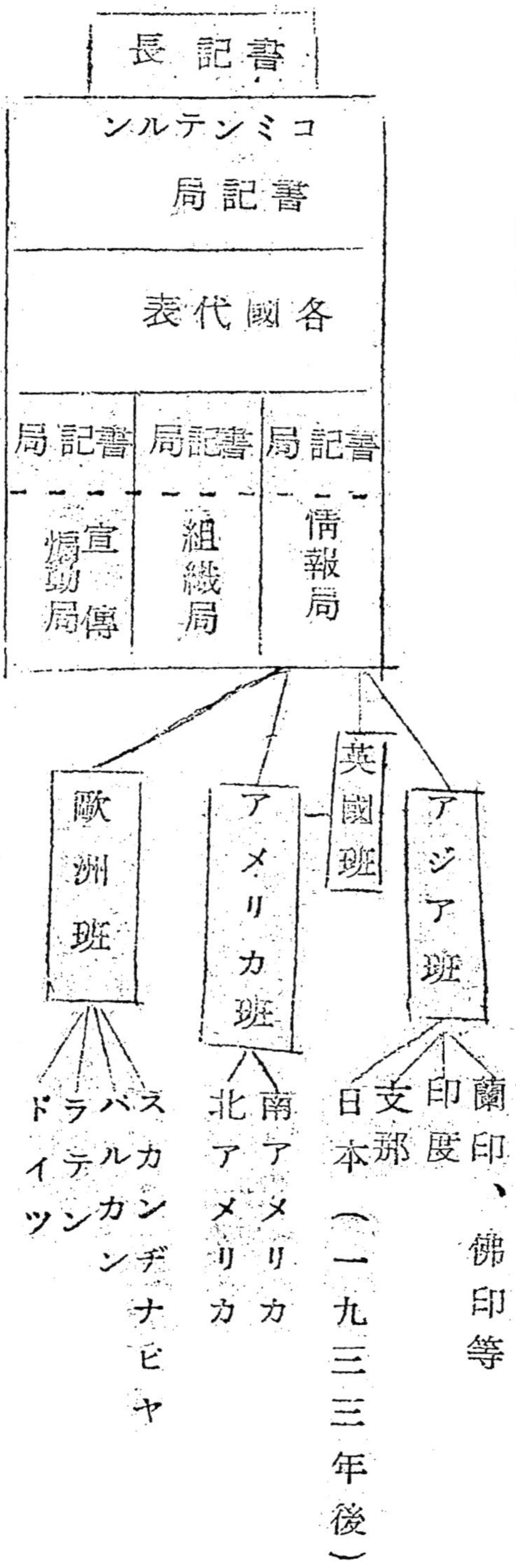

情報局ヨリ各國ニ派遣サレルモノハ次ノ三通デアル
イ、政治的情報ヲ蒐集スルモノ
ロ、工場細胞ニ働キカケルモノ
ハ、一般的狀勢ヲ見ルモノ（「ゾルゲ」ハ之ニ屬ス）
尙其他ニ次ノ如キ派遣者ガアルガ情報局トハ關係ナシ
赤軍ヨリ派遣サレ軍事情報ヲ集メルモノ
「ゲー・ペー・ウー」ヨリ派遣サレル者

ヘ、

「スカンヂナビヤ」へ派遣
一九二七年情報局ヨリ「スカンヂナビヤ」地方ニ派遣サレル事ニナリ全年二月ヨリ三月迄ニ四回ノ會議ガ開カレ之ニ出席協議ス
第一回情報局會議
クージン、ゾルゲ、スカンヂナビヤ代表全部
第二回情報書記局及組織局會議
クージン、ピヤトニスキー、ゾルゲ、スカンヂナビヤ代表
第三回情報書記局及アヂプロ局會議
ベバー、ゾルゲ、スカンヂナビヤ代表

4

第四回コミンテルン書記局會議

クーシン、ピヤトニツキー、マニルスキー、ゾルゲ、スカンヂナビヤ代表

仝年三四月頃伯林ニ赴キ「スカンヂナビヤ」語ヲ勉强シ伯林市「ゾチュオロジカル」雜誌社特派員ノ名目ニテ夏頃「デンマーク」ニ赴キ「デンマーク」共產黨指導者ニ會ヒタル後全國内ヲ旅行シ政治的經濟的狀況ヲ視察ス次イデ「スエーデン」共產黨會議ニ出席シタル後全國主要都市ニ大旅行ヲ試ミ再ビ「デンマーク」ニ歸リ「デンマーク」共產黨會議ニ出席ス、其後「ノルウエー」共產黨會議ニ出席シタル後同國ノ政治的經濟的狀況ヲ研究シ

一九二八年六月末伯林ニ歸リ報告書ヲ作成シテ提出ス

「スカンヂナビヤ」派遣ノ主要目的ハ情報活動ヲ始メルト共ニ黨發展活動ノ爲デアツタカ實際同地方ニ赴イタ結果ハ出發前會議デ決定サレタ事ハ幾分變更ヲ餘儀ナクサレタ。

九　「コミンテルン」第六回大會出席

一九二八年七月ヨリ開催セラレタル第六回大會（註七月十六日ヨリ九月一日迄）ニ本部ノ「スカンヂナビヤ」委員トシテ大會ニ出席ス

5

イ、「スカンヂナビヤ」地方ニ關スル專門家トシテ全地方ニ關スル報告說明ヲ爲シ大會ノ相談役ヲナス

ロ、政治的權威者「ブハーリン」ノ秘書役ノ如キ役ニテ「スターリン」派トシテ「トロツキー」「ジノウイエフ」、「カーメフ」等ヲ「コミンテルン」ヨリ放逐スル爲議論シ黨ノ政治的變革ニ際シテ活動ス

ハ、「コミンテルン・テーゼ」ノ起草ニ參加シ後其ガ決定サレルノニ手傳ス

「スカンヂナビヤ」地方情報網完成

一九二八年九月第六回大會終了後再ビ「スカンヂナビヤ」地方ニ赴キ同地方ノ研究並情報網完成ノ爲活動シ之ニ成功ス

一〇、「イングランド」派遣

1、一九二九年春頃「スカンヂナビヤ」滯在中中央ヨリ英國ニ行ク命令ヲ受ケ直チニ伯林ニ赴キ英國ニ渡ル

目的ハ英國ノ政治的經濟的ノ研究デアツタガ當時英國ハ不況ノ爲失業者ガ多ク大爭議勃發ノ形勢ニアツタノデ爭議ノ有無並ニソノ發展性ニツキテモ研究ス

英各地ヲ旅行シ多クノ炭坑ノ悲惨ナル狀態並製鐵工場ノ經濟的破産等ヲ視察スル中爭議ガ勃發シ共産黨ハ勞働黨ニ對シテ共同爭闘ヲ提議セルモ勞働黨ハ之ニ應ゼズ「ゾルゲ」ハ同盟罷業ハ成功スルトハ考ヘラレザリシモ情勢ハ「ストライキ」ヲ決行スル以外ニ途ナク「ストライキ」ハ失敗セルモ共産黨トシテハ成功デ好結果ヲ得

2、約十週間滯英シ仝年五月頃「モスコー」ニ歸リタルモ既ニ「ゾルゲ」ハ蘭ノ人トナリタル爲黨會館ヤ寄宿舍ニ行カズ小サナホテルニ投宿シテ共産黨員トシテ知ラルル事ヲ避ケ再ビ「スカンヂナビヤ」ノ報告及英國ニ關スル報告書ヲ提出ス

尚ホテルニ於テ「ビヤトニツキー」「クージン」「マヌイルスキー」ト共ニ四回ノ秘密會合（英國二回、スカンヂナビヤ二回）ヲ開催ス

3、情報活動ニ關スル意見

「コミンテルン」書記局ニ對シテ各國ニ派遣サレ情報活動ヲナスニ付左ノ意見ヲ申立テ仝書記局ニ於テ採用決定サレ爾來實行サレオレリ

6

イ、何レノ國ニテモ其國ノ共產黨ノ內部デハ內政上ノ爭ガアル。其爲ニ情報係トシテ他國ニ送ラレル者ハ絕對ニ其國ノ共產黨ノ仕事カラ離レナケレバナラヌ

ロ、若シ共產黨內ノ仕事ヲ手傳フ必要アレバ情報關係デナイ者ヲ送ルベキデアル

此時以來「ゾルゲ」ノ孤立ガ決定サレ孤立ガ始マル

二、支那派遣

1、出發準備

イ、「モスコー」ノ準備

一九二九年六七月頃「コミンテルン」本部ヨリ支那派遣ノ交渉ヲ受ケ之ヲ承諾シ強イ孤立ヲ守ツテホテルヨリ普通ノ民家ニ移轉ス仝家ニテ「ピヤトニツキー」ニ二、三回及蘇聯共產黨ノ者一人、赤軍（ソ）ノ者一人ト會合シテ協議セルカ「ゾルゲ」ノ支那派遣ハ中國共產黨ニハ秘密トシ連絡セズ

ロ、伯林ノ準備及經路

一九二九年九月伯林ニ赴キ「ゾチュオロジカル」雜誌社特派

員トナル仝十二月佛國「マルセーユ」出帆「スエズ」「コロンボ」經由一九三〇年一月香港ニ到着二、三日後上海ニ赴ク

2、支那ニ於ケル活動目的

支那ニ於ケル活動目的ハ左ノ情報蒐集ヲ目的トス

イ、蔣介石ト中國共產黨赤軍トノ戰爭

ロ、蔣政權ト他ノ軍閥トノ戰爭

ハ、日支間ノ戰爭

3、渡支後ノ狀況

イ、支那硏究

一九三〇年一月香港上陸二、三日後上海ニ赴キ最初ノ半ケ年ハ專ラ在支獨乙人ト友人關係ヲ持ツ事ニ努力シ出版物並南京廣東等ニモ旅行シテ支那ノ狀勢ヲ知ル事ニ努ム

ロ、廣東ニ於テ

一九三〇年夏頃廣東ニ赴キ

獨乙フランクフルトツアイテイング紙特派員

米國人　スメドレー（女）

ト知合トナリ同時ニ支那人ノ友人ト交際ヲ始ム
尙上海當時ヨリコミンテルン及蘇聯邦ノ秘密機關ニ關係アル者トモ連絡アリタルガ廣東ニ於テハ無電技術者「クラウゼン」ノ廣東ヨリノ秘密無電發受信試驗ニ關係ス

ハ、「アレックス」ト會見

一九三〇年晩夏頃香港ニ行キ某ト連絡スベキ命ヲ受ケ廣東ヨリ香港ニ赴キ船ニテ「アレックス」夫妻ト會見ス、「アレックス」ハコミンテルン情報局關係ノ者ニテ上海ニ於テ情報「グループ」ヲ作ル事ニ失敗シ英國官憲ト事件ヲ惹起セル爲印度洋經由「スイス」方面ニ赴ク

4、情報「グループ」ノ結成

イ、支那人トノ交際

廣東ニ四五ケ月滯在シタル後上海ニ歸リ「ゾルゲ」ノ「グループ」ヲ作ル事ヲ努ム、多數ノ支那人ト交際スル中以前中國共產黨ノ「シンパ」又ハ黨員ニシテ當時組織ノ毀レテ居ル關係者ヲ發見シ其者等ト特殊ノ關係ヲ持チ「ゾルゲ」ノ秘密ノ仕事ニ對スル諒解ヲ持タシメテ「グループ」ヲ結成ス

ロ、日本人トノ關係

一九三〇年末頃「レストラン」ニテ「スメドレー」女史ヨリ左翼的ノ人間ナリトテ尾崎（秀實）ヲ紹介セラレ更ニ尾崎ヨリ順次他ノ日本人ヲ紹介セラレ左翼日本人ト連絡ス

ハ、「グループ」ノ「メンバー」

歐米人

ゾルゲ（スミス、ラムゼイ事 ジョーハン）	獨乙人	
ミーシヤ	白系露人	後肺病デ死亡
ジヨン	波蘭人	本部ヨリ派遣
パウル	バルト人	本部ヨリ後ゾルゲ後任者
スメドレー（女）	米國人	
ワインガルトゼベル	獨乙人	無電技師
クラウゼン	獨乙人	〃（後奉天滯在 オツトノ技術者）
グリンベルグ・オツト		ハルビンノ情報係

日本人

尾崎

鬼頭
河合
水野
某　丈ノ高イ男一、二回會フ
某　（顔ノ長イ男通信員）
尾崎ノ後任トシテ紹介セラレタルモノガ多忙ノ爲更ニ紹介セラレタル者ニテ後「バウル」ニ引繼ス

支那人
ワン　現在四〇位
ワン　ノ妻　（南京ニ居住）
パイ　〃（三八位）
チュイ　〃（三七位）
チュイ　ノ妻　（廣東ニ居住）
リ　〃（三九）　（時々北京）
チャン　〃（三九）　（廣　東）
チン　（北京）學校敎師
某　（パイ　ノ友人）

8

5、活　動

イ、各地ノ支那人ヨリハ定期的ニ書面又ハ口頭デ報告ス

ロ、尾崎等ヨリハ日本ノ對支關係ノ情報ヲ蒐集

ハ、河合ハ南北ヲ旅行シテ情報ヲ蒐集ス

ニ、蒐集セル情報中重要又ハ急グモノハ「ゼベル」ヲシテ無電デ發信セシメ資料ハ郵便函（連絡係ノ事）ノ人ニ渡ス或時ハ「クラウゼン」ガ郵便函トシテ上海ニ來リ全人ニ託セル報告ハハルビンノ「オツト」ヲ經テ「モスコー」ニ送付セリ

6、歸　國

イ、目的達成

最初二ケ年ノ豫定ガ仕事ガ困難ノ爲一ケ年延期サレ上海ヲ中心トスル支那ニ於ケル活動ノ基礎ヲ作リ

一九三二年末上海ヲ出發「シベリヤ」經由ニテ「モスコー」ニ歸ル

ロ、後　任

「ゾルゲ」ノ後任ハ黨本部ヨリ派遣サレ「ゾルゲ」ノ下部ニ

動キ居タルバルト人「バウル」ニ引繼グ

7、他ノ「グループ」關係

イ、他ノ「グループ」ノ存在

上海ニ於テ「ゾルゲ」グループノ外ニ「コミンテルン」或ハ赤軍等ノ秘密グループ存在セリ

「アレツクス」情報グループ　不成功ニ終リ一九三〇年晩夏歸國ス

「ゲラルト」政治グループ

「ジヨン」政治グループ

「フリツツ」軍事グループ

他ノ「グループ」ノ首腦者ハ大體獨乙人ニシテ「ゾルゲ」トヨク政治上ノ議論ヲ爲シ居リタルカ他ノ「グループ」ハオ互ガアマリ好ク知合ツテ居タ爲後ニ組織ガ崩壞ス、其爲「ゾルゲ」ハ自分ノ「グループ」ガ他ノ「グループ」ト關係シナイ様務メタル由ナリ、

一二、支那ニ於ケル活動状況報告

一九三三年一月支那ヨリ西伯利亜經由ニテ莫斯科ニ歸リ「ノーヴアヤモスコウ、ホテル」ニ投宿シ支那ニ於ケル報告書ヲ提出シ支那ニ於ケル活動ハコミンテルンノ最高幹部ヤ、各方面ノリーダー達モ滿足シテ居ルト云ハレタ

當時モスコウデ連絡シタ者ハ

ピヤトニツキー　（三回）
マヌイルスキー　（一回）
クシーシン　（二回）
ソ聯邦共産黨員　五名位
外務人民委員部　二名位
ゲー・ペー・ウー　二名位（其ノ中ノ一名ハ前ニ一、二回會ツタ事ノアル男）
赤軍　ベルジン大將　（平服ニテ面會）

等デアリ、ソレ等ノ者カラ新シイ質問ガ出サレル度ニ報告書類ヲ出スノデ毎日毎晩タイプヲ打チ四、五月頃迄其ノ状態ヲ續ク

一三、日本ヘ派遣ノ經過

1、日本へ派遣サレル經過

一九三三年四、五月頃コミンテルン本部ヨリ矢張リ情報活動ノ爲何處カへ行ク樣云ハレ「ゾルゲ」ハ戯談ニ「日本へデモ行カウカ」ト答へタル處、約十日位後電話デ「ゾルゲガ日本ニ行ク事ニツイテ話ヲ仕樣」ト云ツテ來テルニ一人ノ男ガ尋ネテ來タ

ソノ男ハ「ラデツク」ノ仲ノヨイ友人デ全人トプラウダ紙デ約二年位一諸ニ仕事ヲシタ

アレクス（体ノ小サナ男）

ト云フ蘇聯共産黨員デアル

2、日本派遣ニ關スル委員會

「ゾルゲ」ノ日本派遣ノ爲「ゾルゲ」ヲ中心トシテ三、四人位宛ノ會議ガ催サレ日本ニ關スル情勢及日本ニ於ケル情報活動等ニツキ打合ヲ行ヒ會議ハ毎週三回位デ約十回ニ亘ツテ開催サレタ

會議ニ出席シタモノハ「ゾルゲ」及

コミンテルン本部　クーシネン（多分情報局長）

〃　マヌイルスキー

〃　ピヤトニツキー）一諸ニ出席

ソ聯邦共産黨本部	アレクス	元プラウダ紙ニテ「ラデツク」ト一諸ニ二年位仕事ヲシタ小サナ男、會議ノ世話役ノ樣ナ仕事ヲ爲ス
外務人民委員部	二　名	二名トモ駐日ソ聯邦大使館ニ勤務セル男ニテ日本語ヲ解ス。一名ハロシヤ人、一名ハオーストリヤ人、日本ノ狀況ヲ說明ス
赤　軍	ペルジン大將	日蘇戰ノ有無並ニ其ノ可能性ニツキ說明
ゲ・ペ・ウ		ソノ中一人ハ「ヨツフエ」ト共ニ日本ニ來テ、日ソ交渉ニ當リタル者、日ソ外交ノ開始ヨリ其ノ經過ヲ說明ス

3、伯林ニ於ケル渡日準備

(イ)一九三三年五月七日頃伯林ニ赴キ日本ニ於ケル外國人並知名日本人ノ住所氏名ヲ調査シ尚日本ニ赴ク名目ヲ得ル爲新聞社ニ入ル事ニシ友人達ヨリ（黨ノ關係ナシ）

駐日獨乙大使館員

在日獨乙商人（イリス・ボツシユ・アーレン商會等）

獨乙科學協會

出淵勝次　白鳥（渡日セルトキ不在）某（獨乙クラブニ出入スル者會見セズ）
等ニ對スル紹介狀ヲ貰フ

(ロ) 仝年七月頃

獨乙　フランクフルト　ツアイテイング紙

和蘭　アムステルダム　ハンドレッドブラット（貿易雜誌）

ノ日本特派員トナル

(ハ) ナチス黨加入申込

當時新聞記者ハナチス黨ニ加入セネバナラヌノデ伯林ボーゼンツアイテイング紙及伯林ハイデルベルヒ　ゲオポリテイツク（月刊雜誌）ノ編輯長「フーインクル」ハ在支當時仝誌ニ寄稿シテ（知ツテ）居タノデ、仝人ヲ通ジ「ゾルゲ」ハ支那ヨリ歸ツテ來タ計リデアルト僞稱シテ履歴書ヲ添ヘナチス黨ニ加入申込ヲ爲シ翌一九三四年渡日後加入ヲ許可サレナチス黨員トナル

(ニ) ウエント（ベルンハルト）ト會見

伯林ニ於テ「ゾルゲ」ノ身ノ廻リヲ世話スル黨關係者ヨリモスコウノ無電學校ヲ卒業シタ。無電技師「ウエント」夫妻ト連絡

シ、日本渡航後十月頃帝國ホテルニテ連絡スルコト及仕事ニ關シ打合ヲ爲ス。當時「ウエント」ハ日本ニ於ケル仕事ヲ簡單ニ考ヘ居リタルモ渡日後困難ノ爲日本ニ於ケル仕事ヲ中止シテ歸滌ス

(二)資金關係

在伯林コミンテルン連絡員ヨリ渡日後ノ費用ハ毎月米貨一千弗以內ニシテ「ゾルゲ」ノ日本到着三ケ月位後連絡員ガ連絡スル事及若シ連絡出來ザル時ノ通信先トシテ上海中央郵便局私書函番號ヲ知ラサル(忘レタト)

(ホ)途中ノ連絡

渡日ノ途中ホテルヘ連絡員ガ來訪スル事前ニ人違ナキ爲ノ特別ノ挨拶ヲ知ラサル

一四、伯林出發ヨリ日本到着迄

1、經路

一九三三年七月十四、五日頃伯林出發、巴里ニ四、五日滯在八月一日頃佛國サザンプトンヨリ航路五日位ニテ紐育ニ到着八日位滯

在、ワシントン（三日位）シカゴ（四日位）バンクーバーヨリ來船シ一九三三年九月六日横濱ニ上陸ス 12

2、巴里ノ連絡

指定サレタル

巴里ノアホテルニ投宿ノ翌日一人ノ連絡員ガ來訪シ、紐育ニ於テハブロードウエイ、東四十二街、リンコルンホテルニ投宿スルコトヲ指示サレ又「ブケリッチ」ガ東京ノ大キナアパートニ居ル事及連絡ノ際ノ挨拶ヲ知ラサル（尚伯林ニ於テモ詳カヾ既ニ東京ニ先發シ居ル旨ヲ知ラサレ居レリ）

3、紐育ノ連絡

紐育リンコルンホテルニ投宿シ連絡員ト會見シ、シカゴ市ニ於テ當時開催中ノ萬國博覽會ニテワシントンポスト社ノ者ト連絡方ヲ指示サル

4、シカゴノ連絡

シカゴ市ミシガン湖畔ノ萬國博覽會ニ於テワシントンポストノ男ト連絡シ一人ノ日本人ガ間モナク日本ニ歸ル故ソノ日本人ト連絡スル事故ニ連絡ノ方法ヲ指示サル

一五、日本ニ於ケル活動準備

1、「ウエント」（「ベルンハルト」）トノ連絡

一九三三年九月六日横濱上陸直チニ上京シ住居ヲ定メ仝年十月頃伯林ニ於テ打合セタル通リ帝國ホテルロビーデ「ウエント」夫妻ニ連絡ス。「ウエント」夫妻ハ當時ヨリ横濱市本牧附近ニ住居ヲ構ヘテ居リ、無電機ノ組立ヲ開始ス

2、「ブケリッチ」トノ連絡

一九三三年十一月頃文化アパートニ電話ヲ掛ケ巴里ニテ連絡員ヨリ指示サレタル「ブケリッチ」夫妻ガ仝アパートニ居住スルヲ確メ先ヅ「ウエント」ヲ見ニヤリ翌日「ゾルゲ」ガ仝アパートニ赴キ仝人ト連絡ス

3、活動資金ノ受領

日本ニ渡來セル時ノ所持金ハ旅費等ニテ使タル爲殘金約八百米弗ノミナリシガ、伯林ニ於テ連絡員ヨリ指示サレタル通リ日本渡來約三ケ月位後卽チ十二月初メ頃未知ノ者ガ獨乙大使館ニ電話ニテ「ゾルゲ」ヲ尋ネタル後獨乙大使館氣付ニテ手紙ヲ寄セ帝國ホテ

ルニテ連絡ノ日時ヲ指定シ來リタルニ依リ指定ノ日時帝國ホテルロビーニテ連絡ス

年令三十四、五才位、丈高ク頭髮ブロンド色、英語ニテ會話ス

但シ英人、又ハ蘇聯人ノ何レデモナシ。

翌日全人ト共ニ日光中禪寺湖ニ赴キ湖畔ノホテルニテ晝食シ、活動資金邦貨金七、八千圓ヲ受領ス。尚全人ヨリ伯林ニ於テ連絡員ヨリ指示サレタルト同ジノ上海中央郵便局私書函番號ヲ資金ニ關スル連絡所トシテ知ラサル

4、宮城ト連絡

一九三三年十二月下旬アドバータイザー社ニ赴キ米國ニ於テ連絡員ヨリ指示サレタル通リ「浮世繪、美術ノ本ヲ探シテ居ル」トノ意味ノ廣告ヲ姓名在社ニテアドバータイザー紙及全社發行ノ週刊雜誌「ハン・パシフイツク」誌ニ數日宛二回廣告ス

アドバータイザー社ニ赴キ廣告ニ對スル返事ノ手紙ヲ受領シ「ブケリツチ」ニ命ジテ連絡方ヲ取計ハラシメ、上野美術館ニ於テ宮城ト連絡ス

13

5、尾崎ト連絡

一九三四年五月頃宮城ニ命ジ朝日新聞社ニ勤務スル尾崎（上海ニ於テ「ゾルゲ」グループニ屬セル者）ヲ探シ「ゾルゲ」トノ連絡方ヲ命ジ約一ケ月位後、奈良法隆寺？ニテ尾崎ト再會シ連絡ヲ恢復ス

一六、情報活動開始ト無電連絡ノ不成功

一九三三年九月六日、日本渡來後約一年半位ハ試驗期間トシ情報活動ヲ開始セルガ無電係「ウエント」ノ技術拙劣ニテ無電連絡ハ不滿足デアリ「ウエント」モ亦秘密諜報活動ニ興味ヲ持タズ一九三五年一月頃「ウエント」ヲ更代セシムルヲ考ヘニテ其旨ヲモスコー本部ニ手紙ニテ報告、「ウエント」ハ一九三五年五月頃歸國ス

一七、一九三五年モスコーニ一時歸國

一九三五年一月頃モスコー本部ニ對シ書面ニテ

1、一年餘日本デ働イタカラ歸ヘツテ報告ヲシ又今後日本ニ於ケル活動ヲ繼續スルヤ否ヤヲ相談シタイ

2、無電技術者ヲ取リ替ヘル事

3、表面上ノ仕事タル「フランク フルト」新聞社等トノ新契約ヲ結 14
ブ必要アリ
4、第七回コミンテルン大會ニ間ニ合フ様歸國スル
等ヲ申出デ承認ヲ得テ一九三五年六月初メ頃横濱ヨリ桑港經由紐
育リンコルンホテルニ投宿シテ連絡員ト會ヒ、オーストリヤノ僞
造旅券（古イ旅券ヲ改鼠セルモノ）ヲ受取リ又入露ニ關スル打合
ヲ爲シ紐育ヨリ乘船伊太利「ニヤポロ」ニ上陸ヴィヤナ――ウ
イン――プラーグヲ經テ一九三五年七月初頃モスコーニ到着ス

一八、モスコーニ於ケル狀況

1、日本ニ於ケル活動狀況報告
日本ニ於ケル活動狀況、グループ關係及日本ノ政治狀態等ヲタイ
プニテ作成（四部宛）シ「マヌイルスキー」ノ代リノ男ニ渡ス
2、尚前記ノ「マヌイルスキー」ノ代理ノ男ヲ通ジテ黨本部ニ對シ日
本ニ於ケル無電技術者トシテ「クラウゼン」又ハ「ゼベル」ヲ要
求シ後「クラウゼン」ヲ派遣スルコトニ決定ス
3、一九三三年「ゾルゲ」ガ日本ニ行ク爲ノ委員會ニ關係セル「ヤ

レクス」ヲ通ジ尾崎ノコミンテルン登録方ヲ申請シ承認サル

4、「クーシネン」ト會見

「クーシネン」ヨリ來訪シ會談ス

5、「オリツキ」將軍ト會見

赤軍情報部ノ「オリツキ」將軍ハ二回「ゾルゲ」ヲ訪問會談セルガ其際「クラウゼン」ヲ日本ニ派遣スル事ノ承認ヲ得

尙多分「アレクス」ノ家ニテ「オリツキ」將軍、「ゾルゲ」及「クラウゼン」ガ會見セル際將軍ヨリ凡ユル日本ノ情報ヲ蒐集セヨ、才前等ノ活動ハ日蘇開戰ヲ回避スルニ役立ツデアロウト云ヘル

6、第七回コミンテルン關係

モスコー到着ノ時ハ大會ハ未ダ開催セラレザリシモ準備會ハ既ニ始リ居リ「マヌイルスキー」ハ「ゾルゲ」ノ報告ヲ讀ミタル後「ゾルゲ」ガ秘密任務ヲ持ツ人間デアリ且支那人及日本人其他ニ顏見知リノ者ガ多キヲ以テ大會ニ出席セザル樣手紙ニテ忠告シ來リ、「ゾルゲ」モ亦之ヲ諒トシテ大會出席ヲ見合セ再ビ日本ニテ活動スル事ニ一九三五年七月末大會開催中飛行機ニテモスコウヲ退去ス

15

一九　日本再渡來ノ狀況

一九三五年七月末頃飛行機ニテ伯林着和蘭ニ赴キフランクフルト新聞社ト手紙ニテ打合セ再ビ獨逸ニ入リ「ミュンヘン」ニテ新聞社ノ者ト會見シ日本特派員トシテ活動スル事ノ新契約ヲ爲ス

再ビ和蘭ニ歸リ「アムステルダム」市ノ「ハンドレッド　プラット」雜誌社トモ契約ヲ更新シテ英國倫敦ニ渡リ（僞造旅券ハ和蘭ニテ燒却ス）一九三五年八月初旬紐育ニ到着、「ワシントン」市ニ赴キ「ナショナル　ジオグラフイック　ソサイエテイ」ニテアメリカ文化ヲ研究シ、米國內ヲ見物的ニ旅行、桑港ニ六日、合計約一ヶ月米國ニ滯在シテ日本船龍田丸ニテ桑港――ホノルル經由一九三五年九月二十六日橫濱ニ到着ス

二〇　日本再渡來後ノ活動

1、「クラウゼン」ノグループ加入

一九三五年十二月頃「クラウゼン」ト獨乙クラブニテ連絡後「ヴウケリッチ《エント》」ノ後任者トシテ無電連絡ヲ受持チ其後グループノ會計係ヲモ兼任ス

2、「ギユンター シユタイン」關係

「シユタイン」ハ獨乙系猶太人デ伯林ノ左翼新聞「ベルリナ」紙ノ記者デ歐洲デ有名ナ新聞記者デアツタガ猶太人ノ爲獨乙市民權ヲ得ル事ガ出來ズ一九三六年春頃英國新聞「ニユース クロニクル」紙及週刊經濟雜誌「フアイナンシヤル・ニユース」ノ特派員トシテ日本ニ來朝シ、外務省記者會デ會見セルガ兼ネテ兩名ハ互ニ名前ヲ知ツテ居タノデ心安クナリ、約五ケ月位後「ゾルゲ」ヨリ或ル仕事ヲシテ居ル旨ヲ暗示シテ自己ノグループノ仕事ニ獲得、「ゾルゲ」ノ病氣等ノ場合ハ尾崎トノ連絡ニ當ル外「シユタイン」ノ家ヲモ情報活動ノ爲提供シ、且諸外國ノ日本ニ對スル情報ヲ蒐集シ居リタルガ日本官憲ヨリ左翼的通信ヲ爲スト注目セラレタル等ノ原由ニテ一九三八年初メ頃婚約中ノスイス人婦人記者「ガンテンバイン」ト共ニ英國ニ向ケ退邦ス

3、情報蒐集

「ゾルゲ」自身新聞記者トシ又、獨乙大使館等ヨリ情報ヲ入手シ「ブケリツチ」、尾崎、宮城及其他ノ友人達ヨリ各種情報ヲ入

手シ「クラウゼン」ヲシテ無電ニテ報告スル外フイリムニ撮影シ 16
テ、上海等ヲ通ジテモスコーノ本部ニ報告シ居レリ

二、コミンテルン本部員關係

1、「ゾルゲ」

一九一九年十二月獨乙共産黨ニ入黨シ一九二五年一月モスコー黨本部ニ派遣セラレ、情報局ニ關係セル際コミンテルン本部員トシテ登錄サル

黨費ハ普通月收ノ三%乃至五%位ヲ支拂フモノナルガ「ゾルゲ」ノ如キ秘密任務ヲ持ツ者ハ黨費ヲ支拂フ事ヲ要セザルモ、一ケ月百圓位ヲ納入（コミンテルンヨリ支給サルル、資金ヨリ差引キ）シ居レリ

2、「クラウゼン」

獨乙共産黨員ニシテ以前獨乙ヨリソ聯ニ入リタルトキ又ハ少ナクトモ一九三五年六月日本ニ派遣セラルル、命令ヲ受ケタル時コミンテルン本部員トシテ登錄サル

黨費ヲ支拂ヒ居レリ

3、「ブケリッチ」

多分佛國共產黨員ト思フ。一九三三年コミンテルンノ命令ニヨリ佛國共產黨ヨリ日本ヘ派遣ヲ命ゼラレタル時コミンテルン本部ニ登錄セラル

4、宮城

多分米國共產黨員ニシテ、一九三三年コミンテルンノ命ニヨリ米國共產黨ヨリ日本ニ派遣セラレタル時コミンテルン本部ニ登錄セラル

5、尾崎

一九三〇年末頃上海ニテ知合トナリ「ゾルゲ」ノ在支諜報グループニテ活動セル際コミンテルン本部ニ報告セルモ正式ニコミンテルン本部員ニ登錄セルハ一九三五年七月モスコウニテ黨本部ニ上申シ許可セラレタル時ナリ。

以上

「日米交渉」

(1) 最初日本政府ハ（現内閣ハ軍部ノ支持ヲ受ケテヰル）對米交渉ニ關スル米國ノ回答ヲ九月一日マデニハ得ルモノト期待シテ居タガ交渉ハ今日マデ遲延シタ

余ノ聞イタ風説ニ依レバルーズヴェルト大統領ハ十月七、八日ニハ回答スルモノト政府ハ豫期シテヰルソシテ日本政府ノ高官ハソノ回答ヲ頗ル重大視シテヰルトノコトダ

外交事情ニヨク通曉シテヰル或人ノ言ニ依レバ交渉ノ經過ハ日本ノ期待ニ反シ米國ノ回答ハ多分「考慮ノ餘地ナシ」ト云フノデアラウトノコトダ

(2) 現在内外ノ情勢ニ於テ種々ノ國内事情ガ政府ニ對シ重大問題ヲ提出シテヰルソレ故日本政府ハソノ面子ヲ保チ南方問題ヲ有利ニ解決スルヤウ米國政府ニ要請シタラシイ併シ今日マデ交渉ノ經過ハ日本ノ期待ニ反スルモノデアツタ交渉ノ發展ガ險惡ナノデ政府ノ

裁判所

高官ヤ最高軍部（殊ニ東條陸相）、最高海軍々人（艦隊員、山本提督、山本ハ故加藤寛次提督ヤ末次信正提督ノ如ク强硬ナル態度ヲ採ツテヰル）、財界ヤ日米交渉ヲ樂觀視シテヰタ教育界ノ間ニ驚愕ノ念ガ起ツタラシイ

(3) 米國ノ、意向ハ日本ガ米國ニ要請シタ面子ヲモ無視スルモノラシイ

(A) 實質上英米陣ニ參加（米國ハ日本ガ獨逸攻擊ニ參加スルコトヲ要求スル）

(B) 支那カラ日本軍ノ無條件撤退（米國ノソ聯及蔣政權援助態度カラ之ハ演繹出來ル）

政府ノ高官ハ斯ノ如キ米國ノ要求ニ對シ豫期シテキタデアラウガ一般ノ民衆ニハ支那事變ノ目的ノ根本的變更ハ分ラナイデアラウ

(4) 日本政府ガ進ムベキカ退クベキカニ戸惑シテ決シカネテヰナガライカニシテ現狀ヲ打破スルカハ疑問デアル

日本ノ決心ハ日本ノ將來ト第二世界戰爭ノ運命ニカカハルカラソノ決心ハ大ニ重要視サルベキデアル日本ニハ只二本ノ道ガ開カレテヰル卽チ無條件服從ガ米國トノ戰爭ガデアルイツレノ道ヲ擇ブモ日本政府及軍部ノ高官ハ次ノ如キ矛盾ヲ免レルコトハ出來ナイ

(A)若シ日本ガ米國ニ頭ヲ下ゲタナラバ政府及陸海軍ノ最高官ハ國民ノ支援ヲ失フデアラウ

(B)若シ日本ガソノ海軍ヲ現在ノ狀態ニ維持スレバ米國ハ三年後ニハ有力ナル海軍ヲ建造スルデアラウソシテ米國ハ日本ノ海軍ヲ三流所ノ海軍國ニ蹴落スダラウソウナルト日本ノ將來ハ暗憺トシテ不安定ナルコト勿論デアル

(5)日本政府ノ最高官ガ三國同盟ノ地位ニ歸ツテ米國ニ對シ戰端ヲ開クカ又ハ戰爭ヲ避ケテ米國ニ頭ヲ下ゲルカ豫言スルコトハ出來ナ

イ

（注意）

裁判所

ピツトラーハ十月三日ノ演説デ見ルト日本ハ對米戰ヲ行フモノト豫期シテヰルヤウニ見エル

國民大衆ハ日米交渉ノ内容ト經過ヲ少シモ知ラナイソレ故近衛内閣ハ交渉ノ失敗ニ對シ責任ヲ取ル必要モナイ

戰爭ニ良イ十月ハ近ヅイテヰル一方ニ於テ日本ハ南進ノ準備ヲシテ居ル事態ガイカニ展開スルカ余ニハ分ラナイ併シ戰爭ノ豫言ハ眞實トナツテ現ハレルカニ思ハレル

二一

極秘

クラウゼン宅ヨリ發見セルペン書英文情報譯文

司法省

原文ハ宮城與德執筆シ秋山幸治之ヲ英譯シタルモノナリ

「日米交渉」

(1) 最初日本政府ハ（現內閣ハ軍部ノ支持ヲ受ケテヰル）對米交渉ニ關スル米國ノ回答ヲ九月一日マデニハ得ルモノト期待シテヰタガ交渉ハ今日マデ遲延シタ

余ノ聞イタ風說ニ依レバルーズヴエルト大統領ハ十月七、八日ニハ回答スルモノト政府ハ豫期シテヰルソシテ日本政府ノ高官ハソノ回答ヲ頗ル重大視シテヰルトノコトダ

外交事情ニヨク通曉シテヰル或人ノ言ニ依レバ交渉ノ經過ハ日本ノ期待ニ反シ米國ノ回登ハ多分「考慮ノ餘地ナシ」トイフノデアラウトノコトダ

(2) 現在內外ノ情勢ニ於テ種々ノ國內事情ガ政府ニ對シ重大問題ヲ提出シテヰルソレ故日本政府ハソノ面子ヲ保チ南方問題ヲ有利ニ解決スルヤウ米國政府ニ要請シタラシイ併シ今日マデ交渉ノ經過ハ日本ノ期待ニ反スルモノデアツタ交渉ノ發展ガ險惡ナノデ政府ノ

司法省

高官ヤ最高軍部（殊ニ東條陸相）、最高海軍軍人（艦隊員、山本提督　山本ハ故加藤寛次提督ヤ末次信正提督ノ如ク強硬ナル態度ヲ採ツテキル）、財界ヤ日米交渉ヲ樂觀視シテキタ教育界ノ間ニ驚愕ノ念ガ起ツタラシイ

(3) 米國ノ意向ハ日本ガ米國ニ要請シタ面子ヲモ無視スルモノラシイ

(A) 實質上英米陣ニ參加（米國ハ日本ガ獨逸攻撃ニ參加スルコトヲ要求スル）

(B) 支那カラ日本軍ノ無條件撤退（米國ノソ聯及將政權援助態度カラ之ハ演繹出來ル）

政府ノ高官ハ斯ノ如キ米國ノ要求ニ對シ豫期シテキタデアラウガ一般ノ民衆ニハ支那事變ノ目的ノ根本的變更ハ分ラナイデアラウ

(4) 日本政府ガ進ムベキカ退クベキカニ戸惑シテ決シカネテキナガライカニシテ現狀打破スルカハ疑問デアル

日本ノ決心ハ日本ノ將來ト第二世界戰爭ノ運命ニカカハルカラソノ決心ハ大ニ重要視サルベキデアル日本ニハ只二本ノ道ガ開カレテヰル卽チ無條件服從ガ米國トノ戰爭ガデアルイヅレノ道ヲ擇ブモ日本政府及軍部ノ高官ハ次ノ如キ矛盾ヲ免レルコトハ出來ナイ

(A)若シ日本ガ米國ニ頭ヲ下ゲタナラバ政府及陸海軍ノ最高官ハ國民ノ支援ヲ失フデアラウ

(B)若シ日本ガソノ海軍ヲ現在ノ狀態ニ維持スレバ米國ハ三年後ニハ有力ナル海軍ヲ建造スルデアラウソシテ米國ハ日本ノ海軍ヲ三流所ノ海軍國ニ蹴落スダラウソウナルト日本ノ將來ハ暗憺トシテ不安定ナルコト勿論デアル

(5)日本政府ノ最高官ガ三國同盟ノ地位ニ歸ツテ米國ニ對シ戰端ヲ開クカ又ハ戰爭ヲ避ケテ米國ニ頭ヲ下ゲルカ豫言スルコトハ出來ナイ

（注意）ヒツトラーハ十月三日ノ演說デ見ルト日本ハ對米戰ヲ行

フモノト豫期シテヰルヤウニ見エル
國民大衆ハ日米交渉ノ内容ト經過ヲ少シモ知ラナイソレ故近衛内閣ハ交渉ノ失敗ニ對シ責任ヲ取ル必要モナイ
戰爭ニ良イ十月ハ近ヅイテヰル一方ニ於テ日本ハ南進ノ準備ヲシテ居ル事態ガイカニ展開スルカ余ニハ分ラナイ
併シ戰爭ノ豫言ハ眞實トナツテ現ハレルカニ思ハレル

二二

昭和十六年十一月二十五日

マックス・クラウゼン家宅捜索ノ結果發見シタル報告書譯文（原文獨文）

司法省

日本標準規格B列五號

報告書

親愛ナルデイレクター。

前便ニテ差出シタル小生ノ報告ヨリ貴殿ハ小生ガ合法化シテキル事（Legalisierung　）ガ惡イ狀態デナイト思ハレタデアラウガ吾々ノ商會ヲ維持シテ行ク事ハ當分マダ不可能デアル。貴殿ハ一九四〇年ノ決算ニテ小生ガ僅カ四千三百圓ノ純利益ヲ得タル事ガオ判リデアラウ。然シ小生ハ此金ヲ常ニ新規調達ニ充當シテ居ルノデ、之ヲ店カラ持チ出ス事ハ不可能デアル。加之小生ハマダ引キ續イテ金ノナイノニ苦シンデキル。

小生ハ當座ノ收支ヲ償フ爲ニ往々借金スラシナケレバナラナイ。何トナレバ小生ノ店ノ諸經費ハ少クナク、又收益ハ豫期シタル程

司法省

日本標準規格B列五號

多クナイ。當地ノ警察ハ取引ノ一割五分ノ收益ダケヲ認メテヰル。其ノ他ニ當地ノ警察ハ價格ヲ規正スル。小生ハ機械ヲ一九三九年ニ於ケルヨリ高價ニ販賣スル事ハ出來ナイガ、一方之ノ機械ニ使用スル部分品ハ其ノ間ニ著シク騰貴シタ。結局缺損ヲシナイ爲ニハ賣上高ヲ益々増大セシメナケレバナラヌトイフコトニナル。然シ是亦左程簡單ナ事デハナイ。何トナレバ目下戰爭ヲシテヰル處ハ何處ニ於テモ物ヲ買フ金ヲ持ツテヰル者ハ誰モ居ナイノデアル。從ツテ此ノ機ニ利得セントスル如キ都合ノ良イ販賣人ヲ使用シテヰルワケデアル。（一九四〇年ノ決算ヲ參照）萬一小生ガ店ヲ賣ルナラ六萬乃至十萬圓位ハ得ラレルデアラウカラ、一、二年間ハ吾々ノ商會ニトツテ充分デアルガ然シサウスレバ小生ハ合法化シテヤル事ガナクナツテシマフ。ソレハ現在此ノ國デハ不可能ノ事デアル。然シ若シソウシナケレバナラヌトスレバ、ソシテ貴殿ガソウスル事ヲ希望セラレルナラバ小生ハ其レヲ爲スデアラウ。然シ小生ガ當地ニ留ル限リハ賣却シヤウトハ考ヘナイ。兎モ角モ小生ガ歸國スル場合小生ノ後繼者ハ此ノ店ヲ承ケ繼グ事ガ出來ルノデアル。

次ニ小生ハ個人ガ自分ノ華客デアルカ說明スル。

自分ノ顧客ハ聯海軍、重工業、病院及學校デアル。ディレクター。此ノ合法化ガ立派ニ行ツテヰル事ガ判ラレタデアラウ。從ツテ店ヲ賣却スルコトハ餘リニモ惜シイコトデアル。

一ツ希望ガアルノデアルガ何卒斟酌サレンコトヲ望ム。小生ハ獨乙カラ這入ル一定ノ部分品ヲ自分ノ機械ニ使用スル。此ノ國デハ嚴重ニ外國爲替ノ統制ガ實施サレテ居ル爲、小生ガ國内ノ金ヲ獨乙へ送ルニハ許可ヲ得ネバナラヌ。小生ハ三ケ月毎ニ約一千弗ヲ此ノ品物ニ使ツテヰル。若シ小生ガ故國ヨリ此ノ金ヲ手ニ入レル事ガ出來ルナラ小生ハ之ヲ直ニラムゼー（Ramsay）ヘ圓貨ヲ以テ支拂フコトトスルノデ、事ハ極メテ簡單ニ運ブダラウ。然シ此ノ弗ハ上海ニ於テノミ使用スル事ガ出來ルノデ小生ハ其ノ金ヲ上海カラノミ獨乙へ送ル事ガ出來ルノデアル。

親愛なるディレクター。小生ハ小生ノ詳シイ説明ヲ送リタイト思フ。

司法省

日本標準規格B列五號

先ヅ空中ノ仕事ニ就テ若干述ベタイ。コノ空中ノ仕事ハ今日迄概ネヨク行ツテヰル。唯コノ機械ハ當地ニアル材料ガ粗惡ナ爲ニ時々壞レル。然シ小生ハ其ノ都度繕ヘルカラソノ事ハ未ダ最惡ノコトデハナイノデアル。最惡ノ事ハ當地デランプヲ手ニ入レル事ガ出來ナイコトデアル。之ハ上海ニ於テノミ手ニ入レル事ガ出來ルガ彼地ニ行ク金ガナイ。何トナレバ小生ノ爲ニチエイス銀行（Chase Bank）ニ拂込ンデアツタ米貨一千弗ハ既ニ拂戻ヲ受ケテ當地ニ於テ國貨ヲ以テ支拂ツテシマツタカラデアル。又米國ニ在ル貴殿ノ同志（Mann）ノ宛名ガ僞ツテ書イテアツタノデアル。昨年小生ハ貴殿ノ同志「セルゲ」ニ故國カラUX二一〇ノランプヲ四個手ニ入レテ呉レル樣ニ依頼シタ。次ニ會ツタ時「セルゲ」ハソンナランプハナイト云フ事ヲ小生ニ説明シタ。彼ガ小生ヲカラカツタノカ或ハ事實未ダ此ノランプヲ知ラナイ人ガ居ルノカ小生ニハ分ラナイ。小生ハ既ニ十三年モコノランプヲ以テ仕事ヲシテキルシ、其レハ極メテ簡單ナモノデアルカラ良好ナ成績ヲ擧ゲテキル。

隨ニ使用スルノデ何卒次便デ御送附アリ度イ。

司法省

扨テ尙小生ノ仕事ニ關スル方法ニ關シテ若干申述ベヨウ。小生ハ仕事ヲスル場所ガ三ケ所在ル。ジゴロ(Jiggoro)ト其ノ先妻ト、自分ノ家トデアル。三個所ヲ交互ニ取換ヘル。其ノ方ガ一個所ノミヨリ有利ナノデアル。唯交通關係ハ目下當地デハ可成困難デ、貸自動車モ殆ンドナイノデ、小生ノ梱ヲ運搬スルノニ極メテ不愉快デアル。小生ハ永ラク自家用小型自動車ヲ所有シテ居タ。現在デハ最早自家用車ニハ燃料ガナイノデ其ノ使用モ不可能トナッテ來タ。此ノ事ヨリシテ將來此ノ仕事ハ今マデヨリモ益々困難トナルコトト思ハレル。然シ小生ハ從來ヨリ以上ニ仕事ヲ擴大スベク最善ヲ盡スデアラウ。

小生ハ以下ノ如クウイスバーデン(Wiesbaden)ニ通知シテ貰ブ様ニ電報ヲ以テ依頼シタ。卽チ郵寄數日ノ外ト、更ニ日曜日ニハ

司法省

日本標準規格B列五號

妨害ナシニ家デ最モヨク仕事ガ出來ルノデ其ノ日曜日トニ彼ガ聽取スル様ニト。

尙今度ハ小生ノ日常生活ニ就テ少々申述ベ度イ。

小生ハ獨リデ百七十五圓ノ家賃ノ家ニ居住シテヲル。何トナレバ小生ハ尙其ノ他種々ノ仕事ヲヤラネバナラナイノデ、之レ以上小サイ家ニハ住メナイカラデアル。小生ガ當地へ五年前ニ來タ時ハ自分ノ月給ヲ以テ極メテヨイ生活ヲスル事ガ出來タガ現在デハ金然異ツタモノトナツテ來テヰル。ソレハ現在以前ヨリ三倍モ物價騰貴トナツタカラデアル。又當時ヨリ外見ヲウマク取リツクラハネバナラヌシ、ソレニ今デハ店ヲ持ツテヰルノデ諸經費モ自分デ嵩ムヨリモ多クカカル。更ニ獨乙協會ノ會員デアリ、此ノ爲ニ以前ヨリ經費ガ嵩ムノデアル。例ヘバ今冬再ビ五百圓ヲ馬鹿ラシイ

司法省

日本標準規格B列五號

冬期救濟事業（W・H・W）ニ支拂ネバナラヌ。ソレハ小生ニトッテ極メテ不愉快デアルガ、凡テ合法化ノ爲デアルカラソウセザルヲ得ナイノデアル。

敬具

フリッツ

司法省

日本標準規格B列五號

マックス。クラウゼン家宅捜索ノ結果發見シタル發信原稿譯文（原文英語）

。。。アンナ（オット）。。。ノ如ク括弧ヲ以テ示セル箇所ハ彼等ノ間ニ於ケル約束語ヲゾルゲ及クラウゼンノ供述ニ基キ解讀シタルモノナリ

七月二十九日カラ始マツタ第二次動員ハ八月六日迄ニハ終ルデアラウシ第一次動員ガ約四十萬人ヲ召集シタ後ヲ受ケ約五十萬人ヲ召集スルデアラウ。今後ノ動員ニハ事實上ニ特異性ガ見ラレル。例ヘバ第十四師團ハ新シク動員サレタ兵士達ヲ小サイ集團ニ分ケテ他ノ前カラアツタ部隊ニ分屬セシメタガ彼等ノ一部ハ冬服、一部ハ夏服ヲ支給サレタノデ、既ニ召集サレテ居ルイラコハスベテノ國内守備兵ハ既ニ大陸ニ居ル種々ノ部隊ニ部屬セシメラレルノダト主張シテヰル。唯技術部隊ダケハ聯隊程ニ大キクナイ部隊トシテ出發スル。主要乘船港ハ清津、

維津方面ニ行クノハ敦賀、新潟デ其他ハ神戸ト廣島附近ノ港デアル。第一、第十四ノ兩師團ノウチカラ大陸ヘ派遣サレタ補充部隊ハ敦賀及ビ新潟カラ出發シタ。インヴエスト（尾崎）トインタリ（宮城）ハ支那ニ送ラレル大部分ノ軍隊ハ米國トノ關係ノ緊迫化及ビ對蘭印行動ノ可能性ト云フ見地カラ南支ニ向フト云フ事ヲ聞イタガ、此ノ情報ハ未ダ確認ヲ得テハヰナイ。

山下將軍ハ共ニ滿洲國建設ノ役割ニ於テ有名ナハマタミ少將ヲ參謀長トシカタタミ大佐ヲ幕僚トシテ關東軍ニ特別防衞司令部ヲ作ル爲ニ滿洲ニ派遣サレタ。新司令部ノ特性及ビ任務ハ梅津將軍ガ關東軍司令官トシテ殘留シテ居ルノデ未ダ不明デアル。山下ノ使命ニ關シテハ二ツノ見解ガアル。即チ第一ハ、山下ハ大島及ビアンナ（オット）ト密接ナ關係ヲ持ツテ居テ此ノ二人ト共ニグリーン（日本）ヲ出來ルダケ早ク戰爭ニ引込ム爲或種ノ個人的密約ヲナシタノデ、東京ガ彼ヲ遠ザケシトシテヰルノダトイフ說デアル。又第二ノ見解ハ山下ヲシテ梅津ガ近衞内閣ノ政治的指導ニ對シテ細心ト柔順サヲ持ツテ居ルケド反對ノ行動ニ出デシメルト云フ事デアル。尚山下ノ眞ノ役割ハインヴエスト（尾崎）トインタリ（宮城）ガ現在調査中デアル。マルタ（獨乙大使館陸軍武官クレチユマー）ハグリーン（日本）ノ動員ト戰爭準備ヲ調査スル爲又第二ニハグリーン（日本）ノ積極的參戰ノ誘致宣傳ヲナス爲滿洲國向ケ短期旅行ニ出發シタ。ホワイト（獨乙）ノグリーン（日本）ヲ戰爭ニ引込ム事ニ對スル關心ハ日々ニ高マリツツアリアンナ（オツト）ニ對シテハ冬ノ間デモ日本ガ行動ヲ起ス事ノ可能性ニツイテノ判斷資料ヲ寄越セト言ツテ來タ。獨乙最高當局ガ大島ニ約束シタ樣ニ獨乙ガ此ノ前ノ日曜ニモスクワヲ占領シナカツタト云フ事實ハ寧ロ日本ノ熱ヲ落シグリーン。ボツクス（日本陸軍）ノ印象スラホワイト（獨乙）ハグリーン（日本）ノ支那ニ於テナシタ間違ヲ繰返シテ居ルノデホワイト。レツド（獨蘇）戰爭ハ第二ノ支那事變ニナルダラウトイフ風ニナツテ來タ。

マルタ（獨逸大使館陸軍武官クレチユマー）ハ亦滿洲國及朝鮮ヘノ旅行カラ歸ツテインソン（ゾルゲ）ニ次ノ樣ニ報ラセタ。六ケ師團ハ既ニ朝鮮ニ到着シテ居リ、浦鹽攻擊ヲ行フ場合ノ用意ニ朝鮮ニ止マルデアラウ。滿洲國ニハ既ニ四ケ師團ノ補充軍ガツイタガ、マルタ（クレチユマー）ハグリーン（日本）ガ滿鮮軍ヲ總計三十ケ師團ニ增強スルツモリダト云フ事ヲ聞イタ。每日ノ樣ニ補充軍ハ到着スルガ準備ノ終ルノハ八月二十日カラ九月初メノ間デアラウガ、マルタ（クレチユマー）ガホワイト（獨逸國）ニ電報シタ所デハ、今迄ノ所準備ヲ終ツタ後デモ攻擊ヲ開始スルト云フ事ニハ何等ノ決定モ見テヰナイ。マルタ（クレチユマー）ノ觀察デハグリーン（日本）ガ攻擊ヲ始メル場合ニハ補充軍ノ大部分ガ送ラレタ浦鹽ノ方ニ第一ノ攻擊ハ向ケラレルデアラウ。ブラゴヴエシチエンスクニ對シテハ新シクワヅカ三ケ師團ガ送ラレタバカリデアル。

アンナ（オツトー）ハインソン（ゾルゲ）ニ次ノ如ク報告シタ。リカ―

ド（リツペントロツプ）ハアンナ（オツト）、大島及ビ坂西ヲ通ジテ日本ガ即刻攻撃ヲ始メル樣ニ誘フ爲毎日電報ヲ發シタ。ケレドモ土肥原及ビ岡村ノ兩將軍ト話ヲシタ結果、アンナ（オツト）ハ日本ハ日本ノ攻撃ガ危險デナクナル程ニ赤軍ガヤツツケラレル迄待ツト確信シタ。土肥原將軍ハグリーン（日本）ハ長期戰ヲナシ得ヌ事、グリーン。ボツクス（日本軍）ガ石油ノ貯藏量ガ非常ニ缺乏シテキルカラ戰爭ガ長引カヌ事ガ確カニナツテカラデナクテハ戰爭ヲ始メナイデアラウ事ヲ指摘シタ。

グリーン（日本）外務省ハソヴエツトニ對シ脅嚇ヲナシテ樺太ノ讓歩ヲ要求スルノニ動員ヲ利用セントシテキル。

アンナ（オツト）ハカヽル交渉ニヨリグリーン（日本）ハ今年中ハ戰爭ヲ避ケ、冬ノ間ニ赤軍ガ崩壞スルノヲ待ツテアラウト云フ事ヲ非常ニアリサウナ事ダト考ヘテ居ル。

パウラ（ウエネツカ海軍武官）ハグリーン。ボツトル（日本海軍當局）ヨリ得タル秘密情報トシテ海軍及政府ガ今年中ニハ戰爭開始セザル事ヲ決定シタガ併シグリーン（日本）ハ佛印ニ對シテ爲シタト同様ノ手段ヲ以テ十月中ニ泰國ニ於ケル重要地點ノ占據ヲ開始シ將來ボルネオヲ占領スル時ノ準備行動トスルデアラウトヴイツクス（ゾルゲ）ニ語ツタ。尙同ジ海軍筋ノ者ガパウラ（ウエネツカ海軍武官）ニ對シグリーン（日本）陸軍ハ右ノ決定事項ニハ絶對的ニ不滿デアリ殊ニ青年將校間ニハ最モ其ノ不滿ガ甚シク表ハレテ居ル。然シ陸軍ニシテモ海軍ノ意向並ニ政府文官側ノ意志ヲ無視シテ迄赤軍ト戰爭ヲ開始スルトハ豫想出來ナイ事デアル。何等カノ豫想外ノ崩潰ガ蘇聯ニ起キタ時ニハ海軍及政府ノ意向モ變ルデアラウト語ツタ。海軍及政府ガ前述ノ如キ態度ヲトル理由ハ次ノ如クデアル即チ冬期ニ至ル以前ニ確實ニ勝利ヲ得ラルルノ見通シナクシテ今赤軍ヲ攻撃スル事ハグリーン（日本）ニ取ツテハ經濟的ニ餘リニモ大キナ負擔デアル事。北方ヲ征服シテモグリーン（日本）ノ經濟ニ對シテ餘リ助ケトモナラズ寧ロ南方ガヨリ以上重要デアル事。最後ニ若シ獨乙ガ現在ノ蘇聯ト戰爭ニ勝利ヲ得レバグリーン（日本）ハ大シテ損害ヲ出サズシテ來年ニハ希望スル所ヲ得ラレルトシテ居ル事等デアル。更ニ海軍筋デハ右ノ決議ハ未ダ公式ニ決定シタ事デハナイガ八月二十二日カラ二十五日頃迄ニハ公式決定ヲ見ルデアラウト語ツタ。

アンナ（オツト）ハ右ノ情報ヲパウラ（ウエネツカ海軍武官）ノ如ク絕對確實ナルモノトハ信ジテ居ナイガ外務省ノ坂本ガアンナ（オツト）ノ右腕デアル者ニ殆ド前述ト同ジ意味ノ事ヲ語ツタ事ヨリシテ情勢ガ前述ノ如ク進展スルノ恐レハアルモノトシテ居ル。アンナ（オツト）ハマツク（松岡）ノ後任者ト會談シタガグリーン（日本）ノ計畫ニ關シテ新ニ明トナツタコトハ餘リナカツタトヴイツクス（ゾルゲ）ニ語ツタ。マツク（松岡）ノ後任者ハアンナ（オツト）ニサガレンニ於ケル讓步問題ニ就テノ蘇聯トノ交涉。危險水域ニ對スル抗議。米國ガ蘇聯東部ニ軍事基地設置ノ要求提出ノ可能性ニ關シテ語リ蘇聯ノ一般ノ態度ハ寧ロ正シイモノデアル事ヲ強調シ其レニ依ツテグリーン（日本）側ハ中立條約ヲ嚴守スルノ保證ヲ與ヘテ居ルト語ツタ。然シアンナ（オツト）ガ右ノ如キ交渉及論議ヲ蘇聯ト爲ス事ガ既ニマツク（松岡）ノ指導下ニ於テ採ラレテ居タ態度ヲ變更スル事ヲ意味スルモノデアルカトノ質問ヲ爲シタニ對シテマツク（松岡）ノ後任者ハ獨乙語ヲ以テ「該交渉ハ蘇聯工作ノ第一歩デアリ又獨乙ニトツテモ又利害關係アル問題デアル」ト答ヘタ。

アンナ（オツト）ハ右ノ會話ヲリカルド（リツペントロツプ）ニ報告シグリーン（日本）ハ未ダ如何ニスベキカニ就テ決定シテ居ナイ故ニ交渉ヲ打壊スル事ハ容易デアル然シ對蘇戰爭ヲ開始スル如キ傾向ハ未ダ見エテ居ナイト述ベタ。

インタリ（宮城）ノ知リ得タル所ニ依レバ東京師團ノ外部隊ガ南部ニ於ケル補充部隊トシテ派遣サレ、又大阪師團モ補充ノ小部隊ヲ南部ニ派遣シタ。北部ニ於テハ何等ノ事態ノ進展モナイ。アンナ（オツト）ハ北方ニ對スル軍事行動ニハ何等關心ヲ有シテ居ナイ様ニ見エル所ノ東條陸相トハ熱心ナル會談ハ爲サナカツタ。インヴエスト（尾崎）ハ軍部ヨリ泰國及シンガポールニ對スル行動ヲ起スニハ少ナクトモ三十萬ノ兵力ヲ必要トスルガ現在グリーン（日本）ハ南佛印ニ僅カニ四萬ノ兵ヲ進駐セシメテ居ルノミデアル。故ニ若シグリーン（日本）ガ行動ヲ起ス時ハ佛印駐屯部隊ニ増援シナケレバナラヌ其ノ事ハ英米兩國ニ直チニ知レル事デアル、ト聞キ知ツタ。インヴエスト（尾崎）ハ日米交渉ニ於ケル米國ノ提示スル主要條件ハ日本軍ガ中支及南支ヨリ徹退スル事ニアル。日米兩國ノ公式會談ハ近ク開催サレル可能性ハアルガ現在ノ處デハ豫備的ノモノデアツテ公式ノモノデハナイ。該會談ノ成功ノ望ハ極メテ薄イモノデアル。グリーン（日本）ガ若シ南進ノ行動キ起ストシテモ今年末ニハ難シイモノデアラウ、ト聞イタ。

.6

最重要

インヴェスト（尾崎）ハ近衞側近者(circles nearest to Konoe)ヨリ次ノコトヲ聞キ知ッタ。即チ軍首腦部ハ關東軍代表將校ト八月二十日乃至二十三日間ニ蘇聯ト戰フベキカ否ヲ論議シタ。ソノ結果本年中ハ戰爭ヲ開始シナイ事更ニ繰リ返シテ言フガ今年ハ對蘇戰ヲ開始シナイコトヲ決定シタ。シカシ尙次ノ樣ナ保留ヲ爲シタ。即チ獨蘇戰ノ戰況ガ全ク豫期セザル何等カノ進展ヲ示シシベリヤ地方ニ深大ナル反響ヲ生ジタ場合ハ前述ノ決議ハ對蘇開戰ニ變更サレルカモ判ラナイ。若シ斯ノ如キ戰況ノ進展ガ遲クトモ八月十五日迄ニ起キナイ時ハ此ノ對蘇戰問題ハ次ノ時期マデ決定的ニ放置サレルコトトナルデアラウ。又滿洲ヘ增派サレル部隊ハ若シ來春ノ情勢ガ對蘇攻擊ノ可能性ヲ示スト見ラレタ場合ハ滿洲ニ於テ越冬セシメル事ト成ルデアラウ。インヴェスト（尾崎）ガ軍部ヨリ知リ得タル事ニ依レバ陸軍ハ次ノ二狀態ノ下ニ戰鬪ヲ開始スル。即チ第一ハ關東軍ノ兵力ガシベリヤ赤軍ヨリモ三倍ノ強力ヲ得タ時第二ハシベリヤ軍ノ階級ニ内政的崩潰ノ明瞭ナル兆候ガ見エタ時更ニインヴエスト（尾崎）ハ滿洲ニ増援部隊トシテ派遣サレタ部隊ハ前線カラ後方陣地ニ引キ揚ゲタ。此ノ情勢ノ進展ヨリシテ現地ニ於ケル情勢ノ調査ノ爲ニヴイツクス（ゾルゲ）ハインヴエスト（尾崎）ヲ滿洲ニ派遣シタ。インヴエスト（尾崎）ハ今月十五日ニ歸還スル。インヴエスト（尾崎）ハ近衞内閣ハ米國トノ交渉ノ結果再度危期ニ直面シテ居ル。近衞ハ米國ト安結スルコトニ決意シタ。若シ失敗シタ時ハ失脚シ又若シ成巧シテモ内政上ノ事件ヲ引起ス事ト成ル。アンナ（オツト）ヨリリカルド（リツペントロツプ）宛ニ當方ヨリ電報シタルガ如キ悲觀的ナ電報ヲ送リタルニ對シテ日本ガ對蘇攻擊ヲ開始スルコトヲ熱望シテ居タリカルド（リツペントロツプ）リツペントロツプ外相カラ非常ニ落膽シタ返事ガアンナ（オツト）ニ來タインヴエスト（尾崎）ガ未ダ滿洲カラ歸ツテ來ナイノデ、我々ハ北方ニ送ラレタ補充軍ノ移動ト數ニツイテハ未ダ其ノ詳細ヲ知ラナイ。マルタ（獨乙大使館陸軍武官クレチユマー）ハ何モ知ラナイ。インタリ（宮城）ハ補充軍ノ一部ガ既ニ滿洲カラ撤退セシメラレ、南方、主トシテ臺灣ニ船送セラレテヰルト云フ事ヲ聞イタ。輸送ハ九月十日ニ始マツタ。北方カラドレダケノ軍ガ撤退シタカハ判ラナイ。九月十五日頃ニハ二十七才カラ三十二才ノ間ノ人間ニ對スル小規模ノ動員ガ始マツタ。インタリ（宮城）ハ、此ノ召集ハ新シク作ラレタ防衞總司令部ノ强化ノ爲ダト云フ事ヲ聞イタ。近衞師團ノ第三、四、五、六聯隊ハ東京出發ノ準備ヲシテ居ル。彼等ハ夏服ヲ着テ居ルノダカラ、又他ノ近衞ノ聯隊モ既ニ佛印ニ駐在シテ居ルノデアルカラ、彼等ハ南方ニ行クノデアラウト思ハレル。南樺太ニ駐在シテ居ル旅團ハ其ノ兵舍ヲ北敷香ニ持ツテ居ル。

インヴエスト（尾崎）ハ滿洲滯在中軍隊ガ北部カラ南滿洲ニ歸還シタ事ヲ認メ、南滿鐵道會社本社ヨリ知リ得タ情報ニ依レバ國境方面カラ南滿ニ猶多數ノ軍隊輸送ノ爲列車ヲ準備スル樣關東軍カラ命令ヲ受ケタ。インヴエスト（尾崎）ハ又米國トノ今後ノ交渉ハグリーン（日本）海軍ガ十月初旬ニ行動ヲ起ス可能性アルモノトシテ危期ニ直面シテ居ルトノ報ヲ知リ得タ。右ノ行動ガ確實ニ起サレルカ否カニ就テインヴエスト（尾崎）モ確信ハナイガ注意ヲ要スルコトデアル。詳細次ノ通リ。

ノ「インヴエスト」（尾崎）ハ滿洲ヨリ歸リ次ノ如ク報告ス。

關東軍ニ於ケル師團名ハ一ツモ知リ得ナイ。全師團ハ其ノ司令官ノ名前ヲ冠セラレテヰル丈デアル。司令官ノ階級ニ依ツテ其ノ部隊ガ聯隊カ旅團カ師團カヲ知リ得ルノミデアル。增援部隊ハ日本本國ニ於ケル各種ノ師團衞戍兵團ヨリ取ツタ混合部隊デアル。併シ「インヴエスト」（尾崎）ガ鐵道會社ヨリ知リ得タ事ニ依ルト過去二ケ月間ニ約四十萬ノ兵ガ到着シ既ニ以前カラ駐屯シテ居タ兵數トヲ加ヘテ關東軍兵力ハ七十萬ニ達シテ居ル。今年中ニハ對蘇開戰セズトノ決定ニ依リ少數ノ軍隊ハ日本ニ歸還シタ例ヘバ宇都宮第十四師團ノ一ケ聯隊ノ歸還ノ如キデアル。之ノ聯隊ハ東京ニ到着シタ。他ノ新シク到着シタ軍隊ハ前線ヨリ撤退シ大連及奉天間ニ新シク建築サレタ各種ノ兵舍ニ駐屯シタ。主力部隊ハ今猶ウオロシロフ及ウラヂオストツクニ對スル東部國境ニ集結シテ居ル。併シ先月中ニ鐵道會社ハ秘密道路ノ建設及チチハルヨリアムール鐵道ノウシユマン停車場ノ反對側ノ寄ウプニ鐵道連絡線ヲ作ル樣ニトノ命令ヲ受ケタ。

右ハ獨蘇戰爭ガグリーン（日本）ノ攻撃開始ヲ可能ナラシメル如キ進展ヲ見セタ時ハ來年三月頃ニ對蘇戰開始スル事アルトシテ該地區ヲ攻撃地點トセンガタメデアル。北支カラ滿洲ヘノ兵ノ移動ハナカツタ。僅カニ最近ノ動員ニ際シテ三千臺ノ自動車及其ノ他ノ車輛ガ北支カラ送ラレタノミデアル。内一千臺ノ自動車ハ以前滿洲カラ北支ニ送ラレタモノデ今般二千臺ノ增加臺數ヲ以テ滿洲ニ送リ返ヘサレタモノデアル。動員實施ノ第一週目中ニ關東軍ハ赤軍攻撃ノ準備ノ爲鐵道會社ニ約三千名ノ熟練シタ鐵道從業員ヲシベリヤ鐵道網奪取ノ爲ニ軍ニ提供スル樣命令ヲ出シタ。後該命令ハ千五百名ニ減ゼラレ現在デハ關東軍ハ軍ノ交通機關取扱ニ鐵道從業員五十名ヲ要求シテ居ルニ過ギナイ。鐵道會社ハ右ハ對蘇攻撃開始ハ當分中止サレタ明確ナル證據デアルト見テ居ル。

2. インヴエスト（尾崎）ガ歸還ニ際シ知リ得タ所デハ米國側トノ交渉ハ若杉ガ近衞及海軍首腦部ト會談ヲシテ歸米シタ事ニ依ツテ決定的段階ニ入ツタノデアル。近衞ハ支那問題ニ就テノ安協、佛印ノ日本兵力輕減、中支及南支ヨリ大部隊ノ兵力ノ徹退、佛印政府ガグリーン（日本）ニ許與シタ八ケ所ノ空軍基地及海軍基地ヲ設置セザル事ニ依ツテ米國ト假條約ヲ締結スル何等カノ道ヲ發見出來ルトイフコトニ就テ樂觀的デアル。近衞及海軍高級司令部間ニ次ノ同意ガナサレタ。若シ米國側ガ九月下旬或ハ十月中旬中ニグリーン（日本）ト安協シナカツタナラバグリーン（日本）ハ第一ニ泰國ニ對シテ行動ヲ起シ次デマレー、シンガポール、スマトラニ對シテ行動ヲ開始スル。ボルネオニ上陸スル計畫ハシンガポール及マニラヲ兩翼トスルノ危險ガ有リ又グリーン（日本）ハスマトラガボルネオヨリモ其ノ防禦力弱リ石油資源ハヨリ大ニシテ良好ダト考ヘテ居ル爲ニ中止スル事ト成ツタ。併シ右ノ如キ寧ログリーン（日本）ニトツテ危險ダト忠ハレル手段ガ取ラレル以前ニ近衞及海軍ハ假令獨逸ヲ無視シテデモ米國側ト條約締結ニ最善ノ努力ヲ拂フデアラウ。

3. アンナ（オツト）ノヴイツ、グス（ゾルゲ）ニ對スル報道——今年中ニグリーン（日本）ガ對蘇開戰スル望ハナクナツタト共ニグリーン（日本）ガ米國ト了解點ニ到達セシト企圖シテ居ル容子歴然タルモノアリトリカルド（リツベントロツプ）ニ打電シタ後アンナ（オツト）ハ次ノ命令ヲリカルド（リツベントロツプ）カラ受理シタ。即チグリーン（日本）政府ヨリ假令米國ト條約締結ヲ爲ストモ三國同盟ハ無效トナラザル旨ノ保證ヲ得ル樣努力セヨト。アンナ（オツト）ハマツク（松岡）ノ後任者ノ所ニ行キリカルド（リツベントロツプ）外相ノ要求ヲ話シグリーン（日本）ガ如何ナル形式ヲ以テ三國同盟ニ支障ナク米國ト條約締結スルカニ就テ知ラセテ呉レル樣ニ求メタ。一週間後アンナ（オツト）ハ再ビマツク（松岡）ノ後任者ヨリ回答ヲ得ル爲ニ訪問シタガアンナ（オツト）ハ米國側ニ宛テタルモノデハナク、單ニリカルド（リッベントロップ）ニ宛テ、目下グリーン（日本）米間ニ續行中ノ交渉ハ三國同盟ニハ何等影響スルモノニ非ラザルベキ旨ノ寧ロ一般的ノ聲明書ヲ受ケ取ツタノミデアツタ。アンナ（オットー）カラグリーン（日本）ハ右ノ點ヲ米國側ニ指摘スルカ否カヲ聞カレテマツク（松岡）ノ後任者ハ怒ツテ了ヒ、回答ヲ遷延シタノデアツタ。

アンナ（オットー）ハグリーン（日本）ガ三國同盟ハ依然トシテ有效ナル旨ヲ如何ナル形式ニ於テ米國側ニ指摘スルカニ就テハツキリシタ返答ヲ得ル爲ニ此ノ三日間マツク（松岡）ノ後任者ニ會フベク骨ヲ折ツテヰル。現在迄ノ所デハアンナ（オットー）ハ右ノ件ニ關シテマツク（松岡）ノ後任ニ會フコトニ成功シテヰナイ。アンナ（オット）トマツク（松岡）ノ後任者トノ空氣ハ寧ロ緊張シテヰル。

一、當地ニ於ケル吾々全部トマルタ（獨乙大使館陸軍武官 クレチユマアー）パウラ（全海軍武官 ウエネツカー）アンナ（オツト）ノ愼重ナル判斷ニ依レバグリーン（日本）ガ攻擊ヲ開始スル最近迄ノ可能性ハ確實ニ少ナクトモ冬期ノ終リ迄ハ去ツタモノデ之ノ事實ニハ何等ノ疑ヒモサシハサム事ハ出來ナイ。

グリーン（日本）ガ將來攻擊ヲ開始スルノハ貴國ガ大部隊ノ兵ヲシベリヤカラ撤去シ又シベリヤニ於テ內政上ノ紛擾ガ起キタ時デアル。其ノ間ニ於テ余リニモ早急ニ大規模ノ動員ヲ決定シタルコトニ對スル責任問題ニ付テグリーン（日本）陸軍部內ニ於テ激シイ議論ガ起ツタ。ソレハ大部隊ノ關東軍ヲ編成シテ置ク事ハ經濟的及政治的ニ種々ノ困難ヲ生ズルカラデアル。

二、グリーン（日本）ノ各種ノ關係筋及アンナ（オツト）ヨリ知リ得タ所ニ依レバグリーン（日）米交涉ハ進展ヲ示シ少ナクトモ一時的ナリトモ何等カノ了解ニ到達スルモノト思ハレル。交涉ハグリーン（日）

米兩國間ニ於テ支那問題ニ對シ或ル種ノ修正ヲ爲ス事及グリーン（日本）ハ佛印ヨリ向フニハ進出セズ且ツ三國同盟ヲ破棄スル旨ノ保證ヲナス事ヲ含ンデ居ル。米國ハグリーン（日本）ニ對シテ全經濟圈ニ於ケル大ナル經濟的報酬ヲ提供スルトシテ居ル。

交渉ハ主トシテワシントンニ於テ行ハレテ居ルガ第二線トシテ東京ニ於テグルー大使ト豐田トノ間デモ行ハレテ居ル。アンナ（オット）ハ昨日マツク（松岡）ノ後任者ヲ訪問シ次ノ如キ通報ヲ受ケタ。卽チ有名ナル近衞ノルーズベルトニ對スル書翰ハ單ニ曩ニ松岡ニ依ツテ決裂ニ導カレ又近衞內閣ガ改組サレマツク（松岡）ヲ押出シタ後ニ決裂シテ了ツタ交渉ヲ再開スル事ヲ要請シタモノニ過ギナカツタ。ルーズヴエルトハ交渉再開ノ用意アリト回答シ目下交渉ガ行ハレテ居ルノデアル。交渉ノ內容ハアンナ（オツト）ニハ與ヘラレナカツタ。彼女ハ一註。。。アンナ卽チオツトヲ指ス）單ニ交渉ノ內容ハ何等樞軸國ヲ害スル如キ內容ハ含マレテ居ナイトノミ知ラサレタ。

13

併シアンナ（オット）ハ右ニ關シテ疑ヲ抱イテ居ル。マツク（松岡）ノ後任者ハ短期間ノ裡ニシベリヤ鐵道ヲ再開スルトノホワイト（獨乙）側ノ期待ガグリーン（日本）ノ側カラスレバ大キナ間違ヒデアツタト思ハザルヲ得ザル事實カラシテモ、今ヤグリーン（日本）ハ完全ニ全世界カラ孤立スルニ至ツテ居ルト云フコトヲ指摘シテ、對米交渉再會ニ就テ或種ノ辯解ヲ洩ラシタ。グリーン（日本）ガシベリヤ鐵道ヲ近キ將來ニ再開スルコトノ希望ヲ失ツタノデグリーン（日本）ハ米國ト何等カノ了解ニ到達セント努力スルコトヲ餘議ナクサレタモノデアル。

14

三、更ニパウラ（ウェネツカー）ノ得タル報道ニ依レバグリーン。ボツトルー（日本海軍）南方ニ對スル行動ヲ起ス完全ナル準備ハナシタガ赤軍ノホワイト（獨逸）軍ニ對スル意外ニ強力ナ抵抗トグリーン。ボツクス（日本陸軍）ノ準備ノ缺如ト更ニグリーン（日本）ノ極メテ困難ナル經濟狀態カラシテ行動開始ヲ見合ハセ近衞ヲシテ對米交渉ヲヤラセテ見ルコトニ決定シタ。若シ該交渉ガ不成功ニ終ツタ時グリーン（日本）ハ行動ヲ起ス事ハ非常ニ危險デアルト知リツヽモ南方ニ何等カノ行動ヲ起サナクテハナラナイノデアル。

四、オルガナイザー・チゴロノ離縁シタ妻ト子供ハ濠洲ニ於ケル妻ノ妹ノ所デ生活スル様ニ招待サレテ居ル。吾々ハ當地ニ於ケル一般情勢カラシテ彼女ノ行ク事ヲ拒絶スル事ハ殆ド不可能デアル。フリッツ（クラウゼン）ハ彼女ノ場所ヲ吾々ノ仕事場ノ一ケ所トシテ使用シテ居タガ彼女ガ居ナクトモ彼ノ仕事ハヤツテ行クルト考ヘテ居ル。結局彼女ガ去ル事ハ吾々ノ月々ノ經費ヲ減少スル事トモナルデアラウ。然シ差當リ彼女ガ上海ジヤヴア經由デ濠洲ニ行ク旅費トシテ米貨約四百弗ヲ必要トシ吾々ノ所カラ出シテヤラネバナラヌ。實際吾々ハ單ニ生活費ノミヲ有スルモノデ豫備金ナク彼女ノ旅行許可ヲ願フト共ニ貴下ノ部下（mam）ヲ通シテ此ノ特別出費ノ四百弗ヲ吾々ニ與ヘラレン事ヲ願フモノデアル。彼女ノ去ツタ後ハ前述ノ通リ月額四百圓カラ五百圓位ノ出費ノ減少ヲ見ルモノト思フ。御返事ヲ待ツ。

第三回目ノ動員ノ一部ハ九月中旬ニ終了シタ事ハ既ニ打電シタ而シテ其ノ後ノ第三回動員ハ九月末ニ開始サレタ。第三回動員ハ昨年末及今年初メニ支那カラ歸還シタモノガ主デ年令二十五才ヨリ三十五才迄ノ豫備兵ヲ召集シタノミデ大シテ多數ノ人員デハナカツタ。東京ニ於テハ以前第壹〇壹師團所屬ノ者ガ召集サレ其ノ一部分ノ者ハ既ニ夏服ヲ用意シテ南方ニ出發シタ。該召集ニ於テハ新部隊ヲ編成セズ現在南方駐屯中ノ舊部隊ニ編入サレルモノデアル。

オツトーハ米國向ケ申入書ヲ見タ。該書類ハ、具体的ナル申入事項ヲ含ンデ居ラズ單ニ日米交渉ニ於テ取扱ハレルベキ一般的問題ノミヲ記載サレテアツタモノデアル。第一點ハ一般的ニ太平洋平和ヲ取扱ヒ日米兩國間ニ一種ノ不可侵條約締結ノ提案ヲ記シテアルガ太平洋上ノ平和條約ヲ他ノ形ニ依ツテ締結スル餘地ガ殘シテアル。第二點ニハ世界戰爭ニ於ケル日本ノ立場ヲ取扱ヒ或ル情勢ノ下ニ於テハ日本ハ歐洲ニ對シテ關心ヲ示サザル用意アル事ヲ暗示シ第三點ニハ日本ハ西南太平洋主トシテ蘭印カラ原料ヲ得ルノ必要アル事ヲ指摘シ第四點ニハ支那ヨリ徹兵問題ヲ全部保留ノ上支那問題ノ解決ヲ指摘シテ居ルガ一方中支及南支ノ或ル地方カラ日本軍徹退ノ用意アル事ヲ暗示シ第五點ニハ極東ニ於ケル米國ノ權益ヲ採リ上ゲ其レヲ如何ニシテ保護スルカラ指摘シ第六點ニハ條約ノ形式ヲ含ンデ居ルモソデアル。

オツトハ今日迄ノ處デハ米國側ハ日本ノ提議ヲ寧ロ輕ク取扱ツテ居リ又日本側ノ近衛ガルーズヴエルトト會談スルノ用意アリトノホノメカシニ對シテモ米國側ハ輕クアシラツテ居ルコトヲ指摘シテヰル。右ノ事實ニ關レ一般ノ情勢ハ陸海軍ガ近衛ニ對シテ日米交渉ノ時間ヲ制限シタ事ニ依ツテ寧ロ緊張ヲ示シテ居ル。近衛ノ側近者（close adviers）ヨリオツトーガ知リ得タ所デハ右ノ制限ハ十月末ヲ以テ切レルモノデアル又其ノ制限期間中ニ該交渉ニ付キ何等ノ成果ヲ得ラレナイ時ニハ海軍ハ直チニ南方ニ對シテ行動ヲ起スデアラウ。海軍筋カラオツトガ知リ得タ事ハ制限サレタ時日ハ非常ニ短時間デアリ若シ十月ノ第一週中ニ米國カラ滿足スベキ回答ガ來ナイ時ハ海軍ハ行動ヲ起ストノ事デアル。

オツトーハ海軍部首腦者等モ亦政府モ共ニ事ヲ起ス事ハ希望シテ居ナイガ若シ米國ガ日本ノ提議ニ對シテ滿足ナル回答ヲ與ヘナイ時ニハ十月中ニハ海軍及政府共ニ行動ヲ起ス事ヲ餘儀ナクサレルデアラウト確信シテ居ル。夫ノ意味ハ此處二、三週間ガ日本ガ石油ヲ得ル爲ニ南進ヲ開始スルカ否カノ新シイ危期ガ頂點ニ近ヅクデアラウトサレテ居ル。

北方ニ關シテハ何等ノ話モナイ。

17

昭和十七年一月

マックス・クラウゼン手記（譯文）

其の一

東京刑事地方裁判所検事局思想部

二四

第一部、獨逸に於ける私の共産主義者としての經驗

（西暦一九二七年——一九二九年）

西暦一九二七年に私は共産黨に入黨致しました。當時の獨逸は非常な生活難であり、又失業狀態も深刻で幾百萬といふ獨逸の勞働者が失業して居るのを見て私は獨逸共産黨（カ・ペ・デ・）に加入する樣になりました。私が所屬した黨細胞は船員細胞（ツエレ・シツフフアールト）でありますが、船員は總べて此の細胞に加入することになつて居りましたので船員細胞と申すのであります。此の細胞の所在地は「ハムブルグ」市「ローテゾード」街八番地でありました。其の頃私はソ聯に旅行したことがありましたが、其の時ソ聯では私達を非常に親切に厚遇して呉れ又ソ聯の好い方面を見せて呉れました。斯樣にして私がソ聯から「ハムブルグ」に歸つて來た時には既に殆んど信念的な共産主義者になつて居りました。そこで私は入黨の申込をしたのであります。私を入黨させて呉れた人は「アウグスト・ラート」といふ男でした。入黨に際しては豫め履歴書を書いて提出しなければならぬので、私は之を提出して黨員候補者（カンヂダート）として入黨した

のであります。

入黨後私は船（エタ・リツクメルス號）に乘込み東亞細亞に來ました。此の船中で私は共產主義者として船員達に對し宣傳活動をしなければならなかつたのですが、此の宣傳活動は非常に興味ある仕事でありました。それは船員達の中には私達と異つた政治的見解を持つた者も相當多かつたからであります。私の任務は新聞や宣傳文書に依つて共產主義こそは獨逸に取つて唯一の正しい理論であることを認識させる仕事でありました。然し私の此の活動は餘り大した成果を收めることは出來ませんでした。それは私達と異つた意見を持つた他黨の船員達も亦別に宣傳をやつて居りましたので、私は僅か三人の「シムパサイザー」を獲得したに過ぎませんでした。船員達は非常に激し易いので屢々昂奮して非常に激しい議論を戰はせることがありましたが、議論は果しが無く大抵毆り合ひになつて仕舞ふことが多かつたのであります。斯樣にして「ハムブルグ」に歸りましたが、議會選擧が目前に迫つて居りましたので私は下船致したのであります。

西曆一九二八年四月私は議會選擧前の「アヂビラ」其の他の宣傳

文書を配布する仕事を手傳ひました。此の仕事は非常に面白かつたが然し苦しい仕事でありました。ビラを配布する爲に一軒々々を訪問しなければならぬ譯ですが之が全く大變な仕事でした。建物は皆大抵五階建でしたが、「エレベーター」が無い爲何回となく階段を上つたり下りたりしなければならないので、全くヘトヘトに疲れました。之等の家に住んで居る者全部が共産主義者であるとは限らなかつたので、屢々石や其の他固い物を頭上に投げ付けられたこともありました。

私は茲に議會選擧前の宣傳活動が普通如何にして行はれたかに就いて例を擧げて述べませう。私が或る家に行き或る部屋の前で「ノツク」をして返事を待つて居ります。次いで扉が開きますと私は次の樣に申します。「共産主義者を選擧せよ！貴殿が共産主義者を選擧すれば黨は强大になり獨逸の全國民は生活が樂になるであらう。故に「カ・ペ・デ」（獨逸共産黨）を選擧せよ」と。中には「承知しました。共産主義者を選擧しませう」と答へて呉れる者も相當ありました。然し中には「出て行け、俺は共産主義者ではないから共産主義者などは選擧しないぞ」と答へる者も相當ありました。又中では議論を吹き掛け

2

る者もありましたが、私は共産主義理論に就いての理解が深くないので、左様な場合には何時も大急ぎで逃げて仕舞ふのであります。又宣傳員達が街頭で政治演説をやつて居る際毆り合ひを始めることも屢々ありました。例へば一人の共産主義者が街頭で宣傳演説を初めた様な場合、同人が少し許り演説をやるともう直ぐ社會民主主義黨や國家社會主義黨其の他の黨員がやつて來て毆り合ひが初まるのであります。或は又反對黨と反對黨が互に宣傳文書の奪ひ合ひをする様なことも屢々ありました。私達は演説會場、勞働紹介所、旅館其の他公衆の出入する場所等何處へでも行き「アヂビラ」其の他の宣傳文書を配布し且議論をしなければならなかつたのです。議論の點に就いては私は深く理解して居ないので成るべく回避しました。一方他黨に於ても亦夫々宣傳をする爲に黨員を派遣しましたから、異つた黨員達が偶然に同時に同一の場所で遭ふ様なことが屢々起りました。然しそれは當然爭鬪を意味する譯で、爭鬪の結果負傷者を出したことも屢々ありました。

　最も惱まされた困難な仕事は「ポスター」貼りでありました。之は警察が禁止して居りましたので、夜間やりました。「ポスター」貼ー」もそれが居ないと出來ません。內二人は糊で貼り付ける仕事を繼續し、其の他の者は警察官又は其の他の者が來ないか如何かを見張つて居るのであります。若し警官が現はれた場合には私達は皆早速逃げ隠れて仕舞ひます。又若し途中で「ボスター」を貼らうとして居る他黨の連中を發見した樣な場合には、之等の連中と喧嘩を初めました。其の場合「ボスター」類は全部引き破られて仕舞ふことは申す迄もありません。然し警官自らが私達の「ボスター」貼りを手傳つて呉れたことも非常に多かつたのであります。それは警官の中にも多數の共産主義の「シンパサイザー」が居たからであります。

殊に面白かつたのは日曜日であります。赤色戰線鬪爭隊（ローテン・フロント・ケンペル・ブンド）の各支隊は何れも音樂隊を持つて居て、日曜日の朝早く「ハムブルグ」の方々の廣場等で音樂を奏しました。先づ此の音樂隊が或る廣場に整列しますと、人々が集つて來ます。相當多數の人が集まりますと音樂が初まり、それに續いて一人の男が壇上に上り、「アヂプロ」の大演説を初めるのであります。多くの場合未だ大して長く演説をやらぬ内に、他黨の連中がやつて來て同樣「アギ」演説をやり出すのであります。此の日曜日朝の演説會は大抵警察の一齊檢束に依つて終りを告げる樣な有樣でした。

それから又大「デモンストレーション」もやりました。私達は音樂を奏し旗を振り無數の大きな看板を押し立て乍ら街頭行進をしました。看板には「共產主義者を選擧せよ、然らば仕事とパンが與へられん！」とか「萬國のプロレタリアートよ、團結せよ」とか「資本主義打倒」等と書きました。又「マルクス」「エンゲルス」「レーニン」「カール・リーブクネヒト」其の他の共產黨指導者の肖像を揭げて行進することもありました。此の「デモンストレーション」も亦多くの場合爭鬪と檢束に終つたのであります。當時の獨逸の議會選擧前に於ては以上述べた樣な思出が常に隨伴して居りました。

3. 次に議會選擧が如何にして行はれたかに就いて述べます。議會選擧は次の樣にして行はれました。私はこゝ「ハムブルグ」では如何であつたか、又私自身が見たことや私が關係したことに就いて記しませう。「ハムブルグ」の各區には投票所が設けられました。それは旅館とか小さな「レストラン」が通常投票所に當てられ、此處で投票が行はれたのであります。こゝでは私の選擧區に於ては如何にして行はれたかに就いて述べることに致します。

投票は日曜日の朝午前六時に初められました。私の投票所は「ローテンゾード」街の小さい料理店内に設けられました。「テーブル」は片隅に集められて其處に各黨の代表者達が腰掛け、他の片隅に屏風を立て其の後方に投票函を置き、選擧人が其處へ行き投票用紙に十字印を記入する際、他の者は誰も見ることが出來ない樣になつて居りました。次に投票用紙に就いて述べませう。投票用紙は封筒に入れますから、何れの黨に投票したか誰も見ることが出來ません。用紙には總べての黨名が印刷してありますから、選擧人は投票しやうと思ふ黨名が印刷されて居る部分に十字印を記入しさへすればよいのであります。さて投票が初まることになりますが、選擧權者は總て豫め郵便で選擧資格證明書を受取つて居ります。前に述べた如く選擧は午前六時に始まります。それも大多數の人が仕事から解放されて居る時を選び、日曜日に施行されました。投票開始前既に人々は長い列を作つて投票所の前に並んで居ります。扉が開くと人々は列の順序で整然と投票所内に入り、其處で封筒に入れた投票用紙を受取り、それから「スペイン」風の屏風の後方へ行き、各自自分の投票せんとする黨名の記載ある部分に十字印を記入した上之を投票函に投入して退場するのであります。

萬事極めて靜肅に行はれます。

然し投票所の前では猛烈な選擧戰が行はれて居りますので、人々は投票所の外に長く立止つて居ることは出來ません。各黨の代表者等は夫々「ポスター」や宣傳文書を持つて居て、之を選擧人に配布して居りますが、彼等は互に怒鳴り合ひ、果ては互に髮の摑み合ひをやつて居るのであります。斯樣な喧嘩は長くは續きません。それは逸早く「ゴム」棒を持つた警官が治安を紊す者を鎭壓する爲に馳付けて來るからであります。此の投票は大体午後三時頃迄行はれ、其の時分には人々は皆投票を終へて仕舞ひます。そして投票所は閉鎖され、投票用紙の計算が行はれます。私は一度此の計算に立會つたことがあります。各黨の代表者等は同じ「テーブル」に腰掛け、十字印を記入せる投票用紙を入れた投票函が「テーブル」の上に開けられ、そして計算が始められるのであります。

4

私の投票所では略三千人の投票がありましたが、其の内六百票が共產黨、一千票が社會民主主義黨の得票で、殘餘は右翼の黨の得票でありました。前回の選擧に比し、共產黨は百五十票の增加で社會民主主義黨は五百票以上の減少でありました。國家社會主義黨は若干增加して居りました。

今にして思へば、此の頃から國家社會主義黨の影響は漸次增大したものだらうと思はれます。然し私は其の後「スパイ」の仕事をする爲に「モスコー」へ送られたので、遺憾乍ら國家社會主義黨に關係することが出來なかつたのであります。若し其の儘「ハムブルグ」に止つて居たならば、私も亦國家社會主義獨逸勞働黨（ナチス黨）に轉向して居たことだらうと思ひますが、殘念乍ら私は同黨の運動に關係することが出來なかつたのであります。

次にベルリンで開催された聖靈降臨祭の大會に就いて述べます。

赤色戰線鬪爭隊の大會は每年聖靈降臨祭の際ベルリンで開催されました。獨乙全國の金と時間に餘裕ある隊員は全部此の大會に參加しました。それは私に取つて思出多い大きな出來事でありました。土曜日の夜私達四十人の隊員はトラックに乘つてハンブルグを出發しました。私達は音樂を奏し赤旗を打振り乍ら村や町を通り過ぎました。夫々の住民達から多かれ少かれ、或は歡迎的な或は敵意を持つた表情の挨拶を受け乍ら通り過ぎました。或は又他の村や小都市では食堂や居酒屋の前で停車して飲食を致しました。此の様な機會に私達が共産主義的宣傳をやつた事は勿論であります。此の場合に於ては爭鬪は演ぜられませんでした。それは警官が拳銃を持つて警戒して居たからであります。斯樣にして私達は日曜日の朝ベルリンに到着しました。ベルリン市内に入る前に停止を命ぜられ、召集されて居た多數の警官に依つて私達が武器を携帯して居ないか如何かを調べられました。我々が武裝蜂起をしやうとすれば恐らく可能な事でありましたから、警察も非常に警戒して居たのであります。然し其處に居た私達の仲間は溫和しい

6

運中であつて武器を携帯して居る者はありませんでした。唯他の運中の内にはポケツトにゴム棒を持つて居りましたが、然し之は他黨の運中が我々の行進を妨害しやうとした場合に、之等の運中に對して使用する爲のものでありました。ベルリンには多數の共産主義者と其の「シンパサイザー」が居りましたので、私達は市民から非常に親切に歡迎されました。さて我々赤色戰線鬪爭隊は八十萬人が隊伍を組んで行進を致したのであります。其の日ベルリンでは他黨の運中は一切姿を見せませんでした。我々の黨は他黨に比し餘りにも強大であつたからであります。當時の共産黨の指導者は「エルンスト・テールマン」で我々はデモンストレーションをやり乍ら同人の立つて居る前を通過するのであります。「テールマン」はジーゲスアレー廣場に陣取つて居り我々は同人の立つて居る前を行進して査閲を受けたのであります。後で聞いたのですが、其の行進の隊伍は先頭から後部迄全部が通過するのに四時間を要したといふことでありました。デモンストレーションが終つた後私達はベルリン市内を見物し、其の晩は他の人々と同樣に私もベルリン共産黨員の家に泊りました。從つて別に費用は掛りませんでした。月曜日の晩に原再びハンブルグに歸りましたが、之は私に取つては非常に美はしい思出多い經驗でありました。

此の旅行から歸つて後私は婚約しましたが、其の際に私の屬して居る船員細胞では私が以前に軍隊に居た時代無電技術者であつた事を知つたのであります。そして之が動機となつて私は「ゲオルク」を知るに至つたのであります。私の細胞に「カール・レッセ」と云ふ男が居ました。同人は私の細胞の指導者でしたが、私が無電技術者であつた事を聞き、私を「ゲオルク」に紹介しました。「ゲオルク」は私に『君に適した良い仕事があるがモスコーへ行く事を承知して吳れないか』と申しましたが、私は『私より古くから黨に居る黨員が多數ありますから、先づ左樣な古い黨員をお考へになるべきではありませんか』と答へました。然し彼は『いや、それは俺の責任でやる事だから』と申しましたので、私は承諾致したのであります。

それから後私はバルト諸國へ旅行しました。又獨乙が蘇聯政府から買つたロシヤ船でムルマンスクへも旅行しました。此の旅行も非常に興味深いものでありました。此の船には私の細胞に屬する共產主義だけが乗りましたが、唯船長だけはノルウエー人でありました。此の船に「グリユーコツプモーター」が備付けられてありましたが、此のモーターは故障で一日に二時間位しか動かないので、動かぬ間は帆で走り乍らモーターを修繕しなければなりませんでした。それで修繕の為ノルウエーのベルゲンに二週間碇泊して居りましたが、此處へロシヤ船が入港したのは初めてであつたので其地の共産黨では私達を非常に親切に歓迎して呉れました。其の黨員達は私達の為仕事を休んで自宅に招待したり、其他之に類似のあらゆる歓迎をして呉れました。私は當時十分に金を持つて居たので餘り左様な厚遇を受けるのは心苦しかつたのですが、彼等は私達に金を費はせない様にしました。其後私達はトロントハイムにも一週間滞在しましたが、同様親切な歓迎を受けました。ムルマンスクでは初めて蘇聯の「ゲ・ペ・ウ」に依つて、私達が反共産主義文書等を持つて居ないか如何かに就いて嚴重な調を受けました。之は些さか氣持が悪かつたが、然し私達は何も持つて居ない事が分つてそれからは親切な態度になりました。ムルマンスクでは勞働者宿泊所を宿所として提供せられ此處に約一週間滞在しました。

ムルマンスクは澤山の住宅が密着して建てられて居り、一寸變つた都市でした。世界大戦後二千人に過ぎない人口でしたが、一九二八年には既に三十萬人に達して居りました。市街は整頓されず不潔でありました。私達はムルマンスクから次にレーニングラードに行きました。レーニングラードでは海員倶樂部に宿泊しましたが、此處では特に私達の爲に舞踏會を催して呉れました。私達は左様な機會にも相當に啓蒙煽動せられた事は勿論であります。それからレーニングラードの名所を見物しましたが、綺麗な都市で非常に興味深く見物しました。私達はレーニングラードからロシヤの船に乘り今度は船員としてではなく船客として再び獨乙まで送つて貰ひました。

ハムブルグに着いてから私は再び海員勞働紹介所に登録して貰ひました。そして再び私の細胞で補助的活動を手傳ひました。此の活動も興味がありますから之に就いて少し述べませう。何れの細胞でも夫々の分野に於て補助的活動と宣傳活動をしなければなりません。例へば工場細胞にあつては其の所屬する工場に於て活動しなければならなかつたのです。私の屬する細胞は海員細胞であつたから、云ふ迄も無

8

く海員達に對し宣傳をしなければなりません。ハムブルグは世界有數の大きな港で、毎日五十乃至百隻の船が出入し、港には澤山の船が碇泊して居りましたので私達の活動分野は相當廣汎でありました。さて、私達は之等の船に派遣せられ、船員達と議論をしたり又雜誌其他の宣傳文書を配付したのですが、私は此の仕事も亦面白くやりました。人は失業すれば十分の金を得る事が出來ず、而も人は總て食はなければなりません。其處で私は此の食ふと云ふ本能と義務（私の宣傳活動）とを結付けたのであります。私は大抵の船に知人がありましたが、獨逸の船員は概じて美味しい食事を攝りますので、船に依つては勿論美味しい食事を食べるものもありましたが、中にはそんなに好い食事を食べない船もありました。それで私達は宣傳活動を美味しい食事に結付けたのであります。然しハンブルグ港は大きくて廣く、一つの船から他の船へ行くのが遠かつたので、此の仕事は相當苦しい仕事であつた事は申す迄もありません。私達は夜宣傳の仕事から歸ると大抵細胞の食堂へ立寄るのが例になつて居りました。

次に細胞の設備其他に就いて述べます。細胞は可成大きい建物で、前の方は食堂になつて居り其處では一寸した物を食べることが出來、又麥酒も賣つて居りましたが他の酒類は賣つて居りません。それは共產黨では過度の飲酒を禁じて居たからであります。此の食堂には各種の共產主義新聞其他の宣傳文書が備付けてあり、誰でも讀める樣になつて居りました。食堂の後方に大きなホールがあつて、〔各種の催物が行はれました。時々其處では〕其處で各種の集會も開かれ、船員達は其處に集つて共產主義的「アヂ」演說を聞きました。此の演說は普通何處かの細胞の指導者がやる事になつて居り、其後で討論をやりますが、私は此の討論の點に就いては餘りよく理解する事が出來ませんでした。斯樣な演說會には屢々他黨の者の入込んで來る事があります。最初は先づ之等の連中を共產主義に轉向せしめんと努力しますが、それが成功しない時には外へ突き出して喧嘩になる事も屢々ありました。此のホールは集會のみならず、其他の樂しい催物の爲にも使用せられ、例へば素人演劇、舞踏會等も催されました。二階には細胞の事務所があり、又黨員の會合のみに使用する集會室がありました。此の集會室では普通小討論會や將棋其他の娛樂が行はれました。此の細胞に於ける生活は變化なくいつも同じであり、又船員達は何時もハムブルグに止つて居

9 る譯ではないので、人々は絶えず出たり入つたりして居りました。細胞の幹部達は何時も相當多忙でありました。それは成員が船員達でありますから、彼等が船に歸つた際、當時絶えず推移しつゝあつた政治情勢の變化に應じて、夫々新たなる宣傳資料と新たなる指令に依つて活動する要があるので、其の準備に多忙であつたのであります。

私がモスコーへ行く前に私が船員として瑞典に旅行した事に就いて餘談乍ら一寸述べませう。私はズンドウヴルと云ふ小さい流船に乘つて瑞典の小さい港へ行きました。當時瑞典ではアルコールが禁止されて居ましたので獨乙から密輸入されて居り、獨乙で八十片で買入れたアルコールを瑞典で六乃至十クローネで轉賣されて居りました。密輸は税關で發見されぬ樣にしなければなりません。若し發見されると非常に高い罰金を科せられるのでありました。然し私達は顔見知りであり、何時でも多少のものを與へるので（勿論税關吏が之に對し代金を拂つた事はありません）税關吏は眼をつぶつて見ぬ振りをして居りました。或る時我々の船が三千立を運んだ事がありましたが、之を陸揚する事は非常に困難でありました。といふのは二人の税關吏が絶えず我々の船に上つたり下りたりして居たからであります。そこで船長は二人に上等の「ブランデー」を一本宛與へました處二人共其を直ぐ全部飲んで仕舞ひました。酔拂つて仕舞つた事は勿論で二人は貨車の上に酔の醒める迄寢込んで仕舞ひました其隙にアルコールを陸揚げした樣な事もありました。然し此の種の密輸は私が共産黨に入黨する前に關與したのであります。黨では一切斯かる密輸を禁止して居りました。從つて私が黨員になつてからは密輸は一切罷めて居りました。上に述べた密輸に就ては私自身は關係しなかつたのであります。

以上を以て私の經驗談の第一部を終りますが、茲に當時の獨乙の狀態に就いて一言感想を述べて置きます。世界大戰が終り獨乙は戰に敗れました。獨乙は莫大な賠償金を支拂はねばなりませんでした。世界市場に於て一切發言權が無くなり輸出は戰勝國が管理して居りました。獨乙は何人も知つて居る通り工業國であつて貿易に依存して居る國でありますから、當然失業狀態が深刻になつたのであります。そして必然、各種の意見が起り且各種の政黨が出現したのであります。ワイマール憲法に基き獨乙には民主主義的政府が樹立された結果如何な

る黨と誰も合法として認められて居りました。従つて何れの黨も大々 10
最大の黨とならうとして、公々然と宣傳運動を致したのであります。共産黨は勞働者の黨でありますから最も多く下層階級に對し宣傳運動を致しました。斯様な事情から私は共産主義者になつたのであります。

次に第二部に於て私の蘇聯スパイとしての經驗に就いて報告致し度いと思ひます。

第一部終

二五

昭和十七年二月

「ブランコ・ド・ヴーケリッチ」手記譯文 (一)

「私の共産主義信奉の經過」

東京刑事地方裁判所檢事局思想部

二二五

司法省

翻譯人　井手義行

私は「オーストリヤ・ハンガリー」王國の「ハンガリー」で育ちました。私は「クロアチア」人で、祖父は「クロアチア」に於て民族意識の啓蒙運動に一つの役割を演じた詩人「グルーガ」の一員でありました。然し乍ら、父は「オーストリヤ・ハンガリー」の陸軍將校であつたため、少年時代私は父に從つて軍隊所在地を次から次へと移り歩いて過しました。第一次世界大戰勃發と共に「ハンガリー」に於ては國家主義意識が昂揚され私は屢々敵國人たる「セルビヤ」人と間違へられ、「ハンガリー」の少年達に依つて侮辱されたり、袋叩きに遭はされたり致しました。斯くして、私は十歳位の頃から人種及少數民族の問題に關心を有するに至りましたが此の問題は中央「ヨーロッパ」に於ては可なり切實且悲慘なものでありました。父は露西亞人や「セルビヤ」人等「スラブ」系の同朋民族と戰はねばならぬことに對し相當心苦しく感じて居りましたが、之に反し、私は學校や新聞の影響を受け「オーストリヤ・ハンガリー」及獨逸に對し常に好意を寄せて居りました。然かも此の感情は極めて深刻なものであつた爲私は獨逸降服の報を聞いた時泣き出して仕舞ひ、「ヴェルサイユ」條約に對しても猶憤慨の念を禁ずる事が出來なかつたのを記憶して居ります。

私に取つての問題は、私が「ハンガリー」や獨逸に對し同情を寄せて居りながら、之等の支配民族と平等の立場に立つて共に喜び共に悲しむ事を許されなかつた事であります。私の此の感情は、世界大戰中私の通學して居た「ペーチ」（南「ハンガリー」）の「カトリック」の「ギムナジウム」（小學校と中學校を一緒にした「ラテイン」語學校）に於て私が唯一人の新教徒であつたと謂ふ事實に依つて益々深められました。然し乍ら之れが基で、私は宗教的眞理の相對性に就て知るに至りました、何となれば私の師事した新教の先生達が「カトリック」の教授達の教理を排撃して居たからであります。

他方、私の父は陸軍士官の割には寧ろ自由主義者の傾向を有し、當

日本標準規格B4號

時流行の進化論や懷疑派哲學の書籍を多數所持して居りました。學校に於ける私の環境と之等父の藏書とが相俟つて私は宗教に對する懷疑論者となつて仕舞ひましたが、然し、未だ斷定的に神の存在を否定する丈けの決意もありませんでした。蓋し、全面的に神の存在を否定する事は之を肯定する事と同樣兒戲に類する事であり、此の問題は窮極の人智を超越した超定義的な問題であると信じて居たからであります。同時に又私は粗笨的唯物論を觀念として其の儘受け容れる事にも躊躇せざるを得ませんでした。何となれば、純正唯物論から見れば必然的な歸結ではありますが、私は「物は我々が之を完全に無視する時にも猶存在する」とは感じ得なかつたからであります。

歐洲大戰中一九一七年「ロシア」に革命が勃發した時、私は始めて共產主義に接しました。「ボルシエヴイキ」革命は「オーストリヤ」の民衆に依つて歡迎されました。何となれば其れは「ロシア」の崩償を招來し、中歐諸國の立場を有利ならしめるものと信ぜられて居たからであります。然し乍ら「ソヴイエト」に依つて提唱された無併合、無賠償の平和締結論は總べての人に深き感銘を與へました。私も亦一般の人と同樣此の感銘を受けた一人であつた事を記憶して居ります。然し乍ら、之は極めて一時的のもので、やがて、「ボルシエヴイズム」は流行病なりとの逆宣傳に依つて忘れられて仕舞ひました。唯一つ後に殘つたものは一般的な戰爭嫌惡の氣分で、結局之が原因となつて中歐諸國は崩潰するに至りました。

大戰中は私も亦他の人と共に或る種の困苦缺乏、例へば榮養不良に陷るとか、紙や木で造つた靴を穿く等と云ふ事に堪へなければなりませんでした。一九一八年私の街に軍隊の叛亂が起り、私の父は軍法會議の判官に任命されたので犯人に對し死刑の宣告を下さなければなりませんでした。戰線に於ける二年間の生活に加ふるに、斯樣な事があつたため、父は遂に健康を害し神經衰弱に陷りましたが、此の事は私をして戰爭の暗黑面を痛感せしめました。敗戰後に於ける「オーストリヤ」軍並に「オーストリヤ」帝國崩潰の狀景は遂に私をして戰爭とは正に恐怖すべきものであり、人類に取つて最大の罪惡の一つであると信ずるに至らしめました。

「オーストリヤ」崩潰の結果、私は再び共產主義と接觸するに至りました。私共は一九一九年の始め「ハンガリー」を去り「ユーゴースラヴイヤ」の一部となつた「クロアチア」に赴きました。此の頃「ハンガリー」に於ては無血革命を通じ一種の人民戰線派の支配する「ソヴイエト」政府が建設せられ、赤軍が組織せられて居りました。當時「セルビヤ」、「ルーマニア」、「チエツコ」等戰勝協商國側は「ハンガリー」の分割を主張して居りましたが、「ハンガリー・ソヴイエト」政府は此の主張に抗して三ケ月半に亘り勇敢に鬪つたのであります。此の反帝國主義的國家主義（「アンテイ・インペリアリステイツク・ナシヨナリズム」）は戰後「ハンガリー」の悲劇的運命に關し私自身の考へて居た事と全く一致する所がありました。此の「ソヴイエト」政府は結局「ルーマニヤ」、「チエツコ」及「フランス」聯合軍の干渉に依り覆滅されて仕舞ひましたが、其の頃私は我々の棲んで居た「クロアチア」の首都「ザグレブ」に於て一人の赤色指導者と會逅致しました。其の指導者と云ふのは「ホイツー・ジユロアー」博士で、既に我々が「ペーチ」に居た頃から知つて居た人であります。彼は「ペーチ」の辯護士であり又勞働組合の指導者であつた關係上、「ソヴイエト」時代には、赤軍司令官に就任しましたが、白色軍隊の來襲した時飛行機に乘つて難を遁れたのであります。私が彼の經驗談を聞いた當時彼は寧ろ幻滅の悲哀を感じ批判的になつて居りました。即ち彼の言に依れば、「ハンガリー・ソヴイエト」が崩潰したのは外國の干渉の爲ではなく寧ろ自らの犯した誤謬の爲であります。其の最大の誤謬は土地を農民に與へず却つて廣大なる土地所有を所謂社會主義的農場（「ソシアリステ

イック・ファームス」）の形式に依つて維持せんとした事でありま
す。之がため、個人所有の農場獲得の希望を失つた農民の理解を得るに至らず、農民は「ソヴイエト」を嫌悪し、赤軍から離れ去つたのであります。私は此の話を聞き非常に興味を覚えましたが然し未だ共産主義に轉換しませんでした。「ユーゴー・スラヴイヤ」は新しく建設された國であり、私の祖國となるべき國でありましたが、此の「ユーゴー・スラヴイヤ」に於て、再び私は、最も深刻なる形に於ける少數民族及人種問題に遭遇致しました。即ちそれは「セルビヤ」人と「クロアチア」人との悲劇的闘爭の問題であります、「セルビヤ」人も「クロアチア」人も共に同一言語を用ひ疑もなく同一民族に屬するものでありますが、唯、彼等の歴史と教育の影響が事實上當初から彼等を分離させて仕舞つたのであります。此の闘爭は「ユーゴー・スラヴイヤ」存立二十年の間、屢々流血の慘事を招來し、結局同國窮極の悲劇を惹起したのであります。—「クロアチア」人として私は「クロアチア」人が「セルビヤ」人と同等の權利を主張するのは當然であると考へると同時に、「ハンガリー」に育つた私としては、民族主義を狂信するの余り「セルビヤ」人の所謂「セルビヤ」も「クロアチア」も互に獨立するには余りに少國なるが故に相結合して强力なる國家を形成すべきであるとの主張の正當性を無視する事も出來ませんでした。私は直に、此の「ヂレンマ」は單純な民族主義の立場から解決する事は不可能であり、此の解決はより廣汎な原理に依らねばならぬと考へました。

父は「オーストリヤ」の瓦解後「ユーゴー・スラヴイヤ」の軍隊に居りましたが、結局それも辭めて「クロアチア」の或る保險會社に關係する事になりました。父の言に依つて判つた事でありますが、「セルビヤ」と「クロアチア」との摩擦の根本的原因の一つは、未だ「ユーゴー・スラヴイヤ」に資本主義が發達せず其のため經濟上も政治上も外國資本が支配的地位を占めて居た事であります。卽ち

「セルビヤ」は「フランス」及「イギリス」資本に依つて支配され「クロアチア」は「チエツコスロバキヤ」、「オーストリヤ」及獨逸の金融資本に依つて支配され、「ベルグラード」の「ナロドナ」銀行（國立銀行）は「フランス」資本の城砦であり、「ザグレブ」の「フルヴアスカ・ステデイオニツア」（「クロアチア」貯蓄銀行）は「オーストリヤ」後には獨逸金融資本の城砦でありました。（獨逸が「チエツコスロバキヤ」及「オーストリヤ」を併合した時、從來は個々別々の金融勢力に過ぎなかつた「オーストリヤ」、「チエツコ・スロバキヤ」及獨逸の金融勢力が結合するに至り、獨逸は此の結合せる金融勢力を運用する事に依つて支配的勢力を獲得し、「ベルグラード」側は有名な「クーデター」を以て之に對抗したのであります。――之等總べての事は曩に私が抱いて居た考が全然根據の無いものでなかつた事を證明するものであります）。尚、又、父の說明に依れば之等諸銀行は、外國人株主に對し、「ユーゴースラヴイヤ」の輸出超過の利益金の中から多額の融資金や利益金を支拂ひ其のため、「ユーゴー・スラヴイヤ」の財政を疲弊せしめて居たのでありますが、同時に之等諸銀行は、又、事實上「フランス」或は中歐諸國の金貸業者共の利益を代表する「ザグレブ」の「クロアチア」自治黨（「アウトノミスト・パーティ」）や「ベルグラード」の「セルビヤ」覇權黨（「ヘゲモニー・パーティ」）に對し常に其の活動資金を提供して居たのであります。斯くして此の國は外國金融勢力のため眞に混亂を極めて居りました。此の事實に依つて私は、強度な資本主義的利害の存在する限り「ヨーロッパ」に於ける相爭ふ人種乃至少數民族問題の解決は極めて困難なる事を知りました。

以上が一九二四年、私の二十歳當時の思想狀態でありました。私は未だ共産主義に心を向けず其の理論にも精通して居りませんでした。唯私は、一面に於ては「クロアチア」の如き少數民族及獨逸「ハンガリー」の如き敗戰國の問題を解決すると共に、他面に於ては又弱二次世界大戰の勃發を防止するに足る方策に期待をかけ之を探し求めて居たのであります。

斯くして一九二四年秋、一つの出來事が遂に私を「マルクス」主義及共産主義に走らせました。それは之こそ如上の諸問題を解決するものと考へられたからであります。

・

「ユーゴー・スラヴイヤ」に於ける共産主義運動は、其の歴史も古く目覺しい經歴を持つて居たのであります。此の運動の指導者「シマ・マルコウイツチ」博士は「ベルグラード」議會に於ける「セルビヤ」社會黨の代表者として既に一九一四年には「レーニン」の率いる「ボルシエヴイキ」黨との連絡を確立し、世界大戰勃發當時には戰時公債の募集に反對投票を行つたのであります。斯くして彼は「ロシア」帝國議會に於ける「ボルシエヴイキ」黨の細胞や、獨逸帝國議會に於ける「カール・リーブクネヒト」と名譽を共にしたのであります。大戰後「ユーコー・スラヴイヤ」社會勞働黨は大會の決議を以て一九一九年「コミンテルン」に加盟する事を決定致しました。斯くして確立せられた「ユーコー・スラヴイヤ」共産黨は、國民議會の總選擧に於て、議員總數四、五百名中七十名を獲得して大成功を收め、「ユーコー・スラヴイヤ」が農業國なるにも拘らず共産黨は「クロアチア」代表と「セルビヤ」代表との間に立つて其の「カスティング・ヴォート」を掌握するに至りました。

鐵道從業員の同盟罷業（「ゼネラル・ストライキ」）や其の他の事件の後を受け共産黨は政府に依つて非合法なりとの宣告を受け其の代表は逮捕され、「ランプ」議會は危險思想取締法案を採擇致しましたが、「クロアチア」黨の代表者は當時既に此の議會から脱退して居たのであります。「シマ・マルコウイッチ」は二年の懲役刑の宣告を受けました。此の時以來政治犯に對し死刑が採用せられ且實際に適用されるに至りました。斯くして一九二四年頃には隣國の「

オーストリヤ」、獨逸、「フランス」等に於ては共産黨は依然合法視せられて居たにも拘らず、「ユーゴー・スラヴイヤ」は「ヨーロツパ」に於ける白色「テロ」の國の一つとなつたのであります。然し乍ら、共産主義運動は、勞働黨、赤色勞働組合、「マルキシスト」學生倶樂部等の僞裝の下に事實上默認されて居り、之等の組織は總べて其の指導的勢力として秘密且非合法の共産黨細胞（「フラクシヨン」）を持つて居たのであります。

斯くして共産黨は、「クロアチア」に於ては秘かに「クロアチア」自治運動に關與し、之を社會的自覺を持つた勞働者、農民の運動と爲すべく企圖して居りましたが、結局「セルビヤ」人、「クロアチア」人、「ブルガリア」人はもとより種族的には「スラヴ」系に非ざる「バルカン」諸民族迄も包含する「バルカン」民族の社會主義同盟を確立する事に依つて「ユーゴー・スラヴイヤ」に於ける少數民族乃至種族問題を解決せんとする計畫が確立されたのであります。

後になつて解つた事でありますが、此の見地から共産黨は「ザグレブ」大學に於ける「クロアチア」人の學生「ストライキ」に參加したのであります。此の「ストライキ」は文部省が二名の「クロアチア」人教授を罷免したのに反抗して起つたものであります。「マルキシスト」學生倶樂部は公然と此の「ストライキ」に參加し、之を「ベルグラード」大學其の他の「クロアチア」人大學以外の大學にも擴大し、本來「クロアチア」人運動であつた此の「ストライキ」を反動的教育と政治的高壓に反抗する國民運動となす事に成功致しました。遂に憲兵隊は五日間に亘る干渉を行ひ、「ベルグラード」及「ザグレブ」では學生の中から數名の負傷者を出しました、又大量檢擧が斷行され私も其の中の一人として檢擧せられました。然し乍ら、此の事件は全くの所過激分子の大成功に終り、內閣の地位は危險にさらされ、「モスコウ」の學生倶樂部は「ザグレブ」支部に對し秘かに祝賀電報を送つて來ました。

此の時、「ザグレブ」警察が私を檢擧し可なり手荒い取扱をした事は其の後の私の精神生活の發展及經路に對し致命的な出來事となつたのであります。私は大學の前を高等工業學校の方に向つて歩いて居る時寧ろ何の理由もなく檢擧せられたのであります。私は「ストライキ」勃發の第一日には未だ此の運動には關係して居りませんでした。檢擧に對し私は抗議を申立てましたが、警官は益々激怒し私を酷く打擲する許りでありました。二十四時間の拘留後、父は私を釋放させる事に成功しました。父は多少私を叱りましたが、此の事件に對する私の唯一の反抗は官憲に對する復讐を求める事でありました。私は此の警官の行動、卽ち、彼等が武裝して大學構内に闖入し且學生に對し虐待を加へた事を以て「クロアチア」の文化的獨立に對する威嚇である事は勿論智識階級に對する挑戰であると考へました。第二日目の夕刻、卽ち、警察から釋放された直後、私は「マルキシスト」學生倶樂部の「メンバー」である一友人に言ひ、私も其の「メンバー」に加へて貰ふ樣懇請しました。其の晩私は「ストライキ」委員會に出席し、翌朝は高等工業學校に於ける「デモ」に參加しましたが、其の席上私は同校の一學生として一場の演説をし、同校の學生に對し「ストライキ」に參加する樣要求しました。私は顏面を擲られましたが、然し多數の學生が「ストライキ」に參加致しました。

此の私の活動は私が第一日目に檢擧された事實と相俟つて倶樂部指導者達の注目する所となり、彼等は如何にして私を教育するかに就て考慮を拂ふ樣になりました。此の倶樂部は五つ乃至六つの「グループ」に分かれ、各「グループ」は十名の「メンバー」から成り、古參「メンバー」――恐らく共產黨細胞の分子――が「グループ」の幹事を務めて居りました。各「メンバー」は順次「マルクス」主義及社會的、經濟的諸問題に關し時々報告する事を命ぜられました。

「グループ」の會合は一週乃至十日に一回の割合で開かれ、又大体二ケ月毎に一回總會が開かれ、五十名乃至六十名の全「メンバー」が可なり愼重な態度で會合じました、何となれば此の倶樂部は非合法的なものではありませんでしたが、我々は徒に警察の神經を緊張させる事を欲しなかつたからであります。

倶樂部に加入した當時私は「マルクス」主義に關しては極めて漠然たる概念しか持つて居らず、從つて「マルクス」主義が一つの急進論以上のものであるとは全然考へて居りませんでした。私が倶樂部に加入したのは寧ろ警察や政府に對する反抗の爲であり、又若干の同志を糾合して共に時事を論じ且我々學生の權利であり智的特權であると考へられるものを獲得する爲相協力して闘爭せんがためでありました。此の倶樂部の持つ綱領（「プログラム」）は極めて「ルーズ」なもので、「マルクス」主義的觀點から社會問題に關心を有する者は誰でも加入を許され、又討論も自由でありました。時に、私も率直に反マルクス主義的立場で議論致しましたが、然し私は此の種の問題を深く研究して居た譯でもなく、又、指導者の幾人かは全く明徹な青年であつた爲私は度々此の議論に敗れました。此の事は私に深き感銘を與へ私は益々熱心に研究に沒頭するに至りました。やがて私は少數乍ら倶樂部の全藏書を繙讀致しましたが、然し此の當時に於てさへ、「コーゴー・スラヴイヤ」では「マルクス」主義に關する書籍を入手する事は極めて困難でありました。「資本論」の如きも僅かに一冊しかなく私は遂に之を全部通讀する機會がありませんでした。

「グループ」の會合で研究され討論された書籍の中には、「マルクス・エンゲルス」の「共産黨宣言」、「エンゲルス」の「反デユーリング論」、「プレハノフ」の「史的唯物論」、「ブハーリン」の「共産主義のA、B、C」、「レーニン」の「何を爲すべきか」、「マルクス」「エンゲルス」の「賃勞働、剩余價値及利潤」、「レーニン」の「資本主義最後の段階としての帝國主義」等があり、之等は明らかに共産主義的なものでありました。一般的な問題に關する講義が何問かあり、其の中には私自身の論文「ローマ」帝國の沒落に及ぼせる奴隷制度の意義」の發表もありました。

一方、之等の研究會に於ける研究は「マルクス」主義や「レーニン」主義の理論的興味に關し私に深き感銘を與へましたが、之等の研究は餘りに皮相的なもので——上述の書籍の多くは唯簡單に通讀する事は出來ましたが、熟讀する機會はありませんでした。——其の理論や哲學の凡ゆる點に就いて私に決定的な滿足を與へるものではありませんでした。然し乍ら、之等の研究は先輩との對談や討論と相俟つて私に共産主義運動——私は「マルキシスト」倶樂部の背後に此の運動のある事を直に知りました——こそ歐洲大戰中に於ける私の「ギムナジウム」時代以來私の心を惱して居た諸問題、即ち、大小の國民や民族の共存共榮の問題や戰爭問題の解決を企圖して居るものだとの確信を與へました。尚、私の場合、更に之を具体的に説へば、(一)我々の倶樂部の先輩「メンバー」は共産主義者であり(二)之等先輩「メンバー」の中には「セルビヤ」人も居れば「クロアチア」人も居りましたが、然し、彼等は何れも「クロアチア」に對する「セルビヤ」の抑壓に抗して闘爭して居り(三)平等を基礎とする「バルカン」諸民族の協力機構、卽ち、所謂「バルカン」聯盟なる建設的計畫を提唱して居る事を知りました。彼等は先づ反對の立場に立つ資本主義的勢力が撃滅され、「セルビヤ」、「クロアチア」及「ブルガリア」人勞働者の團結が強固になり、「フランス」及獨逸の支配する銀行の干渉的陰謀から解放されて國際共產黨の組織の下に團結しさへするならば此の計畫は實現の可能性があると主張しました。私は此の主張を誠に有意義だと考へ且「セルビヤ」及「クロアチア」人の「マルクス」主義者が相協力して居る事自体の中に、此の「マルクス」主義の「イデオロギー」が眞に民族的偏見を消滅せしめるものである事の證據を見たのであります。私は斯くの如き「マルクス」主義は「イギリス」及「フランス」の如き大帝國主義國家にも適用する事が出來、斯くする事に依つて第二次世界大戰勃發の必然性を絶滅し、且「ヴエルサイユ」條約の如き不正義を芟除する事が出來ると考へました。斯樣な考から私は先輩同志に協力し、倶樂部内に於ける活動のみならず倶樂部外の活動をも爲すに至つたのであります。斯くして私は「マルキシスト」倶樂部に加盟後數ケ月にして「イデオロギー」的にも又或る程度實踐的にも共産主義者となつたのであります。

昭和十七年二月

「ブランコ・ド・ヴーケリッチ」手記譯文 (二)

「ユーゴースラヴイヤ」に於ける私の共產主義運動の經驗

東京刑事地方裁判所檢事局思想部

飜譯人　井　手　發　行

司法省

盤に述べた如く、私は一九二四年十一月「ザグレブ」大學及他の高等諸學校に於ける學生「ストライキ」に參加し、之が契機となつて「マルキシスト」倶樂部に加盟する事になりましたが其の後間もなく先鋒「メンバー」の推薦を受け倶樂部外に於ても亦勞働運動に關聯を有する他の諸活動に參加するに至りました。私が斯る諸活動をなすに至つたのは、「マルクス」主義の「イデオロギー」を理解する爲の最善の方法は實踐運動なり――理論の實踐化――との先鋒「メンバー」の意見に從つたためであります。私の爲した活動は次の如きものであります。

(一)一九二五年三月、總選擧に際し私は勞働黨候補者を應援する爲街頭「デモ」に參加しましたが茲で申し述べて置かなければならぬ事は大學に於ける「ストライキ」も亦此の選擧鬪爭に關聯して居たと謂ふ事であります。何となれば「ストライキ」勃發の原因となつた罷免教授は、「クロアチア」黨の候補者であつたからであります。労働黨は農村に於ては自由に「クロアチア」黨と共同戰線を張つて居りましたが、「ザグレブ」市の如き都會地に於ては自黨候補者を擁立して居りました。「マルキシスト」倶樂部の全「メンバー」は一定の時刻に目拔きの大通りに集合し此の非合法「デモ」に參加せよとの密令を受けました。我々は「インターナショナル」の歌を唱ひ「クロアチア」の國歌を歌ひましたが、遂に小銃や銃劍で武裝した警官の爲解散させられました。

(二)數日後警官が私の家へ來て家宅搜索を致しましたが、夫れは「デモ」の後で先鋒「メンバー」の一人が檢擧された時私の名前が「マルキシスト」倶樂部の名簿に載つて居るのを發見されたためであります。私の持物の中からは何も發見されませんでしたが兩親は全く恐愕して仕舞ひました。

(三)總選擧に先立ち、私は選擧戰に使用すべき選擧人名簿の作成を手傳ひました。

(四)一九二五年の「メーデー」には小規模ながら非合法の思想發表活動（「マニフェスティション」）が行はれ私も夫れに參加しましたが私のみが檢擧されて仕舞ひました。他の仲間は僅か一人の警官が小銃に身を固めてやつて來た丈けで既に逃げ去つて仕舞ひました。私は其の小銃を奪ひ取りましたが一刑事の爲逮捕されて仕舞ひました。私の罪狀は可なり不利なものでありましたが、翌朝私が事情を釋明し警官が小銃を取り落したので彼の職責を果させるため自分は其れを拾つてやつた丈けだと申立てたため釋放されたのには驚かされました。斯くて此の事件は總べて微笑の中に終局を告げましたが、丁度六ヶ月前に私は此の同じ場所で罪もないのに毆打されたのであります。

(五)此の「メーデー」の出來事に依つて先聲「メンバー」の間に於ける私の名聲は確立され、一九二五年九月には私は倶樂部の合法幹事に選ばれましたが、勿論實際の仕事は黨員たる非合法幹事がやつて居たので、私の役割は單に大學當局に對する屆出のため私の名義を貸す丈けの事でありました。蓋し私は其の當時未だ札付の共産黨員にはなつて居なかつたからであります。

(六)先輩「メンバー」は又私を勞働者達の間に於ける學外活動に連れて行きましたが然し、彼等は私に對し極めて用心深く僅か宛の仕事をさせた丈けであります。斯くして私は或る時、給料日――土曜日の午后――郊外の或る工場の門前に行き、勞働組合の週刊新聞「勞働者の鬪爭」を販賣せよと指令されました。此の新聞は合法新聞ではありましたが、何れかと謂へば當局が嫌々ながら許可したもので屡々彈壓を蒙つて居たものであります。又或る時私は購讀者の家から家へ發禁刊行物を配布して歩きました。

(七)一九二五年秋から一九二六年春にかけて私は共産主義に對する勞働者の同情を喚起するため、勞働者の寄宿舍に赴き其處で會合を催し演説をする樣指令されました。此の目的のため唯一度私は世界各國の勞働者が團結して鬪爭する事の必要性を説いて極めて効果的な演説を致しましたが、他の會合は勞働問題研究のためのものであつたので私は唯私自身の教育の爲出席した丈けであります。此の種の會合は二、三回開かれました。斯くして私は此の當時既に共產黨員候補者の如きものとなつて居たのであります。

以上の活動は左程激烈なものではありませんでしたが、兎に角私は此の活動のため學業を怠り學年試驗に落第する結果となつたのであります。一九二六年春にも亦再び警官が私の兩親の家へ取調に參りました。父は不在でありましたが、母は非常に心配し親がかりの身でありながら私が斯樣な事件に關係するのは宜しくないと謂ふ點を指摘し眞劍になつて話をし、若し私が獨立の生計を營得るに至る迄左翼運動に關係しないと約束するならば私を巴里に留學させ學業を完成させて遣ると提案して呉れました。私は學校での失敗に落膽して居た許りでなく、實踐運動に突入するには今少し强固な智的基礎が必要だとも考へたので此の母の提案を容れ、一九二六年春懐しき同志に訣れを告げ巴里へ出發致しました。

「フランス」では一九二六年から一九二九年迄巴里大學に於て法律を學び、それから「ゼネラル」電力會社に就職致しました。此の會社は大きな特殊會社で私は一九三一年迄此の會社で働きました。此の期間の始め頃に於ける私の左翼運動との接觸はフランス共產黨の合法的日刊新聞「人間（ルマニテー）」を購讀し、「ザグレブ」から巴里に流れて來た嘗ての學生時代の同志と時折會合し、又、「フランス」に於ける左翼の合法的思想發表活動（「マニフエステイシヨン」）例へば一九二七年開催された支那革命に同情の意を表する爲の大集會等に數回出席した程度であります。當時支那國民黨軍は廣東から北方に向け進擊して居りましたが、此の大集會に於て私は支那に派遣される「コミンテルン」の代表者「ドオ」の演說を聽きました。

然し乍ら、一九二七年、特に會社に就職後は職務多忙のため以上の如き活動すら漸次減少するに至り四ヶ年半の間左翼運動と没交渉の状態に在りました。

(八)一九三一年九月、私は三十七歳に達したので「ユーゴースラヴィヤ」陸軍の兵役に服するため召集を受けました。私は巴里に於ける仕事を辞め「ザグレブ」に赴きました。祖國の國境迄歸つた時私は、私の在外中、祖國の政治情勢が如何に悪化したかを示すに足る事件に遭遇しました。國際列車は國境に於て停車を命ぜられ憲兵が爆彈の隠匿を發見するため各客車内を捜索しました。當時「クロアチア」の「テロリスト」は「ユーゴースラヴィヤ」へ爆彈を密輸入するため此の鐵道を利用して居たものと思はれます。又同じ列車の乗客中から數名の者が拘引されて行きました。「ザグレブ」に着いてから私は全市が終夜強烈な照明を以て照らされ爆破陰謀を警戒するため武裝警官が街路を巡羅して居るのを見ました。一九二九年十二月以來「ユーゴースラヴィヤ」は軍部の獨裁下に置かれて居り、「クロアチア」運動は嚴重な取締を受けた結果非合法且暴力的なものとなつて居り、共産主義に對する彈壓は勿論特に烈しくなつて居りました。後に知つた事でありますが「クロアチア」民族運動の有力なる一「グルーブ」は、此の當時共産黨との共同戰線を確立して居りました。然し乍ら、獨逸に「ナチ」政治が出現し樞軸が確立された後に於ては此の民族運動も樞軸の影響を受けるに至りました。

兵營内に於ける學生出身同志間の雰圍氣も亦此の情勢に依つて強い影響を受けました。約三十名の學生兵士――それは偶然にも總て「クロアチア」人でありましたが――が同室に入れられました。聯隊の殘りの者は全部「セルビヤ」人で彼等は「クロアチア」の首都の駐屯兵として最も頼りになると考へられて居りました。入營後第二週目の八月十五日「クロアチア」出身兵士の民族意識は自然爆發的に爆發するに至りました。即ち八月十五日は「カトリツク」の祭日で「クロアチア」に於ては此の祭日を盛大に祝ふのでありますo其の数日前には「セルビヤ」人の祭日があり、其の日「セルビヤ」人は當然な事として朝の起床時間を一時間遅らせ此の祭日を祝つたのに反し、「クロアチア」人の祭日には何等の祝賀方法も講ぜられなかつたのであります。我々三十名の「クロアチア」人兵士は此の「セルビヤ」人の無分別に對する示威運動として我々自身の主唱に依つて此の祭日を祝ふ事に決定しました。即ち八月十五日の朝我々は下士官の勧告があつたにも拘らず起床ラッパの鳴つた後も一時間の間は起床せず亦「クロアチア」人の不平不満に就いて種々高聲で雑言しました。私は直に此の仲間の中には單に「クロアチア」民族主義者のみならず若干の共産主義者、少くとも其の同情者の居る事を知りました。私自身も全く熱狂して此の「デモ」に参加し多少興奮さへ致しました。午前中、中隊長は我々を整列させて一場の訓示を行ひ其の中で我々の行為を「ボルシエヴイズム」だと稱し戰時ならば銃殺の刑に處すべき所だと申しました。其の罰として中隊長は我々の祭日休暇を取止め、終日、激しい勞務に服せしめ、尙爾後一ヶ月間は外出許可を取り止める旨申渡しました。其の日の訓練には我々は號令を聽き間違へた如く裝つて「サボタージユ」を致しましたが、中隊長は別にそれ以上我々を問題にしませんでした。然し乍ら此の事件に依つて私は嘗ての「マルキシスト」倶樂部時代の意識を喚起させられました。私の觀察する所に依れば、「ユーゴースラヴイヤ」に於ける革命的雰圍氣は、私の巴里留學後益々激化され、「セルビヤ」「クロアチア」問題の如きは事實上解決不可能の狀態にありました。私は斯くの如き國に於て平和な市民生活を始める事の不可能な事を知りそうしてそれ故に私は四ヶ月の後眼病の爲除隊となつた時直に再び「フランス」に行くべく決意し一九三二年一月巴里に赴きました。

二六

独逸雑誌「ゲオ・ポリティーク」西暦一九三七年一月號所載「エル・エス」筆「日本の農村問題第一」と題する論説譯文

東京刑事地方裁判所檢事局思想部

日本の農村問題　第一

「エル・エス」

内容

東京　一九三六年

第一章　日本に於ける農業の重要性

亞細亞は農業の盛んな、地球上最大の大陸なのである。この亞細亞の内で巨大な山脈や河川、又は廣大な荒野等の占める面積も相當なものであるが、これ以上に「シベリア」、中央亞細亞、印度、支那等の農業地帶は廣大なのであつて、この地方に於ては實に十億に近い人々、つまり世界總人口の六割程の人々が農民として生活して居るのである。この亞細亞大陸の東端に近く日本列島が存在して居り、この島國も亞細亞農業地帶の僅かな一部なのである。然しこの國では複雜な海岸線と高い山脈との間に平野が點在し、この平野は殘す所なく耕作されて居る。つまり、日本は地理的には狹く、又農業的には小規模であるからして、規模の大きな亞細亞大陸の農業とは全く反對の條件を備へて居ると云はねばならぬ。この事はどの樣な場合にでもすぐ考へられることである。

この様な條件の結果として、日本に於ては最近數十年の間、農業國から工業國へと變化するために、無分別とも云ふべき努力が拂はれて居る。日本の農業がこれ以上に發展すると云ふ可能性は全くないと考へられて居るし、その上、強度の工業化や巨額の工業製品の輸出又は優秀な陸海軍への工業品補給等を急速度に遂行するために農業は益々壓迫されて居る。日本は今日既に純粹な農業國の地位を捨て、又有力な農業國であることさへも斷念して居る。そして今日既に日本は世界八大工業國の一に屬し、又綿布の輸出及人絹の生産と輸出に關しては實に世界第一の地位を占めて居る。又電氣工業、重工業及機械工業の範圍と經濟的重要性は著しく增大し、輸出品工業も亦廣範圍に亘つて發展を遂げつゝある。數年前からは化學工業もその基礎を固めこの輸出も重要性を帶びて來た。工業勞働者階級の日本總人口に對する比率は益々增加し、又有力な工業都市はその平野の農業に益々深く喰入つて行く狀態である。

然しながら今日の日本に於て、土地と地面、稲作地、農民、天候收穫の結果等の問題が人間の意識又は無意識の内で、又その傳統と世界觀の内に於て演ずる様な大なる役割は他の國には見られぬ所である。この様な原動力が都會の家族に至るまでの總ての生活に入り込んで居るとは實に驚くべきことである。日本の大都會に於ける近代工業の後には常にこの様な背景が見られる。然し大平洋地方に於て榮えつつある日本にとつて農業、殊に稲作はその最も基礎となるものである。工業原料に乏しいことの他に、人口の稠密なことが、領土的に、勢力的に、又工業製品輸出の點に於て最近日本が飛躍的に膨脹した主な理由であらう。そして昔も今も亞細亞大陸に於ける新しい勢力地域を日本の意志に服從させる人々は殆んど全部が軍服を着た百姓の息子等であり、これに對して都會人である商人の息子とか工業勞働者は非常に少數である。

この様に農業が日本の行動及思想に對して非常な重要性を有して

居ると云ふことには多くの原因が考へられるであらうが、此處ではその内最も重要な四つの點について述べることにする。

第一に考へられることは、日本で七十年前までは米が總ての財産の唯一の尺度であつたと云ふことである。つまり人間の社會的地位はその人の有する米の石數によつて評價されたのである。（石とは日本の容量の單位で一石は百八十、三立に當る）

第二に今日でも尙、米は日本に於ける最も重要な力の根源の一つであると云ふことである。つまり、他の多くの工業國の發展の場合とは異なつて日本は今日に於ても、その全國民を米によつて、然かも自國の米によつて養つて居るのである。奈良時代（八世紀及九世紀）に於て五百萬乃至六百萬の住民をやつとのことで養ひ得たのと全く同じ樣に、今日も尙日本の農業は一億の人口を養つて居る。又多く悲觀的な豫言を云ふ人もあらうが、この國の住民はその增加が頂上に達した時でさへも、自國の農業（朝鮮、臺灣を含む）によつて生活し得るであらうと云ふことは眞實の様に思はれる。日本内地でさへも收穫の良い年には植民地方から米を僅か補給して貰ふだけで足りるのであつて、朝鮮、臺灣は殆んど毎年、需要不足に惱んで居る狀態である。又朝鮮、臺灣ではその生產を更に高めることも可能であらう。日本は工業原料には恵まれて居ないとは云ふもの丶、食糧の自給は當分の間維持出來るであらうし、又戰時下の一定の食糧の確保も可能であらう。

それ故「エルンスト・シュルツエ」氏著「世界工業國としての日本」第一卷三百二十頁に「それ故益々多くの米が輸入されねばならない・・・・日本の植民地方は大体に於てこの補給の需要に應ずることは出來ない・・・」とあるのは誤りであると云はねばならぬ。「シュルツエ」氏は自分の說を基礎ずけるに際して最近十年間の殊に重要な數字を遺脫して居るのである。

第三に考へねばならぬことは日本農業に於ける生絲は日本の最も

重要な輸出品の一つであることである。數年前までは輸出額では生絲が第一位を占めて居たが、その後綿布の輸出が非常に躍進した爲に第二位に下つた。とは云ふもの丶、生絲の生産は常に國內購買力の創造に對して有力な役割を果して居るのである。

第四に考へられることは最近の日本工業の發展は日本の農村と非常に密接な關係があると云ふことである。つまり農村の困窮のために、毎年何十萬と云ふ農村の少年少女が都會の工場の賃勞働者となり、低い生活程度と安い賃銀とに甘んじて居るのである。失業の場合、彼等は默つて再び農村に歸るので、國家や工場の荷厄介とはならない。又農村が高い税を負擔して居るために工業の納税負擔は輕減されて居るのである。更に農村はその困窮のため都會に安い食料品を供給して居る。これは最近の費用計算方法によれば農民にとつて非常な損失を意味して居るのである。この樣に日本に於ける農村困窮と工業發展とは密接な關係を有して居るのであつて、これは嘗ての産業革命初期の英國の場合と全く同じである。

而して日本農業の重要性はこれで盡きるものではない。今日日本の大都市を歩き廻つた外國人は日本の「二面性」の不可思議、つまり新日本と舊日本との並立に驚かざるを得ないのであらう。それは單に「二面性」のみではなく、日本の二重生活そのものである。今日に於ても日本國民の大半にとつて最近の技術とか、貨幣經濟、取引所經濟等の問題は縁遠い存在であるし、又財産上、生活上に於ける最近の社會的對立は餘り見られないのである。今日の日本農業は技術的に見れば百年前と大した變りは見られない。例へば農民は今でも米を大部分「石」の單位で算へて居る。商人兼地主は小作料として農民から米をその儘受取るのである。又彼等は農民が現金を必要とする場合には收穫の後、農民から殘りの米までも買取つたりする。又農民が金に困つて生活上必要な食料までも賣つて仕舞つた場合に、商人兼地主は屢々收穫前に食料品を高利で前貸するのである。

この様な具合に地主兼商人は農民を農産物市場や取引所から遠ざけて、自分等だけの利益を圖つて居る。

この様な結果全農民の七割五分が貧乏な小農か小作人の階級にあると云ふことは數百年前の場合と全く同じなのである。それ故、封建的經濟機構の上に深く基礎を置いた日本農村は古い習慣と人生觀の支持者であると云へる。この様に日本の農業は古い機構の中で行はれて居り、又それと同時に、最高度に技術的な、そして資本主義的な取引形態や經濟機構が行はれて居ると云ふ事實によつて、「日本の二面性の神祕と二重生活」の大体は說明され得るであらう。

この様に日本の農業が今日でも數百年前と同じ狀態であるために農村は常に古い日本の姿を都會に齎らし、そして都會の當世風な形式や思想の中に舊式な境遇や考へ方を混ぜ込んで居るのである。世界の强國としての日本の基礎を不動のものにしようと云ふ目的のもとに、傳統的なそして農民封建的な一種の日本主義（註）を、近代化された日本に推弘めようとする運動が都會に於てさへも今日行はれつゝあるのである。（註、雜誌「ゲオ・ポリティーク」一九三五年八月號「エル・エス」著「日本陸海軍」參照）

日本の二重生活は今日屢々云はれる様に、合成的なものではないそして全く表面的に見る時には謂はば多彩で美的な混合体である様に思はれるが、實際は都會と農村との間に於ける一方的に强制の狀態であつて、この場合農村や農民は殆んど與へるだけでそれに對する返報は全く無いのである。

第二章　日本に於ける氣候と勞働方法

日本が地政學的に見て如何なる點に於ても惠まれる居るのと同様に、日本の農業は氣候的に惠まれて居る。日本に於て植物が盛んに繁茂し、そして所々には眞に亞熱帶的の特徴が見られるのは、夏の高溫度と冬の適當な溫度のお蔭であると云ふよりも、寧ろ、春や夏の間、季節風によつて齎らされる濕度が非常なものであつて、又それが適當に分布されて居るためであらう。それ故日本の氣候は本來の濕地植物である稻を主作物として栽培するのに良く適して居る。

日本の氣候及び土地生産力に關しては「カール・ハウスホーファー」著「日本及日本人」と那須教授著「日本に於ける土地利用」を參照せよ。

理論的に云へば稻作の北方境界線は北海道の北端に位置して居るのであるが、實際にはそれよりも、ずつと南方に存在する。（東北地方に引續き凶作や飢饉が起つたのは大抵の場合、農民が實際的であり且好都合である小麥や裸麥を栽培しないで、この比較的新しい耕地に因襲に從つて稻を作らうとした爲めであらう。）日本の農業に於て二番目に重要な植物は桑である。この葉は蠶の餌となるのである。二百萬以上の世帯が養蠶に携はつて居るが、この内には、養蠶を重要な副業として行ふ者も又本職として行ふ者もある。桑の栽培境界線は本州の北部に位置して居る。稻桑に次いで重要な農産物は大麥、小麥その他の穀物、茶、野菜、馬鈴薯及果實の順序である。これらのものゝ産出は引續き増加しつつあるし、又主に中間收穫物として更に大量的に栽培することも可能であらう。

土地の肥沃、溫室の樣な大氣、又農民の勤勉等の原因によつて、毎年平均して一回半の收穫が可能である。つまり、南日本では二毛作、又所によつては三毛作、北日本では大部分一毛作が行はれて居る。耕作方法の改良等によつて、この收穫回數の平均を更に高めることは可能であらう。然し乍ら、この樣な惠まれた氣候も暴風雨や水難等によつて損はれるのである。殊に秋の間、この危險が多く、普通その損害も何百萬圓から何億圓と云ふ額に達する程である。これは日本が太平洋の颱風地帶に存在してるためである。例へば一九三四年ノ大颱風によつて日本は約十億圓の損害を蒙り、その內田畑の損害が約二億を占めて居る。尤も國家の治水工事、森林對策等によつてこの樣な損害額を相當減少させることが出來るであらう。

然し日本農業の自然的な好條件は山脈や丘陵の明白な特徵によつて制限されて居る。東京附近の樣な大平野は少く、又それは農業的には小規模である。北方には仙臺平野があり、又高山に圍まれた山形盆地や餘り重要でない靑森平野が地圖の上に見られる。日本海に沿つては新潟平野と富山平野が存在しそして又大阪、名古屋、京都の周圍や九州の南部も農業の盛んな所である。つまり山脈が存在するために廣い平野は無く、從つて多くの小平野や盆地に於て農業が行はれて居るのである。そこで日本の全耕地面積はその總面積の僅か一割六分を占めて居るだけである。つまり略六萬一千平方粁の面積の土地が農業のために使用されて居るのである。日本の農民の數は、ずつと以前から殆んど增減して居ないのであるが、それでも尚今日全人口の四割八分を占めて居る。（これに反し都會の人口は非常に增加して居る）それ故六萬一千平方粁の土地に於ける略三千一百萬の農民が實に七千萬の國民を養つて居る分である。つまり農民一人當りの土地面積は大体五十米乘四十米の大きさであり、又農家一戶當りにつき大体一「ヘクタール」以上の土地、（正確に云へば百十米乘百米の土地）を有して居ることになる。その位の大きさの土地は獨逸ならば普通の家の庭園に相當するであらう。又この農家一戶當りの平均耕地面積は大体に於て日本に於ける農家生活の最小限度の平均を表はして居る。一般に農家が一町步以上つまり大体一「ヘクタール」以上の土地を耕地として持つて居る場合、始めてその生活が保證されると云へよう。

實際の所、各農家の有する耕地の大きさはそれぞれ非常に異なつて居る。農林省發表の統計によれば（北海道を除く）農家の耕地面積は次の如くである。（これは一定の範圍の大きさの土地を耕して居る農家の數を百分率によつて表はしたものである）

農家の百分率

二分の一「ヘクタール」以内……三十六「パーセント」
二分の一乃至一「ヘクタール」……三十五「パーセント」
一乃至三「ヘクタール」……二十七「パーセント」
三乃至五「ヘクタール」……二「パーセント」
五「ヘクタール」以上……一「パーセント」

この内で半「ヘクタール」以下の土地を耕して居る三割六分の農家は勿論、前途に見込のない小農である。次の三割五分の農家と雖も一般最小限度以下の土地を耕作して居るのである。以上の七割一分の農家は農業によつてその生活を保證することが殆んど出來ないのであつて、出來たとしても、それはよほど豐作の時だけである。日本の農家の二割七部が普通の生活の出來る建全な農家である。二割の農家が裕福な金持の百姓とされて居る。殘りの一割は所謂大地主の内に屬する。彼等の持つて居る地所と雖も獨逸人の槪念によれば餘り大きなものではなく、最も大きな大地主の持つて居る土地でも、二千「ヘクタール」程度のものである。然しこれ等大地主の持つて居る經濟的、政治的の勢力は非常なものである。大部分の大地主は主として北海道、山形、新潟等の會て日本の植民地方であつた北日本に住んで居る。多少の違ひはあつても、以上の數字からして日本農業の畸形的な面が明かにされるであらうし、又之によつて今日大部分の農家が非常に困窮な狀態にある第一の原因を知ることが出來よう。（那須教授著「日本の土地利用」（一九三九年）百九十八頁を參照せよ）

更に愼重に觀察する場合には、以上述べた以外の日本農業の特色をも考へることが出來る。卽ち日本の農業は純粹の植物的農業であつて、大規模な牧畜は勿論のこと、役畜の飼養さへも餘り行はれて居ないのである。尤も日本には山間の平地や山の傾斜荒野等が羊、山羊、牛を飼養するのに十分な程多くあるのである。日本の山の傾斜には消化出來ない竹笹が生えて居ることが、よくあるのであるが、牧畜に適した草地の無いことは決して牧畜の行はれない根本的な原因とはならないのである。何となれば、多くの國に於て良い牧場の地面は人間が非常なる努力を費して作り上げたものなのである。那須敎授の調査によれば、農家五戶に牛が一匹の割合であつて、それも殆んど勞役に使用されて居るとのことである。馬も牛の場合と全く同一の割合で僅かなものである。然し驢馬だけは相當大規模の育馬を行つて居る。豚は牛や馬よりも更に少なく、平均農家九戶に一匹の割合しか居ないのである。鷄類は比較的豐富であつて、これと家兎の飼育は將來發達するであらう。この樣に牧畜が盛んにならない理由として、例へば佛敎の敎義とか、或は又、血が汚れると云ふ禁斷の思想の樣な迷信的な動機が大きな役割を果して居ると思はれるのである。然し今日一般日本人は肉食を非常に好む樣になつたが唯經濟的な理由から餘り食べないのである。牧畜の發達しない主な原因として今日次の樣なことが考へられる、卽ち第一に農民が家畜を求めることの出來ない程貧乏であること、第二に未耕地でも之を牧場に變えることは土地所有の關係上、困難であること、第三にこれに對する團体的な協力とか或は國家のこれに對する關心等が缺けて居ること等であつて要するにこれ等のことの根柢は日本人が草木や花を愛するにも拘らず家畜には全く冷淡であると云ふ點に求められるであらう。

又最近の技術に全く缺けて居ると云ふ點も日本農業の明白な特色として考へられる。この點に於て都會と農村とは全く相反して居るのである。横には最新式の高速度鐵道の築堤が續ゐて居り、上には高壓線が聳え又近くの最新機械工場からは「モーター」の響きが聞えて來る樣な所でも、百姓は最初、稻田の地面を鍬で堀返した後に大きな地塊を手や足で、一つ一つ碎き又膝の所まで水の中に入れて稻の苗木を手で持つて軟かい泥地の中に揷込み、或は又毎日毎夜田の中に生えた雜草を手や小刀で除いて居る樣な狀態なのである。又彼等は、自分等の田畑に水を注ぐために筋力でもつて水車を動かすこともするし、又短かい鎌でもつて成熟した莖を次から次へと切り倒すことも出來るのである。稻の脫穀は手でもつて廻轉させる樣な小さい臼で行ふか、又はもつと簡單に成熟した稻の束を桿の上で叩いて飛出した米粒を桶の中に受入れる樣な方法を採つて居る。鋤鍬の類も百年前のものと殆んど同じものであつて、唯先端の鐵のところがすこしばかり長くなり、强くなつた程度の違ひである。然し日本の農業も人造肥料の點については、最近の科學の恩惠を受けて居ると云へよう。然し乍ら經濟的に壓迫されて居る農民は借金までしても、それを買はうとし、又その價格はせり上げられる樣な狀態にあるために、この科學の恩惠も、或る農民にとつては呪詛の樣に思はれて居る。とは云ふものの日本農業が今日その自給自足を確保して居るのは、主としてこの人造肥料のお蔭であるとも云へよう。日本の人造肥料製造業者や肥料業者は前に述べた樣な具合に非常に困つた存在であつて、國家も彼等の利己主義には手を燒いて居る狀態である。

日本では集約的な稻作が行はれるために最近の技術が用ひられないのだと云ふことは良く云はれることであるが、これは決して正しい考へ方ではない。「アメリカ」合衆國や印度支那では最近の技術を農業に應用して成功して居るのであるが、日本の場合には第一、各農民にとつてそれは餘りに費用の嵩むことである。つまり日本の農家は貧乏であり又その家族が多くて、僅かな土地を耕やすには人手を節約する樣な機械を使用したならば、益々借金が增える許りであらう。日本に於ける人間勞働力の費用は非常に低いものであつて殊に農村では一般の亜細亜の場合と同じ樣に、零に等しい狀態である。

人間社會の原始時代の樣に道具として大体に於て手だけしか使はないことと、その營みが甚だ小規模であると云ふ二つのことが日本農業の二大特色であつて、これは同時に日本農業と最近の大都會、大工業や又その高度に發達した技術との間の最も明かな相異點でもある。

二七

獨逸雜誌「ゲオ・ポリテイーク」西暦一九三七年二月號所載「エル・エス」筆「日本の農村問題第二」と題する論說譯文

東京刑事地方裁判所檢事局思想部

「エル・エス」

第三章　農民の土地所有關係

六十五年前に行はれた政治的改革によつて大閥族の經濟的、政治的勢力は一掃され、斯くして彼等は農民によつて耕作されて居る土地の實際の所有權を失つた。然かし次に述べる所に明かな如く、農民の土地所有關係に關して大規模な農業改革が行はれる機會は得られずに終つた。日本には大体五百萬人以上の農村の土地所有者が居る。つまり、之は法律上土地を所有して居る所の人、寺院、財團等である。この土地所有者の內、二割二分のものはその土地を自分で耕作しないで、これを小作に出し小作料を取つて生活して居るもので、又この內には農村から離れて都會に住む者も少くない。土地所有者の三割三分が所謂自作農の中に數へられ、眞の日本農民の中心をなして居る。土地所有者の約四割五分は自作兼小作であつて、つまり彼等は自分の持つて居る僅かな土地だけでは生活して行けないのでその他の土地を小作して居る者なのである。

土地を實際に耕して居る農民の場合の土地所有關係について見ると、その狀態は更に惡いのである。次の表は一九三四年に日本農林省から發表されたもので、之は土地所有者でなしに土地を耕作する農民の立場から見たものである。

自作、小作及自作兼小作の農民數（農家戶數の百分率による）

年度	自作	小作	自作兼小作
一九二九年	三一・一六	二六・五一	四二・三三
一九三二年	三一・一〇	二六・五六	四二・三四
一九三四年	三〇・九八	二六・八五	四二・一七

この表によると日本では自作兼小作が數の上では絕對に優勢であ

る。純粋の小作人の數は自作農に段々と近附きつゝある。小作農が増加し、從つて自作農と自作兼小作は減少して居ることに注意すべきである。そしてこの樣な變化の結果として自家用の田畑が段々と減少して行く。而かして今日日本の耕地總面積の約半分は未だ自家用の田畑として使用されて居る。他の半分が小作地である。

（農林省の統計及日本農業年報一九三四年による）

この樣な土地所有の關係は獨逸に於ける場合と著しく異なるものである。つまり獨逸に於ける自家用耕地所有と小作との割合は大体二對一であつて、又その自家用田畑の面積は耕地總面積の八十八「パーセント」であるのに對して小作地の面積は十・七「パーセント」である。（獨逸國統計年鑑一九三四年による）

日本の農民をその土地所有の關係から見て分類すれば次の如くになる、即ち土地に乏しい自作兼小作（この數が最も大である）、自作農（徐々に減少しつゝある）、土地を所有して居ない小規模な小作農（その數は段々增えつつある）及小作料を取つても決して裕福な暮しの出來ない地主の四者である。然しこの場合、自作農の全部が健全な、そして確かな暮しをすることが出來るとは限らないと云ふことを忘れてはならない。彼等の大部分はその規模が小さいため一般の最低生活水準程度か、又はそれ以下の生活をしてるのであつて、自作農の内で一―「ヘクタール」乃至三「ヘクタール」程度の土地を持つて居てこれを小作に出さずに、自分で耕作する樣な農民によつてのみ日本農業の健全なそして確かな中心が構成されて居るのである。然し土地を所有して居る自作農の內一乃至三「ヘクタール」の農地を耕して居る樣な者は土地所有者全体の約一割七分を占めて居るだけである。これ等の人々も普通の小作農の中に屬すると考へる時には眞に健全なそして確かな中心を爲して居る農民は半減、つまり田畑を耕す農民の三割一分から一割七分へと減少するとも云へるであらう。

土地所有關係について上に述べた數字は日本全國の平均數である。これを各府縣毎に見ると、稻作の盛んな府縣になるに從つてその關係は惡化して居る。農林省發表の統計によれば次の如くである。

各府縣に於ける自作、小作及自作兼小作の「パーセンテージ」。

府縣名	自作	小作	自作兼小作
秋田縣	一九・三一	三五・三五	四五・三四
山形縣	二三・二〇	三二・一九	四四・六一
千葉縣	二六・六九	三三・三二	三九・九九
新潟縣	二三・八三	三二・一七	四四・〇〇
大阪府	二二・七七	四八・四五	二八・七八
香川縣	一六・九一	四〇・五一	四二・五八

こゝに擧げた各府縣の平均數は前に述べた日本全土の平均、つまり自作三〇・九八「パーセント」、小作二六・八五「パーセント」、

自作兼小作四二・一七「パーセント」と云ふ平均數とは著しく相違して居る。この相違が殊に著しいのはその府縣が重要なそして肥沃な稻作の盛んな地方であるためである。又これ等の地方の小作料が他の府縣の場合よりも高いことは明かである。一般に次の如き原則が考へられる、卽ち稻の作られる土地が良ければ良い程、小作制度が盛んに行はれて居り、又各々の小作地は小さいものであり、その小作料は高いものである。

日本の土地所有者の持つて居る土地は一般に小さなものであつて大きな土地を所有して居る場合は極めて稀である。然し實際の所、その僅かな大土地所有者の有する重要性は非常なものである。大土地所有者の大部分は同時に米商人であつて大きな土地を持つて居ればゐる程商人としても有力なものである。つまり彼等の手加減によつて米價も又米穀取引所も影響を受けるのである。又彼等は屢々政治的にも非常な勢力を持つて居ることがある。殊に彼等は同時に又大きな米穀倉庫の所有者である、米を貯藏する場所のない貧乏な百姓はこの倉庫に自分の米を收めるのである。普通三乃至五「ヘクタール」の土地を持つて居れば裕福な農民と云ふことが出來るが、この様な者は土地所有者全体の四「パーセント」を占めて居る程度である。五乃至五十「ヘクタール」の土地を持つて居る者は所謂「地主」の内に屬するのであるが、これ等の者は土地所有者全体の三「パーセント」を占めるのみである。大地主と云へば五十「ヘクタール」以上の土地を有するものであるが、この範圍の者は土地所有者全体の〇・〇六「パーセント」を占めるのみで、實際の數で云へば三千戸を僅かに越えるに過ぎないのである。彼等の大部分は北海道に定住して居る。北海道は今やつと盛んな移民が行はれ始めた所であつて、未だ何十萬の農家に十分な未耕の土地が存在して居る所である。本州の大地主は大部分、日本海沿岸の豐沃な新潟平野に居る。大地主は自分の土地を五十萬以上の小作人に貸し與へて居る。小作人全部の約二割五分の者の小作地は一「ヘクタール」未滿であると云ふが、これでは耕地の最小限度以下である。北日本の非常に大きな地主は比較的大きな土地を小作地として貸して居る。つまり此處では所謂粗放農法が行はれて居るのである。日本の大地主の內約三分の一の者は片手間に自分でも農業を行つて居るのであるが他の三分の二の者は純粹の賃貸人であつて、彼等は大抵小作地の管理とか或は他の本業か副業を行つて居るのである。この他の本業又は副業をなすと云ふ場合は商人が殊に多いのである。大地主全体の約一割五分が商人であつて、その內でも一割は金貸や金融業者であつて實業家の場合は極めて稀である。最近銀行が大地主となる現象は以前よりもずつと著しくなり、然かもこの現象は不可避なものである。

（「大地主についての調査」農林省一九三〇年による）

農業勞働者の特殊層の發展については餘り知られて居ない。この樣な人々は今日日本に於ても不安定的な存在なのである。つまり十分な土地を持つて居ない貧乏な小作人やその家族が、日により又は季節によつて他の農民や大地主の所で働くことを本業又は副業とする様な場合がこの大部分なのである。この様な農業勞働を本業とする者は一九一九年でも二十萬人以上に達したのであつて、殊に農業恐慌の現在その數は更に增加しつゝあるのである。

第四章　日本の小作狀態

日本の農村問題について考へる場合、その獨特な土地所有の關係よりも寧ろ、そこに行はれて居る小作條件に注目すべきである。卽ち小作條件の中には二つの異なつた經濟制度の對比が最も明瞭に表はれて居るのである。

日本では稻作が最も重要なものであるから、先づ稻作の場合に主として行はれる小作制度について考へて見ることにする。日本では物納小作制が主として行はれて居るのであつて、色々の農作物によつてその程度は異なるのであるが、稻作の場合は殆んど全部この物納制が行はれて居る。

貨幣によつて小作料が支拂はれる場合もある、これは西洋の意味に於ける純粹な金納小作制である。この他に、屢々この純粹な意味の金納小作制への過渡期の場合があるのである。つまりこの場合小作料額は現物によつて確定されるが、小作人はこれを市場の價格に從つて金に變へ地主に對して貨幣の形で支拂ふのである。この樣な方法の他に尙「分益小作」と云ふものがある。これは豫想收穫高の半分を小作料と定め、收穫の結果如何に拘らず定められた小作料を現物によつて支拂はせる方法なのであつて、これによつて地主は一定の小作料を確保出來るのである。

日本の小作制度について注目すべきことは小作人の保護を目的とする法律が全然なく、唯地主についての法律のみがあると云ふことである。この物納小作制が主として行はれると云ふ事實は明かに、日本に於て前資本主義的經濟、つまり生產物それ自身が價値の單位であつて、これには貨幣の形で表はされる交換價値が無い樣な場合の經濟が行はれて居ることを意味して居るのである。この物納小作制こそは日本に昔行はれて居た自然經濟の遺物であると云へる。

小作料額は平均して收穫高の五割程度である。勿論地主は地租を拂はねばならないのであるが、この他に地主は例へば穀種や牛馬を貸し與へることによつて農業生産に關與する樣なことは何一つとしないのである。凶作の場合には小作料減免の習慣がある。つまり地主は小作料の内、或る部分を全く斷念するか、或は來るべき豐作の時に、これの補償を請求するのである。然しながらこれについて地主と小作人の意見が一致することが、如何に困難であるかは毎年増加しつつある訴訟や小作爭議がよく物語つて居る所である。

日本全國を平均して、稻田の物納小作料額は收穫高の四割七分から五割一分の間を上下して居る、又二種の作物が收穫される樣な田畑の場合は五割三分から五割五分の間である。（農林省の「日本小作慣行調査」による）然し各府縣別に、之を見る時、次の樣に非常な變化があることに氣がつく、卽ち東京府に於ける契約小作料は收穫高の四割五分であるが、その隣りの土地豐沃な千葉縣では四割八分であり、又横濱附近の稻田地帶では實に六割の小作料なのである。

北日本は地味が餘り肥沃でなく從つてこの地の稲作は餘り重要性を有せず、又天候が悪いために色々な危險に曝されて居る關係上、その小作料も僅か三割二分程度である。地方によつては最近稲田小作にも金納制を採用して居る所がある、日本で最も古いそして最も大きな商業中心地である大阪の周圍にある稲田地帯で最初に物納制から金納制への變化が行はれたと云ふことは注目に値する。然し日本の稲作の場合、物納制が專ら行はれると云ふ現象は未だ決して亡びては居ないのである。米以外の農作物に就て金納制が普通に行はれる場合その小作料は日本全國を平均して僅か收穫高金額の二割八分なのである。然しこの場合も地方によつて非常に相違のあることは勿論である。

第一章に於て簡單に述べた養蠶業に於ては稲作の場合と異つて、主として金納小作料制が行はれて居る。又茶や果實の場合も同じく金納制が主として行はれて居る。それぞれの技術的な生産過程は勿論異なつて居るのであるが、之等桑、茶等の栽培が稲作の場合と更に異なつて居る點はこれらが國際市場と密接な關係を有して居ると云ふことである。殊に養蠶に携はつて居る農家は「アメリカ」合衆國の經濟狀態如何によつて非常に影響を受けて居るのである。その他の例へば土地所有關係とか耕地面積、小作條件や又殊に後章で述べる農民の生活狀態等の點については養蠶に携はる農民も又裸麥、小麥等を作る農民も稲を作る百姓と何等異なる所は無いのである。それ故此處では稲作以外の農業に就て述べることを紙面の關係上省略する。

日本農業が如何に最近一般の經濟狀態から緣遠いものであるかは小作人と地主との間の契約が主として簡單に口頭で行はれるだけであると云ふ事實によつても知ることが出來よう。北海道を除けば文書によつて小作契約が締結される場合は全体の約二割五分しか占めて居ない狀態である。この關係についても、地方によつてそれぞれ相違する所があるのである、即ち各府縣によつてその文書による契約は全体の五「パーセント」から七十四「パーセント」の間を上下して居る狀態である。然してこの場合、北日本では文書による契約が非常に多くこれに反して南日本や中部日本では之が少ないと云ふ現象は注目に値するものである。即ち南日本や中部日本では今日でも尙府縣の內部で家族的の關係、つまり地主と小作人との間の昔からの習慣法的關係が見られるのであつて、これに反し北日本は日本民族が南からやつて來て植民地方とした所で、所謂「新開拓地」であるから、この樣な地主と小作人との間の關係は存在しないのである。今日でさへも北海道は未だ「移民地方」と云ふことが出來るのである。

日本で行はれる小作人契約の特色を明かにする爲に此處に典型的な大阪府の小作契約を引用して見やう。その小作證書の內容は次の如くである。

右貴殿御所有の土地を拙者に於て前記小作料を以て賃借仕候事實正也然る上は作柄の如何に拘らず毎年十二月二十日限り貴殿宅に於て無相違御支拂申すべく又右土地御入用の節は毛上植付有之候共何時にても引渡し申すべく萬一拙者に於て前記契約履行仕らざる場合は保證人に於て相引受け必ず實行仕り決して御迷惑等相掛け申すまじく依て契約書如件

小作人氏名

保證人氏名

地主氏名

日附（「日本小作慣行調査」による）。

ここに引用した小作契約は決して例外的なものではなく文書によ る契約と云へば殆んど之と同じ様な書式である。又無條件に代理を務める義務のある保證人を小作は立てる必要があると云ふことに注目すべきである。この樣に保證人を立てることは農村の場合に限らず、工業の中心地に於てさへも新たに傭はれた勞務者は同樣に責任のある保證人を立てなければならないのである。又契約期間の如何に拘らず（大抵の契約期間は一年乃至四年である）小作人はその土地に植付が行はれて居る時であつても地主の要求があればその土地を返さなければならないと云ふ規定は全く不公平なことである。この樣な殘酷な規定や、又小作人との間の契約を何時でも解除出來ると云ふ地主の專橫な態度のため農業恐慌の最近五ヶ年の間に、忌むべき小作爭議が非常に多く起つたのである。

日本の小作狀態がこの樣である以上、日本農業の特色は封建制度的であるとか、封建的であると屢々云はれるのも尤もなことである。（農村問題や經濟史に關する日本の文獻の中にもこの「封建制度的」とか「封建的」と云ふ表現がよく用ひられて居る、例へば前述の那須教授もこの言葉を屢々使はれて居る）物納制は昔の經濟制度の典型的なものであつて、現在の經濟制度とは相反するものである。最近の經濟制度に於ける總ての賃借料の高は、少くともそれによつて必要なる利益が保證される程度であるべき筈であるが、昔の經濟制度に於てはこの樣な原則は存在しなかつたのである、卽ち納入すべき賃借料は法律によつても習慣によつても決定されず、又經濟的に弱者である賃借人の生活如何によつても左右されなかつたのである。このことは、日本の小作人にとつて今日も尙存在してる殘酷な現實なのである。以前既に金納制が行はれて居た所があつたとしても、その步合は大部分今日高利と云はねばならない程の高率のものであつた。そして現在でもこの樣な高率の小作料は決して珍らしいものではないのである。そして又契約の場合、一方が他方より經濟的に弱者であるために、他方の云ふ儘にその內容が定められると云ふ無言の規定は、昔日本に多く見られた所であるが、今日でも尙存在してる規定である。日本に於ける小作狀態が以上の樣なものである以上、日本農業は歐洲の歷史の上では今日の近代經濟よりも以前の形態に屬して居ると云はねばならない。然し日本やその他の亜細亜の地方ではこの様な狀態に於て農業が行はれて居ると同時に、又工業金融、商業等は今日高度に發達し、この點については近代經濟の姿を見ることが出來るのである。

水野成諜報活動一覧表

年月日	情報要旨	提供先	蒐集先又ハ蒐集方法	命令者
昭和十一年八月初	橋本大佐ノ提唱セル革新運動ノ活動並組織方針ノ調査	宮城與徳	「三六情報」其他雑誌記事ヲ資料トシテ調査	宮城與徳
昭和十四年八月初	第十六師団（京都師団）ノ派遣先調査	尾崎秀實	日刊新聞記事及ビ近隣人ノ話ニ依リ調査	尾崎秀實
昭和十五年三月初	第七十五議會ヲ通シテ現ハレタ既成政党解消運動ニ関スル各政党ノ動向調査	〃	日刊新聞ノ記事ヲ資料トシテ調査ス	〃
昭和十五年三四月末	数年前ヨリノ革新運動ノ調査	〃	「労働年鑑」「社会政策時評」「日本国家主義運動史」其他日刊新聞記事ヲ資料トシテ調査	〃

昭和十五年七月上旬	支那事変発生后ノ日本農村ノ経済状態調査		「帝國農會報」「農業年鑑」「農業新聞」「産業組合時報」等ヲ資料トシテ調査	〃
昭和十六年八月中旬	京都師団ノ満洲出動ノ有無（本年七月應召者）調査	宮城與徳 尾崎秀實	應召者ノ家族等ニ付キ探知ス	〃
〃	京都地方ニ於ケル農村事情及物資配給状況	宮城與徳	巷間ヨリ探知ス	
昭和十六年八月下旬	京都師団ノ全員出動	宮城與徳	細川嘉六方ニ於テ仝人ヨリ聞知ス	

昭和十七年一月

山名正實ノ宮城與徳ニ提報シタル
情報内容及其ノ蒐集先調査

二九

極秘

特高第一課

年月日	昭和十一年四月中旬頃
事項	北海道、東北、北陸、関西地方ノ農村事情
内容	(1) 北海道地方 北海道ノ農業構成ハ畑作農業ノ特性ヲ有シ其耕作面積ハ一戸當リ五町以上二、三十町歩ヲ普通トシ大体ニ於テ米國農業ノ經營方法ヲ取入レタルモノナリ 而シテ現在北海道ノ畑作農業ハ行詰リヲ來シ居レリ其ノ理由ハ從來畑作農民ハ冬期木材ノ山出シニ其ノ大部分ガ從事サレ其ノ労働賃金ガ畑作農民ノ一ヶ年ノ小遣トナリ居タルモ現在ハ木林産出ハ減少ニ依リ冬期ノ收入ガ殆ンド皆無ノ状態トナリ又從來無肥料耕作ナリシモノガ土地ニ瘦セタル為メ肥料ヲ必要トシ最近ハ一反歩十円乃至二十円ノ肥料ヲ必要トスルニ至レル結果ニシテ尚農産物ノ價格ハ欧洲大戰後當時ノ約三分ノ一ニ下落セリ 以上ノ理由ニ依リ將來北海道畑作農業ノ特徴タル中農經營ハ極メテ
蒐集先及其ノ方法	自己ガ農民組合ノ書記トシテ知得シ居タルモノ。

困難トナリ悲観的根本的條件ヲ有スルニ至レリ。

(2) 東北地方

東北ノ農村構成ハ零細農業ニシテ現在ノ貧窮ハ歴史的ナルモノナリ其ノ理由ハ大体ニ於テ東北ハ一毛作ニシテ其ノ上氣候不順ナリ、其レガ農民ヲ貧窮セシメタルモノニシテ現在ハ肥料ノ購入資金モ無ク土地ガ痩セテ居ル為メニ凶作トナルナリ故ニ将来東北ニ於テハ加大人口ヲ整理吸集スル工業ガ發展スルカ又ハ移民ニ大量的ニ出スコトニ成功セザル限リ悲観的ナリ。

(3) 北陸地方

新潟、富山ノ農村構成ハ一毛作ナル上大地主ト小作人ニ依リ構成サレ零細農業ノ經營方法ナリ、從ッテ農村人口ノ加大ニ依リ耕作地ノ小作人間ノ争奪ト地主ノ地代引上等ノ原因ニ依リ争議地トナリ居ルモノニシテ農民ノ生活ハ不安ノ影ヲ深ク藏シ居レリ。

(4) 関西地方

関西方面ハ二毛作三毛作ニシテ総体面積ノ二倍又ハ三倍ノ耕作ヲ為シ居ルト全様ナリ故ニ現在一應農民ハ生活ハ安定シ居レリ。

昭和十二年二月初旬頃

二、宇垣内閣ノ流産ノ眞相

宇垣内閣ハ軍ノ反對ニ依リ流産シタルモノニシテ時政會（矢部周）ノ見解ニ依レバ宇垣ガ陸相當時執リタル軍備縮少政策ノ誤解ニ依ルモノニシテ又日本政治経済調査所ニ於ケル鈴木茂三郎岡田宗司稲村順三等ノ言ニ依レバ石黒大佐ヲ中心トスル軍部革新派ト重臣ノ相剋ニシテ革新派ガ自由主義打倒ノ第一歩トシテ宇垣内閣ヲ流産セシメタルモノニシテ軍ガ政治ノ表面ニ押出ス第一歩ノ段階トセルモノナリ。

前半ハ時政会ニ於テ矢部周ヨリ聴取セルモノ後半ハ日本政治経済調査所ニ於テ鈴木茂三郎岡田宗司、稲村順三等ノ雑談ヲ聴取セルモノ、

昭和十二年二月中旬頃	三 林内閣ノ成立事情	林内閣ノ成立セルハ軍革新派ガ林大将ノ性格ヲ察知シ仝大将ヲ「ロボット」トシテ統制政策ヲ實踐セントスル為メナリ林内閣成立勢力ノ軍革新派ノ主要人物ハ石原大佐板垣中将ニシテ又革新派ニハ非ザルモ南内閣ヘノ橋渡シナル別ノ意味ニ於テ大公関タル梅津中将南大将等ノ支持アリ尚民間ニ於テハ軍革新派ト特別ノ関係ニアル中野正剛ガ活躍セルモノナリ。	日本政治経済調査所ニ於ケル岡田宗司稲村順三等ノ談話ヨリ採知セルモノ
昭和十二年二月下旬頃	四 中村陸相辞任ト杉山大将ノ陸相就任ニ就テ	二・二六事件ノ責任上寺内陸相辞任シ中村孝太郎大将ガ後任トシテ就任シタルモ尚軍部内ニハ急進思想将校アリテ中村陸相ニテハ共ノ統制力ナク、眞崎大将トハ對蹠的性格並方針ヲ有スル杉山元大将ハ温健ニシテ且ツ軍内ノ支持者多数ナルヲ以テ先ヅ粛軍ニ意ヲ注ガベシトナシ中村陸相ト杉山大将ガ交代シテ陸相ニ就任シタルモノナリ以上ノ理由ヨリシテ目下ノ處急激ニ日ソ戦ヲ宣シ青年将校ノ思想転化ヲ図ルモノトハ考ヘラレザルベシ。	時政会ニ於テ矢部周ヨリ又日本政治経済調査所ニ於ケル稲村順三ヨリ上記ノ如キ新聞報道ノ外ニ特殊ナル事情ハナシトノ両人ノ意見ヲ聴取シ尚自己ノ見解ヲ加味シタルモノナリ。

昭和十二年三月中旬頃	五、伊豆持越金山火災ニ因ル毒瓦斯窒死事件ト社大党側ノ取引ニ就テ	三月十五日該鉱山ノ坑内ニ於ケル毒瓦斯充満ニヨリ坑夫五十名ノ窒息死ヲ出ダスヤ社大党側ハ責任ヲ鉱山主側ニアリトシ此ノ批判演説會ヲ開催シ遺族ヲ煽動シテ高額ノ慰籍料ヲ請求セシメタルガ同党ノ幹部河上丈太郎、麻生久等ハ鉱山主側ヨリ多額ノ金員ヲ收受シ事件ヨリ手ヲ引キ有哉無哉ノ内ニ片付ケ又秋田縣尾去澤ノダム崩壊事件モ前記同様ナル手段方法ニヨリ同党幹部ガ私腹ヲ肥シタルモノデアル。	芝区田村町二丁目全國農民組合関東出張所ニ於テ中央常任委員岡田宗司ヨリ聴取
昭和十二年四月中旬頃	六、林内閣ノ行ヘル議會解散ノ趣旨	林内閣ガ議会ヲ解散セルハ政友會、民政党ガ反内閣的態度ヲ執リタル為メナルモ其ノ真意ハ連続解散ニ依リ議會ヲ軍革新派ノ方針タル統制政策支持ニ導ク目的ノ為メニ為サレタルモノニシテ自由主義ニ對スル統制政策派ノ戦ノ第一歩ナリ。	社大党本部ニ於ケル麻生久、淺沼稲次郎平野學等ノ選擧打合会ノ談話ヨリ採知セルモノ

3

	七	八
年月日	昭和十二年五月初旬頃	昭和十二年五月初旬頃
題目	衆議院議員總選擧ノ結果ニ就テ	總選擧ト社大党ノ進出ニ就テ
内容	林内閣ハ自分ノ政策ヲ國民ニ問フノニハ其ノ代辯者ヲ有セズ又其ノ結果ヲ知ル爲メノ候補者モ有セザリシナリ、從ッテ其ノ當然ノ結果トシテ政友會、民政党等ノ連合的政府攻撃ニ終始シ國民ハ何ノ爲メノ解散デアリ何ニ答ヘル選擧ナルカヲ知ラズシテ終リタリ政府ノ方針タル統制經濟政策ハ國民ニ説明サレズ却ッテ徒ラニ自由主義勢力ガ反撃ヲ強メル結果トナリタリ。又社大党ノ數的進出ハ意味ノ解ラヌ選擧ノ爲メニシテ多分ニ氣マグレ的ナモノガアリ支持者ノ増大ニハ非ズ。	總選擧ヲ通ジテ社大党内ノ代議士ノ數ガ立候補者中約八割ノ當選者ヲ出シ從來ノ約三倍ノ數ニ拡大シタルハ單ニ議會闘争竝日常闘争ノ良キ結果ニ非ズシテ之ハ永年ノ無産階級運動ノ集積セル効果ト既ニ民衆ガ既成政党ヨリ離反シ居リ、且ツ政府ノ統制政策ニ對スル多數ノ支持者ヲ出シタルコトデアッテ換言スレバ國民ノ反既成政
備考	自己ノ見解ニ基クモノ	自己ガ農民組合ノ書記トシテ知得シ居タルモノ

昭和十二年五月中旬頃		
九、東北地方ノ農村事情並軍事(特ニ飛行場)石油、軍事工場ニ就テ		
党的意思表示ノ結果ト謂ヒ得ル、而モ社、大党ノ得票ヲ地方別ニ観ルニ争議ノ行ハレタル農村地方ハ得票ガ少数デ其ノ四圍ノ得票ガ大部分デアッタコトデアル之ハ争議ナル經濟闘争ノミニ終始シ政治的視野ヲ擴メナカッタコトニ原因スルモノニシテ最早社大党内分子ニハ經濟斗争ノ抛棄論者出テ来ツヽアル程デ社大党ハ單ナル選挙党ニ堕スル虞アルベシ。	(1)福島縣(伊達郡)地方 (イ)軍事(特ニ飛行場) 施設トシテ観ルベキモノナシ (ロ)農村事情 全地方ニ小作料滞納者三百名ヲ以テスル減免争議(昭和十一年九月頃ヨリ小作料六、七割ノ納入ハ不當ナリトシテ二割ノ永久減ヲ要請シ争議ニ入リタルナリ)ナルモ立入禁止ノ設定ナキ為メ激化ノ徴候ナク加ヘテ肥料ハ一般的出廻リ順調ナルヲ以テ	
宮城與徳ヨリ今春ノ一般的事情並東北地方ノ軍事施設(特ニ飛行場、石油軍事工場)ヲ調査スベキヲ宮城ヨリ命ゼラレ出張探査セルモノ	福島縣伊達郡二本松村全農福島縣聯合会書記長高木松太郎ヨリ探知セルモノ	

4

今春中ハ問題ハ惹起サレマイ。

(2) 宮城縣地方

(イ) 軍事（飛行場）

仙台市北側ニ約五、六十町歩ノ騎兵練兵場（山名正實ガ嘗テ大演習分列式ニ参加シタルコトアリ）在リテ時折陸軍飛行機ノ演習ニ使用サレ居ル由ニテ飛行場トシテ使用可能ナルモ目下ノ處特ニ格納庫等軍事的設備ハ無キ模様ナリ。

(ロ) 農村事情

東北地方トシテハ土地肥沃ニシテ且ツ気候ニ恵マレ居ル関係上小作料ハ地主六割、小作人四割ヲ普通トスルモ近年農民組合ノ小作減免運動シ然ニ嘗テハ凶作以来ノ持論テ小作調停官等モ地主側五割小作人側五割ニ調停シツヽアリ。昨秋来ノ持チ越シ小争議アルモ肥料ノ出廻リ良ク且ツ積雪ノ被害ナキヲ以テ激化ノ模様ナシ。

宮城縣仙台市東二番町全農宮城県聯合会執行委員長佐々木孝造ヨリ探知シ自ラ實地視察セルモノ

(3) 青森縣地方

(イ) 軍事（飛行場）

大湊ニ地下飛行場ノ大規模ナルモノ工事中ニシテ人夫モ地方人ヲ使用セズ、又地方民ノ同地立入リヲ禁止サレ居ルヲ以テ詳細ハ不明ナリ。

(ロ) 農村事情

同地方ハ果樹園、水田、畑作ナルガ果樹園ハ多少ノ雪害アリタルモ全滅ノ程ニ至ラズ、畑地ノ小作争議ハ見受ケラレズ、水田ハ極貧農ニシテ昭和十年来ノ小作争議ヲ持続シ居リ殆ンド滞納小作料ヲ居食シタル者ノミニテ假令地主側ト条件的解決ヲナスモ小作料ノ支払能力ナキヲ以テ地主側ノ土地返還ノ主張ニ基キ地主對小作人ノ對立ハ益々激化シ小暴徒的争議ガ発生スル虞アルベシ、

青森縣青森市外新城村全農青森縣聯執行委員長淡谷悠蔵ヨリ探知

(4) (イ) 秋田縣地方

軍事（石油工場、石油貯蔵所、飛行場）

豊川、旭川、道川、等ニ油田アルモ産

秋田縣土崎町以下不詳全農秋田縣聯執行

額不明ニシテ土崎港ノ土崎町西委員長大宮友
方ニ石油工場一ケ所ト海軍石油貯溜ヨリ採知
蔵所一アリ貯蔵所ニハ北樺太ヨ
リノ石油モ一旦全所設備ノタンク
（数不明）ニ貯蔵セラル、関係上
海軍ノ幹部ガ秋田ニ来タリタル
際ハ先ツ第一ニ全所ヲ視察スル
由尚全所職工ノ言ニテハ二タンク
ガ何時充満サレ又何時搬出セラ
ル、ヤ又何處ヨリ充満サレ如何
ナル方法ニヨリ運搬サレルヤハ
不明ナル由軍事施設トシテハ男
鹿半島ニ海軍飛行場アリ。

(ロ) 農村事情

水田耕作ガ秋田市地方ノ一般デ
アルガ貧農多ク近年来争議ガ続
発シ地主側ハ土地返還請求ト小
作人ノ支払能力ナキニ原因シテ
青森地方ト全様ニ八郎潟東方地
帯ノ農村ニ百戸以上ノ集団争議
地アリテ田植季節ニ之ガ激化ス
ルモノト豫想セラル。

昭和十二年
五月
中旬頃

一〇

北陸地方ノ飛行場所在地及農村事情

(1) 富山縣地方

(イ) 軍事（飛行場）

富山灣ノ伏木町東方ニ海軍飛行場アルモ詳細ハ不明ニシテ拡張工事中ト聞キ及ブ。更ニ此ノ地方ハ山岳多キ為メ豊富低廉ナル電力ニ依リ工業發展ニ資スベク富山市ニ之ヲ企圖シツヽアルモ紡績工業ノミニテ未ダ軍事的工業ハ見ルベキモノナシ。

(ロ) 農村事情

此ノ地方ノ農村様式ハ零細農業ト中農業ノ中間的形態ヲナシ而モ地味肥沃ナル為メ一般的ニ視テ農民ノ生活ハ安定シテ居ル、何故カト云フニ明治維新ノ頭初土佐ト富山地方ニノミ視ラルヽ永小作权要求ノ一揆ニ基キ其ノ設定ヲ見タル為メ一般的小作料ガ他ノ地方ト比較シテ低率ナル結果ニ因ルモノデアル。

(2) 石川縣地方

宮城與徳ヨリ北陸地方ノ軍備特ニ飛行場及農村一般ノ情ノ調査ヲ命ゼラレ市会議員選挙應援ヲ兼ネテ仝地方ニ出張探査セルモノ、

社大党ヨリ市会議員選挙ニ立候補セル富山市総曲輪町富山縣農民組合執行委員矢後嘉蔵ヨリ聴取

6.

昭和十二年六月初旬頃	(イ)軍事（飛行場） 能登半島ノ七尾ニ海軍飛行場設置セラレアリ。 (ロ)一般的情勢 金沢市ハ仏壇ノ産地ニシテ五千名以上ノ仏壇手工業者アルモ日支事変ノ影響ニ依リ金及銅ガ使用禁止トナリタル為メ失業者続出ノ情勢トナレルガ市及県当局ノ積極的斡旋ニ依リ既ニ軍事産業方面ニ転業シタルモノ相当アリ又将来転業ナシ得ル希望ヲ有スル為メ一応不安ハ解消セラレタリ。尚此ノ地方ハ農民組合ノ如キモノ無キ為メ小作争議モナク、又集団争議ハ見受ケラレズ。	金沢市社大党石川県聯執行委員長岡良一ヨリ聴取	
	二、林内閣総辞職ノ真相	林首相ガ連続解散ノ意見ヲ蔵シ居タルハ曩ノ議会解散当時ヨリ明白ナル事実ナルガ連続解散ハ政治情勢ヨリシテ実際ハ不可能ノコトニ属シ且財界重臣等モ反対ナル為メ遂ニ総辞職ノ已ムナキニ至レルモノナリ。	自己ノ見解ニ基クモノ

昭和十二年 六月 中旬頃	二 近衛内閣ノ出現ト國内情勢	近衛内閣ノ出現セルハ林大将ヲ表面ニ押立テタ軍革新派ト既成政党トノ対立、軍ト財界トノデリケートナル関係等々ノ複雑ナル対立関係ヨリ招来スル慶アル政治的不安（クーデター）ヲ解消セシムル為メニシテ國内政治ノ安定ヲ欲求スル重臣ー現状維持派ノ要望ニ依ルモノナリ、従ツテ近衛内閣ハ革新政策ハ執ラズ現状維持的保守的内閣ナリ、	自己ノ見解ニ基クモノ
昭和十二年 六月 中旬頃	三 廣田外相ノ對ソ政策ニ就テ	廣田外相ノ政治的性格ハ重臣方面ヨリノ支持ヲ受ケタル親英派ニシテ且ツ現状維持派デアル、従ツテ対ソ政策モ現状維持政策デ進ムニ相違ナイ、故ニ当面ハ漁業問題、北樺太石油問題満ソ國境問題等ニ就キテハ全面的ニ日、ソ國交調整ニ向フ方針デアル。	時政会ニ於ケ矢部周、恒次東洋権（日本農村通信社）ノ雑談中ヨリ得タルモノ、

タ.

昭和十二年六月下旬頃

一四 満、ソ國境コロンス島事件ニ就テ

ソ联軍カコロンス島ヲ占據セルニ就テ我政府ハ之ニ對スル嚴重ナル抗議ニモ不拘ソ联軍ハ益々兵力ヲ増強シツヽアリ、関東軍ハ一擧ニ實力行使ノ意見旺ンナルモ中央上層部及政府ハ外交接衝ニヨリ解決スル見解ノ下ニ實力不行使ノ訓令ヲ發シタト云ハレルカ現地ニ於ケル軍隊ハ彼我共ニ戦ノ意ニ燃エ對時シ居ル関係上日ソ戦ノ危險アリト思料ス。

時政會ニ於テ矢部周、恒次東洋雄及日本農民組合関東出張所ニ於テ岡田宗司、黒田壽男等ノ談話中ヨリ探知セルモノ

昭和十二年七月中旬頃

一五 蘆溝橋事件ノ發生事情

(イ) 蘆溝橋事件ハ満洲事変ノ延長ナリ、其ノ事件發生ノ發端ハ當時蘆溝橋線ニ日支軍對陣シ居タルカ日本ノ兵士二三名カ放尿スル為メ其ノ場所ヲ探シテ敵前ニ出テタルヲ支那軍ハ之ヲ斥候ト誤認發砲シタルニ依リ遂ニ日本軍ハ戦火ヲ交ヘルニ至レルモノナリ。

(ロ) 蒋介石カ満洲ノ回収ヲ意圖セルコトハ満洲事変以来明確ナル事實ニシテ又彼ノ政权維持ハ満洲問題ニシテ其レハ日本ト戦フコトニ依ツテノミ

(イ)ハ時政會ニ於ケル東京日々新聞記者(當時陸軍省詰)秋定鶴藏ノ談話ニ依ルモノ

(ロ)ハ自己ノ見解ニ基クモノ

(ハ)ハ時政会ニ於ケル矢部周ノ談話ニ依ルモノ

昭和十二年
七月
下旬頃

六、北支事變ノ發生ト日ソ關係ノ見透

(1) 満洲事變當時ト現在トハ國際情勢ガ變化シテ居リ、英、米、佛ハ支那援助ノ積極化並ニソ聯ノ極東軍備ノ充實等ヨリシテ日、支ノ全面的衝突ハソ聯ニ對スル英米ノ援助等ニヨリ日、ソ戰ノ危險ヲ包藏スルモノニシテ北支事件ガ發展シテ日支全面戰爭トナルトキハ日本ハ支那及ソ聯ト両面戰爭ヲセサルベカラサルニ至ルヲ以テ日支全面衝突ハ極力避クベキナリ、

(2) 梅津、東條、板垣、石原氏等ノ間ニ支那

爲サレルモノナレハ蘆溝橋事件ハ日支全面的衝突ノ要因ナルト同時ニ日本ハ満洲ニ對スル現状維持、蘆溝橋線撤退ノ不可能等ノ事情ヨリシテ現解決ノ望ミ少ナシ。

(ハ) 香月中將ハ現地解決ノ爲メ生命ヲ堵シテ出發セルヲ以テ何トカ解決ノ方途ヲ講スルナラン特ニ軍中央部ニ於テ此ノ事件ハ不擴大方針ニ意見一致シ居レリ、

(1)ハ石原大佐ノ意見ナリトシテ今大佐ノ秘書宮崎正義ノ名ニ於テ發行セラレタル「パンフレット」ノ内容ニ依ルモノ

(2)ハ日本政治經濟調査
8

昭和十二年七月下旬頃	二七、北支事変ニ対スル軍部内ノ動向	トノ一全面的衝突ヲ避クベシトノ意見一致シタリ。 (3) 以上ノ動向ヨリシテ特ニ注意スベキハ日、ソ戦危機ハ今尚現存スルモノト観ルベキナリ（当時日、ソ関係ノ危機ガ伝ヘラレ居リ憲兵ガ之ニ関心ヲ有シ居タルニ依ル） 今回ノ事変ヲ北支事変ト称シテ日支ノ全面的衝突ヲ避ケントスル軍部内特ニ石原大佐ノ意嚮ナリト称セラルヽモ他面東條梅津氏等ハ両面戦争（日、支、日ソ）モ敢ヘテ恐ルヽニ足ラズト言フガ如キ見解ナリ。
		所ニ於テ鈴木茂三郎、稲村順三等ノ雑談ヨリ聴取スルト共ニ時政会ニ於テ矢部周ヨリ探知セシルモノ (3)ハ自己ノ見解ニ基クモノ 時政會ニ於テ陸軍省詰報知記者佐野増彦、東日記者秋定鶴藏ノ談話ヨリ聴取

昭和十二年八月下旬頃

一八 樺太方面ニ於ケル軍備ノ状況

(1) 樺太國境五里「半田澤」附近ニ兵舎新築セラレアリ（一説ニハ工事中ナリト云フ）該兵舎ハ森林中ニアリテ下ニ棟ヨリ見エザルモ一個旅團ヲ楽ニ收容シ得ル設備アリト謂フ、工兵隊ニ於テ建築シ居リ地方人ハ全然使用セザルトノ話ナリ。建築資材ト思料セラル、「セメント」ハ沖ニ船ガアリテ夜中ニ荷揚ゲシテ運搬シ居リ「セメント」ノ量ハ多量トノコトニテ數量判明セズ、「セメント」ノ運搬ニモ地方人ハ使用セズ、該工事ニ從事スル工兵隊ハ大体一個大隊未滿ナルベシ。

(2) 樺太敷香東北ノ多来加湾ハ昭和十二年海軍ガ演習ノ際海軍機ノ飛行

山名正實ハ昭和十二年七月下旬宮城興德ヨリ樺太方面ニ於ケル軍備ノ状況並北海道方面ニ於ケル軍隊動員ノ状況調査ヲ命ゼラレ宮城ヨリ旅費トシテ金百五十圓也ヲ受取リ其ノ特命ヲ帯ビテ出發、調査ヲ終了シテ八月下旬帰京シ宮城興德ニ其ノ結果ノ情報ヲ提供セルモノナリ。(1)ハ敷香某飲食店ニ於テ客及ビ主人ノ談話並軍

9、

基地トシテ使用セル事實アルヲ以テ日、ソ開戦等ノ場合ハ海軍ノ飛行基地ニ使用セラル、ナラン」。

(3) 敷香ニ東洋一ト称セラル、「パルプ」工場アリテ、従来一般人ノ参観ヲ許可セルモ昭和十一年頃ヨリ参観ヲ許可セザルニ至リ、一般人ノ参観ヲ許可セザルニ至リタル事情ヨリ察スルニ仝工場ハ其ノ頃ヨリ火薬ヲ製造シ居ルモノナルベシ、火薬ノ運搬船ニ依ルモノナルモ冬期ハ海上結氷ノ為メ陸送ノ外ナカルベシ。

(4)「半田澤」ヨリ敷香、豊原、大泊ニ通スル直通ノ自動車道路アリテ一般ニ軍用道路ト呼称セリ、尚ホ目下元泊ヨリ久春内ニ至ル横断道路ヲ工事中ナリ。

中ニ於ケル行商人等ノ談話ヲ綜合シテ視察セルモノナリ。

(2)ハ敷香ニ於ケル某旅館女中ノ言ヨリ探知

(3)ハ敷香ニ於ケル某旅館女中ノ言竝自己ノ想像ニヨルモノ

(4)ハ自己ノ實地視察。

(5) 豊原ニハ一個大隊ノ兵舎アルモ現在軍隊ハ駐屯セズ、豊原市附近ハ平原ニシテ直チニ飛行場トシテ使用シ得ル程ノ牧場地アリ、但シ現在ハ民間用ノ小飛行場一アルノミナリ。

(6) 飛行場ハ樺太東海岸「風取」ニアリ小規模ニシテ現在小格納庫ニト事務所トアルノミナリ、其ノ面積ハ約三十町歩位ニシテ山ニ挾マレ、拡大ノ餘地ナキモ敷香ヨリ風取ニ至ル海岸線ニ有名ナル馬蹄跡モツカヌ砂洪アリテ自動車ハ六十粁ノ速度ヲ以テ直行シ得ル土地アリ飛行場トシテ使用シ得ベシ（飛行場所在地ハ山名ノ所持シ居タル樺太地方ノ地図ニ其ノ位置ヲ示シ提示セルモノ）

(5)ハ自己ノ實地視察

(6)ハ自己ノ實地視察

10

昭和十二年八月下旬頃

九、樺太方面ニ於ケル入営、出征等兵役関係其ノ他ニ就テ

(1) 從來樺太在籍者ハ旭川第七師団トニ八聯隊ニ入営セルモノナルガ現在ハ満洲ニ入營スルコトヽナレリ。

(2) 出征者ハ第七師団ニ召集セラレツヽアリテ其ノ歓送ハ殖民地的ニ華（カ）ナリ、尚樺太工業株式會社ニ於テハ新聞紙上ニ樺太ヨリ出征セル家族ニ對シテハ其ノ生活ヲ保證スル旨聲明ヲ發表セリ。

樺太富内在住ノ實兄山名章造ノ言並ニ豊原毎日新聞紙ニ依ルモノ

昭和十二年八月下旬頃

一〇、北海道方面ニ於ケル動員状況

召集兵ノ年令ハ最高三十八歳（大正十年兵）ニシテ既教育及未教育補充兵豫後備兵ヲ含ミ居リ其ノ編成ハ現役ヲ含マザルモノナリ。

召集セラレタル兵員ハ戦時編成ノ一個師團ト目サレ行先ハ北支ナリ、尚右ハ現役ヲ編成ニ含マシメザルハソ聯トノ関

北海道倶知安在住ノ實弟節雄ノ言並ニ旭川市七條通七丁目全日本農民組合北海道聯合會書記長五十嵐久彌ヨリ聽取シ自己ノ想像ヲ綜合

昭和十二年八月下旬頃

二　北海道方面ニ於ケル飛行場所在地竝其ノ状況

係ヲ考慮シタルモノナルベシ

シテ判断セルモノ

(1) 北海道飛行場（民間ヲ含ム）ハ函館、札幌、旭川、帯廣、千歳、網走附近（猿澗湖ノ海軍飛行場）ニアリ（本件ハ宮城興徳ノ居宅ニ於テ宮城ノ所持セル北海道地方ノ地圖ニ其ノ位置ヲ示シテ提示セルモノ）

(2) 千島ノ「國内後島《クナシリ》」又ハ「擇捉島《エトロフ》」ニ地下飛行場ガ構築セラレタル由ナリ。

(3) 札幌競馬場ハ将来陸軍飛行基地トシテ利用セラルルナラン、其ノ理由ハ昭和十一年ニ同競馬場ニ何レヨリカ百餘ノ飛行機ガ突然飛来シテ練習飛行ヲ為シタル事實ヨリ推察セラル。

(1)ハ自己ノ知得シ居タルモノ

(2)ハ旭川市七条通七丁目全日本農民組合北海道聯合會書記長五十嵐久弥ヨリ探知セルモノ

(3)ハ札幌市内穂町在住ノ北海道會議員正木清ヨリ上記後半ノ事實ヲ聴取シ自己ニ於テ前半ノ事項ヲ想像セルモノ

11.

昭和十二年八月下旬頃	二六 通州事件	七月二十九日発生セル本事件ハ通州方面ノ保安隊總司令殷汝耕ガ北支事変発生前ヨリ日本軍ト連絡ヲ保チツヽアリテ特ニ事件発生後ハ日本軍ヨリモ金員ノ援助ヲ受ケ協力ノ意ヲ表明シタルモノデアツタ然ルニ偶々部下保安隊員ニ對シ金員ヲ分配セザリシニ端ヲ発シ遂ニ抗日叛乱軍トシテ現ハレタモノデアル。	日本政治経済調査所ニ於テ稲村順三、岡田宗司ノ談話中ヨリ探知セルモノ
昭和十二年八月下旬頃	二七 近衛首相ノ支那事変對處聲明	政府ハ支那ニ於ケル全面的衝突ヲ回避スル方針ヲ取リツヽアツタガ蒋介石ノ英米ヨリノ借款成立ガ具体化シタルト戦局ノ全面的展開ニ依ツテ最早日支ノ衝突ハ不可避ノ情勢ニアルヲ以テ國民ニ對シ事変ノ意義ヲ闡明ス	自己ノ見解ニ基クモノ

昭和十二年九月中旬頃

二四 松井大将ノ上海方面最高指揮官就任ニ就テ

ルト共ニ世界特ニ英米ニ日本ノ決意ヲ表明シタルモノナリ従ッテ此聲明ハ國民ニ戰爭ノ決意ヲ促シ経済的窮状ヲ克服セシメネバナラヌト云フ意味モ充分窺ハルルノデアル。

田中大将ハ常ニ「支那問題ハ松井ニ委セテ置ケバ宜イ」ト云ッテ居タ程支那通デアルト云フ事ハ新聞報道ノ通リデアルガ現役大将ナラザル退役ノ者ヲ何故上海方面最高指揮官ニ就任セシメタルヤハ種々ナル理由モアラウガ之ニハ戰略的事情ガアッテ若シ現役者ヲ就任セシメタトスレバ今後對ソ戰勃發ノ場合ハ必ズヤ最高指揮官ノ異動ヲ生ジ其ノ場合直チニ敵國ニ

時政會ニ於テ矢部周ノ談話中ヨリ知得シタルモノナリ。

12

昭和十二年十月初旬頃

二五、二、二六事件関係眞崎大将ノ無罪判決ニ就テ

指揮戦略ヲ看破セラルヽニ至ルヲ以テ假令對ソ戦勃発スルモ最高指揮官ヲ交代セシムル事ノ必要ナキ為メ退役松井大将ヲ就任セシメタルモノナリ。

眞崎大将ノ成行ニ就テハ二、二六事件関係青年将校並ニ一般青年将校ニ對シ思想的影響ヲ及ボスコトハ争フ餘地ナキモノデアルガ無罪ノ判決決定ニツキテハ決シテ世間ニ喧傳サレ居ルガ如キ二、二六事件ノ青年将校死刑ノ執行ハ行ハレズトカ或ハ又二、二六事件以上ノ直接行動ガ勃発スルカラレトカト云フ理由ニ基イタ結果無罪ノ判決決定ヲ見タノデハナク事実本事件ニ無関係デアッタノデ其レヨリ以上ノ特異

時政會ニ於テ矢部周ノ談話中ヨリ知得シタルモノ

昭和十二年
十一月上旬頃

二六、第百師團以下ノ編成ニ就テ

事情ガアッタノデハナイカ。

第百師團以下ノ編成ハ軍ニ於テ其ノ機密ヲ保持スル為メ百師団ナル名称ヲ付シタルモノニシテ例ヘバ平時ノ第一師團ノ召集兵等ニヨリ更ニ一個師団ヲ編成シタル場合。之ヲ第百一師団ト呼称スルモノナリ。従ッテ第百二師団以下ハ之ニ準ズルモノナリ。尚ホ平時ニ、於ケル一個師團ノ編成ハ歩兵二個旅団ニ騎兵、砲兵、工兵、輜重兵ヲ加ヘタルモノニシテ其ノ兵員ハ約一万人ナルモ第百師団以下ノ編成ニ於テハ其ノ兵員ハ約三倍ニシテ其レニ機械化部隊ヲ加ヘタルモノナリ。之ニ對シ宮城ハ第百師団以下ノ編成ハ平時ニ

第百師団以下ノ編成云々ニツキテハ時政會ニ於テ矢部周ヨリ聽取シ其以外ノ事項ニ就キテハ自己ニ於テ知得シ居タルモノナリ。

13、

	於ケル一個旅団ノ二倍ノ兵員ニ機械化部隊ヲ加ヘタルモノナリト聞キ居レリ其ノ理由ハ餘リ其ノ兵員多キトキハ師団指揮ノ戦闘正面ガ廣大ニ成リ過キ指揮統制ニ不便ナルニ依リ右ノ如キ編成ヲナシタルモノナリト称シ其ノ何レガ正シキカニ就キ更ニ調査ヲ要求サレタルモ調査不能ニ終リタルモノナリ。
昭和十二年十一月中旬頃	
二七、支那事変ニ對スル陸軍省側ノ態度ト上海戦ニ就テ	
	石原莞爾将軍ガ日支全面衝突ニ反對ナルコトハ前ニ話シタ通リデアルガ上海ニ於テ陸戦隊ガ戦端ヲ開クヤ上海方面海軍側ヨリ急速ニ四個師団ノ派遣ヲ要請セリ然ルニ陸軍省側ニ在リテハ石原大佐等ノ意見トシテ
	雑誌「改造」特派員トシテ二タニ派遣セラレタル岡田宗司ガ上海視察ヨリ帰京シ某海軍将校談トシテノ話ヨリ知得セルモノ

要請ノ半數タル二個師団ヨリ派遣セズ且其ノ派遣ガ豫定ヨリ數日間遅延セシ爲メ上海戰ハ非常ナル苦戰ニシテ且多數ノ犠牲者ヲ出ス結果トナリタルモノナリ。

昭和十二年
十一月
下旬頃

二八、大本営ノ設置ニ就テ

今回大本営ガ設置セラレタガ之ハ直チニ宣戰布告ヲ爲ス爲メニ非ズシテ、日支事変ノ遂行上政治及軍事ノ統一、政策即チ事変ニ對スル輿論ノ統一ヲ圖ルヲ目的トセルモノナリ。其レハ日清、日露戰争當時大本営ニ參画セル人物ハ主トシテ明治維新當時ヨリ苦樂ヲ共ニセル人間的連ガリガアッタ爲政治及軍事ノ統一、政策ハ完全ニ行ハレタガ今日ニ於ケル政局ハ其ノ人間的連

時政會ニ於テ、矢部周、伏見武史、恒次東洋雄ノ談話中ヨリ知得セルモノ。

14.

昭和十二年十二月中旬頃

二九、米砲艦パネー號事件及其ノ真相

リガ見受ケラレズ而モ政治ト軍事トガ對立シ居ル状態デハ到底初期ノ目的貫徹ハ期セラルベクモナイ斯様ナ関係カラ其ノ統一ヲ圖ル為メ大本営ノ設置ヲ見ルニ至リタルモノニシテ世間デ云々スルガ如ク宣戦ヲ目的トシテ設置サレタルモノデハナイ。

米砲艦パネー號ヲ飛行機ニテ爆沈シタル事件發生セルガ之ハ上海戦當時橋本砲兵大佐ガ米艦及英艦ガ我戦闘ニ種々妨害的行為ヲ為シタルニ憤慨シテ自ラ指揮シテ英艦ヲ砲撃シタルト同様ニ米艦ト確知シ乍ラ爆沈シタルモノナリ。

東方會ニ於テ杉浦武雄ノ談話中ヨリ知得シタルモノ

昭和十二年十二月下旬頃	三〇 末次内相就任ニ就テ	近衛首相ハ大物主義デ挙國一致体制ヲ表面的ニ完成スベク宇垣、池田等ヲ参議ニ就任セシメタルガ此度首相ヨリノ懇望ニヨリ末次信正大将ガ内相ニ就任シタル理由ハ彼ハ海軍部内デハ革新論者デ且ツ陸海軍系ノ閣内勢力ノ均衡ノ為ト他ハ統制政策ノ必要ガ次第ニ濃厚トナリ戦争ノ要求スル挙國一致体制ヲ実現セシムル目的ヲ以テ内相ニ就任セシメタルモノナリ。	東方會ニ於テ三浦虎雄、杉浦武雄、由谷義治、三田村武夫ノ談話中ヨリ知得シタルモノ
昭和十二年十二月下旬頃	三一 政府當局ノ左翼大弾圧ニ就テ	今回ノ日本無産党、日本労働組合全國評議會ノ幹部及労農派約四〇〇名ノ検挙ヲ見タルハ単ニ合法団体ノ仮面ニ隠レテ共産主義運動ニ暗躍シ	自己ノ見解ニ基ク

15

昭和十三年
初旬頃

三二、樺太派遣ノ噂アル軍隊ノ事實調査

ジツヽアリトノ理由ニ因ルバカリデハナク、他面此ノ時期ヲ選ンダ最大ノ原因ハ事変下益々軍事産業ガ殷賑ヲ極メ為メニ最大ノ労働力ヲ必要トスルニ至ル、従ッテ労働者ニ於テ賃金値上ゲ労働時間ノ短縮等ト謂フ労働者ニ攻勢ノ餘地ナカラシムル為メ左翼団体ノ検挙ヲ断行シタルモノデアル。

宮城與德ヨリ「樺太ニ一個旅團派遣セラレタリトノ情報アリ事實ナリヤ察ニ依ルモノ否ヤ」ノ調査視察ヲ依頼サレ旅費其他トシテ金百五十円ヲ受取リ昭和十二年十二月下旬出發樺太大泊ニ於ケル某旅館、某飲食店等ニ於キ内出名ノ實地視

昭和十三年
一月
初旬頃

三三、國家總動員法案ノ見透

査セルモ其ノ噂ナキヲ以テ更ニ豊京ニ至リ嘗テ自己ガ新潟縣在住當時ノ知合ナリシ朝日新聞樺太支局長某トノ談話中ニ内査シタルモ兵員ノ派遣サレタル事實ナキヲ以テ其儘歸京シ宮城ニ其ノ結果報告ヲ為ス
（此ノ事實ハ單ニ兵員ノ派遣ノ事実ノ有無ノミノ調査ノ特命ヲ受ケタルモノナリ）

國家總動員法ガ通過シタ暁ハ戦時ニ必要トセラルヽ法律ハ凡ソ此ノ法案ニ基キテ為サルヽ事ニナリ延イテハ衆議院ノ發言權ノ縮サト云フ事ヲモ意味セラルヽ巷間多少

東方會ニ於ケル杉浦武雄等ノ雑談ニ自己ノ見解ヲ加味シタルモノ

16.

昭和十三年一月下旬頃		
三四、獨逸政府ノ仲介斡旋ニ依ル日支和平経緯發表後ノ見透		憲法論ニ抵触スルトカ又ヒヌトカノ意見モ見受ケラルヽガ結局事變遂行ノ目的ノ為メニハ衆議院ハ之ニ反對スル根據ハナク該法案ハ通過スルニ至リ既成政黨ハ没落ノ一途ヲ辿リ官僚独善ノ政治ニナルデアラウ。
	當時我外務省ハ独逸政府ノ仲介斡旋ノ不成功ニ對シテ飽迄モ日支事変完遂ト云フ重大声明ヲ發表シ又独側モソノ経緯ト立場ヲ闡明シタルガ独政府ノ日支和平仲介斡旋ノ不成功ハ却ッテ蒋介石ノ独逸ニ對スル立場モ判然トシ英米ソ三国ヲ積極	
	タルモノ	上記見透ニ就テ宮城興徳ヨリ意見ヲ求メラレタルニ對シ東方會幹部ノ浦武雄等ノ意見ニ自己ノ見解ヲ加味シ

昭和十三年
三月
初旬頃

三五、電力國家管理法案ニ對スル電力資本家ノ動向ト見透

的ニ利用シ得ルニ至リ、他面日本側ハ「爾後國民政府ヲ相手ニセズ」トノ声明ニアル如ク長期戦ヲ覚悟シ居ルヲ以テ日支和平問題ハ當分殆頭スルコトナシ、従ッテ長期戦トナレバ當分日ソ戦ニ迄モ發展スル可能性ハナイダラウ

電力資本家ハ丸ビル内ニ連絡場所ヲ設置シ政、民両党ノ一部ニ對シ多額ノ運動費ヲ出シ該法案ニ對スル反對ハ政治工作ヲナシツヽアルモ電力資本家ノ意圖スル處ハ發電所ノ評價ヲ高價トナラシムルニアッテ該法案ガ通過シタル暁ハ國家管理ノ下ニ他ノ民營重要産業モ高評價サ

衆議院東方會控室ニ於テ同會代議士連ト談話ニ自己ノ意見ヲ加味シタルモノ

17

昭和十三年
五月
上旬頃

三六 王克敏ノ来朝ニ就テ

レ引受ケラルルニ至ル、従ッテ結局國家管理法案ハ議會ヲ通過スルモ決シテ政府ノ言明スル如ク電力ハ安價トハナラズ却ッテ現在ノ民營ヨリモ高價トナルダラウ。

王克敏ガ北支戦局モ一段落ヲ告ゲ中華民國臨時政府行政委員長トシテ来朝シタガ其ノ目的ハ現地ノ我軍首脳部ノ意見ノミデハ積極的ニ活動ヲ起スコト不安ガアッタカラデ日本ノ要路大官ト面談ノ上自己ノ信念ヲ明カニシ且ツ其ノ政策ヲ披瀝シ、併セテ日本ガ将来蒋介石ト和平スルカ否カ（和平ノ見透カアルナラバ臨時政府ノ危険性ガアル）

時政會ニ於テ矢部周ヨリ聴取

昭和十三年
六月
上旬頃

三七、近衛内閣改造（宇垣、池田、荒木入閣）ニ就テ

ヲ打診旁々日本政府ノ真意ヲ確メルタメニ来朝シタノデアル。

近衛内閣ハ第七十三議會終了後革新方面ニ於新派タル賀屋蔵相ノ財政々策ニテ中野正剛對シ財界ハ非難ノ聲高キト他方ヨリ聴取日支事変ニ依ル英米ニ對スル外交ニ困難ナルモノアルヲ痛感シ現状維持派タル池田成彬ヲ蔵相ニ軍縮會議以来英米ノ好感ヲ持テル宇垣大将ヲ外相ニ就任セシメ以テ外交轉換ヲ図ッタガ所謂好戦家ゼネラル荒木ヲ文相トシテ入閣セシメタル所以ハ右翼ノ反動ヲ防止シ一面敵性國家ヨリ我外交策ノ肚ヲ看破セラレザル為デアッテ今後多分ニ親英米策

18.

ハ取ラレルモノト思考ス

三八

昭和十三年六月上旬頃

板垣陸相ノ就任ニ就テ

杉山陸相病氣辭任ノ後任トシテ統制派ニ非サル革新派ノ重鎮板垣征四郎中将ヲ北支出征中ヨリ陸相ニ就任セシメタルハ現状維持派タル宇垣、池田ノ入閣ニ對シテ軍部革新派ノ勢力ヲ配セントスル近衛首相ノ意圖ニ出テタルモノナリト雖モ其ノ実情ハ石原莞爾大佐等革新派ノ策動ニ依ルモノナリ。

時政會ニ於テ矢部周ヨリ聴取

三九

昭和十三年七月上旬頃

リュシコフノ單獨越境投降後ノ

去ル六月十三日越境投降シタルリュシコフハ目下在京中ト聞クガ何處ニ居ルカ所在判明セズ、

宮城與徳ヨリリュシコフ越境後ノ情報蒐集方依頼サレ時政會ニ於テ

リユシコフノ提供セル諸情報中ノ大部分ハ既ニ知得シ居ルモノヽミナルガ只三点ダケ新情報ト聞ク但シ其ノ三点ガ如何ナル情報ナリヤ判明セズ

憲兵准尉山口清馬ヨリ採知セルモノナリ

情報

昭和十三年七月中旬頃

四、張鼓峯事件後ニ於ケル國民ノ一般的感情

ソ聯ハ積極的ニ蒋介石支持ノ意思表示ヲ為スベク我軍ニ挑戦シタルモノニテ若シ其ノ戰鬪ニ於テ我軍ガ敗退シタル時ハソ聯ハ南進スルニ相違ナク加フルニ其ノ戰鬪ニ依ツテソ満國境ニ日本軍隊ヲ膠着セシムルコトニ依リ日本軍ノ支那ニ於ケル活動ヲ牽制スルモノナリト観テ居ル從ツテ國民ノ對ソ感情ハ悪化セルモノト謂フベキナリ。

芝區南佐久間町某理髪店及中野區城山町某浴場ノ客ノ雑談中ヨリ採知セルモノ

19.

昭和十三年
七月下旬頃

四六 末次内相ノ新黨計画

近衛新党云々ノ問題ガ巷間ニ流布サレタガ近衛首相ノ諒解ノ下ニ末次内相ハ日支事変遂行ノ為メ國内革新ノ目標ヲ明確ニスル新党確立ヲ主張シテ中島知久平、永井柳太郎及財界ノ革新分子並ニ東方會革新諸団体、産業組合等ヲ糾合シテ眞ニ國策ニ協力スル労働組合、農業組合ヲ組織シ以テ労働者農民ノ生活ヲ保証公約セル國民ニ根ヲ下シタル（自由資本主義経済ヲ制圧スル）徹底的統制経済ヲ実現スベク末次内相ヲ中心トシ目下有馬頼寧、中野正剛ヲ主班者トシテ計画ヲ進メツヽアルヲ以テ多分之ハ實現スルデアラウ

東方会ニ於テ中野正剛ヨリノ談話ヨリ知得シタルモ、

昭和十三年
八月
中旬頃

四六
宇垣外相トクレーギー英大使ノ交渉ノ真相ト反対派ノ動向ニ就テ

宇垣外相ガ英国ヲ仲介トシテ蒋介石トノ日支和平ヲ意図スル所以ハ池田蔵相ノ財政政策ハ昭和十四年ノ上半期ニ於テ訖ニ行詰リ其レ以上ニ余力ナシトノ見解ニ基キ尚ホ下半期ハ余力残存中ニ日支和平ノ交渉ヲ為サントスルニハ先ヅ日英間ノ諸問題ヲ解決スルノガ先決問題ナリトシテクレーギー大使ニ交渉シタ然ルニクレーギーハ交渉ヲ受諾シテ我国ニ提出セル条項ハ

(1) 英国ノ中華民国ニ於ケル権益ヲ保証スルコト
(2) 今次日支事変ニ依リテ受ケタル英国ノ損害ヲ賠償スルコト
(3) 日支和平成立後ノ門戸開放

前段ハ時政会ニ於テ矢部周後段ハ東方会ニ於テ中野正剛ヨリ聴取セルモノ

20

(4) 中華民國カ英國ヨリノ借款ニ對シテ其保証トシテ提興シアリタル關税ヲ保証スルコト

外三ケ條

ナリ然ルニ第二次、第三次ト會談ヲ重ヌルニ及ビ提出條項ハ七十條余トナッタ際テ此レヲ知レル反親英派ハ日支事変ノ成果ヲ失フモノナリトシ又板垣陸相其ノ他軍部内ニ於テスラ反對意見ヲ見ルニ至リ八月中旬深川小学校ニ於ケル東方會深川支部演説會ニハ中野正剛カ宇垣クレーギー會談ヲ批判シテ「親英派ノ一頭タル宇垣外相ハ英國ニ讓歩スルコトニ依ッテ日支和平ノ招来ト云フモ之ハ國民ノ多大ナル犠牲ニ依ッテ遂行シタル

昭和十三年
八月
下旬頃

四三
日本農民聯盟満洲移民視察團ノ東満洲移民觀ニ就テ

成果ヲ烏有ニ帰セシムルモノナリ」ト論説シタルヲ皮切リトシテ右翼諸團体ハ一斉ニ宇垣攻撃ヲ開始シタリ。

七月中旬頃ニ府八縣ヨリ約三十名ノ日本農民聯盟満洲移民視察團ヲ編成渡満シ八月下旬ニ帰京シタルカ其ノ報告ニ依レハ

(1) 満洲ニ移民ハ其ノ指導者ニ人物ヲ得レハ農業耕作地トシテ極メテ適當デアル

(2) 青少年移民隊ニ對シテハ慰安施設ト農業科學教育ガ必要デアル

(3) 大陸ニ於ケル農業技術ノ研究ガ

視察團ノ帰京後其ノ報告中ヨリ知得シタルモノ

21

昭和十三年
八月
下旬頃

四四、大谷前拓相ノ宇垣大将観

必要デアル

(4)移民耕作面積ガ畑作地トシテハ従来ノ十町歩デハ尚ホ狭少ナルヲ以テ将来研究ノ餘地アリ

大谷前拓相ハ宇垣観ヲ次ノ如ク云ッテ居ル

即チ

「宇垣ハ常ニ二股的歩ミヲナシ来ッタ男デ曾テハ政民両党ニ二股ヲ掛ケテ居ッタシ以前ハ田中長州閥ト反長州閥ニ二股ヲ掛ケテ居ッタ歩ミ方ヲシテ来タ人間トシテハ野心家肌デアル」ト

満洲移民視察団帰京報告ノ為メ大谷邸ヲ訪問シタル際聴取シタルモノ

昭和十三年九月上旬頃	四五、宇垣外相辭任ノ眞相	日支和平ヲ目的トスル宇垣外相ニ對シ民間ニ於テ反對運動ガ表面化シ他面陸軍部内ニ於テモ之ニ反對スル意見ガ積極化シ日支和平問題ニ關スル一切ヲ興亞院ニ於テ行フベシト外務省ニ具体的問題ヲ提出スルニ至ツタ以上ノ理由ヨリシテ宇垣外相ハ辭任スルニ至ツタノデアル	東方會ニ於テ中野正剛ノ雜談中ヨリ知得シタルモノ
昭和十三年十一月上旬頃	四六、リユシコフノ最近ト我軍ノ利用意圖ニ就テ	先頃麹町区九段方面ニテリユシコフガ自動車ニ乘ラントシテ居ルヲ見受ケタガ病氣ラシク不自由ナ恰好ヲシテ居タガ日ソ戰ガ始マレバ「リユシコフ」ヲ「シベリヤ」	芝区虎ノ門附近某食堂ニ於テ日本農村通信社恒次東洋雄ノ雜談中

ユス

昭和十三年十二月上旬頃

四七、日本ニ於ケル人民戦線運動ニ就テ

方面ニ派遣シ全ク方面ノ友ソ分子ヨリ知得シタヲ叫合サセルノガ軍當局ノ目的ルモノデアッテ彼ハ其ノ方面ニ多數ノ知己ヲ持ッテ居ル

佐野学ノ公判記録ニ依レハ「コミンテルン」ハ独逸共産党ノ敗北ヲ批判シテ「ファッショ」反對闘争ノ不充分ナリシ結果ト云ッテ居ルガ之ハ全党ノ党員ノ六〇%ガ労働者デハ無ク党ガ「ナチス」反對ノ「ゼネスト」ヲ指令シタルモ一工場スラモ参加スルモノガナク且ツ労働者ノ生活困窮ハ「ベルサイユ」條約ニ基因スルト云フ事ヲ以テ民族的解放ニ向フベキ具体的事実ヲ正確ニ把握シ

自己ノ見解ニ基クモノ

得ナカッタカラデアリ又荒畑寒村大森義太郎、山川均、岡田宗司等ハ「ドイツ」ニ於ケル敗北ハ社會民衆党其ノ他合法団体ト完全ナ協同戦線ヲ張ラナカッタカラデアルトシテ「フランス」ニ於ケル成功ヲ目シテ全世界ニ人民戦線ノ可能性ヲ称ヘ猶猪俣津南雄等ハ既ニ日本的テーゼガ發セラレタリト云ッテ居ルガ日本ニ於テハ到底人民戦線ハ發展スル可能性ハナイ、何故カト謂フニ「フランス」「スペイン」等ニ於ケル如ク共産党ガ合法党トシテ我國ニハ其ノ存在ヲ許容サレザル以上、人民戦線ヲ指導スル主体トナルベキ日本共産党ガ

23.

今日潰滅状態ニアル間ハ不可能デアリ又一面合法性ヲ持テル政党ヤ諸団体ハ左翼思想ノ流入ニヨッテ弾圧サルヽヲ極力回避シテ居ルカラデアル。

昭和十四年
一月
上旬頃

四八 近衛内閣総辞職ノ原因

近衛内閣ハ国内ニ於ケル輿論ノ統一日支事変ノ完遂ヲ目指シテ鋭意専念シタルモ対外的ニハ英米ノ援蒋行為ガ露骨化シテ外交政策ニ困難ヲ来シ他面軍部トノ間ニ支那新政府樹立ノ問題ニ付意見対立シ一方国内的ニハ革新政策タル統制政策ニ対シ財界及一般ヨリ官僚独善政治ナリトノ非難ノ声強ク近衛首相ハ此ノ当面ノ問題

前半ハ山名ノ見解ニ基クモノ後半ハ東方会ニ於テ中野正剛ヨリ聴取セルモノ

昭和十四年一月前頃

四九、平沼内閣ノ成立ニ就テ

解決ニ自信ヲ失ヒタル為メ總辞職ヲ決行セルモノナリト雖モ近衛内閣總辞職ノ最大ノ原因ハ軍部ノ横車意見ニ對スル統制力ガ無クナツタ為メデアル、

近衛内閣總辞職ノ後ヲ受ケテ平沼内閣ガ成立シタガ之ハ近衛前首相ガ平沼内閣ヲ援助スル意圖ノ下ニ無任所大臣トシテ入閣成立シタルモノニシテ平沼首相ハ嘗テ急進右翼トシテ財界(自由主義)及重臣方面ヨリ敬遠セラレタルガ現在デハ現状維持的意嚮ヲ有シ居ル等ノ関係ヨリ観テ近衛内閣當時ト比較シテ急激ニ變化アル

東方會ニ於ケル中野正剛ノ談話及時政会ニ於ケル矢部周、伏見武夫、佐野増彦、秋定鶴藏、恒次東洋雄等ノ談話ノ内容ニ自己ノ見解ヲ加味シ

24

昭和十四年
二月
上旬頃

五〇

東方會ハ社會大衆黨ノ合同問題

政策ヲ執ルトハ見受ケラレズ、又對ソ外交ニ就テモ有田外相ノ再就任ヨリ觀テ變化ハ無カルヘシ、

近衛内閣ハ國内努力ノ統一ヲ目的トシテ時局ニ對應スル強力ナル政黨ヲ必要トシタルガ種々ナル事情ノ下ニ實現ニ至ラザル時東方會ト社大黨トノ合同問題ガ起リタリ元來東方會ハ社大黨ト政策ヲ異ニシ東方會ハ外交政策ニ秀デ社大黨ハ對内的政策即チ大衆獲得ノ点ニ於テ斷然優レテ居リ此ノ兩黨ヲ打ツテ一丸トシタ國民ノ支持ノ上ニ立ツ黨ノ結成ヲ目指シテ相互ニ交渉ヲ初メタノデアルガ然シ東方會側ヨリハ杉浦

タルモノ

自己ノ見解ニ

甚クモノ

昭和十四年
二月下旬頃

五一
民政黨ノ時局便乘的態度ニ就テ

武雄、中谷義治、岩田潔、山名正實、社大側ヨリハ三輪壽壯、片山哲河野密等ガ合議ノ上生ルベキ新黨ハ國内的ニハ統制經濟ヲ基本トシタ革新政策ヲ執リ對外的ニハ自主獨往ノ外交デ南進政策ヲ執ルコトニナル。

民政黨ハ從來ノ方針タル金權政治、黄金選擧ニテハ時局下國民ニモ置キ去ラレルコトヲ痛感シ農村問題ニ於テハ從來ノ小作農ヲ自作農本位ニシ統制經濟政策ノ結果ニ依ル小商人ノ不安ヲ看取シ小賣商問題ヲ取リ上ゲルト言ツタ革新政策ニ十何ケ條ヲ發表シタガ之ヲ實

自己ノ見解ニ基クモノ

昭和十四年三月下旬頃

五二、東方會、社會大衆黨合同分裂ノ經緯

際問題トシテ如何ニ適用スルカト言フ決意ガアツタノデハ無ク只大衆的人氣ヲ煽リ併セテ軍部ニ對シ自分ノ黨モ革新的意見アリトノ空宣傳ヲ為シタルモノニシテ要ハ時局ニ便乘シテ大臣ノ椅子ヲ窺フ下心以外ノ何物デモ無ク事實同黨ガ革新政策ニ活躍スルニハ現在ノ構成分子ヲ全部再編成スルニ非ザレバ不可能ナ事デアル、

東方會ト社大黨ノ合同問題ニ對スル交渉ハ其後順調ニ進捗シ黨綱領政策等ニ對シテモ意見ノ一致ヲ見タルガ党首問題ニ付キ社大側ヨリハ麻生久、中野正剛ノ

自己ノ見解ニ基クモノ

ノ党首ニ本立ヲ要求シ中野氏モ一應之ヲ諒解シタルガ其ノ後ニ於テ中野氏ハ自己ガ黨首ニ非ザレバ合同ニハ反對ナリト主張シ社大黨側ニアリテハ前記ノ二本立ニ非ザレバ對面上應ジ難シトノ見解ノ下ニ遂ニ三月中旬時期尚早トノ理由ニ依リ交渉ヲ打切リタルモノナリ。

以上ノ經緯ヨリスルニ國家ノ難局ニ際シテ難局突破ノ爲メノ合同ナリト言明シタルニ不拘黨首問題ニ絡ミテ之ガ不成功ニ終リタルハ要スルニ根本的ニ自己犠牲ノ精神ニ透徹セザル爲メデアル

26.

昭和十四年四月上旬頃	五三 列國海軍現状参考圖表ノ提示	第七十四議會（昭和十三年十二月二十六日召集翌十四年三月二十六日閉院式挙行）ノ議會資料トシテ海軍省ヨリ議員ニ配布サレタル海軍省發行ノ秘密文書「列國海軍現状参考圖表」ヲ提示ス	東方會調査部資料室ヨリ中野正剛所有ノモノヲ竊カニ持出シタルモノ
昭和十四年四月上旬頃	五四 近衛公ト新黨結成問題	従来ヨリ近衛公ヲ黨首トスル新黨結成ノ噂ガアルガ新黨結成ノ策士側ハ近衛公黨首ト云フ振レ込ミデ一擧ニ新黨ヲ結成スベシト為シ居ルモ近衛公及其ノ近親者ハ冒険的ニ新黨結成ニ身ヲ投ズルコトニ反對シ結成サレタル新党ガ充分ナルモノナレバ其ノ党首ニナレバ宜イトシテ居ル故ニ巷間ニ言ハル、民政党ノ永井派	宮城與徳ヨリ近衛公ノ新党結成問題ニ関シ其ノ情勢ヲ聴カレタルニ對シ自己ノ見解ヲ述ヘタルモノ

昭和十四年六月上旬頃

五五 ノモンハン事件ト國民ノ感情

政友會ノ中島派、社大黨ノ麻生派、等ヲ根幹トスル新黨結成問題ニ近衛公ガ積極的ニ出馬スルトハ考ヘラレナイ。

ノモンハン事件ニ對スル國民感情ハ張鼓峯事件ト異ツテ深刻ナモノガアル。即チ國民ハ滿洲事變以來日支事變ヲ通ジテ軍ノ政治的干渉ニ就テハ種々非難ノ聲ハアッタガ今回ハ「ノモンハン事件」ノ如ク根本的ニ軍ニ對スル批判ヲ下シタルコトハ見受ケラレナカッタ。即チソ聯ノ機械化部隊ヲ何故日本ノ機械化部隊ガ撃破シナカッタカト言フ軍ノ行動ニ對スル批判ガ此ノ事件ノ政治的解

山名ノ見解ニ基クモノ

27

昭和十四年
六月
下旬頃

五六

汪精衛ノ渡日ニ就テ

決ハトモアル國民ハ日清戦争後ノ三國干渉以来復讐心ニ燃エツヽ朕ニ對スル憎悪的感情ヲ昂メテ居リ重ナル敵愾心ハ容易ニ消エヌデアラウ、一方此ノ事件ハ日本ノ軍備ニ戦斗様ニ新機軸ヲ見出スニ至リ軍ハ其ノ責任者ニ責任ヲ問フナランモ、國民ハ其ノ様ナ責任ヲ問フテ居ラズ寧ロ「モスコー」ニ日章旗ヲ揭ゲル迄ニ感情ガ昂マリツヽアル從ッテ朕ハ此ノ事實ヲ充分ニ考ヘネバナラヌ

汪精衛氏ヲ中華民國新政府ノ首席ニ就任セシムルコトニ日本軍部並ニ政府要路者ノ間ニ意見ノ一致ヲ見タリトノ新聞報道ナル限リ汪精衛

山名ノ見解ニ基クモノ

昭和十五年
五月上旬頃

五七.

満洲苦力ノ不足ト鑛山其ノ他生産関係ニ及ボセル影響

氏ノ渡日ハ新政府確立ノ諸條件打合セノ為メナルコトハ言フ迄モ無イガ汪精衛トシテハ生命ヲ賭シテ表面ニ立ツモノナル故充分ニ日本ノ要路者ト意見ノ交換ヲ為シ日本ノ眞ノ肚ヲ見極メル為メニアリト考ヘラレル結局新政府ニ對シテ日本ガドノ程度積極的ニ援助スルヤ等ノ打合セノ為メナルベシ

満洲國政府ハ山東苦力ノ歸國ニ際シ持チ帰リ金ヲ五十円未満ニ制限シタル為メ山東苦力ハ満洲國ヘノ出稼ギニ應募スル者減少シ特ニ鉱山苦力不足ノ結果、石炭、鉄ノ生産ニ多大ノ支障ヲ来シツヽアリ、以上ノ如キ結

前半ハ山名カ満洲國在住中ニ一般的視察ニ基クモノ後半ハ労働者移動状況

28

眾トシテ業者間ニ苦力ノ爭奪ガ行ハレ從ツテ其ノ賃金モ漸次昂騰シ業者ハ此ノ苦力ノ不足ヲ地場苦力ヲ以テ補足シツヽアルモ地場苦力ハ勞働能率ガ低ク此ノ苦力不足問題ハ生産關係ニ携ハル業者間ノ大ナル悩ミノ種トナリツヽアリ、以上ノ問題ニ關聯シ滿洲重工業株式會社ニ於テ苦力ノ移動並ニ待遇問題等ヲ調査セル公社發行ノ「勞働者移動狀況調査表」ヲ提示セリ

「調査表」ハ滿洲重工業株式會社系本渓湖賣鉄公司勞務課長中山文夫ヨリ入手セルモノ

昭和十五年五月上旬頃

五八、滿洲國人一般ノ對日感情

滿人ノ一部商人間ニハ統制經濟等ノ影響ニ依リ從來程ノ利益ガ得ラレナクナリタル爲メ日本ニ對シ反感ヲ抱イテ居ル者モ相當ニアル模樣ナルガ勞

山名ノ滿洲國在住中ニ於ケル一般的觀察ニ基クモノ

働者ハ一般ニ親日的デアリ特ニ満系ノ上層部官吏中ニハ最近日本ガ満洲ヲ抛棄スルノデハ無イカト不安ヲ抱イテ居ル向モアルトノ事ニテ一般的ニ観察シテ満人ノ對日感情ハ良好デアル。

29.

(四).三〇

（参考）

本文ハ宮城與徳ノ所持品タル秋山幸治ノ英譯文ヨリ譯出セリ本文ノ前半ハ英譯後上部ニ提出セリ

一五五〇一二五〇

（昭一六．一〇．二七印）

(2)設備必需資材の供給困難

英米ブロックとの通商杜絶は、啻に必需原料品の供給を困難ならしめたのみでなく、設備用資材の輸入に大なる困難を加へた。設備用資材の擴張困難に加へて、原料品の供給困難はその修繕をも可成り困難ならしめてゐる。昭和十三年度工場計畫表及び外國貿易公報（ブレテン）より推定される固定資材の供給は次の通りである

國内生産固定資材	三六、一三六、〇〇〇、〇〇〇圓
部分品及附屬品	四、五八一、〇〇〇、〇〇〇〃
完成品	三一、五五五、〇〇〇、〇〇〇〃
輸入固定資材	三、一三四、〇〇〇、〇〇〇〃
部分品及附屬品	七七〇、〇〇〇、〇〇〇〃
完成品	二、二六四、〇〇〇、〇〇〇〃
總計	三九、二四〇、〇〇〇、〇〇〇〃

輸入固定資材はその全額に比して僅か八％であるが、日本がその勞働手段を海外に依存してゐるといふことは一つの弱點である。斯る固定

資材が海外、特に英米に完全に依存してゐることは注目に値する。

A）鐵礦

日本の製鐵業が海外に依存してゐる設備資材は大部分ロ－リングダ、ミル（工場？）である。ロ－リングダ、ミルの製造は普通の機械工場では不可能である－大造船所の技術廠に依てさへ－といふのは此の種の必要機械器具の困難のためである。他方日本は外國のロ－リングダ、ミルに高度に依存しなければならなかつた、恰も國內にはロ－リングダ、ミル製造のための特殊（専問）工場が全然ないかの如く。次の例證は其の理由を說明するに違ひない。

A）スタント（基礎？）

スタントは多く鑄鋼で構成される。日本に於ける鐵鋼工場の現存設備では五〇トン乃至一二〇トンといふ大きなスタントを製造出來ない。

B）鍛鐵器

大きな鍛鐵器を作るには四、〇〇〇トン以上のプレスを必要とする。かかるプレスをもつた工場は少數あるにはあるが、斯る工場は軍需生産のための余力に乏しい。

C）硬質ロール

大型のロールは劣悪な技術と貧弱な設備のために製造不可能である。

D）ローラー、ベアリング

國内で生産されるボールベアリング及びローラーベアリングは直徑一〇〇乃至一二〇ミリメーターである。より大型のベアリングの製造は資材と技術の劣悪のため不可能である。使用中のローラー、ベアリングに對する貯藏財荷は海外よりの輸入に待たねばならぬ。

昭和製鋼、神戸製鋼、富士製鋼及び日本亜細亜製鋼の設備さへも外國の技術的エネルギーを當にして居り海外に對する技術的依存性は更に高度である。兎も角も、現下の戰爭經濟に於て産業自体が著しい變化を遂げた。數多くの不熟練の工業家により古くさいドローイング（設計圖？）に基いて製造された機械が一九三七年以來昭和時代（？）の新型機械として出現してゐるのが僞らざる現狀である。例へば一製鋼場の新成の小工場（MILL）は八幡製鐵所製のロー？プ型發動力による設備をもつてゐる。輸入の困難のためその國內生產は急速に進めてはゐるが之に反して實情は古色然たる設備へと逆もどりして來た。斯か傾向は現狀の下では將來層一層顯著となるであらう。

輸入に依存する主要機械と、その日本國內で生產されぬ理由

理由＼種別	A
理由	外國製品の優秀なるため國內生產への努力をしなかつたこと
製鐵業	鍛冶機（アップ？、マッチングマシン）同（ダブル？スウイジーハンマー）同（一〇トンのスチーム、ドロッピング、ハンマー）
鑛業	採油用の大型ローリング、アップ、マシン及び携帶用採鑛機

B	需要不足のため相當利潤が惡かつたこと	大型ボール、ベアーリング、超大型ローラー、ベアリング	空動式石岩粉サイ器、深度の岩石鑽孔器、運鑛器
C	適當な資材を獲得し得なかつたこと	大型のボールベアリング及ローラーベアリング	
D	設備が完成されてゐなかつたこと	チトン級の水壓器、硬度ロール、大型?ローリングミル、封久鋼製ローリング、ミル、大型ロールグラインダー	大型採鑛器
E	計畫技術が低度であつたこと	スチール、パイプ、ローラー、ミル及び大型ローリング、ミル（ワイド、ビーム、ローリング、ミル）	

三

F	労働技術が低度であつたこと	特殊ローラー、ベアリングをもつた設備及び大型ギアー、カッチング、マシン	
G	外國特許權違反であつたこと	コークス熔鐵爐の蓋	

B）石炭

採炭組織の機械化は世界列國に比して極めて劣つてゐる。從つて彼等は機械化促進の爲非常な努力を拂つてゐる。然し並乍ら彼等の海外依存度は依然として高い。隨つて日本の炭坑に於ける機械設備に對する外國製品の占める割合は高い。

日本内地の炭坑に於ける機械設備

機械設備をもつた鑛山の數

年次	空動機械 國産	空動機械 外國製	空動機械 其の他	空動機械 計	光石鑽孔器 國産	光石鑽孔器 外國製	光石鑽孔器 其他	光石鑽孔器 計	斷岩器 國産	斷岩器 外國製	斷岩器 其他	斷岩器 計	空動鶴嘴 國産	空動鶴嘴 外國製	空動鶴嘴 其の他	空動鶴嘴 計
一九三四	四八	一四七	四	一九九					一七	三八		五五	八二	三六		一一八
一九三五	一五三	五九	二七	二三九					三〇	七		三七	二八	八〇	四	一一二
一九三六	六八	一四八		二一六									八七	四五	五	一三七
一九三七	一一五	一四一		二五六	二九八	一四四	三五	四七七	二四	三六		六〇	六一	一〇六	一三	一八〇
一九三八	一七二	一二三	八五	三八〇	二七七	九九	三四	四一〇	四三	二六		六九	一二四	六六	八	一九八

c）化學工業

手工業的生産方法に依る日本化學工業は最も遲れた生産方法であらう。その生産期に於て、更には歐洲大戰直後の再編成の時代に於てすら、日本産業は酸及アルカリ工業の如き基礎産業の確立を等閑に附した。而して日本化學工業は例へば綜合的化學工業の發達といふ

四

やうな正常の發達經路を進まなかつた。要之、日本化學工業の幼稚な技術的方法は上述の如き日中の間違つた方法に原因してゐる。他面これは日本經濟の特殊性を示すものであるが斯る特殊性は現下の日本戰爭經濟に於ける日本重工業の弱點である。其の結果、私は日本の化學工業そのものは完全なる外國模倣であると言つても誤りではないであらう。次の二、三の事實を指摘して見よう。

A）日本の化學工業は先進國から全生産設備―即ち全工場―を輸入することによつて形成され、又外國の指導の下に設備採作の訓練を受けた。從つて該工業は百パーセント輸入工業である。

B）外國の設計なしには化學機械の製造は全く不可能である。

C）ピロガネチツタ（？）及高壓の機械設備（硫安、人造石油及航空用揮發油が特に必要とする）は、周知の如く、化學、冶金學及び機械工學の綜合によつて完成される。斯る機械設備は殆んど輸入品なのである。

D）高壓工業、確立のためには、ニツケル鋼、クローム鋼、タングスステン鋼の如き特殊鋼及び鍛鐵機械、鎔鐵爐の如き超大型機械器具が必要である。從つて斯る物質の自給なしに高壓工業を確立することは極めて困難である。

（註）參照　企畫院技師森川覺三著「技術の點より見たる日本重工業の缺點」

原料品の不均衡による生産の減退

海外よりの必要原料品の輸入杜絶は自ら原料品の均衡を破壞した。一九四〇年度に於て、此の不均衡による生産の停滯は既に見出された。

良好なる記錄をもつ工業會社の業務分析

	前半期（一九三七年）	一九四〇年後半期
國定資産	四九〇一七〇〇〇圓	二四五九四七〇〇〇圓
原料及び半製品	一〇五五〇五〇〇〇圓	五六八四一四〇〇〇圓
收入	一一五四四〇〇〇〇圓	三八四一〇九〇〇〇圓
純益	一一七八八〇〇〇圓	四九九八八〇〇〇圓

社債 ？	一〇八九三七〇〇〇〇圓	四二三、〇〇〇、〇〇〇圓

（註）日立製作所、三菱電氣工業、芝浦電氣工業會社、日本車輛製作所及び新潟鐵工所の綜合的業務記錄である。

上掲の分析表によれば、固定資産は一九三七年前半期と一九四〇年後半期の間に殆んど三倍に増加し、原料品及半製品も亦同期間に五倍半に増加した。一九三七年前半期に於ける固定資産と原料品及半製品の割合が等しかつたと假定すれば、一九四〇年後半期に於ける兩者の差は約三億圓である。此の差は遊休設備の量を意味する。此と同時に、原料品及半製品の貯藏のかかる増加は貯藏の不均衡の結果である。半製品が半製品のまま放置されてゐるといふことはあり得ることと（自然のこと）である。弱小會社は斯る傾向を極めて顯著に示すことと次の通りである。

弱小會社の事業分析

	一九三七年上半期	一九四〇年下半期
固定資産	一、二四三、〇〇〇圓	四九九三、〇〇〇圓
原料品及半製品	八、二七八、〇〇〇圓	六四、七七八、〇〇〇圓
收入	五、四六八、〇〇〇圓	一三、三九三、〇〇〇圓
純益	一、二七四、〇〇〇圓	二、三九五、〇〇〇圓
社債 ?	八、八六〇、〇〇〇圓	五三、六六五、〇〇〇圓

（註）藤原機械製作所、理研重工業、大日本機械製作所及び石井鐵工所の綜合業務記録

固定資産及び原料品半製品は夫々四倍強及び八倍に増加した。從つて遊休資本の量は好記録、の諸會社よりも多いことになる。隨つて原料品及び半製品の増加には、必需原料品に關する供給の不均衡を示す。

六

特殊鋼の材料の不均衡なる供給は海外依存の放棄に基因することと極めて大である。ニッケル、クローム、タングステン、モリブデン、ヴアナヂウム及びコバルトの産出額は極めて少く、日本は此等の材料品を海外に仰いでゐた。クローム、モリブデン及びヴアナヂウムは滿洲より、タングステン、モリブデンは支那より多少供給されては居たが、日本滿洲及支那ではコバルトは全然産出しない。特殊鋼及鑄鐵生産額の指數を一〇〇とすれば、一九三九年及び一九四〇年に於ける指數は夫々一六一及び二〇八となり、その自給自足の度は一九三九年度九二、一九四〇年度九六と向上してゐる。然し乍ら屢々指摘した通り、それらの質は良くない。

原料品の供給の不均衡狀態は輸送力の減退に基因する物質の遍在によつて增すと同樣輸送力の徵發によつても增進されるであらう。

(B) 動員による勞働の吸收

新たなる國際狀勢の下に於て政府の軍事動員計畫は支那事變（南方行動も含む）に關係する二〇〇〇万を含めて四五〇〇万である。二五〇万の軍隊は露滿國境に集結してゐる。支那事變勃發以來の勞働不足に加へてか樣な二五〇万の新動員は必ず緊迫せる勞働不足の狀勢を生み出すであらう。

各產業に於ける動員數の推定

	(A) 支那事變及びそれに關する事件	(B) 新狀勢	合計
農業	九〇〇、〇〇〇 (四五%)	一、〇〇〇、〇〇〇 (四〇%)	一、九〇〇、〇〇〇
工鑛業	四八〇、〇〇〇 (二四%)	六五七、〇〇〇 (二七%)	一、一七九、〇〇〇
商業	二八〇、〇〇〇 (一四%)	四〇〇、〇〇〇 (一六%)	六九四、〇〇〇
其の他の產業	三四〇、〇〇〇 (一七%)	四二五、〇〇〇 (一七%)	七八二、〇〇〇
合計	二〇〇〇、〇〇〇 (一〇〇%)	二、五〇〇、〇〇〇 (一〇〇%)	四、五〇〇、〇〇〇

(註) (1) (A)の數字は「軍隊の兵士の職業調査」を基礎としたものであり、私はその後の事情を考慮に入れてゐる。

七

(2) (A)は現に活動してゐる兵士であり(B)は豫備軍の兵士と假定する。

(3) 新情勢下に於ける工鑛業及び農業の割合（出身兵士の割合）は高い。何故なら歸農した歸還兵士の數は出征した兵士の數と殆んど差異がないからである。

勞惡な組織の下にある日本經濟は勞働强化によつて生産を維持して來た。従つて勞働不足に基き生産減退は不可避である。他方、勞働の質及び生産性に於ける低下は、たとへ勞働不足が防止されたとしても不可避であらう。

(1) 鐵及び鋼

一九四〇年末頃、日本製鋼所の勞働者不足は約七、五〇〇人であつた。現在に於てさへ周知の如く勞働は不足を示してゐる。勞働の動員は極めて理論的な方法で行はれてゐるが、昔の生産力は維持することの困難は一層加はるであらう。要するに、勞働不足は他の勞働を以て補はねばならぬ。例證をして具体的な例を一つ示さう。

八幡製鋼所に於て勞働者の雇傭條件を低下して以來、勞働能率の低下は益々顯著となつて來た。

（參考）

本文ハ宮城與德ノ所持品中ヨリ發見セルモノニシテ秋山幸治ヲシテ英譯セシメツツアル論文ノ一部ト認メラル（[illegible]文）

一 別紙

新情勢ニ於ケル二五〇萬人ノ動員ハ農業ニ於ケル一〇〇萬人ヲ始トスル廣大ナ勞働力ノ吸上ゲヲ行フ。有機的構成ノ低位ナル日本經濟ハ勞働力ノ集約ニヨツテ生産ヲ維持シ來ツタノデアルガ、勞働力ノ量的不足ハ直ニ生産減退ヲ必至タラシメル。他方、不足勞働力ノ代替ガ行ハレルトスルモ、勞働力ノ質的低下ハ不可避ニシテ、勞働生産性ノ低下ヲ招來。

(一)鐵鋼

昭和十五年末ニ於ケル日本製鐵所ノ勞働不足ハ約七、五〇〇人、既ニ動員ニヨル勞働力ノ吸上ゲガ、合理的ニ行ハレルトスル※、現状ニ於テ勞働力不足ヲ生ズル限リ、生産維持ハ困難。勞働力不足ハ結局之ヲ代替シテ補充セネバナラヌ。八幡製鐵所ニ見ラレル工員採用條件ノ低下ハ標準的ナ勞働力ノ不足ヲ虚弱勞働力ニヨツテ代替スルモノニシテ、勞働能率ノ低下ハ當然デアル。

工員採用ノ條件ノ低下（八幡製鐵所）

	身長	体重	視力	年齢	改正年月
事變前標準	一六〇糎以上	五九瓩以上	裸眼〇、三以上	満一八才以上二六才未満	
第一回標準低下	一五四〃	五〇〃	〃 〇、四〃	満一六才以上三二才未満	十二年八月
第二回〃	一五二〃	四五〃	矯正〇、六〃	四〇才未満	十三年十二月
第三回	一五二〃	四五〃	〃 〇、八〃	〃	十四年九月

(二)石炭

採炭機械化ノ程度低キ石炭業ニ於ケル勞働力不足ハ、出炭ノコトガ專ラ「手ニ依ル人間勞働」ヲ中心トシテヰルダケニ其ノ影響ハ大デアル。

宮城與徳證據品

滿鐵「時事資料月報」ノ一部
（滿鐵首腦部ノミ配付ヲ受ケ居ルモノ）

◎獨ソ開戰ト岐路ニ立ツ國内政治

一　獨ソ開戰ノ勃發

六月二十一日突如トシテ獨ソ開戰ノ報カ傳ヘラレ、コノ日ハ歴史的ナ日曜日トナツタ。實ハ獨ソ兩國ノ關係カソノ不可侵條約存在ノ事實ニモカカハラス極メテ險惡化ヲ傳ヘシコトハ既ニ略々二ケ月以前以來ノコトテアツタ

ソ聯側ハ極力戰爭回避ノ手段ニ出テタモノノ如クテアツタカ、戰爭防止及ヒ獨逸勢力ニ對抗ノ目的ヲモツテ行ツタ手當カカヘツテ獨ソ關係ヲ緊張セシメ戰爭狀態ヲ造出スル作用ヲナシタコトハマコトニ皮肉ナ事實ト云ハサルヲ得ナカツタノテアル

ドイツ側カ日本側ニ寄セタ説明ヨリ判斷スレハ、米國ノ參戰確實トナ

ツタ現在ニオイテ、ドイツカ長期抗爭ノ態勢ヲ打建ンタメニハソ聯ノ所謂中立性ヲ許容シ得ナイトコロテアツテ、敵カ味方カヲ明瞭ナラシメル必要カアツタトイフコトニナルト思ハレルノテアル

英本土上陸カ容易ニ行ハレ難イコトハホホ明ラカテアツタ、イギリスハ壓倒的ナ海軍ヲ中心トシテ地中海ニ牢固タル勢力ヲ有チ、北阿及ヒ中東方面ニ於テ寧ロ戰爭挑發ノ態度ヲ示シ來ツタノテアル。戰鬪カ歐洲ノ中心部分ヨリ遠サカルコトハ多年ノ足場ヲ有スル英軍ニ對シドイツノ工作ヲ著ルシク困難ナラシメル關係ニアリ、ドイツノ對英正面作戰ノ限界ハ一應到來シタト見ルコトカ出來、ココニ背面作戰ノ問題カ提起サレタコトハマコトニ當然ト云ヒ得ルノテアル

ドイツノ直面スル食糧問題ノ困難ハウクライナノ穀物ニ對スル切實ナル要求ヲ高メ、ドイツカ不足スル石油資源トシテバクー地方ノ油田カ注目セラレタコトモ又當然テアル

何ヨリモ赤軍ノ巨大ナル勢力カ背後ニ存スルコトハ今後ノドイツカ對

英攻撃ヲ續ケヨウト、或ヒハマタ妥協ヲ試ミヨウト何レニセヨドイツニトツテ常ニ脅威トシテ存在スルノデアル。殊ニ赤軍ノ實力ハ本年一杯ヲ經過スルコトニヨツテ著ルシク強大ナモノトナル見込ミデアツタ五月半ニハ特別ノ消息通ノ間ニハ危機ハ六月中ニアリトノ觀測カ行ハレ、獨ソ兩國トモニ國境方面ニ兵力ヲ集結シツツアルコトカ傳ヘラレタノデアツタ、六月ノ第二週ニ入ルヤドイツ側ハソ聯ニ對シ、一、ソ聯カ戰爭後占領シタ地域ノ返還二、ウクライナ農業地帶ヘノ要求三、バクー油田地帶ヘノ要求ヲ提出シタトノ報道カ行ハレタノデアツタ前週ノ木曜日ニハニユーヨーク電ハ「ドイツ軍十路ニ分レテウクライナヘ進軍ス」トノ報道ヲ行ツタ程デアツタ。戰爭カ否カハ世界ノ注視ノ的テアツタ。ソ聯カ大讓歩ヲモツテ妥協スルテアラウトノ觀測モ有力テアツタ。事實ソ聯ハ最後ニハ一切ノ要求ヲ呑マントスル腹テアツタト觀測セラレル理由カ存在スルノテアル

シカモ結局ドイツハ何等ノ要求ヲ始メカラ行フコトナク一方的計畫ニ

基ツイテ軍事行動ヲ開始シタノテアツタ

二　戰爭ノ豫測

日本ニオケル軍事專門家ノ間テハ殆ントドイツノ軍事力ヲ壓倒的ナリトスル意見ニ一致シテヰタト見ルコトカ出來ル・ドイツ軍ハ卽戰卽決國境線ニオイテ赤軍ヲ捕捉殲滅シ旬日ニシテモスクワヲ衝クテアラウトノ考ヘカ強ク、我國政治指導部モ亦大體コノ見解ニ一致シテヰタノテアル

戰局ノ見透シハコノ見解ニヨレハ一、國境附近ニオケル序戰ニ赤軍ヲ殲滅ス二、ソ聯周邊ノ民族自治共和國及ヒ民族集團ヲシテ離反セシメル三、コレト同時ニソ聯工業地帶ノ撤底的破壞四、ウクライナ、バツーム等原業及ヒ軍事資材ヲ有スル重要地帶ノ確保五、反スターリン政權＝親獨政權ノ樹立＝ノ順序ヲ追ツテ進行スヘシト見テヰルノテアルソ聯ノ軍事的劣勢ハ勿論量テハナクシテ質的ナモノテアルコトハ確カテアルカ、何ヨリモ公平ナル觀察者カラハソノアマリニ守勢的、消極的カツドイ

ツニ對スル弱氣カラ見テ少クトモ持戰ニ於テ勝テ得ル見透ミハマヅ無シト見ラレタノテアル

豫想通リ北ニフインランド、南ニルーマニアヲ伴ツテ電撃的ニ國境ヲ突破シタドイツ軍ノ進撃ハ一應目醒マシイモノテハアツタカ、豫期ノ如クテハナイトノ意見モ現ハレ始メ、兎モ角モソ聯ノ抵抗モ相當強ク、部分的ニハ逆襲ヲモ企テラレツツアルコトモ事實テアル

ココニ至ツテ戰局ニ對スル見透シニツイテ專門家ノ間ニモ異論カ發生シツツアルウチハソ聯ノ勝利ヲスラ豫言スルモノモ少數ナカラ存在スルノテアル。（但シ日本ニハアメリカノデーヴイス、デユランテイー等ノ如クソ聯ノ軍事力ヲ高ク評價スル專門家ハ見當ラナイ）

公平ナル觀察ハ次ノ如クテアル。卽チ

大體ニオイテドイツノ壓倒的ナ軍事力カ物ヲ云ツテソ聯ノ潰走ヲ見ルニ至ルテアラウカ、問題ハドイツカコレヲ徹底的ニ殲滅シ得ルヤ否ヤニカカツテヰル。モシモソ聯カ巧妙ナル後退ヲ行ヒ得テ勢力ヲ保存シ

得、長期戰トナレハ形勢ハ必スシモドイツニトツテ有利テハナイト見ラレル

要スルニ將來ノ見透シハ確實ニテ一、二週間（開戰後二、三週間）ニシテ下シ得ヘキモノナリト思惟セラレル

モシモ數ケ月ニ亘リソ聯ノ抵抗カ活潑ニ行ハレ冬季ニ入ルトイフ如キコトトナレハ、ドイツニトツテ甚タ不利ナルヘシトノ觀測モ下シ得ルノテアル

ココニ當面注目スヘキ點ハドイツノ意圖カ必スシモソ聯ヲ撤底的ニ叩キ伏セルトイフニハナクシテ前記ノ諸目的ノ大半ヲ達シ得ー特ニ資源關係ヲ確保シ得ル場合ニハ對ソ妥協ヲモ試ミルコトノアリ得ル點テアルーソ聯ニ於テモ必スシモコレニ應スル可能性ナシトシナイノテアル

ドイツノ眞意カ現在ノトコロ確カニ對英米戰ヲ斷念シタモノテハナクカヘツテソレヘノ攻擊抗爭ノタメニコソソ聯ヲ片付ケルノテアルトナスコトハ誤リテハアルマイ・シカシナカラカカル主觀的意圖トハ別ニ

戰爭續行ノ困難ノ生スヘキコトモマタ考ヘ得ラレルノテアル。ココニ於テ對ソ戰後ニ於ケル對英米妥協及ヒ反ソ十字軍ヘノ轉換ノ問題カ具体的ニ秤量セラレテヨイ段階トナッテ來タノテアル

タタシ後者ハ現在ノトコロテハ英米側カドイツヲアクマテ叩キツケルトイフ決意ヲ持ツカニ見エルノテシハラク現實性ハナイモノト見テヨカラウト思ハレル

英米特ニイギリスノ對ソ援助ハ進ミツツアルカ現實ニハ未タ充分ナル援助ヲ與ヘ得ヘキ事情テハナイ

英米側ノ得意ハ思フヘキテアル。北阿戰線ニ於ケルイギリスノ壓力ハ增加シ、中東方面ノ基礎モ一段固メラレルテアラウ。ドイツノ本土攻擊モ少クトモ空中ヨリスルモノハ著ルシク壓力ヲ減シツツアルカニ見ラレル。人ニヨッテハドイツノ對英攻略ノ可能性ハ既ニ失ハレタトスラ極言スルモノカ存在スル有様テアル

カカル事情ノ下ニ於テ英米ノ日本ニ對スル和平攻勢ハ一段ト強化セラ

レル懊レカアルノテアル

三　重大局面ト國內政治情勢

對獨ソ戰ノ問題ニツイテハ政府首腦部ノ間ニハ既ニ早クヨリ對策カ凝議セラレツツアツタヤウテアル、但シドイツ側カラハ開戰ニ至ルマテ公式ニハ殆ント何等ノ勸誘ヲ受ケナカツタノテアル、シカシナカラ開戰後ニ於テハドイツノ希望カ奈邊ニアルカハ大島大使ノ動靜ソノ他諸種ノ情勢ニ徵シテモ明ラカテアラウ

獨逸カ日本ノ日ソ中立條約ノ締結ヲ如何ニ內心喜ハナカツタカハ察シ得ラレル所テアル

兎モ角モ日本ハ中立ヲ守リ、事態ヲシハラク靜觀スルノ態度ヲトルコトニ決シタモノノ様テアル、コノコトハ三國同盟及ヒ中立條約ノ比較解釋ヨリスルモ妥當ナルトコロテアラウカ、何ヨリモ日本ノ立ツ內外ノ政治經濟狀勢ハカカル態度ヲトルコトヲ要請シテヰルト見テヨカラウ

シカモ尚カカル中立靜觀的態度ヲモ堅持シ得ナイ事情ノ存スルノカ周知ノ如キ日本ノ政治狀勢ノ性格テアルコトハ今更指摘スルマテモナイノテアル

即チ三國同盟ヲ堅持シ之ト南進政策トヲ結ヒ付ケテ即時南進ヲ主張スル一派ト一方ニ於テ此ノ期ヲ逸セス日本カ多年描イテ來タ夢ヲ實現スルコト今ニアリトスル北進論者モ擡頭シツツアル

ドイツノ軍事的成功ヲ假定スルナラハ、對獨關係ナラヒニ對內關係ヨリシ中立政策ソノモノヲ維持スルニ困難ヲ感シルテアラウコトハ想像ニ難クナイノテアル。コノ意味カラシテモ日本カ南方進出ヲ試ミル可能性ハ頗ル多イノテアル。勿論ソレハ一應アメリカトノ正面衝突ヲ回避シ得ル限度ニ於テ行ハレルテアラウコトカ想像サレルシマタ他方北方進出トモ多クノ場合密接ナ關聯ヲ持ツモノテアラウコトモ注目スヘキ點テアル

ココニ於テ日本カトラントスル方向ハ極メテ微妙ニシテカツ極メテ技

術ヲ要スルモノナルコトニ氣カツクノテアル。北方進出モマタ南方進出同様アメリカノ反撥ヲ惹起スル惧レナシトシナイ。ソ聯ニ對スル日本ノ出方ハ北方武力進出以前ニソ聯ニ對シテ例ヘハ北樺太讓渡交渉ノ如キカ行ハレル順序テアラウト推察セラレル

カカル時期ニ當ツテ對獨軍事視察團首班山下奉文中將ノ歸國ハ極メテ注目ニ値スルトコロテアラウ。彼カ豐富ナル材料ニ基イテ述ヘルテアラウ北歐交戰ノ經緯ハ日本ノ對獨ソ態度ヲ決定スルニ足ル力アリト考ヘラレルノテアル。彼ハ滯獨中極メテ客觀的態度ヲトリ、時ニドイツニ對シテカナリ批判的テサヘアリト云ハレ、コノ點大島大使トハヤヤ見解ヲ異ニシタカニウカカハレタカ、對ソ進擊ヲ決定シタ獨伊首腦部ノ會談ニハローマ訪問中テアツタタメ參加シテ居リ、ドイツノ北進ノ妥當性ヲ充分感得シテキルト思ハレルノテ山下ノ歸京後ノ動キハ各方面カラ注目サレテキル

以上ニ對シテ内閣ノ主流ノ考ヘ方ハ前述ノ如ク一應中立ノ維持ト靜觀

5

ニアルカ、ソノ根本ニハ日本經濟ノ窮境ト關聯シテアメリカノ經濟的支持ヲ引出サントスル意圖カ意識的乃至無意識的ニ存在シテヰルコトハ否定シ難イ

經濟的觀點カラハ獨ソ衝突ハ更ニ日本ノ經濟的困難カ加重シタコトトナルノハソノ經濟ルートノ杜絶ノ點ノミヨリ見ルモ明ラカテアル日ソ中立條約締結直後ヨリ繼續シ來ツタ日米融和的交渉ハ次第ニアメリカノ意向ヲ明ラカニシツツアルカ、日本トノ見解ニ甚シキ距離アルコトヲ示シタコトモ確カテアル。シカモ尙斷絕ニハ至ツテヰナイノテアル內閣ノ首腦部ノ考ヘハ經濟的觀點ヨリハ寧ロ支那事變處理ヲ急ク意味ニ於テ期待カツナカレテヰルノテアツテ、コノ點ニオイテ更ニソ聯ノ協力ヲモ同時ニ要請シ得ルナラハ事變處理ノ可能性ハ著ルシク高マルモノトノ見解カ存在シテヰルノテアル

常識的ナ觀察ハ當然、現在ノ如キ世界情勢カ日本ヲシテ對米接近ノ方向ニ導クモノトイヒ得ルノテアルカ、コノ國ノ政治ノ特異性ハ必スシ

モコノ必然的傾向ヲソノ儘マ發展セシメナイテアラウト思ハレル以上ノ諸點ヲ考察シ來ツタ後ニ現下ノ情勢判斷ハ

第一ニ　獨ソ關係ノ今後ノ推移ハ大體今後約一週間乃至二週間ノ軍事的結果ニヨツテ判斷シ得ラレル

第二ニ　日本ノ中立、靜觀ノ方針自體決シテ確乎不動ノ方向テハナク多分ニ動搖性ヲ含ンテヰルコト

第三ニ　山下奉文中將歸國後ノ數日間ニ於テ北進論ハ著シク擡頭スル可能性カ存在シテヲル

第四ニ　第三ノ方向ト結ヒツキ、或ヒハコレヲ牽制スル意味ヲモ含ンテ南方進出ノ具體的方向ツケカ比較的早期ニ實現スルニ非スヤト推測セラレル

第五ニ　然シナカラ國ノ經濟的實勢ハ對米依存ヲ要求スル方向ヲ強メツツアルノテアメリカノ平和的攻勢ノ事實ト相俟ツテ基礎的地盤ハアメリカヘ向ツテ傾斜ノ度ヲ強メツツアリト認メラレル。コノ意味ニ

於テ重光駐英大使ノアメリカニ於ケル動靜ハ極メテ注目ニ値スルモノテアル・野村、重光ヲ中心トスル在ワシントン日本外交主腦者會議、重光トパトラー駐米英大使トノ交渉、更ニ日米兩主腦部ノ交渉ニコレ等ノ結果ノ齎ラスモノハ、モシモ北進、南進ノ形カ現實ニ早期ニ現ハレルコトナクシテ終ルナラハ日本外交ノ決定的路線タルヘキモノテアラウ

第六ニ　以上ノ諸狀勢ノ混淆ノ中カラ特異ナル日本ノ内部政治情勢ノ發展カ醞釀シツツアル事實ヲ銘記スヘキテアラウ

（六、二九）

7

極秘

昭和十六年十一月

宮城與徳ノ下部組織

一 田口右源太
二 九津見房
三 明峯美惠
四 秋山幸治
五 北林トモ
六 北林芳三郎
七 鈴木龜之助
八 芳賀雄
九 岡井安正

特高第一課

本籍　北海道網走郡網走町南七條東二丁目二番地

住所　東京市四谷區坂町七十五番地

ロープ原料製造業

田口右源太

當三十九年

一、學歷ノ大要

太正十五年三月　明治學院高等商業部第二學年修業

一、職業經歷ノ大要

(1) 自昭和七年 至昭和十年　北海道ニ於テ海産物商

(2) 自昭和十年 至昭和十四年十一月　北海道又ハ樺太等ニ於テ鰮漁業兼海産物運輸業

(3) 自昭和十四年十二月 至昭和十五年十二月　滿洲國奉天所在大東興業株式會社（煤土採取販賣）取締役トシテ其ノ創立事務ニ從事

1

(4) 自昭和十六年四月
至現　　在　　　　　　「ロープ」原料製造業

一、犯罪事實ノ概要

被疑者ハ夙ニ共產主義ヲ信奉所謂三、一五事件ニ連座シ昭和四年五月二十一日札幌控訴院ニ於テ治安維持法違反ニ依リ懲役三年ニ處セラレタルニ不拘依然トシテ共產主義ニ對スル信念ヲ變ヘズ昭和十五年二月頃東京市四谷區坂町七十五番地ノ自宅ニ於テ共產主義者宮城與德ヨリ事變下ニ於ケル我國政治、經濟、軍事等各種情報ノ蒐集並調査ノ依賴ヲ受クルヤ該情報ガ終局ニ於テ「コミンテルン」ニ通報セラルルモノナルコトノ情ヲ知リ乍ラ之ヲ承諾シ爾來評論家矢部周ノ主宰スル芝區田村町所在「時政會」ニ出入シテ同會メンバータル矢部周（評論家）伏見武夫（都新聞政治部長）佐野眞彥（元報知新聞記者）秋定鶴藏（東京日日新聞記者）及菊地八郎（軍方面出入都新聞政治部記者）等ヨリ

(イ) 元外務大臣宇垣陸軍大將ノ辭職ノ眞相

(ロ)外米輸入及食糧問題
(ハ)東郷・モロトフ會談ノ對露交渉問題ニ關スル內容
(ニ)芳澤大使ノ蘭印トノ石油交渉問題ノ內容
(ホ)山下奉文中將ノ滿洲轉出ノ理由
(ヘ)佛印進駐軍ノ兵力
(ト)對米交渉ニ關スル近衞メッセージノ內容

等ノ情報ヲ探知蒐集シ又昭和十五年五月及九月ノ二回ニ亘リ大東興業株式會社ノ用務ニテ滿洲國ニ旅行セル際同會社重役大西勇ヨリ

(イ)滿洲國ニ於ケル石炭ノ採堀狀況
(ロ)滿洲國駐屯ノ兵力
(ハ)滿洲移民ノ狀況

等ヲ探知蒐集スルト共ニ昭和十六年六月及八月ノ二回ニ亘リ北海道ニ旅行セル際舊同志タル山本作次、金興坤等ヨリ

(イ)北海道ニ於ケル農產物ノ悲觀的事情
(ロ)夕張炭山ノ出炭量

2

(ハ)北海道方面軍隊ノ移動狀況等ヲ探知蒐集シテ何レモ之ヲ宮城與德ニ提供シ又本年六月頃

(イ)北海道方面ノ飛行場ノ所在地ヲ略圖ニ示シテ之ヲ宮城與德ニ提供シタルモノナリ

一、氏名　九津見房

一、年齢　當五十二年

一、職業　事務員

一、本籍住居

本籍　岡山縣眞庭郡勝山町六五一番地

住居　東京市世田ケ谷區玉川奥澤町二丁目六五九番地岳方方

一、學歴　岡山高女中退

一、職業經歴ノ大要

爾來一定ノ職業ナク、三、一五事件巨頭三田村四郎ト同棲後ハ專ラ共産主義運動ニ狂奔シ來レルモノナルガ、三・一五事件ニ依リ懲役四年ニ處セラレ、昭和八年出所後ハ筆耕、事務員等ヲ轉々同十四年十二月ヨリ

東京ザムンブルツク製作所經理部

ニ勤務現在ニ至ル

一、犯罪事實ノ概要

3

昭和九年頃ヨリ、宮城與徳ト連絡爾來同人ガコミンテルンノ諜報活動ヲ為シ居ルノ情ヲ知リ乍ラ、宮城、山名正實、田口右源太等ト共謀、政治、經濟、軍事、外交等諸般ノ情報ヲ收集シ居リタルノ嫌疑濃厚ナルモノ

本籍　北海道札幌市南六條西九ノ一・〇一八戸主正夫次女
住所　大森區田園調布三ノ五七八高橋方
職業　情報局第三部第一課勤務
タイピスト　明峯美恵
當三十一年

一、學歷
昭和六年十月　津田英學塾三年退學（左翼運動檢擧ノ爲）
〃　十三年三月　駿河臺女學院歐文タイプ科卒
〃　十三年七月　同　英文速記科卒

二、職業經歷
(1)　昭和十三年六月ー同年十月迄
東大理學部地質學教室助教授小林貞一ノタイプ
(2)　〃　十四年五月ー十五年一月迄
牛込區原町ヘラルドトリビユン社ウオールドダイジエストノ編輯係
(3)　昭和十五年四月ー七月

4

元ベラルド社長頭本元貞ノ秘書

(4) 昭和十六年四月ー現住

情報局第三部第一課タイピスト

三、犯罪事實ノ概要

(一) 久津見房ヲ大岡山病院ニ見舞ヒ同人ヨリ宮城與徳ヲ紹介サレテ相識リ

(イ) 昭和十六年七月二十日宮城ト新宿支那料理店ニ會食對米情報提供方ヲ依頼サル

(ロ) 同年七月二十六日宮城ト濱松町ノ料亭ニ會食シ對米交渉ノ内容ニ關スル情報提供ヲ依頼サル

(ハ) 九月十一日早朝久津見房ヨリ

對米交渉ニユース及近衛メッセージノ内容ノ提供方ヲ依頼サルニ

本人ハ右依頼ヲ何レモ拒否セリト稱スルモ取調中

(二) 左翼研究會

昭和十五年三月ヨリ四月中旬ニ至ル間四五回田園調布高橋ノ居室ニ

於テ
ゲキストエンゲルス著「家族私有財産及國家ノ起源」ヲ使用シ
「家族制度研究會」ヲ持ツ

出席者　説明　磯部　讓

明峯美惠

高橋ゆう

石丸きく

及ウイツトフオゲル著「東洋社會ノ理論」中「支那家族制度ニ就テ」

一、二回右同様メンバーニテ研究會ヲ持チ磯部ノ説明ニヨリ終了ス

一、氏名　秋山幸治

一、年齢　當五十二年

一、職業　無職

一、本籍住居

本籍　神奈川縣横濱市中區壽町四丁目一四九番地

住居　東京市中野區本町通リ一丁目三〇番地

一、學歴　立教大學卒

（其他米國加州高等商業學校卒）

一、職業經歴ノ大要

大正五年渡米、貿易商會事務員等ヲナシ居リタルガ昭和八年五月歸國

其後ハ諸所ノ洋裁學院事務員等トシテ轉々シ居リタルモノニシテ現在

無職

一、犯罪事實ノ概要

在米中ヨリ宮城與徳ト交際アリ歸國後昭和九年頃ヨリ、宮城ガ主ミン

6

[illegible][illegible]ンノ諜報活動ヲ爲シ居ルモノナルノ情ヲ知リ乍ラ同人ノ依頼ヲ受ケ、毎月、四、五十圓宛ノ報酬ヲ得テ宮城ノ收集シ來レル情報ノ飜譯等ヲ爲シ居リタルモノ

一、氏名　北林トモ

一、年齢　當五十六年

一、職業　洋裁業

一、本籍・住居

本籍　和歌山縣那賀郡粉河町本町一丁目一、七二四番地

住居　同上

一、學歴　高等小學校卒業

一、職業經歴ノ大要

大正九年春寫眞ノ結婚ニ依リ渡米、北林芳三郎トノ結婚洋裁教授等ヲ為シ居リタルガ昭和十一年十二月歸國洋裁業ヲ營ム

一、犯罪事實ノ概要

(1)昭和五年、ロスアンゼルスニ於テ

プロレタリア藝術會ニ加入會計係トナリ、翌六年七月頃

アメリカ共産黨、日本人部羅府支部ニ加盟、資金活動其他ノ活動ニ

從事ス

7

(2) 昭和十一年十二月歸國後ニ於テモ在米當時ノ同志宮城與德ト連絡同人ノ指令ヲ受ケ情ヲ知リ乍ラ、爾來今次檢擧ニ至ル迄・防空演習情況・軍ノ動員狀況・銃後情況・和歌山縣下ニ於ケル農產物ニ關スル情報等諸般ノ情報ヲ收集以テ宮城ニ提供シ居リタルモノ。

一、氏名　北林　芳三郎

一、年齢　當六十年

一、職業　無職

一、本籍、住居

本籍　和歌山縣那賀郡粉河町本町一丁目一、七二四番地

住所　同上

一、學歴　高等小學校卒業

一、職業經歷ノ大要

明治三十二年三月渡米、サンフランシスコ、ロスアンゼルス等ニ於テ家庭勞働、農園經營等ニ從事

昭和十四年七月歸國後ハ在米當時蓄積ノ資產ニ依リ生計ス

一、犯罪事實ノ概要

本名ハ北林トモノ夫ニシテ、在米當時ヨリ宮城與德等ガ共產黨運動ニ參加シ居ルノ情ヲ知リ乍ラ之ヲ援助シ居リ、歸國後ニ於テモ妻トモト共ニ宮城ト連絡シ居リ同人ノ諜報活動ヲ援助シ居リタルノ疑アルモノ

8

一、氏名　鈴木龜之助

一、年齢　二月生當四十九年

一、職業　仲介業（外人相手）

一、本籍　茨城縣北相馬郡山王村字和田一六三四ノ二

一、學歷ノ大要

(イ)郁文館中學四年中退

(ロ)ミシガン洲立内燃機カレッジ卒業

一、職業經歷ノ大要

本人ハ大正三年頃（二十三才ノ時）シヤトル、ワシントン、イギリスヲ經テ渡米此ノ間各種ノ勞働ニ從事大正十年頃ヨリ紐育、羅府等ニ於テ自動車販賣代理店經營昭和八年十一月十五日歸國[illegible]ル自動車會社東洋派遣員並ニ東洋一手販賣權ヲ獲得愛國自動車株式會社創立昭和十年十一月退社其ノ後大阪市豐内自動車[illegible]部ニ在勤昭和十三年一月退社爾來上京東京ニ於テ外人相手ノ家具什器衣服等ノ古物仲介ニ從事ス

9

七、犯罪（被疑事實）ノ大要

宮城與德ノ自宅ニ出入シ情報提供ノ疑アリ取調中

一、氏名　芳賀雄《タケシ》

一、年齢　當四十三年

一、職業　國際經濟研究所員

一、本籍、住居

本籍　北海道蛇虻田郡倶知安町南一線西五六番地

住居　東京市小石川區初音町十一番地春日[illegible]内

一、學歴　早稲田大學専門部法科卒

（其他米國南加大學、ハーヴァード大學、コロンビア大學等ニ於テ政治學、社會學、新聞學等ヲ専攻ス）

一、職業經歴ノ大要

讀賣新聞記者（自昭和五年六月　至〃十一年十二月）

外務省囑託（自昭和十年五月　至〃十三年十一月）

等ヲ經テ、本年十月ヨリ國際經濟研究所ニ入ル

一、犯罪事實ノ概要

10

昭和四年頃在米中宮城與德等ト交渉アリ其ノ後本年七月頃ニ於テモ日比谷松本樓ニ於テ宮城等トノ會合セル事實アリ行動内偵中ナル十月十二日宮城方ヲ來訪スル等行動容疑ノ點アルモノ。

詳細ハ目下取調中

一、氏名　岡井安正

一、年齡　當二十五年

一、職業　東京帝大經濟學部學生

一、本籍　三重縣渡會郡神原村字泉一〇六七

一、學歷ノ大要

第三高等學校卒業後東京帝大經濟學部經濟學科一年在學中

一、職業經歷ノ大要

ナシ

東亜研究所ノ飜譯ニ從事シタル事アリ

一、犯罪（被疑事實）ノ概要

本人ハ宮城與德ノ下宿先岡井政技ノ長男ニシテ宮城ニ對シ情報提供ノ嫌疑ニ依ルモノ

目下取調中ナルモ本年暑中休暇中東亜研究所委囑ニ依ルビルマ地誌飜譯ノ軍事的使命ヲ洩世シタル事實アリ。宮城ハ本人ガ將來優秀ナルスパイタルベキヲ期待シ居レリ

14

昭和十六年十一月

尾崎秀實ノ下部組織

一、川合貞吉

二、高橋ゆう

特高第一課

三三

一、氏名　川合貞吉

一、年齢　當三十一年

一、職業　會社員

一、本籍　岐阜縣安八郡川並村字平六二七番地

一、學歴　明治大學專問部卒業

一、職業經歴ノ大要

1 大正十四年五月　日本新聞社勤務

同　十五年八月　退社

2 昭和三年三月　渡支北京新聞社勤務

同　五年五月　退社

3 昭和五年七月　上海週報社勤務

同　七年七月　退社

4 昭和九年五月　大東公司入社

同　十年三月　退社

5 昭和十一年十一月　天津支那問題研究所創立ニ從事シ總務部長就任

1

同　十三年九月　退職

6 昭和十三年十月　杉山部隊北支機關ニ入リ

同　十四年七月　退職

7 昭和十四年十月　天津京津日日新聞社附屬白河研究所主任

同　十五年九月　退社

8 昭和十六年七月一日大日本再生製紙株式會社入社現住ニ至ル

一、犯罪事實ノ概容

1 昭和六年十月中旬尾崎秀實ヲ通ジテ今次ゴミンテルンノ諜報活動ニ從事スルニ至リ直接ゾルゲノ指令ニヨリ昭和七年四月迄ノ間

滿洲國建設狀況、關東軍ノ動向、對ソ動向、白系露人、蒙古人回教徒

ノ狀況ニ關シ二回ニ亘リテ之ヲ調査シゾルゲニ報告シ

2 昭和八年一月北支北京ニ於テスメドレーノ指令ヲ受ケ諜報活動ニ付キ協力者トシテ

河村　徹

ヲ獲得シテ共ニ

北支支那軍閥ノ動向、關東軍ノ動向、滿洲國建設狀況、白系露人

蒙古人、回敎徒ノ狀況

等ニ就キ諜報活動ヲ爲シ

3 昭和八年九月以降ハ在日本尾崎秀實ノ指示ニ基キ昭和十四年九月迄

ノ間數回ニ亘リ

北支ニ於ケル治安狀況、其他關東軍ノ動向

等ニ關スル諜報活動ヲ爲シテ之ヲ直接尾崎ニ紹介シ

其ノ間昭和十年五、六日頃尾崎ヨリ同志

宮 城 與 德

ヲ紹介サレ

4 昭和十四年九月以來宮城ノ指令下ニヨリ

北支ニ於ケル諸情況

岐阜名古屋方面ニ於ケル軍事工場ノ狀況

等ニ就キテ諜報活動ヲ爲シテ之ヲ宮城ニ報告シ

2

5 昭和十六年四月以降ハ尾崎ノ指示ヲ受ケ國內混亂ノ際ハ尾崎ノ周圍ニアリテ諜活動ヲ爲スベキ導ヲ承認シテ待機中ニアリタルモノナリ

本籍　前橋市曲輪町二　戸主清七長女

住所　大森區田園調布三ノ五七八

職業　滿鐵東京支社調査室資料係

氏名　高橋ゆう

年齢　當三十一年

一、學歴

昭和六年三月東京女子大學高等學部卒業

二、職業經歴

(1) 昭和五年四月ヨリ七月迄
神田三省堂書店編輯部勤務
（同年七月十日女子大在學中ノ左翼事件ニヨリ檢擧
〃　八月二十日釋放起訴留保歸郷）

(2) 昭和十三年十二月ヨリ十四年二月迄
山王ビル内支那研究室勤務

(3) 昭和十五年一月ヨリ三月迄

3

尾崎秀實ノ「支那社會經濟論」ノ執筆ノ補助

(4) 昭和十五年四月ヨリ現住迄
滿鐵東京支社調査室資料係

三、犯罪事實

(一) 昭和十二年八月頃支那事變發展ノ見透シニ關スル意見ヲ聞ク爲メニ松本愼一ノ紹介ニヨリ東京朝日新聞社ニ尾崎秀實ヲ訪問
昭和十三年三月頃松本ニ誘ハレ千駄ケ谷番地不詳管？方ニ尾崎ヲ訪問
松本、尾崎、昔、古在由重、高橋ゆう外三、四名尾崎ノ話ヲ聞ク會ニ出席（尾崎現地視察談）等ニヨリ尾崎ニ接近スルニ至リ尾崎ノ支那研究室ニ勤務シ後尾崎ノ著書執筆ノ補助等ヲ爲シ尾崎ノ紹介ニヨリ滿鐵支社ニ就職現住ニ至レルモノナルカ
尾崎ハ革新的意見ヲ有スルモ兎角上流社會トノミ接觸シ下情ニ通セサル憾アリ革新ハ下情ヲ知リ己ヲ革新スルコトカ最モ急務重要ナルヲ以テ尾崎カ下情ニ適スルヤウ之ニ關スル資料ヲ提供ス尾崎ニ提供

セル新聞ノ切拔キ
朝日新聞地方版地方ノ生活狀況
昭和十五年五月、六月ノ二回提供

日本國內下流生活狀況
- 病氣蔓延狀況
- 稅金納入成績ノ狀況
- 物價ト一般生活關係
- 食糧米供出ニ關スル反響
- 農地增減ニ關スル問題

其他上海イヴニングポスト紙ノ飜譯十五年五月頃
(1) 重慶ノ大學カ再開サレタ記事
(2) 新聞ニ關スルスケッチ風ノ記事（軍ノ內部狀況）

(二) 左翼研究會
昭和十五年二月下旬高橋ノ提案ニヨリRSヲ持ツコトヲ協議エンゲルス著「家族私有財產及國家ノ起源」ヲテキストニ使用シ二月ー三月三四回高橋ノ部屋ニ於テ「家族制度研究會」ヲ持チ

4

出席者　説明　　磯部　譲
　　　　　　　　高橋ゆう
　　　　　　　　明峯美恵
　　　　　　　　石丸きく

及ウイツトフオゲル著「東洋社會ノ理論」ノ中「支那家族制度ニ就テ」ノ研究會ヲ持ツ
四月初メヨリ一、二回右同様ポンパーニテ磯部ノ説明ニヨリ終了ス

三四

昭和十七年一月

篠塚虎雄ノ尾崎秀實
宮城與徳ニ提報シタル軍事資料
並情報内容及其蒐集先調査

極秘

特高第一課

年月	軍事資料内容	探知蒐集及其ノ方法
昭和十年秋頃	銀座裏日本料理店(某)ニ於ル尾崎、宮城トノ會合ニ於テ (一)陸軍機ノ種類ニ就テ イ、偵察機ニハ初メ乙式或ハ八八式ヲ使ッテ居ッタケレド最近九二式ヲ使フ様ニナッタ八八式ハ川崎製デBMW四五〇馬力付デ速力二二〇キロ、九二式ハ三菱製デ九二式四〇〇馬力速度ハ二二〇キロ、 ロ、戰鬪機ハ初メ甲式四型ヲ使ッテ居ッタガ満州事変後九一式及九二式ヲ使フ様ニナッタ、九一式ハ中島製デジュピター四五〇馬力付速度三〇〇キロ、此ノ九二式ハ試驗飛行ノ時速度三、三〇キロ、高度一万米ノ世	

界戦闘機記録ヲ作ツタ優秀機デ九一、九試共世界一流機デアル但シ最近外国デ八四〇キロ級ノ戦闘機ガ現ハレタカラ軈テ日本ニモ新鋭機ガ出ルデアラウ。

ハ、軽爆機ハ八七式軽爆機ヲ使ツテ居ツタケレドモ非常ニ鈍重ナノデ八八式偵察機ヲ改造シタ八八式二型軽爆機ヲ使ヒ始メタガ之モ専門機デナイカラ最近九三式単発軽爆機及同式双発軽爆機ヲ採用スルヤウニナツタ、前者ハ川崎製デBMW七〇〇馬力速度二五〇キロ、後者ハ三菱製デジユピター四五〇馬力二台速度二六〇キロ爆弾搭載量約五〇〇キログラム。

二、重爆機ニハ八七式重爆機ガ在ツタガ速度

ガ鈍イノデ最近ハ廃止サレ九三式重爆機ガ
用ヒラレルヤウニナツタ。本機ハ三菱製デ九
三式七〇〇馬力二台速度二二〇キロ爆弾搭
載量約一噸優秀機デアル。

(二).海軍機ノ種類ニ就テ

イ.水上偵察機ノ最近ノモノハ九〇式水上偵
察機ガ在リ中島ジュピター四五〇馬力付
速度ハ忘失

ロ.艦上偵察機ハ九〇式ヲ艦上偵察機ニ直シ
タモノデ速度二五〇キロ位デ中島製デアル。

ハ.艦上戦斗機ハ上海事変ニ使ツタ三式艦上
戦斗機ハ速度ガ鈍イノデ新ニ九〇式艦上戦斗
機ガ生レタ。本機ハ中島製デ寿四五〇馬力
付速度ハ約二六〇キロデアル。右ハ一般ニ陸上

2

戦斗機ヨリ速度ハ鈍イガ航空母艦ニ發着スルノデ已ムヲ得ナイ、

ニ、艦上攻撃機ニハ上海當時ノ一三式ヲ改良シタ九二式艦上攻撃機ガアル本機ハ九一式五〇〇馬力付デ速度ハ約二〇〇キロ、

ホ、飛行艇ニハ九〇式一号、同二号、九一式ノ三種ガアル九〇式一号ハ廣工廠製デイスパノスイザー六〇〇馬力三台速度約二二〇キロ、但シハ純國産、九〇式二号ハ川西製デ英國ノショート式ヲ國産化シタモノデロールスロイス八二五馬力三台速度ハ約二〇〇キロ、但シハ前者ヨリ性能ガ少シク劣ル、

ヘ、航空機機關銃ニハ固定式ト遊動式トアル固定式ハ胴体ノ前方ニ着ケプロペラーヲ通

シテ發射スルモノデ各機ガ持ッテ居ル、遊動
式ハ同乗者席ニ装置シテアルノデ後方ノ敵ニ
對抗スルモノデ普通ニ聯装置デアル、
昭和十年
十月末頃
兩國橋附近鳥料理店(某)ニ於ケル前両名トノ會
合ニ於テ、
(一)飛行隊ノ種類ニ就テ
陸軍ニハ偵察隊、戦斗隊、爆撃隊ニ別レル、
海軍ハ陸上部隊、海上部隊ニ別レル
陸上部隊ハ日本内地ニソノ基地ヲ持ッテ艦
上機ヲ用ヒ、海上部隊ハ航空母艦、ト水上機
母艦夫ヒカラ各軍艦ニ在ル、航空母艦ニハ
艦上機ヲ積ミ水上機母艦並軍艦ニ水上機
ヲ使ス

3

(二)陸軍飛行隊ノ編成ニ就テ
聯隊ヲ最大単位トシテ下ニ二箇以上ノ中隊ガアル中隊ノ機数ハ各國ニ依ッテ異ルガ日本ハ一番少ナクテ
戦斗中隊　一二機　偵察隊　九機
軽爆隊　七機　重爆隊　三機程度
日本ノ全部ノ中隊数ハ八ヶ聯隊ニ六ヶ中隊、内戦斗隊一二中隊、偵察隊一二中隊爆撃隊四中隊デアル
陸軍ノ基地ハ
各務ヶ原　二ヶ聯隊、八日市、立洗、立川、浜松、平壌、台湾ノ屏東
海軍ノ方ノ基地ハ
横須賀、霞ヶ浦　佐世保、大村、

呉（ノ一）ニアリ
航空母艦ハ
鳳翔、加賀、赤城、
水上機母艦
能登呂、

（三）陸軍兵器ニ就テ

イ、拳銃ニハ二十六年式ト十四年式トアル二十六年式ハ所謂五連發デ十四年式ハ自動拳銃デ二十六年式ノ方ハ反動ガ激シイノデ命中率ガ悪イ十四年式ノ方ハ自動拳銃デ命中率ガ良イ有効射程ハ約一〇〇米

ロ、小銃ハ日露戦争以来各國共余リ發達シテ居ラヌノデ日本モ依然三八式ヲ使ッテヰル

ハ、軽機ハ十一年軽機ヲ使ッテ毎分三〇〇

4

發程度デ世界各國ト趣ヲ異ニシ歩兵ノ携帯彈丸ソノ儘使用出來ル便利ガアルノデ世界ニ類ガナイ、唯構造ガ余リニ緻密デ故障ノ多イ欠点ガアル

満洲事変ニ於テ軽機ノ故障ノ為メ後方経理部隊ガ全滅シタ例モアルノデ最近ハ改造サレタ様デアル.

ニ、重機ハ三年式デ毎分五〇〇發射程四キロデアル. 本銃ハ日露戦ニ使ハタホッテキスレ機関銃ヲ改良シタモノデ非常ニ優秀ナ命中率頗ル良好デアルト云ハレテ居ル.

ホ、擲彈筒ハ十一年式擲彈筒ト云ヒ日本ダケガ持ッテ居ル歩兵兵器デ歩兵小隊ノ火砲トモ云ハレルモノデ塹壕戦ニ必致ノモノデ

非常ニ効果ガアル

ヘ、歩兵砲ニハ平射ト曲射トアル、平射砲ハ十一年式歩兵平射砲ト云ッテ主トシテ直射ニ用ヒルモノデ口径三七ミリ射程ハ大体二、三千米、曲射砲ハ隠蔽物内ノ敵軍ヲ射撃スルガ目的デアルカラ弾道ガ彎曲スル、支那ノ迫撃砲ハ歩兵曲射砲ノ一種デアルガ命中ガ頗ル不良デ一発毎ニ着弾点ガ変ル、彼等ハ火砲ガ少ナイノデ製作費ノ少ナイ迫撃砲ヲ用ヒテ居ルモノダト思フ

ト、野砲ハ改造三八野砲デ旧三八野砲ヨリ射程ガ延ビテ九千米ニ達シテ居ル、口径七五ミリ毎分約二十発程度発射出来ル但シ之レハ射手ノ技能ニ依ルカラ一概ニハ云ヘヌ又佛

昭和十年
十一月頃

國ノ野砲ハ欧洲大戦当時毎分四十發射ツタト云ハレテ居ル

チ、山砲ハ四一式山砲ト云ツテ口径ハ野砲ト同ジデアル、山地戦ニ便ナノデ重量ハ非常ニ軽クナツテ居ル

リ、重砲ニハ四年式十五サンチ榴弾砲十四年式十サンチ加農、四五式二十四サンチ榴弾砲、七年式三十サンチ榴弾砲二十八サンチ榴弾砲等アル

品川盤料理店（某）ニ於テ前西名トノ會合ニ於テ

(一)機械化兵器ニ就テ

戦車ノ歴史及種類

戦車ニハ軽、中、重戦車ナド日本ノ戦車ハ大正八年十一月頃英国カラヒカルド戦車雌雄二台貰ヒ受ケタノガ日本ニ於ケル戦車ノ始メデ、雄ト云フノハ大砲ヲ持チ雌ト云フノハ機関銃ダケデ此ノ戦車ハカンプレーデ使ツタノト同型デ約三十噸デ速度ハ毎時六キロ程度デ九段ノ遊就館ニ在ル其後久留米ニ戦車隊ガ出来テ上海事変少シ前国産戦車ノ良イノガ出来タ、現在ノ戦車ニハ軽戦車ニフランスカラ買ツタルノー十七年型及十七型(約七噸速度十八キロ機関銃(一)ノモノガ雌デ雄ハ大砲一ヲ備ヘテ装甲ハ重要部デ十二、三ミリダト思フ

ルノーNC型ハ約九噸位速度ハ二十キロ装甲三十ミリ大砲一、機關銃一デ次上ガ輕戰車デアル、

中戰車ニハ英國カラ買ッタ「ホイペット」戰車ガアル戰車重量十六噸デ武装強大デアル爲日本デハ當時重戰車ト云ッテ居タ、八九式中戰車ハ國產ノ優秀戰車デ上海事變デ偉勲ヲ樹テタモノデアル、此ノ噸數約十噸大砲一、機関銃一、速度ハ約二十五キロ装甲ハ不明台數ハ四十台ト發表サレテ居ルガモット有ル筈ダ

(二)飛行機製造所及製造能力

三菱、川崎、中島、愛知時計電機、

川西所在地ハ中島ヲ除キ三菱ハ名古屋川崎ハ神戸川西モ神戸愛知時計電機ハ名古屋ニ在ル規模ハ詳シク判ラヌカ年産飛行機二百台、發動機二百台戰車最大限西方共各一千台（昭和四年調査ニ依ル）

(三) 師團ノ編成ニ就テ

師團ハ歩兵二旅團一旅團ハ二ケ聯隊一ケ聯隊ハ三ケ大隊一ケ大隊ハ三ケ中隊ト機関銃一中隊一ケ中隊ハ三小隊一小隊ハ四乃至六分隊騎兵一聯隊二中隊野砲一聯隊九中隊三十六門工兵一大隊二中隊輜重ハ一大隊二中隊デアルカ戰車ニハ之ニ特科隊カ附屬スル

特科隊ニハ

電信隊 鉄道隊 戰車隊 飛行隊 衛生隊

野戰重砲等ガ附屬スル
兵數ハ平時ハ約一万位デ日本デハ日露戰爭
ト同様二万五千位デナイカト思フ列强デハ
火力装備ガ大デアルカラ兵數ハ非常ニナイ
戰時一ケ師團ニ約一万カラ一万六千程度デナイ
カト思フ
日本ノ師團ニハ現代装備シタ師團ト然ラザル
モノトアル現代装備ノ優レタモノヲ甲師團ト
云ヒ夫レデ無イモノハ乙師團ト云フ甲師團ハ
機関銃火砲ノ數ガ遥ルカニ多イ之ノ方ハ日
露戰爭後差程変リナイ甲師團ハ装備ノ
優レタ國ト戰フ場合ニ使ヒ乙師團ハ装備
ノ優良デナイ國ト戰フ場合ニ使フト聞イテ
居ル

7

(四)新兵器ニ就テ
九〇式野砲　九二式十サンチ加農　九一式榴弾砲
八九式十五サンチ加農砲　九〇式十五サンチ加農砲
高射砲等ガアル
イ、九〇式野砲ハ現在世界最優秀ノ野砲デ口経
ハ三八式ト同ジデアルガ構造ガ変リ砲架ガ開
脚式デ之ノ特徴ハ射角ノ増大ト方向角ノ増大ガ
出来ルノデ新式火砲ハ漸次之ノ式ニナツテ居ル
本砲ノ最大射程ハ約一万三千米
ロ、九二式十サンチ加農　コレモ構造ハ右ト全様デ口
経ハ十サンチ半デ射程ハ約一万米位デアルト思フ
ハ、九一式榴弾砲ノ構造ハ九〇式野砲ト同様デ開
脚式　口経十サンチ半　弾道ガ彎曲シテ隠蔽下ノ
敵軍ヲ射撃スルニ用ヒルモノデ日本ノ師団ニハ従

8

以上三回ニ亘ル
資料ハ大場弥
平著「我ガ空軍」
「海軍及海軍
要覧」
「航空日本」
平田晋作著
「陸海軍讀本」
「軍制学」
「世界軍用機集」
「軍事ト技術」
「航空ノ驚異」
「航空讀本」
長谷川少将著
「兵器大観」
「各種年鑑類」
「航空兵操典」
其他軍事書
籍等ヨリ蒐集

昭和十二年六月末頃

未ダ無カッタモノダガ最近付ケル様ニナッタ
ニ 八九式十五サンチ加農ハ要塞ノ攻守ニ用サル大砲デ構造ハ装笠式デ射程ハ約二万七千米位ダト思フ
ホ 九〇式十五サンチ加農砲 構造ハ開脚式デ野戦ニ用ヒ射程ハ八九式ヨリ劣リ二万二千位ダト思フ
ヘ 高射砲ニハ野戦高射砲ト陣地高射砲トアル
野戦高射砲ニハ十一年式ト八八式トアリ陣地高射砲ニハ十四年式高射砲ガアル性能ニ就テハ十一年式ノ射程ハ約六、七千米 八八式ハ不明 十四年式ハ約一万米ヲ越セル

栃木県那須某旅館ニ尾崎ト宿泊ノ際

一、満洲ノ兵備ニ就テ
満洲ノ独立守備隊ハ大連カラハルピン迄ガ六ヶ大隊

昭和十七年千葉鉄道聯隊入隊中得タルヲ基礎トシテ説明ス

ハルピンカラ満洲里迄ニ六ヶ大隊 更ニ駐剳師團
トシテ三ヶ師團（師團名ニ関シ説明セシモ忘失）
満洲全般 騎兵集團ハチヽハル一ヶ集團
師團所在地ハ詳細不明ナルカ三線配置ナリト思フ

（二）
軍隊生活ニ就テ

日本軍隊ノ強イ理由ハ下士官カ非常ニ優秀デアル
特務曹長デ充分中隊ノ指揮カ出来ル 特ニ鉄道
隊ノ如キ特科隊デハ下士官ノ技術優秀ナコトハ
尤モ必要デ之ノ点日本軍隊ハ優レテ居ル
ソウエートデハ下級指揮官ノ能力カ非常ニ不
充分デアルカラ日本ノ様ニハ中隊長ノ戦死ニ遭
ヘバ鉄道隊ノ架橋ニ際シテモ下士官ノ技術カ素
晴ラシイノデ諸外國ノ様ニ必要トスル機械不足ノ
場合デモ初期ノ目的ヲ達シ得ル 軍隊ニハ私刑

ガアルト云ハレテ居ルガ段々弊害ガナクナツタ
幹部候補生モ非常ニ嚴格ナル訓練ヲ受ケテ私達ノ目カラ見テモ其ノ技能ハ上等兵候補者ニモ劣ラヌ様ニ見受ケラレタ。

(三) 新兵器ニ就テ

イ 歩兵学校ニハ戰車班ガアツテ私ハ裝甲車ニ乗セテ貰ツタ、ソノ時ノ速度ハ普通ノ乗用車程度デ多分四、五十キロハアルト思フ 其ノ裝甲車ハ九四式輕裝甲車ト云ヒ新機械兵器トシテハ其ノ外ニハ九式中戰車ヲ改良シタ九四式中戰車ヲ見タガ戰車ノ内容ハ不明デアルガハ九式ヨリ少シ大キイ

ロ 軍用犬班デハ軍用犬ノ訓練ノ状況ヲ見タガ仲々良ク訓練シテアル、次ニ訓練状況ヲ説明シ軍用犬ノ種類等三ツ挙ゲシモ忘失 9

「軍隊生活ニ就テ」ハ昭和七年ト昭和十一年前聯隊ニ召集中ノ軍隊教育及見学等ヨリ得タル知識ヲ基礎トシテ説明ス

ハ瓦斯班デハ各種毒瓦斯ニ對スル豫防ニ就キ普通ノ毒瓦斯ニ對シテハ防毒面デ充分デアルガ糜爛性毒瓦斯ニ對シテハ全身防毒衣手袋ヲ用ヒル毒瓦斯ハ恐レルコトハナイ先ヅ検知シテ瓦斯ノ種類ガ判レバソレ相應ノ對策ヲ構ジテ足ル毒瓦斯撒布地帶ニ對シテハ余リ廣汎ナ地域デナケレバ强行通過後消毒スレバ充分デアル

ニ鉄道隊ハ私ノ入隊當時ト違ツテ非常ニ機械化サレテ居ル隊ニ潜水具ガアツタリ井穴堀自動車修理車大キナ巻揚機ソレカラ軌條敷設機等ガアル尚九一式廣軌牽引車ハ更ニ改造サレテ戰車型トナツテ居ルノデ吃驚タ　コノ戰車ハ鉄道上ト路上トヲ運行出来ル便利ナモノデ世界ニ類ガナイ

10

昭和十二年八月末

静岡駅前旅館「大東館」ニ於テ尾崎ト會合シテ

(一) 兵器ニ就テ

イ、九二式重機関銃ハ三年式ヲ改良シタモノデ性能ハ良好デアルガ一般ニハ支給サレテ居ラヌ

ロ、歩兵砲ニ新シク大隊砲ト聯隊砲ガアルガ大隊砲ニハ九二式歩兵砲ヲ用ヒ之ノ砲ハ直射ト曲射ノ両用ノモノデ十一年式平射砲ト曲射砲トヲ一緒ニシタ様ナ性能ヲ持ツテ居ル

ハ、聯隊砲ハ不明デアルガソ聯ノ様ニ口径ノ大キナノヲ用ヒテオルガ如何カ不明デアル　静岡ノ練兵場デ兵隊ノ演習ヲ見タガ十一年式平射砲ト同様ナ口径ノ大砲ガ在ツタガ多分之レガ聯隊砲デハナイカ

(二) 飛行機ニ就テ

航空雑誌
新聞年鑑
其他ニヨリ見聞蒐集ス

陸軍機ニ九二式戦闘機以後ノ新シイ型ガアル筈ダガ判ラヌ　偵察機ハ九二式以後九四式ガ出来　発動機ハ九四式五五〇馬力　時速三百キロト公表サレテ居ル

海軍ニハ

九四式偵察機ガ新型デ之ハ非常ニ航続力ガ大デ昭和九年海軍大演習中二十時間近ク飛ンデ新記録トシテ発表サレタモノガ九四式偵察機デアルト思フ　馬力ハ九一式六百馬力速度二百キロ

(三)

動員ニ就テ

長崎ヨリドノ位ノ兵ガ行ツテ居ルデアロウカトノ問ニ対シ欧洲大戦ノ例カラ望ムレバ平素ノ八倍カラ十五倍程度ダカラ日本ノ動員モ恐ラク

11

昭和十四年
二月

夫ノ程度デアロウ、ソレ以上ハ素質ガ落チルト
云ハレテ居ルガコレハ一般原則ニ過ギナイ
京橋銀座裏日本料理店「某」ニ於ケル宮城
トノ會合ニテ

(一) 飛行機ニ就テ

宮城ノ航研機ハ軍事上價値ガ無イノデハナ
イカトノ問ニ対シ
航研機ハソヴエートノANT二十五型ニ似
テ居ルケレド之ヨリ流線型デ一万一千キロノ
記録ハ重大ナ意味ガアルノデ斷フコレタ記録
機ハ一般軍用機ニ先ンジテ相当勝レタ記録
ヲ示シテ置カナイトイケヌノダカラ航研機ノ
存在ハ重要デアル之ノ機ハ其ノ侭軍用

航空雑誌
新歩年
鑑其ノ他
ニ依リ蒐
集ス

昭和十四年九月頃

機ニ使ヘナイケレ共航続力ヲ減セバ積載量ガ増スカラ爆撃機ニ使ヘル訳ダ
最近ノ飛行機トシテ海軍ノ九四式艦上爆撃機、九六式艦上機、陸上攻撃機等ガアル
九四式艦上爆撃機ハ所謂急降下爆撃機デアル 九六式戦斗機ハ艦上機デ単葉ヲ使ッタ最初デアル

南満洲奉天市内奉ビル・ホテルニ於ケル宮城トノ會合ニテ
(一)最近ノ飛行機ニ就テ
(イ)陸軍戦斗機ハノモンハンデ戦果ヲ揚ゲタ優秀機デアル 速度ハ凡ソ五百キロ以上ト推測スル非常ニ格闘性ニ富ンデ居ル

世界軍用機ノ写真蒐集帖
篠塚ノ執筆ニ依ル航空史ノート
新京、奉天居住中ノ見聞ヲ基礎トシテ

(ロ)軽爆機ハ空冷発動機付ノモノト水冷発動機付ノモノトノ二種ガアルガ孰レモ四百キロ以上デアラウ

(ハ)重爆機ハ空冷式発動機二台付デ之モ速度ハ四百キロ附近ダト思フ

支那事変ノ始ナニハ陸軍機ノモノニハ勝レタモノガナイ　基地爆撃ニハ海軍機ニ頼ッタモノデアッタガ今年以降ハ此ノ様ナ優秀機ガ現ハレタカラ心配ハナイ

(ニ)海軍機ニハ九六式艦上戦斗機ニ九六式艦上爆撃機、九六式艦上攻撃機、九六式陸上攻撃機等ガアルガ　之等ハ従来ノ海軍機ニ較ベテ非常ニ流線型ニナッテ居ル

九六式陸上攻撃機ハ渡洋爆撃ニ使ッタ

12

モノデ之レハ昭和十三年ノ「そよ風」及ビ世界一週ヲヤッタ日本号ト同型デ発動機ハ空冷式ノ三菱製金星九百馬力二台付デ速度ハ三百五十キロ位ダト思フ

(三)

飛行聯隊ノ数ニ就テ

前ニ話シタ九ケ聯隊ノ外ニ

台湾嘉義ニ一　十四飛行聯隊

朝鮮会寧ニ一　十一飛行聯隊

ガ出来タノデ合計十一ケ聯隊デアル　之ヲ三ケ飛行団ニ別ケテ居ル　内地ニ一ケ、朝鮮一ケ、台湾一ケノ飛行団ガアル　満洲ハ新京ト奉天ニ飛行聯隊ガアルト思フ

此ノ外ハ判ラヌ

(四)

ノモンハンノ戦斗ニ関シテ

13

ノモンハンデソ聯機一三六〇機ヲヤッヽケタト云フノハ眞實デアル。ソ聯ノE十六型ハ旋回半径ガ大キイノデ行動ガ鈍ク吾ガ軽快ナ戦斗機ノ餌食ニナッテシマフE十六ガ幾台来タッテ同ジ運命デアルソ聯ニハE十×型ト云フ新兵器ガアルガ如何シテ始メカラ出サナカッタカ　恐ラクE十六ヲ造リ過ギテソノ処置ニ困ッタ結果デハナイカ　ソ聯ハ空中戦デハ敵ハヌノデ其ノ後ハ地上攻撃ヲ主トシテヤッタ様ダ戦車ヤ装甲車等　五百台程日本軍ガ撃破シテ居ル　之ハガソリン壜デヤッタノト戦車砲ニヨッタモノデアル　始メハガソリン壜デ良カッタガソ聯ハ其後ヂーゼル

	昭和十五年十月頃
エンジンヲ使ッタラシク効果ガ無カッタ様ニ思イテ居ルシ又火焔戦車ヲ使ッテ日本ニ相当ノ損害ヲ与ヘタ様ダ 日本軍ガ相当ナ損害ヲ受ケタノハ日本軍ガ新兵器ヲ沢山持ッテ行カナカッタコト、将兵ガ高度ノ機械化部隊ノ戦斗ニ慣レテ居ラナカッタ為デアル　事件当時日本ノ負傷兵ガ奉天ニ多数送ラレテ来タケレ共満人ニ対スル政策上「チ、ハル」方面ノ現地ニ近イ病院ニ収容シタ様ニ思イテ居ル 銀座裏喫茶店「耕一路」ニ於ケル宮城トノ会合ニテ	
	昭和十二年ノ歩兵操典草案ニ依ル

昭和十五年十月頃	
(一)宮城ノ宅ニ宿泊シテ 陸軍戦斗群戦法ニ就テ(前田ノ続キ) 分隊人員ハ十五、六名デ分隊長ハ外ニソ 聯ト仝ジク狙撃手ヲ有シテ居ル 之ハ 従来ト変ル処デアル 尚本年歩兵操	(一)日本陸軍ノ戦斗法ニ就テ 日本ノ戦斗法モ列強ト同ジク戦斗群 戦法ヲ採ッテ従来ノ様ニ小隊ニ軽機分隊 ガナクナリ何ノ分隊モ軽機ヲ持ツ様ニ成 リ軽機ヲ火力ノ中心トシテ戦斗スル様ニ 成ッタ 小隊ハ軽機三ケ分隊ト擲弾筒 一ケ分隊カラナッテ小隊ニハ軽機ガ三挺 アル
昭和十五年春奉天兵事部々員某甲伍ノ指導及軍事ト技術ニ等ヲ基礎トジ	

14

昭和十六年二月頃

要ガ新制サレ吾ロ々教育ヲ受ケタ
満洲デハ在郷軍人ガ新シイ歩兵操典デ訓練ヲ受ケテ居ル

(二) 機械化兵団ニ就テ
機械化兵団ノ車輌数ハ大体五百位デ小隊ハ三輌、中隊ハ三小隊トシテ約十輌聯隊ハ約五十輌ダカラ兵団ハ三ケ聯隊ト假定シテ百五十輌ニ歩兵砲兵自動車部隊ヲ入レテ五百輌位デアル

篠塚ノ宅ニ宮城ガ宿泊セシ時
(一) ノモンハン事件ニ就テ
ノモンハン事件ノ批判ハ私ガ在満当時シタ批判ガ大体適切デアッタ 日本軍

奉天在郷軍人会ニ当時在郷軍人トシテ授ケタ教育知識及朝日新聞我営戦告

ハ最初ガソリン壜デ攻撃シタガ後デハ困難ニ成リ戦車地雷ヲ持ツタ肉迫攻撃班ガ敵ニ迫リ非常ノ犠牲ヲ払ヒ攻撃シタ。戦車地雷トハ円盤用ノモノデ之ヲ履帯ガ踏ムト爆発シテ戦車ガ行動ノ自由ヲ失フ 初メハ之ニ柄ヲ付ケテ用ヒタケレ共敵ニ逃ゲラレルノデ是ノ地雷ヲ抱イタ儘下敷ニナツテ戦車ヲ爆発シタト云フ悲壮ナ話モアル ソ聯ノ戦車ハ速度ガ早イガ装甲ガ薄イ為 軽戦車小型戦車ハ日本ノ対戦車砲（九四式三七ミリ速射砲）デ充分ブチ抜ケル 中戦車モブチ抜ケルト云ツテオルガ山砲野砲ナラ勿論問題デナイ 重戦車デモ野

ガ国ニ於ケル戦車ノ発達ニ其他奉天展覧会ニ於ケル見学ヲ基礎トシ

15

砲デモブチ抜ケル様ニ穿イテオル
日本ノ戦車ヲ苦シメタ物ニピアノ線ガアル　之レガ戦車ノ履帯ニ巻キ付クト戦車ガ行動ノ自由ヲ失フノデ之ノ時敵カラ攻撃サレテ損害モ大キカッタ　ソ聯ノ戦車ハ粗製濫造ノ様ダ装甲自動車ノ如キモアナリカフオード自動車ニ鉄板ヲ貼ッタモノデ粗末ノモノデアッタ。
總ジテソ聯ノ兵器ハ非常ニ劣ッテ居ル

(二)　戦車其他

日本ノ最近戦車ニハ
九四式中戦車　九五式軽戦車ガアル
前者ハ八九式中戦車ヲ改良シタモノデ、
八九式ガ約十トンデアルニ対シ　之ハ十四ト

雑誌「軍事ト技術」昭和十四年十月号（外国人ノ目ニ映ジタ我ガ戦車」
「歩兵操典、解釈」

16

シテ戦車砲一、機関銃二、乗員五名速度ハ八九式ガ二十五キロニ対シ五八三十五キロデアル

九五式軽戦車ハ約七トン戦車砲一、機関銃一、速度四十キロ位、乗員三名

装甲車ハ九二式重装甲車ト九四式軽装甲車デアル 九四式ノ方ハ約三トン機関銃一、乗員二名、速度五十キロ

日本戦車ハソ聯ニ比ベルト遅イガ装甲ガ厚イ 普通ノ対戦車砲デハ抜ケナイ

（三）歩兵操典ニ就テ

歩兵操典ニ図示シテアル様ニ中隊ノ装備ガ非常ニ尨大ニナッテソ聯ハ同ジカ或ハソレ以上ニ強化サレテ居ルカラソ軍

「九六式軽機取扱法」「九四式速射砲取扱法」「ハイゲルノ戦車年鑑」其他奉天在郷軍人会ニ当時在郷軍人トシテ授ケタ教育等ヲ基礎トシテ

ニ対シテハ絶対優勢デアルト云フ事ガ確言出来ル　操典ニアル様ニ重火器小隊ト云フノハ機関銃ト自動砲ノ分隊カラナツテ居ツテ機関銃ハ九二式機関銃デアルガ自動砲ハ判ラナイガ口径ハ二十三ミリカ二十五ミリ程度デナイカト推測スル　最近九六式機関銃ガ生レタガ之ハチエツコノ軽機ニ似テ居ルガソレヨリ遥カニ優秀デアル　十一年式軽機ノ重サ約十キロニ対シ之ハ八キロ程度トサレテ居ルカラ操作ガ非常ニ容易デアル

(四) 最近ノ飛行機ニ就テ

最近ノ優秀ナ飛行機ハ陸軍ノ九七式戦斗

17

機海軍ノ九六式戰斗機ハ世界ノ軽戰斗機中一番優秀ナモノデアル、試作戰斗機ニハモット優秀ナモノガアルガ判ラヌ。アメリカデハ八百キロ、ドイツデハ七百五十キロト云フ試作機ガアル日本モ最近世界第一流航空国ニナッタカラ之ニ近イ試作機ガアルト思フ大体兵器ト云フモノハ各国トモ略同ジデ軍事研究トシテハ新式ノ兵器ヲ探スヨリモ戰史的研究ト外国ノ兵器ノ研究ガ必要デアルトテ

松下芳男著「軍事問題発達史」

武田中尉著「新陸軍讀本」

ヲ推薦ス。

三五、

一、本籍　兵庫縣神戸市葺合區磯上通り四丁目一番地
戸主　初太郎　長男

住居　大阪市住吉區阪南町三丁目三十四番地
鉄工所經營

篠塚虎雄
當四十年

二、学歴
昭和三年三月　明治大学經濟学部卒業
昭和三年四月　明治大学法学部入学
昭和四年三月　同校中途退学

三、職歴
昭和四年四月　東京市神田區神保町　株式會社三省堂編輯部ニ入社
昭和十年十二月　同社ヲ退社ス

昭和十一年一月大阪市港區九條北通り三丁目五一三番地機械製作業清水商店ニ入店 翌十二年三月同店退職
昭和十二年四月静岡市硏屋町六二番地杉平商店静岡出張所々長トシテ勤務 翌十三年三月同店退職 仝年四月満州國奉天市大和區浪速通り二〇八番地機械製造販賣商朝鮮商工株式會社奉天出張所ニ入社 昭和十四年十月同店が二引商工株式會社トナリ同市浪速通り五番地ニ移轉 昭和十五年十二月迄勤務シ退社ス
昭和十六年二月大阪市港區九條北通り三丁目五一三番地機械製作業清水製作所ニ入所 叔父清水一之助ト共同経營今日ニ至ル

四

犯罪事實ノ概要

(1) 大正十四年一月明大讀書會ニ入會 大正十四年四月頃迄ノ間 福本一夫著「經濟學批判」其他ヲテキストトシ同會會合ニ数回ニ亘リ出席活動ス

(2) 昭和七年五月頃共産主義者松本愼一ヨリ帝大助教授ト稱スル「古在某」ヲ紹介サレ松本ノ手ヲ通ジテ被疑者執筆ニ係ル

陸軍一般常識　海軍一般常識

ノート各一冊ヲ古在某ニ貸與シ 其ノ間前後三回ニ亘リ松本、古在等ト會合シ滿州國ノ軍備其ノ他ニ就キ説明シ以テ共産主義運動ヲ利スル目的ヲ以テ資料ヲ提供セリ

(3) 一、昭和十年初メ豫テ親交アル

尾崎秀實

ヨリ軍事基礎知識ノ教養方求メラレ今年秋頃銀座裏日本料理店「某」ニ於テ尾崎ヨリアメリカ歸リノ画家トシテ

宮城與德

ヲ紹介サレ右両人ノ質問ニナル陸海軍飛行機ノ歴史並名稱性能機種等ニ就キ説明

二今年十月頃両國橋附近鳥料理店「某」ニ於テ右両人ト會合シ「飛行機ノ種類陸海軍飛行隊ノ編成状況飛行基地、兵器」等ニ就キ説明

三今年十一月頃品川蟹料理店「某」ニ於テ右両人ト會合シ「機械化兵器、戰車ノ種類」其ノ他ニ関シ約一時間ニ亘リ説明セル外前三回ニ亘リ説明シタル内

機械化兵器ノ件ニ関シテハ別ニ説明豫定分ナル旨
ヲ一括記録シ尾崎ニ手交セリ

(4)
昭和十一年六月栃木県那須温泉ニ於テ尾崎ニ対シ
昭和七年並昭和十一年両度ニ亘ル教育召集中ニ於テ
得タル知識ヲ基礎トシ
　満州ノ兵備　軍隊生活　新兵器
ニ就キ説明シタル外昭和十六年九月二十三日ニ至ル迄
尾崎ト静岡県下ノ旅館「大東館」其ノ他ニ於テ屡々
會合シ軍事関係資料ヲ提供説明シ居リタリ
尚宮城與徳トハ昭和十四年一月尾崎方ニ於テ再ビ連
絡ヲ復活昭和十六年二月末頃迄ノ間市内料理店
其ノ他大阪満州等ニ於テ数回ニ亘リ會合シ新兵器類、
陸軍新闘法・ノモンハン事件等ニ對スル日ソ兵器

ノ比較批判等ヲ為シ資料並情報ヲ提供シツヽアリシカ被疑者ハ前記尾崎宮城ノ外諜活動ノ事實ヲ確認シ居ラザル状況ナリ

編集・解説

加藤哲郎（かとう・てつろう）

一九四七年生まれ。一橋大学名誉教授、博士（法学）

主な編著書等　『七三一部隊と戦後日本　隠蔽と覚醒の情報戦』（花伝社、二〇一八年）、『「飽食した悪魔」の戦後　七三一部隊と二木秀雄『政界ジープ』』（花伝社、二〇一七年）、『CIA日本人ファイル　米国国立公文書館機密解除資料』全一二巻（編集・解説、現代史料出版、二〇一四年）、『ゾルゲ事件　覆された神話』（平凡社新書、二〇一四年）、『日本の社会主義　原爆反対・原発推進の論理』（岩波書店、二〇一三年）、『ワイマール期ベルリンの日本人　洋行知識人の反帝ネットワーク』（同、二〇〇八年）ほか多数。HP「加藤哲郎のネチズン・カレッジ」主宰、http://netizen.html.xdomain.jp/home.html

ゾルゲ事件史料集成
太田耐造関係文書

「ゾルゲ事件」史料1

第1回配本 第2巻

編集・解説 加藤 哲郎

2019年7月25日 初版第一刷発行

発行者 小林淳子
発行所 不二出版 株式会社
〒112-0005
東京都文京区水道2-10-10
電話 03(5981)6704
http://www.fujishuppan.co.jp
組版/昴印刷 印刷/富士リプロ 製本/青木製本
乱丁・落丁はお取り替えいたします。

第1回配本・全2巻セット 揃定価(揃本体50,000円+税)
ISBN978-4-8350-8298-1
第2巻 ISBN978-4-8350-8300-1

2019 Printed in Japan